XIANDAI **GONGNENG CAILIAO** XINGZHI
YU ZHIBEI YANJIU

现代**功能材料**性质
与制备研究

主　编　王贺权　曾　威　所艳华
副主编　焦玉凤　王红英　孙建波　周　楠　金大明

U0340527

中国水利水电出版社
www.waterpub.com.cn

内 容 提 要

本书从功能材料体系出发,系统、扼要地讨论了各种功能材料的组成、结构、性能、制备和应用。主要内容包括:晶体学基础、金属功能材料、无机功能材料、功能晶体材料、功能高分子材料、功能复合材料、功能膜材料、隐身材料、形状记忆材料、智能材料、纳米功能材料、功能转换材料和新型功能材料等,强调功能材料与具体物件的紧密结合及应用。本书选材新颖、广泛,内容丰富,前瞻性强,编排得当,论述前呼后应,讨论深入浅出,理论联系实际,具有较强的实用性。

图书在版编目(CIP)数据

现代功能材料性质与制备研究/王贺权,曾威,所
艳华主编.--北京:中国水利水电出版社,2014.5(2022.10重印)
ISBN 978-7-5170-2080-6

Ⅰ.①现… Ⅱ.①王…②曾…③所… Ⅲ.①功能材料—性质—研究②功能材料—制备—研究 Ⅳ.①TB34

中国版本图书馆 CIP 数据核字(2014)第 107365 号

策划编辑:杨庆川 责任编辑:杨元泓 封面设计:马静静

书 名	现代功能材料性质与制备研究
作 者	主 编 王贺权 曾 威 所艳华
	副主编 焦玉凤 王红英 孙建波 周 楠 金大明
出版发行	中国水利水电出版社
	(北京市海淀区玉渊潭南路1号D座 100038)
	网址:www.waterpub.com.cn
	E-mail:mchannel@263.net(万水)
	sales@mwr.gov.cn
	电话 (010)68545888(营销中心)、82562819(万水)
经 售	北京科水图书销售有限公司
	电话:(010)63202643、68545874
	全国各地新华书店和相关出版物销售网点
排 版	北京鑫海胜蓝数码科技有限公司
印 刷	三河市人民印务有限公司
规 格	184mm×260mm 16 开本 24.25 印张 620 千字
版 次	2014 年 8 月第 1 版 2022年10月第2次印刷
印 数	3001—4001册
定 价	79.00 元

凡购买我社图书,如有缺页、倒页、脱页的,本社发行部负责调换

版权所有·侵权必究

前　　言

材料是人类文明的象征,材料的发展史就是人类文明的发展史。它是国民经济、社会进步和国家安全的物质基础与先导,材料技术已成为现代工业、国防和高技术发展的共性基础技术,是当前最重要、发展最快的科学技术领域之一。材料按其性能特征和用途可分为两大类:结构材料和功能材料。功能材料是指具有优良的物理(电、磁、光、热、声)、化学、生物学功能及其相互转化的功能,被用于非结构目的的高技术材料。它是信息技术、生物技术、能源技术等高技术领域和国防建设的重要基础材料,同时也对改造农业、化工、建材等起着重要作用。它具有特殊优良的力学、物理、化学和生物功能,在物件中起着一种或多种除结构力学性能外的特殊"功能"作用。

随着科学技术尤其是信息、能源和生物等现代高技术的快速发展,功能材料越来越显示出它的重要性,并逐渐成为材料学科中最活跃的前沿学科之一。功能材料也是现代新型材料的代名词,代表了当前新材料发展的趋势。可以认为,现代新材料的发展主要是功能材料的发展。鉴于功能材料的重要地位,世界各国均十分重视功能材料技术的研究。我国功能材料的制备和应用领域也取得了重大发展和进步。我国"863计划"中将新型材料规划为高新技术7个主要研究领域之一,"973计划"进一步将功能材料作为重点的研究项目,使我国在20年来的功能材料研究和开发领域取得了辉煌的成就,在一些材料领域取得了较大突破,在一些重点方向迈进了国际先进领域,并对科学技术的进步和国民经济的发展以及综合国力的提高起到了极其重要的作用。

由于一种材料本身具有多功能的性质,一种功能性质可包含多种不同的材料,而对特定的应用领域会有多种材料和多种功能的交叉情况。因此,难以达到各类工程技术专业人员,各行各业都普遍适用和理想的一种分类法。本书使用按材料类别和材料的功能性质的分类方法。

本书共14章,重点讨论了金属功能材料、无机功能材料、功能高分子材料、功能膜材料和复合材料、智能材料以及新型功能材料等。强调了功能材料的结构、组成、性能、应用以及制备方法。并根据功能材料发展的最新动态,讨论了功能材料在能源、智能航空航天等领域发展迅速的功能材料的组成、结构、性能、制备和应用。

本书在编写过程中参考了大量文献和著作,书后列出了主要的参考书籍名录,谨此表示深深的谢意,如有疏漏,敬请包涵。

由于编者水平有限,书中不足之处在所难免,恳请读者批评指正。

编者
2014年4月

目　　录

第1章 绪 论

1.1 功能材料的发展

材料是现代社会的物质基础,是现代文明的支柱。材料科学是基础科学,又是新技术革命的先导。功能材料涉及学科很广,与化学、物理学、数学、医学、生物学密切相关,是一个内容及其丰富的领域。材料的发展突出特征表现为:学科之间的相互交叉渗透,使得各学科之间的关系日益密切,互相促进,难以分割;材料科学技术化、材料技术科学化,材料科学与工程技术日益融合,相互促进;新材料、新技术、新工艺相互结合,为各个工程领域开拓了新的研究内容,带来了新的生命力和发展前景。

1.1.1 功能材料的发展概述和重要地位

功能材料(Functional Materials)的概念是美国 J. A. Morton 于 1965 年首先提出来的。是指那些具有优良的电学、磁学、光学、热学、声学、力学、化学、生物医学功能,特殊的物理、化学、生物学效应,能完成功能相互转化,主要用来制造各种功能元器件而被广泛应用于各类高科技领域的高新技术材料。功能材料是在工业技术和人类历史的发展过程中不断发展起来的。特别是近30多年以来,由于电子技术、激光技术、能源技术、信息技术以及空间技术等现代高技术的高速发展,强烈刺激现代材料向功能材料方向发展,使得新型功能材料异军突起,促进功能材料的快速发展。自 20 世纪 50 年代以来,随着微电子技术的发展和应用,半导体材料迅速发展;60 年代出现激光技术,光学材料面貌为之一新;70 年代出现光电子材料,80 年代形状记忆合金等智能材料得到迅速发展。随后,包括原子反应堆材料、太阳能材料、高效电池等能源材料和生物医用材料等迅速崛起,形成了现今较为完善的功能材料体系。

功能材料是新材料领域的核心,是国民经济、社会发展及国防建设的基础和先导。它涉及信息技术、生物工程技术、能源技术、纳米技术、环保技术、空间技术、计算机技术、海洋工程技术等现代高新技术及其产业。功能材料对我国高新技术的发展及新产业的形成具有重要意义。

功能材料种类繁多,用途广泛,正在形成一个规模宏大的高技术产业群,有着十分广阔的市场前景和极为重要的战略意义。世界各国均十分重视功能材料的研发与应用,它已成为世界各国新材料研究发展的热点和重点,也是世界各国高技术发展中战略竞争的热点。按使用性能分,功能材料可分为微电子材料、光电子材料、传感器材料、信息材料、生物医用材料、生态环境材料、能源材料和机敏(智能)材料。

功能材料是新材料领域的核心,对高新技术的发展起着重要的推动和支撑作用,在全球新材料研究领域中,功能材料约占 85%。随着信息社会的到来,特种功能材料对高新技术的发展起着重要的推动和支撑作用,是 21 世纪信息、生物、能源、环保、空间等高技术领域的关键材料,成为世界各国新材料领域研究开发的重点,也是各国高技术发展中战略竞争的热点。1989 年美国 200 多位科学家撰写了《90 年代的材料科学与材料工程》报告,建议政府支持的 6 类材料中有 5 类属于功能材料。从 1995 年至 2010 年每两年更新一次的《美国国家关键技术》报告中,特种功能材料和制品技术占了很大的比例。欧盟的第六框架计划和韩国的国家计划等在他们的最新科技发展计划中,均将功能材料技术列为关键技术之一加以重点支持。2001 年日本文部省科学技术政策研究所发布的第七次技术预测研究报告中列出了影响未来的一百项重要课题,一半以上为新材料或依赖于新材料发展的课题,而其中绝大部分均为功能材料。我国对功能材料的发展亦非常重视,在国家攻关 863、973 等计划中,功能材料均占了相当大的比例。在 863 计划支持下,开辟了超导材料、稀土功能材料、平板显示材料、生物医用材料、储氢等新能源材料,金刚石薄膜、红外隐身材料、高性能固体推进剂材料、材料设计与性能预测等功能材料新领域,取得了一批接近或达到国际先进水平的研究成果。功能陶瓷材料的研究开发取得了显著进展,以片式电子组件为目标,我国在高性能瓷料的研究上取得了突破,并在低烧瓷料和贱金属电极上形成了自己的特色并实现了产业化,使片式电容材料及其组件进入了世界先进行列;镍氢电池、锂离子电池的主要性能指标和生产工艺技术均达到了国际的先进水平,推动了镍氢电池的产业化;功能材料还在"两弹一星"、"四大装备四颗星"等国防工程中作出了举足轻重的贡献。各国都非常强调功能材料对发展本国国民经济、保卫国家安全、增进人民健康和提高人民生活质量等方面的突出作用。当前国际功能材料及其应用技术正面临新的突破,诸如超导材料、微电子材料、光子材料、信息材料、能源转换及储能材料、生态环境材料、生物医用材料及材料的分子、原子设计等正处于日新月异的发展之中,发展功能材料技术正在成为一些发达国家强化其经济及军事优势的重要手段。

我国国防现代化建设,如军事通信、航空、航天、导弹、热核聚变、激光武器、激光雷达、新型战斗机、主战坦克以及军用高能量密度组件等,都离不开特种功能材料的支撑。

2011 年教育部颁布的国家战略性新兴产业相关本科专业中就有功能材料,足显功能材料在国家战略及新兴产业中的重要性。

1.1.2 功能材料的现状和发展趋势

1. 功能材料的现状

当前,功能材料发展迅速,其研究和开发的热点集中在光电子信息材料、功能陶瓷材料、能源材料、生物医用材料、超导材料、功能高分子材料、功能复合材料、智能材料等领域。

现已开发的以物理功能材料最多,主要有:

(1)单功能材料

单功能材料如导电材料、介电材料、铁电材料、磁性材料、磁信息材料、发热材料、蓄热材料、隔热材料、热控材料、隔声材料、发声材料、光学材料、发光材料、激光材料、红外材料、光信息材料等。

(2)多功能材料

多功能材料如降噪材料、耐热密封材料、三防(防热、防激光和防核)材料、电磁材料等。

（3）功能转换材料

功能转换材料如压电材料、热电材料、光电材料、磁光材料、电光材料、声光材料、电（磁）流变材料、磁致伸缩材料等。

（4）复合和综合功能材料

复合和综合功能材料如形状记忆材料、传感材料、智能材料、显示材料、分离功能材料等。

（5）新形态和新概念功能材料

新形态和新概念功能材料如液晶材料、非晶态材料、梯度材料、纳米材料、非平衡材料等。

目前，化学和生物功能材料的种类虽较少，但发展速度很快，功能也更多样化。其中的储氢材料、锂离子电池材料、太阳电池材料、燃料电池材料和生物医学工程材料已在一些领域得到了应用。同时，功能材料的应用范围也迅速扩大，虽然在产量和产值上还不如结构材料，但其应用范围实际上已超过了结构材料，对各行业的发展产生了很大的影响。

2. 功能材料的发展趋势

高新技术的迅猛发展对功能材料的需求日益迫切，也对功能材料的发展产生了极大的推动作用。目前从国内外功能材料的研究动态看，功能材料的发展趋势可归纳为如下几个方面：

①开发高技术所需的新型功能材料，特别是尖端领域（如航空航天、分子电子学、高速信息、新能源、海洋技术和生命科学等）所需和在极端条件（如超高压、超高温、超低温、高热冲击、高真空、高辐射、粒子云、原子氧和核爆炸等）下工作的高性能功能材料。

②功能材料的功能由单功能向多功能和复合或综合功能发展，从低级功能向高级功能发展。

③功能材料和器件的一体化、高集成化、超微型化、高密积化和超分子化。

④功能材料和结构材料兼容，即功能材料结构化，结构材料功能化。

⑤发展和完善功能材料检测和评价的方法。

⑥进一步研究和发展功能材料的新概念、新工艺和新设计。已提出的新概念有梯度化、低维化、智能化、非平衡态、分子组装、杂化、超分子化和生物分子化等；已提出的新工艺有激光加工、离子注入、等离子技术、分子束外延、电子和离子束沉积、固相外延、精细刻蚀、生物技术及在特定条件下（如高温、高压、高真空、微重力、强电磁场和超净等）的工艺技术；已提出的新设计有化学模式识别设计、分子设计、非平衡态设计、量子化学和统计力学计算法等。

⑦加强功能材料的应用研究，扩展功能材料的应用领域，特别是尖端领域和民用高技术领域，迅速推广成熟的研究成果，以形成生产力。

1.2 功能材料的性能

1.2.1 半导体电性

根据能带理论，晶体中只有导带中的电子或价带顶部的空穴才能参与导电。由于半导体禁带宽度小于$2eV$，在外界作用下（如热、光辐射），电子跃迁到导带，价带中留下空穴。这种导带中的电子导电和价带中的空穴导电同时存在的情况，称为本征电导。这类半导体称为本征半导体。

杂质对半导体的导电性能影响很大,如若在硅单晶中掺入十万分之一的硼原子,可使硅的导电能力增加一千倍,杂质半导体分为 n 型半导体和 p 型半导体,在四价的硅单晶中掺入五价原子,成键后,多出一个电子,其能级离导带很近,易激发。这种多余电子的杂质能级称为施主能级。这类掺入施主杂质的半导体称为 n 型半导体,如图 1-1(a)所示,其中 E_D 为施主能级。

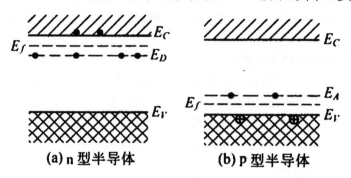

(a) n 型半导体　　　　**(b) p 型半导体**

图 1-1　n 型与 p 型半导体能带结构

若在硅中掺入三价原子,成键后少一个电子,在距价带很近处,出现一个空穴能级,这个空穴能级能容纳由价带激发上来的电子,这种杂质能级称为受主能级。受主杂质的半导体称为 p 型半导体,如图 1-1(b)所示,E_A 为受主能级。

n 型、p 型半导体的电导率与施主、受主杂质浓度有关。低温时,杂质起主要作用;高温时,属于本征电导性。

1.2.2　超导性

1911 年荷兰物理学家昂尼斯发现汞的直流电阻在 4.2K 时,突然消失,他认为汞进入以零电阻为特征的"超导态"。通常把电阻突然变为零的温度称为超导转变温度,或临界温度,用 T_c 表示。

而后迈斯纳发现了迈斯纳效应,即超导体一旦进入超导态,体内的磁通量将全部被排出体外,磁感应强度恒等于零。该效应展示了超导体与理想导体完全不同的磁性质。

所谓理想导体,其电导率 $\sigma = \infty$,由欧姆定律 $J = \sigma E$ 可知,其内部电场强度 E 必处处为零。由麦克斯韦方程 $\nabla \times E = -\partial B/\partial t$ 可知,当 $E = 0$,则 $\partial B/\partial t = 0$,表明超导体内 B 由初始条件确定,$B = B_0$。但实验结果表明,不论先降温后加磁场,还是先加磁场后降温,只要进入超导态(S 态),超导体就把全部磁通排出体外,与初始条件无关,如图 1-2 所示。

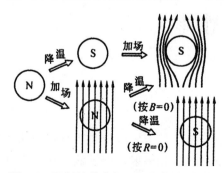

图 1-2　迈斯纳效应与理想导体情况比较

由此可知,电性质 $R=0$,磁性质 $B=0$ 是超导体两个最基本的特性,这两个性质既彼此独立又紧密相关。

1950 年美国科学家麦克斯韦和雷诺兹分别独立发现汞的几种同位素临界温度各不相同,T_c 满足关系式:$T_c \propto 1/M^{\alpha}(\alpha=1/2)$。这种同位素相对原子质量越小,$T_c$ 越高的现象称为同位素效应。汞同位素的临界温度见表 1-1。

表 1-1 汞同位素的临界温度

共相对原子质量 M	198	199.7	200.6	200.7	202.4	203.4
T_c/K	4.177	4.161	4.156	4.150	4.143	4.126

1.2.3 磁性

磁性是功能材料的一个重要性质,有些金属材料在外磁场作用下产生很强的磁化强度,外磁场除去后仍能保持相当大的永久磁性,这种特性叫铁磁性。铁、钴、镍和某些稀土金属都具有铁磁性。铁磁性材料的磁化率可高达 10^6。铁磁性材料所能达到的最大磁化强度叫饱和磁化强度,用 M_S 表示。

在有些非铁磁性材料中,相邻原子或离子的磁矩作反方向平行排列,总磁矩为零,这种性质为反铁磁性。Mn,Cr,MnO 等都属反铁磁性材料。

抗磁性是一种很弱、非永久性的磁性,只有在外磁场存在时才能维持,磁矩方向与外磁场相反,磁化率大约为 -10^{-5}。如果磁矩的方向与外磁场方向相同,则为顺磁性,磁导率约为 $10^{-5} \sim 10^{-2}$。这两类材料都被看作是无磁性的。

亚铁磁性是某些陶瓷材料表现的永久磁性,其饱和磁化强度比铁磁性材料低。

任何铁磁体和亚铁磁体,在温度低于居里温度 T_c 时,都是由磁畴组成,磁畴是磁矩方向相同的小区域,相邻磁畴之间的界叫畴壁。磁畴壁是一个有一定厚度的过渡层,在过渡层中磁矩方向逐渐改变。铁磁体和亚铁磁体在外磁场作用下磁化时,B 随 H 的变化如图 1-3 所示。

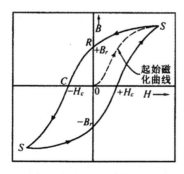

图 1-3 铁磁体和亚铁磁体的磁化曲线、退磁曲线和磁滞回线

1.2.4 光谱性质

人们关于原子和分子的大部分认识是以光谱研究为依据,从电磁辐射和材料的相互作用产

生的吸收光谱和发射光谱中,可以得到材料与其周围环境相互作用的信息。

　　激光光谱是指使物质产生发光时的激励光按频率分布的总体。通过激光光谱的测定可以确定有效吸收带的位置,即吸收光谱中哪些吸收带对产生某个荧光光谱带是有贡献的。

　　吸收光谱是指物质在光谱范围里的吸收系数按光频率分布的总体。一束光在通过物质之后有一部分能量被物质吸收,因此光强会减弱。发光物质的类型不同,吸收光谱也就随之不同。吸收光谱可直接表征发光中心与它的组成、结构的关系以及环境对它的影响,对发光材料的研究具有重要的作用。

　　发光物质发射光子的能量按频率分布的总体称为该物质的发射光谱。发射光谱同吸收光谱一样,取决于发光中心的组成、结构和周围介质的影响。

第 2 章　晶体学基础

2.1　晶 体 特 征

2.1.1　晶体的宏观特征

1. 规则的几何外形

正如人们所熟知的：晶体具有规则的几何外形，具有自发地形成封闭的几何多面体外形能力的性质。规则的几何多面体外形同时表明晶体内部结构是规则的。当然由于受到外界条件的影响同一晶体物质的各种不同样品的外形可能不完全一样，因而晶体的外形不是晶体品种的特征因素。在不同的生长条件下，同一种晶体的结晶形貌也会不同。晶体的结晶形貌除了与晶体结构有关之外，还与晶体生长时的物理及化学条件有一定的关系。

2. 有固定的熔点

晶体和非晶体的宏观性质有很大的不同，最明显的一个区别是，在固体熔化过程中，晶体有固定的熔点，而非晶体则没有。非晶体的熔化过程是随着温度的升高而逐渐完成的，如图 2-1 所示。

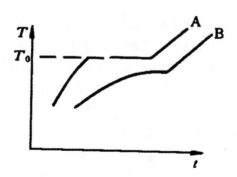

图 2-1　熔解时温度随时间的变化曲线

因为熔化的过程就是晶体长程序解体的过程，破坏长程序所需的能量就是平常说的熔解热，所以晶体当温度达到熔点时，继续加热温度不升高而等到全部熔化后才升高，即晶体具有一定的熔点。这也表明晶体内部结构的规则性是长程序的。

3. 晶面角守恒

在适当条件下,晶体能自发地发展成为一个凸多面体形的单晶体,围成这样一个多面体的面称为晶面。实验测定表明,同一晶体物质的各种不同样品中,相对应的各晶面之间的夹角保持恒定,例如图 2-2 所示,石英晶体的不同样品中 b,c 晶面夹角总是 $120°00'$,a,c 晶面间夹角总是 $113°08'$,所以晶面角才是晶体外形的特征因素。但晶面的相对大小和形状都是不重要的,所以可以用晶面法线的取向来表征晶面的方位,以法线之间的夹角来表征晶面之间的夹角。这个普遍的规律被概括为晶面角守恒定律:属于同一晶种的晶体,两个对应晶面间的夹角恒定不变。晶面角守恒表明同一种晶体,其内部结构的规则性是相同的。

图 2-2   石英晶体的若干外形图

4. 物理性质的各向异性

晶体是各向异性的。所谓各向异性,是指同一晶体在不同方向上具有不同的性质。例如,云母和方解石,它们都具有完好的解理性,受力后都是沿着一定方向裂开。晶体的各向异性表明晶体内部结构的规则性在不同方向上是不一样的。

晶体的这些宏观特征表明晶体中原子、分子或离子是按一定方式重复排列的。这种性质称为晶体结构的周期性,这是晶体最基本的特征。

2.1.2　空间点阵

晶体内的原子、离子、分子在三维空间作规则排列,这个规则本身指的是相同的部分具有直线周期平移的特点。为了概括晶体结构的周期性人们提出了空间点阵学说。

空间点阵学说认为,一个理想晶体是由全同的称作基元的结构单元在空间无限重复而构成。基元可以是原子、离子、分子,晶体中的所有基元的组成、位形和取向都是相同的。因此,晶体的内部结构可抽象为由一些相同的几何点在空间作周期性的无限分布,几何点代表基元的某个相同位置,点的总体就称作空间点阵,简称点阵,如图 2-3 所示。

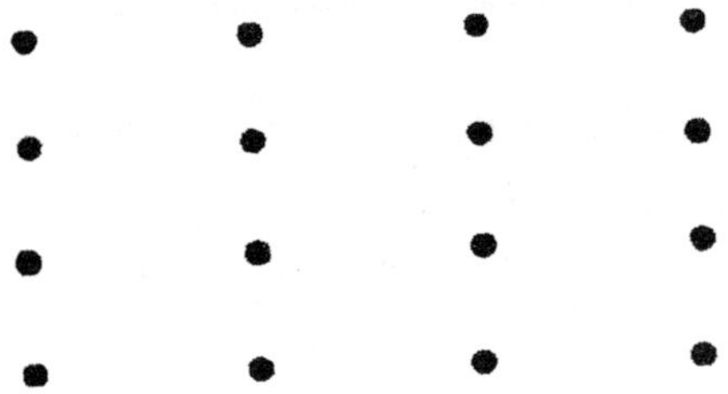

图 2-3   点阵

空间点阵是实际晶体结构的数学抽象，是一种空间几何构图。它突出了晶体结构中微粒排列周期性的特点。因此，在谈及晶体结构时是离不开它的。但只有点阵而无构成晶体的物理实体——微粒，则不会成为晶体。在讨论晶体时二者缺一不可，显然可得到如下的逻辑关系：

点阵＋基元＝晶体结构

此处的基元就是构成晶体中原子、离子、分子或原子基团。图 2-4 中(a)表示含有两个原子的基元，(b)中黑点组成点阵。每个黑点称作阵点上安置上具体的基元，就得到了晶体结构。

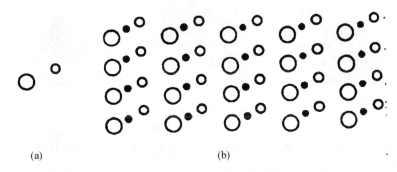

(a)　　　　　　　　(b)

图 2-4　点阵图

点阵是一种数学抽象，用来概括晶体结构的周期性。整个晶体结构可看作由代表基元的点沿空间三个不同的方向，按一定的距离周期性地平移而构成。因此空间点阵是由点阵矢量 R 联系的诸点列阵。

$$R = n_1 a_1 + n_2 a_2 + n_3 a_3$$

式中，a_1，a_2，a_3 代表三个方向上的晶格基矢量，n_1，n_2，n_3 是一组整数。

点阵概括了理想晶体的结构上的周期性，而这样的理想晶体实际上并不存在。只有在绝对零度下，并且忽略表面原子和体内原子的差别，忽略体内原子在排列时具有少量的不规则性时，理想晶体才是实际晶体的较好的近似。

2.1.3　晶向指数和晶面指数

晶格的格点可以看成是分列在一系列相互平行、等距的直线系上，这些直线系称为晶列。图 2-5 用实线和虚线表示出两个不同的晶列。即同一个点阵可以形成方向不同的晶列。

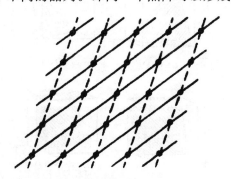

图 2-5　晶列

每一个晶列所指的方向称为晶向。如果从一个阵点沿晶向到最近的阵点的位移矢量如下：

$$l_1a_1+l_2a_2+l_3a_3$$

则晶向就可用 l_1,l_2,l_3 来表示,即 $[l_1\ l_2\ l_3]$。

晶体中所有阵点可以被划分成许多组平行等距的一组平面,这些平面点阵所处的平面称为晶面,这些平面称为平面簇,如图 2-6 所示。

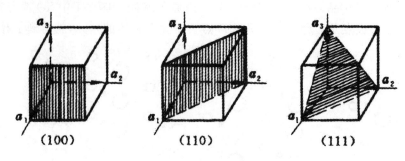

（100）　　　　　　　　（110）　　　　　　　　（111）

图 2-6　晶面示意图

晶向和晶面的生长、变形、性能及方向性等密切相关,因此在研究晶体中常常用到晶向和晶面的进行标示,这就是晶向指数和晶面指数,国际上统一用密勒指数来进行标定。密勒指数可以这样来确定:以晶胞中的一点 O 为原点,并作出沿 a_1,a_2,a_3 的轴。如果我们从原点顺序地考查一个个面切割第一轴的情况,显然必将遇到一个面切割在 $+a_1$ 或 $-a_1$。假使这是从原点算起的第 h_1 个面,那末晶面系的第一个面的截距必然是 $\pm a_1$ 的分数,可以写成下式:

$$a_1/h_1$$

同样可以论证第一个面在其他两个轴上的截距将为下式:

$$a_2/h_2 \text{ 和 } a_3/h_3$$

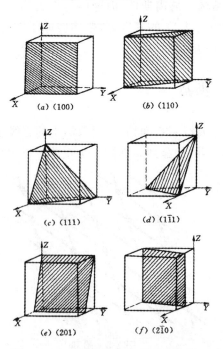

(a) (100)　　　　　　　　(b) (110)

(c) (111)　　　　　　　　(d) (1$\bar{1}$1)

(e) (201)　　　　　　　　(f) (2$\bar{1}$0)

图 2-7　立方晶格的几个晶面示意图

用 (h_1,h_2,h_3) 来标记这个晶面系,称为密勒指数。$|h_1|$,$|h_2|$,$|h_3|$ 表示等距的晶面分别把

基矢 $\pm a_1$，$\pm a_2$，$\pm a_3$ 分割的份数。若晶面系和某一个轴平行，截距将为 ∞，所以相应的密勒指数将为零。在图 2-7 中给出了简单立方晶格的几个晶面的密勒指数。

常见的晶面是密勒指数小的晶面系，这样的晶面间有较大的间距，晶面原子比较密集。

2.1.4　对称性

晶体的普遍特征是匀质、具有多面体外形和物理性能上的各向异性，而又异向同性的性质。这些性质反映着结晶体具有对称性的本质。

1. 对称性的基本概念

(1)分子与有限图形的对称

①对称操作。

对称性科学而严格的定义可以由对称元素和对称操作来描述。对一个具有对称性的图形，当施加某种操作时，可以发现，操作前后仅仅是图形中的各点发生了置换，而图形本身从始至终其几何构型并未发生变化。

如图 2-8 所示，BF_3 分子为平面分子，键角为 $120°$。当旋转一定角度后，可以得到一系列图形。图中（Ⅰ），（Ⅱ），（Ⅲ），（Ⅳ）都称为等价图形，其中（Ⅱ），（Ⅲ）对（Ⅰ）称为复原，而（Ⅳ）对（Ⅰ）称为完全复原。

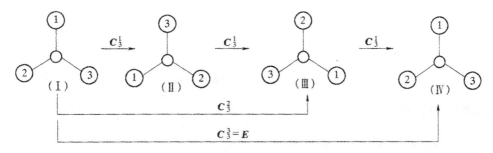

图 2-8　BF_3 的对称操作

这种经过以上不改变图形中任意两点间距离的操作后能够复原的图形称为对称图形。其中能使图形复原的操作称为对称操作，施行对称操作所依据的几何元素称为对称元素。

描述分子及有限图形对称性的对称操作有四种，即旋转-旋转轴、反映-镜面、倒反（反演）-对称中心和旋转倒反-反轴。

②对称操作的分类。

分子或一个有限对称图形中可能存在的对称操作可根据其操作特点分为两大类，若对称操作为直接实现，即具体操作直接产生等价图形，其结果能使两个等价图形真正叠合在一起，则此对称操作称为实动作；若对称操作只是在想象中实现，结果仅使对称图形与其映像相重合，则此对称操作称为虚动作。

(2)对称元素系

一个对称图形或对称分子中往往同时存在多个对称元素，当多个对称元素同时存在时，处于一定的相对位置上的两个对称元素可导出第三个对称元素，这称为对称元素的组合。对称元素的组合有两个镜面的组合、两个旋转轴的组合和偶次旋转轴偶的组合三种。

（3）点群

元素 $A,B,C,\cdots$ 的集合记为 G，当规定元素间的运算为"乘法"，其组合运算满足封闭性成立、结合律成立、存在单位元素和存在逆元素四个条件，则该集合 G 构成群。正确地判定给定分子所属的点群，是应用群论处理问题的基本前提；而正确地确定一个晶体所属的点群，是确定其所属空间群和进一步解决结构问题的重要依据。下面我们讨论一种确定点群的系统方法，其基本思路是"从特殊到一般"，具体步骤如图 2-9 所示。

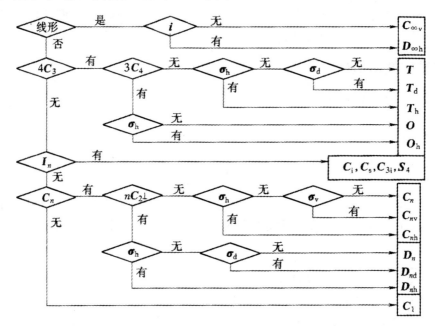

图 2-9　分子点群的确定步骤

2. 晶体的对称性

（1）有关晶体对称性的两个基本原理

①对称元素取向定理。

在晶体结构中任何对称轴必须与点阵结构中的一组直线点阵平行，与一组平面点阵垂直；任何对称面必须与一组平面点阵平面平行，与一组直线点阵垂直。若有一直线点阵与二次旋转轴不平行，旋转 2π 角度的对称操作将产生对应的直线点阵，新的直线点阵与原直线点阵不再满足点阵条件。

②对称轴轴次定理。

晶体的点阵结构对于对称轴，包括旋转轴、反轴和螺旋轴的轴次也有一定的限制，即所有对称仅限于 $n=1,2,3,4,6$。即晶体中不存在五次及高于六次的对称轴。

（2）晶体的宏观对称元素和 32 点群

由于晶体的对称性受到点阵的制约，晶体的宏观对称元素就只可能有 8 个，它们是对称中心，镜面，四次反轴和一、二、三、四、六次旋转轴，将这 8 个宏观对称元素及相应操作列于表2-1中。

表 2-1　晶体中的宏观对称元素

对称元素	国际记号	对称操作	等同元素或组合成分
对称中心	i	倒反 I	1
反映面(或镜面)	m	反映 M	2
一次旋转轴	$\underline{1}$	旋转 $L(0)$	
二次旋转轴	$\underline{2}$	旋转 $L(180°)$	
三次旋转轴	3	旋转 $L(180°)$	
四次旋转轴	$\underline{4}$	旋转 $L(90°)$	
六次旋转轴	$\overline{6}$	旋转 $L(60°)$	
四次反轴	$\overline{4}$	旋转倒反 L	

　　晶体中可能只存在一个宏观对称元素,也可能有两个以上对称元素按一定的方式组合起来而共同存在。当两个元素组合时必须严格遵从两个条件的限制:各对称元素必须通过一个公共点,并且组合结果不得有五次及六次以上的对称轴出现。在这样的条件下,宏观对称元素组合的类型只可能有 32 种,相应的对称操作群即为晶体学 32 点群。

　　(3)晶系与晶体的空间点阵型式

　　①晶系。

　　根据晶体的对称性,可将晶体分为 7 个晶系,每个晶系有它自己的特征对称元素,按特征对称元素的有无为标准,沿表 2-2 中从上而下的顺序划分晶系。当根据晶体的特征对称元素确定其所属晶系后,它的晶胞通常应按表 2-2 中第 3 列所示规定去划分,并且按第 4 列的方法选择晶轴,按以上规定划分的晶胞,为该晶系的正当晶胞。

表 2-2　晶系的划分和选择晶轴的方法

晶系	特征对称元素	晶胞类型	选择晶轴的方法
立方	4 个按立方体的对角线取向的三次旋转轴	$a=b=c$ $\alpha=\beta=\gamma=90°$	4 个三次轴和立方体的 4 个对角线平行,立方体的 3 个互相垂直的边即 a,b,c 的方向。a,b,c 与三次轴的夹角为 $54°44'$
六方	六次立方轴	$a=b\neq c$ $\alpha=\beta=90°,\gamma=120°$	c∥六次对称轴,a,b∥二次轴或⊥对称面,或 a,b 选⊥c 的恰当的晶棱
四方	四次对称轴	$a=b\neq c$ $\alpha=\beta=\gamma=90°$	c∥四次对称轴,a,b∥二次轴或⊥对称面,或 a,b 选⊥c 的晶棱
三方	三次对称轴	菱面晶胞 $a=b=c$ $\alpha=\beta=\gamma<120°\neq90°$ 六方晶胞 $a=b\neq c$ $\alpha=\beta=90°,\gamma=120°$	a,b,c 选 3 个与三次轴交成等角的晶棱,c∥三次轴,a,b∥二次轴或⊥对称面,或 a,b 选⊥c 的晶棱

续表

晶系	特征对称元素	晶胞类型	选择晶轴的方法
正交	2个相互垂直的对称面或3个相互垂直的二次对称轴	$a \neq b \neq c$ $\alpha = \beta = \gamma = 90°$	$a, b, c /\!/$ 二次轴或 $\perp$ 对称面
单斜	二次对称轴或对称面	$a \neq b \neq c$ $\alpha = \beta = 90° \neq \gamma$	$b /\!/$ 二次轴或 $\perp$ 对称面, a, c 选 $\perp b$ 的晶棱
无	无	$a \neq b \neq c$ $\alpha \neq \beta \neq \gamma$	a, b, c 三个不共面的晶棱

晶体所属晶系是由特征对称元素的有无来确定的,而不是由晶胞的形状决定。表 2-2 晶胞类型一栏中的"≠"符号,要理解为晶体的对称性不要求它相等。

7 个晶系按照对称性的高低可以划分三个晶族:有多个高次对称轴($n>2$)的立方晶系为高级晶族;只有 1 个高次对称轴的六方晶系、四方晶系和三方晶系为中级晶族,没有高次对称轴的正交晶系、单斜晶系和三斜晶系为低级晶族。

②空间点阵型式。

根据晶体点阵结构的对称性,空间格子可以划分出与 7 个晶系晶胞类型相应的 7 种形状的素单位。为满足点阵的要求,有时要取复单位作为正当格子,复单位有三种:平行六面体中心带一点阵点的体心(I),一对互相平行的面中心各带一点阵点的底心(C)及六个面的中心都具有点阵点的面心(F)。带心格子中不可能有四个面中心带点的形式(见图 2-10),连接相邻两个面的中心点 A, B 所得向量移至原点,可清楚地看出,其另一端设有相应的点阵点。

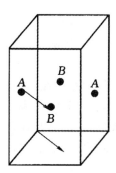

图 2-10　四个面带点的个子不阵点单位

根据点阵的特性,点阵中全部点阵点都具有相同的周围环境,各点的对称性都相同,当按晶系的对称性划分出正当点阵单位后,除了各素单位外,尚有不同的复单位存在。立方晶系有三种型式:简单立方(cP)、体心立方(cI)、面心立方(cF)。又如单斜晶系 C 面带心格子,即单斜 C 格子(mC)是必要的,而单斜体心和单斜面心都可划为单斜 C(见图 2-11)。

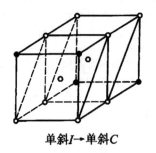
单斜I→单斜C

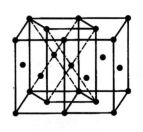
单斜F→单斜C

图 2-11　单斜晶系带心格子

由于每个晶系的对称性不同,可选取不同形状的素格子和不同数目的复格子作为正当格子,这样 7 个晶系共有 14 种点阵型式。这 14 种点阵型式最早由 Bravais 推得,又称为 Bravais 点阵型式或 Bravais 格子,其图形如图 2-12 所示。

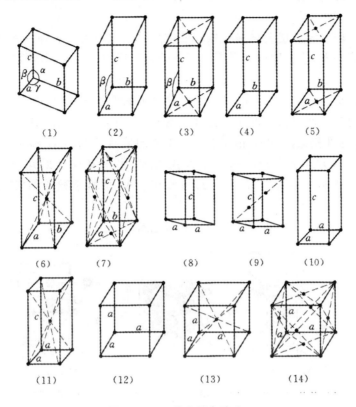

图 2-12　14 种空间点阵式

(1)简单三斜(aP);(2)简单单斜(mP);(3)C 心单斜(mC);
(4)简单正交(oP);(5)C 心正交(oC);(6)体心正交(oI);
(7)面心正交(oF);(8)简单六方(hP);(9)R 心立方(hR);
(10)简单四方(tP);(11)体心四方(tI);(12)简单立方(cP);
(13)体心立方(cI);(14)面心立方(cF)

2.2　晶体结构

2.2.1　金属晶体

金属晶体中的金属原子可以看成是半径相等的圆球,这些等径圆球在三维空间堆积构建而成的模型叫做金属晶体的堆积模型。金属晶体中的原子不受邻近质点的异号电荷和化学量比的限制,在一个金属原子的周围可以围绕着尽可能多的符合几何图形的原子。这样的结构充分利用了空间,使体系的势能尽可能降低,使体系稳定。因此金属晶格是具有较高配位数的紧密型堆积。

等径圆球密置层是单层等径圆球的排列,每个球与周围其他六个球相接触,是沿二维空间伸展的等径圆球密堆积唯一的一种排列方式。

上下两个等径圆球密置层要做最密堆积使空隙最小也只有一种唯一堆积方式,就是将两个密置层平行地错开一点,使上层球的投影位置正落在下层中三个球所围成的空隙的中心上,并使两层紧密接触。这时上下两层圆球形成的空隙为正四面体空隙和正八面体空隙。

把下层球标记为 A 层,上层为 B 层。当在 B 层上面再放第三层,就有两种方式,一种是将这层球的投影位置对准前两层组成的正八面体空隙中心,并与 B 层紧密接触。该层标记为 C 层。重复进行 ABC 层的堆积,这样得到的结构为 $A1$ 型的最密堆积。$A1$ 型密堆积的晶格结构是面心立方结构。另一种方式是其投影完全与 A 层重叠,放在 B 层上面并与 B 层紧密接触,重复 AB 层的堆积,这样得到的结构为 $A3$ 型的最密堆积。$A3$ 型密堆积的晶格结构为六方最密堆积结构。

图 2-13 为 $A1$ 和 $A3$ 型密堆积结构的分解示意图。

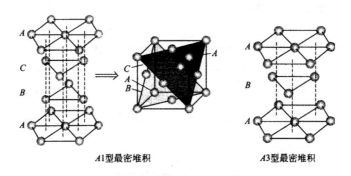

A1型最密堆积　　　　　　　A3型最密堆积

图 2-13　最密堆积结构分解示意图

还有一种体心立方结构,即 $A2$ 型密堆积。体心立方不是最密堆积,但仍是一种高配位密堆积结构。

常见的金属晶体结构共有 3 种:面心立方结构（FCC）、体心立方结构（BCC）和六方密堆结构（HCP）。除了晶格参数的不同,每种结构都有其特定的配位数、致密度、晶胞原子数以及间隙结构等。

1. 晶胞原子个数

图 2-14 为具有面心立方结构的单个晶胞的等径圆球模型。实际的晶体由大量这样的晶胞堆砌而成,处于晶胞顶角上的原子为几个晶胞所共有,对立方结构来说是 8 个晶胞共享一个原子,晶胞面上的原子为相邻两个晶胞所共有。由此可以计算出单个晶胞所包含的原子数 n。对于面心立方结构,每个顶角含 1/8 个原子,每个面心含 1/2 个原子,所以原子个数 n 为:

$$n=8\times1/8+6\times1/2=4$$

图 2-15 和图 2-16 分别为具有六方密堆结构和体心立方结构的单个晶胞的等径圆球模型。同理可计算出这两种结构的每个晶胞所含原子数分别为 6 和 2。

2. 配位数

配位数是指晶体结构中,与任一原子最近邻并且等距离的原子数。$A1$ 和 $A3$ 型晶体中每个原子都与 12 个同种原子相接触,所以面心立方结构和六方密堆结构的配位数都是 12。体心立

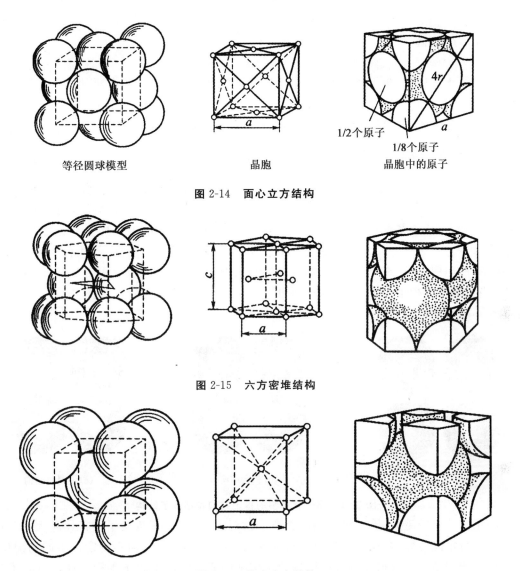

等径圆球模型　　　　　晶胞　　　　　1/2个原子
　　　　　　　　　　　　　　　　　　　1/8个原子
　　　　　　　　　　　　　　　　　　　晶胞中的原子

图 2-14　面心立方结构

图 2-15　六方密堆结构

图 2-16　体心立方结构

方结构的配位数为 8。

3.密堆系数

　　原子排列的紧密程度用晶胞中原子所占的体积分数表示,称为堆积系数。面心立方结构、六方密堆结构和体心立方结构的堆积系数分别为 0.74、0.74 和 0.68。

　　室温下,在常见的金属中,碱金属一般都是体心立方结构;碱土金属元素中 Be,Mg 属于六方密堆结构;Ba 属于体心立方结构;Cu,Ag,Au 属于面心立方结构;Ca 既有面心立方结构也有六方密堆结构;Zn,Cd 属于六方密堆结构。有些金属在较高温度下会发生晶形转变。例如室温下为面心立方结构的 Ca 在高于 447℃时转变为体心立方结构;体心立方结构的 Fe 在高于 912℃时转变为面心立方结构。

2.2.2 离子晶体

离子键既无方向性,也无饱和性,倾向于紧密堆积结构。离子键是由两种相反电荷的离子构成的,正负离子半径也存在差异,因而在离子晶体中,无方向性也无饱和性导致离子周围可以尽量多地排列异号离子,而这些异号离子之间也存在斥力,故要尽量远离。

1. 离子晶体结构与鲍林规则

鲍林第一规则是关于负离子配位多面体的形成的。在晶体结构中的一般负离子要比正离子大,负离子作紧密堆积,正离子充填在负离子形成的配位多面体空隙中。正负离子间的平衡距离 $r_0 = r^+ + r^-$,相当于能量最稳定状态,因此离子晶体结构应该满足正负离子半径之和等于平衡距离这个条件。考虑一个二元化合物的二维结构,如图 2-17 所示,正离子(浅色小球)被负离子(深色大球)所包围,当正离子足够大时,就能够与周围的负离子接触,形成图 2-17(a)和(b)的稳定结构;当正离子半径小于某个值时,就再也不能与周围的负离子接触,如图 2-17(c)所示,这样的结构是不稳定的。

(a)稳定结构　　　　　　(b)稳定结构　　　　　　(c)不稳定结构

图 2-17　离子化合物的稳定结构和不稳定结构

中心正离子半径越大,周围可容纳的负离子就越多。因此,正负离子半径比越大,配位数就越高。对于特定配位数,存在一个半径比的临界值,高于此值,则结构不稳定。不同的配位数对应于不同的堆积结构。根据各种堆积结构的间隙刚好能容纳的正离子半径而计算得到了表 2-3 中配位数及堆积结构与正负离子半径比的关系。以八面体间隙为例,如图 2-18 所示,计算出正负离子比值为 0.414,此时正负离子刚好能接触,即具有图 2-17(b)的稳定结构。当比值小于此值时,正离子太小,则倾向于填入四面体空隙中。

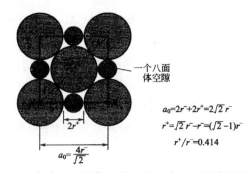

一个八面体空隙

$$a_0 = 2r^- + 2r^+ = 2\sqrt{2}\,r^-$$
$$r^+ = \sqrt{2}\,r^- - r^- = (\sqrt{2}-1)r^-$$
$$r^+/r^- = 0.414$$

$2r^+$

$$a_0 = \frac{4r^-}{\sqrt{2}}$$

图 2-18　负离子八面体空隙容纳正离子时的半径比计算

表 2-3　正负离子半径比与配位数及堆积结构的关系

正负离子半径比	配位数	堆积结构
<0.155	2	
0.155~0.225	3	
0.225~0.414	4	
0.414~0.732	6	
0.732~1.000	8	
约 1.000	12	

　　鲍林第二规则指出:在离子的堆积结构中必须保持局域的电中性。电中性可用静电键强值衡量,它是正离子的形式电荷与其配位数的比值。例如,Al 的形式电荷为 $+3$,配位数为 6,则静电键强为 1/2。为保持电中性,负离子所获得的总键强应与负离子的电荷数相等。

　　从整体上看,晶体为电中性的,因此一定电荷的正离子与负离子必须按一定的比例相结合,以保持电中性。例如每两个 Al^{3+} 需要三个 O^{2-} 使电荷平衡,晶体结构中必须保持这样的正负离子比例。离子晶体的结构受正负离子的电荷数影响。例如,正负电荷数为 2∶1 的 AB_2 型化合物不能形成 AB 型离子晶体。

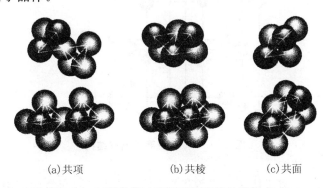

(a)共顶　　　　　(b)共棱　　　　　(c)共面

图 2-19　四面体(上)和八面体(下)的连接方式

　　鲍林第三规则是多面体的可能连接方式有共顶、共棱和共面三种,如图 2-19 所示。稳定结构倾向于共顶连接,因为当采取共棱和共面连接时,正离子的距离缩短,增大了正离子之间的排斥,从而导致不稳定结构。

　　鲍林第四规则指出:若晶体结构中含有一种以上的正离子,则高电价、低配位的多面体之间有尽可能彼此互不连接的趋势。

鲍林第五规则指出:晶体中配位多面体类型倾向于最少。

2. 二元离子晶体结构

很多无机化合物晶体都是基于负离子(X)的准紧密堆积,而金属正离子(M)置于负离子晶格的四面体或八面体间隙。

(1)CsCl 型结构

CsCl 型晶体结构为是简单的离子晶体结构,正负离子均构成空心立方体,相互成为对方立方体的体心,正负离子的配位数均为 8。每个晶胞中有 1 个负离子和 1 个正离子,组成为 1∶1,如图 2-20 所示。CsCl、CsBr 和 CsI 的晶体结构均属于 CsCl 结构。

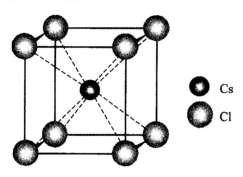

图 2-20　CsCl 型晶体结构

(2)岩盐型结构

岩盐型结构是最常见的二元离子化合物结构,在至今为止所研究的四百种化合物中,超过一半是属于岩盐结构的。岩盐型结构的代表是 NaCl。这种结构中,正负离子的配位数都是 6,负离子按面心立方排列,正离子处于八面体间隙位,形成正离子的面心立方阵列,如图 2-21 所示。

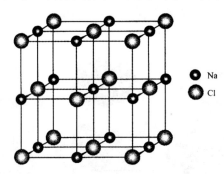

图 2-21　NaCl 型离子晶体结构

(3)萤石和反萤石型结构

在这类晶体结构中,负离子按面心立方排列,正离子处于四面体的间隙位,即每个面心立方晶格填入 8 个正离子,如图 2-22 所示。这样,正离子的配位数为 4,负离子的配位数为 8,组成为 2∶1。这种晶体结构与萤石(CaF_2 晶体)的结构类似,但正负离子位置刚好互换,故称之为反萤石型结构。Li_2O、Na_2O、K_2O、Rb_2O 及其硫化物的晶体均属于反萤石型结构。反萤石型结构中的正负离子位置互换,就是萤石型结构,其正负离子的配位数分别为 8 和 4,组成为 1∶2。半径较大的 2 价正离子(如 2 价的 Ca、Sr、Ba、Cd、Hg、Pb)氟化物的晶体和半径较大的 4 价正离子(如四价的 Zr、Hf、Th)氧化物倾向于形成这种结构。

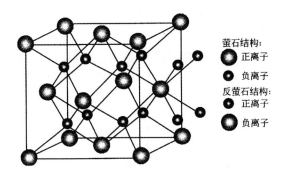

图 2-22　萤石和反萤石晶体结构

（4）闪锌矿型结构

闪锌矿型结构的代表为 ZnS。在这种结构中,正负离子配位数均为 4,负离子按面心立方排列,正离子填于半数的四面体间隙位,形成正离子的面心立方阵列。其结果是每个离子与相邻的 4 个异号离子构成正四面体,如图 2-23 所示。

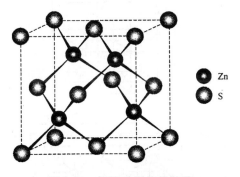

图 2-23　闪锌矿型晶体结构

（5）金红石型结构

TiO_2 俗称晶体金红石,其晶体的结构称为金红石型结构。在金红石晶体中,O^{2-} 呈变形的六方密堆,O^{2-} 在晶胞上下底面的面对角线方向各有 2 个,在晶胞半高的另一个面对角线方向也有 2 个,Ti^{4+} 在晶胞顶点及体心。O^{2-} 的配位数是 3,形成$[OTi_3]$平面三角单元。Ti^{4+} 离子的配位数是 6,形成$[TiO_6]$八面体,如图 2-24 所示。晶胞中正负离子组成比为 1:2。金红石型结构的晶体还有 GeO_2、SnO_2、PbO_2、VO_2、NbO_2、TeO_2、MnO_2、RuO_2、OsO_2 和 IrO_2。

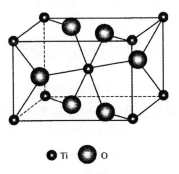

图 2-24　金红石型结构

3.多元离子晶体结构

在离子晶体中,负离子通过紧密堆积形成多面体,多面体的空隙中可以填入超过一种正离子,故形成多元离子晶体结构。其中尖晶石型结构和钙钛矿型结构是较为常见的多元离子晶体结构。

(1)尖晶石型结构

尖晶石结构的化学通式为 AB_2O_4,其中 A 是 2 价金属离子如 Mg^{2+}、Mn^{2+}、Fe^{2+}、Co^{2+}、Ni^{2+}、Zn^{2+}、Cd^{2+} 等,B 是 3 价金属离子如 Al^{3+}、Cr^{3+}、Ga^{3+}、Fe^{3+}、Co^{3+} 等。尖晶石结构的典型代表是镁铝尖晶石 $MgAl_2O_4$,属于这种结构是离子晶体中的一个大类,有一百多种化合物。尖晶石型结构如图 2-25 所示,负离子 O^{2-} 为立方紧密堆积排列,A 离子填入四面体空隙位,配位数为 4,B 离子处于八面体空隙位,配位数为 6。每个晶胞可分成 8 个小立方体,这些小立方体按质点排列的不同可分为两种类型,两种 X、Y 方块交错排列。

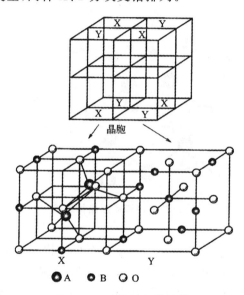

图 2-25　尖晶石晶体结构

(2)钙钛矿型结构

钙钛矿的组成为 $CaTiO_3$,化学通式为 ABX_3,其中 A 是 1 价或 2 价的金属离子,B 是 4 价或 5 价的金属离子,X 通常为 O。以钙钛矿 $CaTiO_3$ 为例。如图 2-26 所示,O^{2-} 按简单立方紧密堆积排列,Ca^{2+} 在 8 个八面体形成的空隙中,被 12 个 O^{2-} 包围,Ti^{4+} 在 O^{2-} 的八面体中心,被 6 个 O^{2-} 包围。

在钙钛矿结构中,只要满足晶体的电中性要求,正离子的组合可以有很多种,例如 $NaWO_3$、$CaSnO_3$ 和 $YAlO_3$ 都可形成钙钛矿型的晶体结构及其变种。温度下降将引起钙钛矿结构畸变,对称性下降。如果两个轴向发生畸变,则成为正交晶系。畸变会导致钙钛矿晶体结构中正、负电荷中心不重合,晶胞中产生偶极矩,此现象称为自发极化。在没有外加影响时,自发极化的方向是随机的,各个方向相互抵消,宏观上不呈现极性。当对晶体施加一个直流电场时,那么所有自发极化将顺着电场方向而排列,宏观上呈现出很强的极性。

一些 AX_3 型化合物把体心正离子去掉也具有类似于这种钙钛矿结构。例如 ReO_3、WO_3、

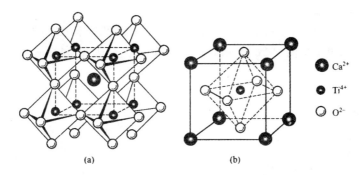

图 2-26　钙钛矿型晶体结构

NbO_3、NbF_3 和 TaF_3 等,以及氟氧化物如 $TiOF_2$ 和 $MoOF_2$ 都具有这样的结构。

2.2.3　硅酸盐结构

硅酸盐地壳的组成的主成分,也是生产水泥、普通陶瓷、玻璃、耐火材料的主要原料。O 和 Si 的电负性差为 1.7,刚好处于离子键和共价键的分界,Si—O 键有相当高的共价键成分,估计离子键和共价键大约各占一半,所以硅酸盐与一般的离子晶体有不同的结构特征。

在硅酸盐中,每个 Si 与 4 个 O 结合成[SiO_4]四面体,作为硅酸盐的基本结构单元。这些四面体即可以相互孤立地存在,又可以连接在一起,剩余的负电荷由金属离子的正电荷平衡。[SiO_4]四面体通过共用一个氧原子连接起来,而每个氧原子最多只能被两个[SiO_4]四面体共用。被共用的氧原子称为桥氧,与两个硅原子键合;其余的氧原子称为非桥氧,只与一个硅原子结合。桥氧的数量反映在组成上就是 O/Si 的比例。例如桥氧数量为 0,则 O/Si 为 4;而 4 个桥氧对应的 O/Si 值为 2,也就是 SiO_2。显然,桥氧越多,连接在一起的[SiO_4]四面体就越多。[SiO_4]四面体连接数量的变化,导致硅酸盐结构的多样化。

(1)岛状硅酸盐

岛状硅酸盐中,[SiO_4]$^{4-}$ 四面体以孤岛状存在,无桥氧。结构中 O/Si 值为 4。每个 O^{2-} 一侧与 1 个 Si^{4+} 连接,一侧与其他金属离子相配位使电价平衡。[SiO_4]$^{4-}$ 作为负离子,再和一种金属正离子配位,这样的结构可以看作伪二元结构的离子化合物,如橄榄石 Mg_2SiO_4 和 Fe_2SiO_4。

镁橄榄石 Mg_2SiO_4 的结构如图 2-27 所示。镁橄榄石属斜方晶系,O^{2-} 近似于六方最紧密堆积排列,Si^{4+} 填入 1/8 的四面体空隙位,Mg^{2+} 处在一半的八面体空隙位。每个[SiO_4]四面体被[MgO_6]八面体所隔开呈孤岛状分布。

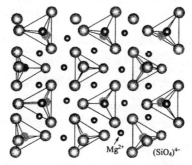

图 2-27　镁橄榄石 Mg_2SiO_4 的晶体结构

（2）环状和链状硅酸盐

每个[SiO₄]四面体含有两个桥氧时，可形成环状和单链状结构的硅酸盐，此时 O/Si 比值为3。也可以形成双链结构，如图 2-28 所示，此时桥氧的数目为 2 和 3 相互交错，O/Si 比值为2.75。

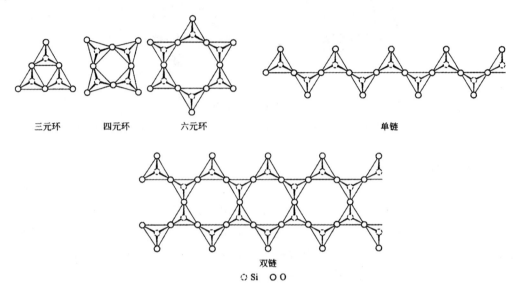

三元环　　四元环　　六元环　　　　　　　　单链

双链

○ Si ○ O

图 2-28　环状和链状硅酸盐结构示意图

绿宝石 $Be_3Al_2[Si_6O_{18}]$ 的负离子单元是由 6 个 $[SiO_4]^{4-}$ 四面体组成的六元环。六元环中的 1 个 Si^{4+} 和 2 个 O^{2-} 处在同一高度，环与环相叠起来，通过 Be^{2+} 和 Al^{3+} 连接。六元环内没有其他离子存在，使晶体结构中存在大的环形空腔。低价小半径正离子存在时，在直流电场中，晶体会表现出显著的离子电导，在交流电场中会有较大的介电损耗。同时，大的空腔为质点热振动提供空间，使晶体宏观上表现出较小的膨胀系数。

单链状结构硅酸盐的代表是辉石类矿物，化学通式为 $XY[Si_2O_6]$，式中 X 和 Y 为正离子，通常 X 的半径比 Y 大。结构中每一个硅氧四面体均以两个角顶相互共用，连接成沿一个方向无限延伸的单链。链间借 Mg、Fe、Ca、Al 等金属离子相连。

（3）层状硅酸盐

层状硅酸盐晶体结构中每个[SiO₄]含有 3 个桥氧时，O/Si 值为 2.5。[SiO₄]通过 3 个桥氧在二维平面内延伸形成硅氧四面体层，在层内[SiO₄]之间形成六元环状，另外一个顶角共同朝一个方向，如图 2-29 所示。层外未饱和的非桥氧则需要与其他正离子连接，构成金属氧化物[MO₆]八面体层。八面体层中有一些 O^{2-} 不能与 Si^{4+} 配位，因而剩余电价就要由 H^+ 来平衡，所以层状结构中都有 OH^- 出现。这样，在层状硅酸盐晶体中，存在[SiO₄]四面体层和[MO₆]八面体层。

层状硅酸盐结构中各层排列方式有两种，一种是两层型：由一层[SiO₄]和一层[MO₆]组合作为层单元，然后重复堆叠；另一种三层型：由两层[SiO₄]层间夹一层[MO₆]作为层单元，然后重复堆叠。单元组层内质点之间是化学键结合，而单元层之间依靠分子间键或者氢键结合，结合力较弱，很容易在层间渗入水分子或沿层间解理。

两层型硅酸盐的一个例子是高岭石，化学式为 $Al_4[Si_4O_{10}](OH)_8$，层单元横截面的结构如

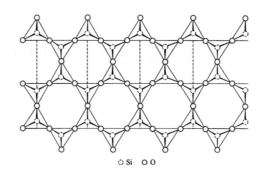

○ Si　○ O

图 2-29　层状硅酸盐结构示意图

图 2-30 所示。层单元是由硅氧层和水铝石层组成的两层结构,整个晶体由这些层单元平行叠放构成。Al^{3+} 配位数为 6,2 个是 O^{2-},4 个是 OH^-,形成 $[AlO_2(OH)_4]$ 八面体,两个 O^{2-} 把水铝石层和硅氧层连接起来。层单元在平行叠放时水铝石层 OH^- 与硅氧层的 O^{2-} 相接触,层间靠氢键来结合。所以,高岭石相对于层单元间靠分子间力结合的三层结构硅酸盐来说,水分子不易进入层单元之间,晶体不会因为水含量增加而膨胀。由鲍林静电价键规则可算出层单元中的 O^{2-} 电价是平衡的,所以,高岭石的单元层间只能靠物理键来结合,这一结构特征导致了高岭石容易解理成片状的小晶体。

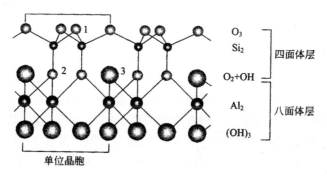

$$O_3$$
$$Si_2$$　四面体层
$$O_2+OH$$
$$Al_2$$　八面体层
$$(OH)_3$$

单位晶胞

图 2-30　高岭石结构示意图

三层型硅酸盐的代表是滑石,化学式为 $Mg_3[Si_4O_{10}](OH)_2$,层单元横截面的结构如图 2-31 所示。两个硅氧层的非桥氧指向相反,中间通过水镁石层连接,形成三层结构的层单元。水镁石层中 Mg^{2+} 的配位数为 6,4 个是 O^{2-},2 个是 OH^-,形成 $[MgO_4(OH)_2]$ 八面体。层单元中活性氧的电价是饱和的,同时 OH^- 中的氧的电价也是饱和的,因此层单元内呈电中性。层间靠分子间力来结合,使层间易相对滑动,滑石晶体有良好的片状解理特性和滑腻感。

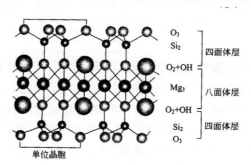

$$O_3$$
$$Si_2$$　四面体层
$$O_2+OH$$
$$Mg_3$$　八面体层
$$O_2+OH$$
$$Si_2$$　四面体层
$$O_3$$

单位晶胞

图 2-31　滑石结构示意图

（4）架状硅酸盐

当［SiO₄］四面体中的 4 个氧全部为桥氧时，四面体将连接成网架结构。O/Si 值为 2，化学式为 SiO₂。在不同的温度下，SiO₂ 可形成不同的晶态结构，石英是其中的一种，它在 870℃则转变成鳞石英；在温度达到 1470℃时可转变成方石英。图 2-32 为 α-方石英的结构示意图，其中 Si^{4+} 按金刚石结构进行排列，在每 2 个 Si^{4+} 之间插入 1 个 O^{2-}。Si－O 的共价键性质，因此，通常把 SiO₂ 晶体归为原子晶体。

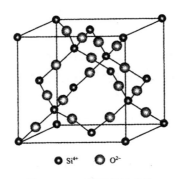

● Si^{4+}　◎ O^{2-}

图 2-32　α-方石英的结构

SiO₂ 结构中 Si－O 键的强度很高，键力比较均匀，因此 SiO₂ 晶体的熔点高、硬度大、化学稳定性好，无明显解理。

2.2.4　共价晶体

原子间通过共价键结合成的具有空间网状结构的晶体称为共价晶体。如金刚石、晶体硅、碳化硅、石英晶体等，都属于共价晶体。金刚石是单质碳的一种结构形态，其结构与闪锌矿的结构类似，只是把所有质点换成碳原子，C 的配位数为 4，每个晶胞中共有 8 个 C 原子，分别位于立方面心的所有结点位置和交替分布在立方体内 8 个小立方体中的 4 个小立方体的中心。由于 C－C 之间形成很强的共价键，所以金刚石具有非常高的硬度和熔点，其硬度是自然界所有物质中为最高的，所以常被用作高硬切割材料和磨料以及钻井用钻头。

2.3　晶体缺陷

实际晶体中质点的排列往往存在某种不规则性或不完善性，表现为晶体结构中局部范围内，质点的排布偏离周期性重复的空间点阵规律而出现错乱的现象。实际晶体中原子偏离理想的周期性排列的区域称作晶体缺陷。

晶体的缺陷对晶体的生长、晶体的力学性能，以及电、磁、光等性能均有很大影响，在某些材料应用中，晶体缺陷是必不可少的。在材料设计过程中，为了使材料具有某些特性，或使某些特性加强，需要人为地引入合适的缺陷。相反，有些缺陷却使材料的性能明显下降，这样的缺陷应尽量避免。由此可见，研究晶体缺陷是材料科学的一个重要的内容。

晶体中的缺陷按几何维度划分可分为点缺陷、线缺陷、面缺陷和体缺陷，其延伸范围分别是零维、一维、二维和三维。

2.3.1　点缺陷

点缺陷是在晶体晶格结点上或邻近区域偏离其正常结构的一种缺陷,它的尺寸都很小,属于零维缺陷,只限于一个或几个晶格常数范围内。根据点缺陷对理想晶格偏离的几何位置及成分,可以把点缺陷划分为空位、间隙原子和杂质原子这三种类型。

正常结点没有被原子或离子所占据,成为空结点,称为空位。空位的出现,会导致附近小范围内的原子偏离平衡位置,使晶格发生畸变。

原子进入晶格中正常结点之间的间隙位置,成为间隙原子。这种间隙原子来自于晶体自身,也称为自间隙原子。间隙中挤进原子时,会使周围的晶格发生畸变。

当外来原子进入晶格时,取代原来晶格中的原子而进入正常结点的位置,或进入点阵中的间隙位置,成为杂质原子。杂质原子挤进间隙后,也会引起周围的晶格畸变;若杂质原子通过置换进入晶格,则由于与原来的基质原子在半径上有差异,周围附近的原子也会偏离平衡位置,造成晶格畸变。

如果点缺陷中所涉及的是离子而非原子,则相应称为间隙离子或杂质离子。图 2-33 为这几种点缺陷的示意图。

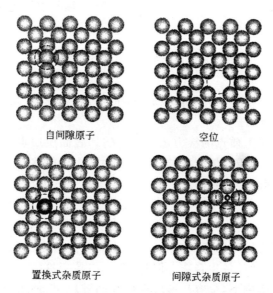

自间隙原子　　　　　　　　　　空位

置换式杂质原子　　　　　　　间隙式杂质原子

图 2-33　自间隙原子、空位、间隙式杂原子和置换式杂质原子

空位和间隙原子这两种缺陷是由于原子的热运动使其偏离正常结点而形成的,所以称之为热缺陷。杂质原子进入晶格引起的缺陷则称为杂质缺陷。

1. 热缺陷

在低于熔点的温度下,晶体总体上保持其空间点阵结构。但只要晶体的温度高于热力学零度,晶格内原子就会吸收能量,在其平衡位置附近热振动。热振动的原子在某一瞬间可以获得较大的能量,挣脱周围质点的作用,离开平衡位置,进入到晶格内的其他位置形成间隙原子,而在原来的平衡格点位置上留下空位。

热缺陷的形成一方面与晶体所处的温度有关,温度越高,原子离开平衡位置的机会越大,形成的点缺陷就越多。另一方面,也与原子在晶格中受到的束缚力有关,束缚力越小,原子挣脱束缚的机会就越大。这种关系可用如下式表示:

$$N_d = N\exp(-E_d/k_B T)$$

式中,N_d 为点缺陷的平衡数目;N 为单位体积或每摩尔晶体中质点的总数目;E_d 为形成缺陷所需的活化能;k_B 为玻尔兹曼常数;T 为热力学温度。

(1)弗仑克尔缺陷

弗仑克尔缺陷是原子或离子离开平衡位置后,挤入晶格间隙中,形成间隙原子离子,同时在原来位置上留下空位而造成的缺陷,如图 2-34 所示。弗仑克尔缺陷中,空位与间隙粒子成对出现,数量相等,晶体体积不发生变化。显然,间隙较大的晶体结构有利于形成弗仑克尔缺陷。

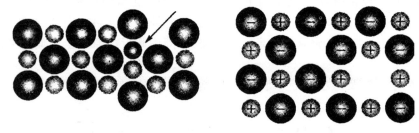

费化克尔缺陷   肖特基缺陷

图 2-34　弗仑克尔缺陷和肖特基缺陷

(2)肖特基缺陷

肖特基缺陷是原子或离子移动到晶体表面或晶界的格点位上,在晶体内部留下相应的空位而形成的缺陷,如图 2-34 所示。

内部的质点是通过晶格上质点的接力运动实现的。表面层质点离开原来格点位,原来位置形成空位,这一空位被里层的质点填充,相当于空位往晶体内部移动了一个位置,这样晶格深处的质点依次填充,使空位逐渐转移到内部去。

2. 非化学计量缺陷

化合物分子式一般具有固定的正负离子比,其比值不会随着外界条件而变化,此类化合物的组成符合定比定律,称为化学计量化合物。但是,有一些易变价的化合物,在外界条件如所接触气体的性质和压力大小的影响下,很容易形成空位和间隙原子,使组成偏离化学计量,由此产生的晶体缺陷称为非化学计量缺陷。

非计量缺陷的形成,关键是其中的离子能够通过自身的变价来保持电中性。如 TiO_2 晶体在周围氧气压力较低时,在晶体中会出现氧空位,此时部分 Ti^{4+} 变价成 Ti^{3+},使正负电荷得到平衡。

3. 杂质缺陷

点缺陷的另一种形成原因是外来原子掺入晶体中。很多时候这种缺陷是有目的地引入的,例如在单晶硅中掺入微量的 B、Pb、Ga、In、P、As 等可以使晶体的导电性能发生很大变化。此外,有些杂质原子是晶体生长过程中引入的,如 O、N、C 等,这些是实际晶体不可避免的杂质缺陷。

　　杂质原子进入晶体可能是置换式的或者是间隙式的,这主要取决于杂质原子与基质原子几何尺寸的相对大小及其电负性。当杂质和基质具有相近的原子尺寸和电负性时,在晶格中可以以置换的方式溶入较多的杂质原子而保持原来的晶体结构。若杂质占据间隙位置,由于间隙空间有限,由此引起的畸变区域比置换式大,因而使晶体的内能增加较大。当杂质原子比基质原子小得多时,形成间隙式杂质,因为置换式杂质占据格点位置后,由于杂质原子与基质原子尺寸及性质存在差异,会引起周围晶格畸变,但畸变区域一般不大,畸变引起的内能增加也不大。所以只有半径较小的杂质原子才能进入间隙位置中,这样对周围晶格的影响相对较小。

4. 点缺陷的表示方法

　　现在通行的符号是由克罗格-明克设计的,在该符号系统中,点缺陷符号由三部分组成:用主符号表明缺陷的主体;用下标表示缺陷位置;用上标表示缺陷有效电荷。

　　以二价正负离子化合物 MX 为例,其各种缺陷如图 2-35 所示。M_i 表示间隙位置填入正离子,X_i 表示间隙位置填入负离子,L_M 表示杂质离子置换正离子,L_X 表示杂质离子置换负离子,M_X 表示正离子错位进入负离子位置,X_M 表示负离子错位进入正离子位置,V''_M 表示正离子离开原来位置而形成的空位,V''_X 表示负离子离开原来位置而形成的空位。

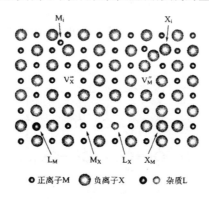

　　●正离子M　⊙负离子X　⊙○杂质L

图 2-35　MX 化合物中的点缺陷

5. 点缺陷对材料性能的影响

　　点缺陷造成晶格畸变,而对晶体材料的性能产生影响,如空位可作为原子运动的周转站,从而加快原子的扩散迁移,这样将影响与扩散有关的相变化、化学热处理、高温下的塑性形变和断裂等;定向流动的电子在点缺陷处受到非平衡力,增加了阻力,加速运动提高局部温度,从而导致电阻增大。

6. 缺陷反应方程式简介

　　缺陷的形成和变化也可以用化学反应过程表示,它必须遵守一些基本原则,其中有些规则与化学反应所需遵循的规则完全等价。

　　(1)位置关系

　　在化合物 M_aX_b 中,a 和 b 必须组成一个确定的比例。

（2）质量平衡

缺陷方程的两边必须保持质量平衡。需要注意的是,缺陷符号的下标只是表示缺陷位置,对质量平衡没有作用,而 V_M 为 M 位置上的空位,不存在质量。

（3）电荷守恒

在缺陷反应前后晶体必须保持电中性,缺陷反应式两边必须具有相同数目总有效电荷。

2.3.2　线缺陷和位错

线缺陷是一维缺陷,在两个方向上尺寸很小,而第三方向上的尺寸却很大。线缺陷的具体形式就是由于机械应力或晶体生长不稳定等原因,在晶体中引起部分滑移产生晶体位错。由位错引起的晶格中的相对原子位移用柏格斯矢量来表示。如图 2-36 所示,柏格斯矢量通过如下步骤确定:

①定义一个沿位错线的正方向。

②构筑垂直于位错线的原子面。

③围绕位错线按顺时针方向画出柏格斯回路:从一个原子出发,按顺时针方向移动,到达终点原子。注意平行方向上移动的晶格矢量必须相同,如图中从左到右和从右到左都是4,从上到下和从下到上都是2。

④由于位错的存在,回路的起点和终点是不重叠的,从柏格斯回路的终点到起点画出的矢量就是柏格斯矢量 b。

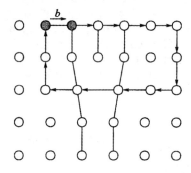

图 2-36　伯格斯矢量的确定

对同一位错来说,柏格斯回路的大小和取向并不影响柏格斯矢量。根据柏格斯矢量 b 与位错线取向的异同,位错分为刃型位错、螺型位错和由前两者组成的混合位错三种类型。

1. 刃型位错

实际晶格中,如果单个原子面不能延伸整个晶体,即为半原子面,这个半原子面的终点位置形成的线缺陷就是刃型位错。刃型位错示意图,如图 2-37 所示,其中平面 ABCD 是半原子面,DC 为位错线,滑移区（上）与非滑移区（下）的分界面为滑移面。

刃型位错的位错线与柏格斯矢量相垂直,如图 2-37 所示。

2. 螺型位错

位错线平行于滑移方向,则在该处附近原子平面扭曲为螺旋面,即位错线附近的原子是按螺

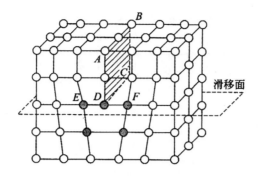

图 2-37　刃型错位示意图

旋形式排列的,这种晶体缺陷称为螺型位错。如图 2-38 所示,图中的柏格斯回路给出柏格斯矢量,与位错方向平行。

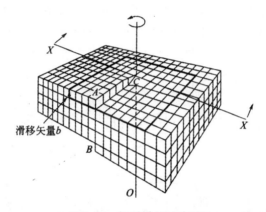

图 2-38　螺型错位示意图

螺型位错的形成如图 2-39,即将晶体沿某一端任一处切开,并对相应的平面 BCFE 两边的晶体施加切应力,使两个切开面沿垂直晶面的方向相对滑移,得到图 2-39(b)的情况。这样,平面 BCFE 是滑移面,滑移区边界 EF 就是螺型位错。

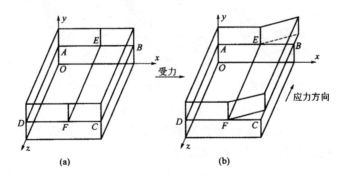

图 2-39　螺型错位形成示意图

3. 混合位错

混合位错是刃型位错和螺型位错的混合形式,位错线与柏格斯矢量 b 的方向既不垂直,也不平行,如图 2-40 所示。混合位错具有刃型位错和螺型位错的特征。

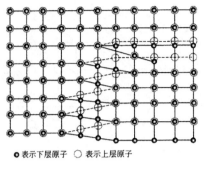

◉表示下层原子 ○表示上层原子

图 2-40 混合错位示意图

4. 位错的运动

位错运动分为滑移和攀移两种形式。在位错线滑移通过整个晶体后,将在晶体表面沿柏格斯矢量方向产生一个柏格斯矢量的滑移台阶,如图 2-41 所示。在滑移过程中,位错线沿着其各点的法线方向在滑移面滑移。三种类型的位错都可以发生滑移。

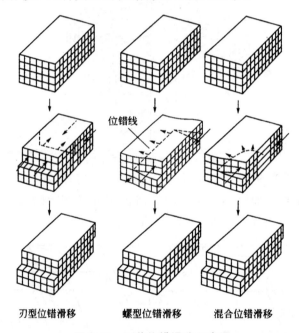

位错线

刃型位错滑移　　螺型位错滑移　　混合位错滑移

图 2-41 三种位错滑移示意图

攀移只发生在刃型位错,有正攀移和负攀移两种类型,如图 2-42 所示。攀移的运动方向与滑移面方向垂直。拉应力有利于负攀移,压应力有利于正攀移。

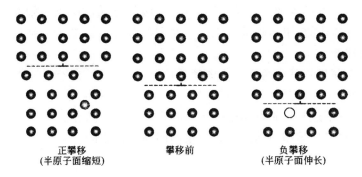

正攀移
(半原子面缩短)　　　攀移前　　　负攀移
(半原子面伸长)

图 2-42　刃型位错攀移

2.3.3　面缺陷

面缺陷是二维缺陷,在一个方向上的尺寸很小,而其余两个方向上的尺寸很大。晶体中的晶界或表面均属于面缺陷。

很多晶体材料都是由很多小晶体构成的多晶,晶粒间的取向是无序的。处于表面的晶粒间彼此接邻,所形成的交界称为晶界。有倾斜晶界和扭转晶界两种类型。多晶的结构如图 2-43 所示。

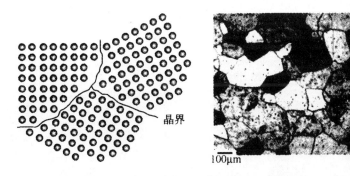

图 2-43　多晶结构示意图(右图为实际多晶材料的显微图)

倾斜晶界可看作是由一列平行的刃型位错所构成的,如图 2-44 所示。其位向差角 θ 是倾斜晶界的表征值,定义为相邻晶粒在同一方向的夹角。h 是柏格斯矢量 b 和刃型位错之间的垂直距离。

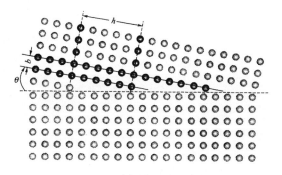

图 2-44　倾斜晶界示意图

扭转晶界也是小角度晶界的一种类型,可看成是两部分晶体绕某一轴在一个共同的晶面上相对扭转一个 θ 角所构成的,扭转轴垂直于这一共同的晶面。该晶界的结构可看成是由互相交叉的螺型位错所组成的。

扭转晶界和倾斜晶界均是小角度晶界的简单情况,不同之处在于倾斜晶界形成时,转轴在晶界内;扭转晶界的转轴垂直于晶界。一般情况下,小角度晶界都可看成是两部分晶体绕某一轴旋转一角度而形成的,只不过其转轴既不平行于晶界也不垂直于晶界。对于这样的小角度晶界,可看作是由一系列刃型位错、螺型位错或混合位错的网络所构成的。

2.3.4　体缺陷

体缺陷是三维缺陷,在三个方向上的尺寸都很大。空洞或较大尺寸杂质包裹体均为体缺陷。

体缺陷的存在严重影响晶体性质,如造成光散射或吸收强光引起发热,从而影响晶体的强度;由于包裹体的热膨胀系数一般与晶体不同,在单晶体生长的冷却过程中会产生体内应力,造成大量位错的形成等。

第 3 章　金属功能材料

3.1　高温合金

3.1.1　高温合金定义

高温合金又称耐热合金，它对于在高温条件下的工业部门和应用技术，有着重大的意义。尤其有的还要求材料能在高温下连续工作几万小时以上。最具有代表性的领域为航天航空发动机燃烧及相关零部件制造。先进飞机的关键部件之一就是发动机，涡轮进口气体温度常可达 1700℃ 以上，如果把涡轮前温度由 900℃ 提高到 1300℃，则发动机推力将会增加到 130%，耗油率会大幅度下降。先进的矢量推进发动机对矢量喷管结合处的耐温要求高达 2000℃，可见耐高温、高强度材料的重要性。喷气发动机的工作温度高达 1380℃ 以上，石油化工的某些设备、各种加热炉、热处理炉、热分解炉、煤气化所用的流化床燃烧装置、高温煤气炉的中间换热器传热管等都在 1000℃ 以上工作。显然，这一切都需要超耐热合金。一般说，金属材料的熔点越高，其可使用的温度限度越高。如用热力学温度表示熔点，则金属熔点 T_m 的 60% 被定义为理论上可使用温度上限 T_c，即 $T_c = 0.6T_m$。这是因为随着温度的升高，金属材料的机械性能显著下降，氧化腐蚀的趋势相应增大。因此，一般的金属材料都只能在 500～600℃ 下长期工作，在 700～1200℃ 高温下仍能长时间保持所需力学性能，具抗氧化、抗腐蚀能力，且能满意工作的金属材料称为高温合金。

高熔点只是高温合金的一个必要条件。纯金属材料中尽管有熔点高达 2000℃ 以上的，但在远低于其熔点下，力学强度迅速下降，高温氧化、腐蚀严重，因而，极少用纯金属直接作为高温材料。普通的碳钢在 800～900℃ 时强度就大大降低了。但是在其中加入其他一些金属成分（如镍、铬、钨）制成高温合金，耐高温水平就可以大幅提高。

超耐热合金根据其用途和工作条件的不同，对性能的要求有所不同。由于金属的氧化和其他腐蚀反应的速度随着温度的升高而显著加快，还由于在高温下金属受外力或反复加热冷却作用下会因疲劳而断裂，有的甚至不受外力作用也会因蠕变而自动不断地变形。因此，对高温材料的要求主要有两个方面：一是在高温下要有优良的抗腐蚀性；二是在高温下要有较高的强度和韧性。

第 V 副族、第 VI 副族、第 VII 副族元素，原子中未成对的价电子数很多，在金属晶体中形成坚强化学键，而且其原子半径较小，晶格结点上粒子间的距离短，相互作用力大，所以其熔点高、硬度大，是高熔点金属。高温合金主要是指第 V～VII 副族元素和第 VIII 族元素形成的合金。

3.1.2　高温合金的分类

高温合金典型组织是奥氏体基体,在基体上弥散分布着碳化物、金属间化合物等强化相。合金元素起稳定奥氏体基体组织,形成强化相,增加合金的抗氧化和抗腐蚀能力的作用。高温合金的主要合金元素有铬、钴、铝、钛、镍、钼、钨等。常用的高温合金有三种,即铁基、镍基和钴基。

1. 铁基高温合金

铁基高温合金中含有一定量的铬和镍等元素,是中等温度($600\sim800℃$)条件下使用的重要材料,具有较好的中温力学性能和良好的热加工塑性。主要用于制作航空发动机和工业燃气轮机上涡轮盘,也可制作涡轮叶片、导向叶片、燃烧室,以及其他承力件、紧固件等。另一用途是制作柴油机上的废气增压涡轮。由于沉淀强化型铁基合金的组织不够稳定,抗氧化性较差,高温强度不足,因而铁基合金不能在更高温度条件下应用。

2. 镍基高温合金

镍基高温合金以镍为基体高温合金材料,是在$650\sim1000℃$范围内使用的重要材料,具有较高的强度和良好的抗氧化、抗燃气腐蚀能力。高温合金中应用最广、高温强度最高的一类合金。其主要原因,一是镍基合金中可以溶解较多合金元素,且能保持较好的组织稳定性;二是含铬的镍基合金具有比铁基高温合金更好的抗氧化和抗燃气腐蚀能力。三是可以形成共格有序的A_3B型金属间化合物γ'-$[Ni_3(Al,Ti)]$相作为强化相,使合金得到有效的强化,获得比铁基高温合金和钴基高温合金更高的高温强度;镍基合金含有十多种元素,其中Cr主要起抗氧化和抗腐蚀作用,其他元素主要起强化作用。根据它们的强化作用方式可分为沉淀强化型合金和固溶强化型合金:沉淀强化元素,如铝、钛、铌和钽;固溶强化元素,如钨、钼、钴、铬和钒等;晶界强化元素,如硼、锆、镁和稀土元素等。

3. 钴基高温合金

钴基高温合金是含钴量$40\%\sim65\%$的高温合金,是在$730\sim1100℃$范围内使用的重要材料,具有一定的高温强度、良好的抗热腐蚀和抗氧化能力。用于制作舰船燃气轮机的导向叶片、工业燃气轮机等。钴是一种重要战略资源,世界上大多数国家缺钴,以致钴基合金的发展受到限制。因此,钴基合金的发展应考虑钴的资源情况。

钴基合金一般含镍$10\%\sim22\%$,铬$20\%\sim30\%$以及钨、钼、钽和铌等固溶强化和碳化物形成元素,含碳量高,是一类以碳化物为主要强化相的高温合金。钴基合金的耐热能力与固溶强化元素和碳化物形成元素含量有关。

3.1.3　提高高温合金性能的途径

提高高温合金高温强度和耐腐蚀性通常通过改变合金的组织结构和采用特种工艺技术这两种途径来实现。

1. 改变合金的组织结构

金属在高温下氧化的起始阶段是化学反应过程,随着氧化反应的进一步发展,便成为了复杂的热化学过程。在金属表面形成氧化膜后,氧原子穿过表面氧化膜的扩散速度决定了反应是否继续向内部扩展,而前者取决于温度和表面氧化膜的结构。

铁能与氧形成 FeO、Fe_2O_3、Fe_3O_4 等一系列氧化物,温度在 570℃ 以下,铁表面形成构造复杂的 Fe_2O_3 和 Fe_3O_4 氧化膜,氧原子难以扩散,起到减缓深入氧化、保护内部的作用;但是温度提高到 570℃ 以上,氧化物中 FeO 含量增加。FeO 晶格中,氧原子不满定额的,结构疏松,深入氧化逐渐加剧。在钢中加入对氧的亲和力比铁强的 Cr、Si、Al 等,可以优先形成稳定、致密的 Cr_2O_3、Al_2O_3 或 SiO_2 等氧化物保护膜,即控制了成 FeO 的形成,提高耐热钢高温抗腐蚀的能力。

钢的组织状态对其耐热性也有影响,奥氏体组织的钢比铁素体组织的钢耐热性高。Ni、Mn、N 的加入能扩大和稳定奥氏体面心立方结构。其结构密集、扩散系数小、能容纳大量合金元素,能利用性能优异的 $\gamma'-[Ni(Ti,Al)]$ 相的析出来强化,故其高温强度较好。

为了增强金属材料的耐高温蠕变性能,可以加入一些能提高其再结晶温度的合金元素,如 W、Mo、V 等。在钢中加入 1% 的 Mo 或 W,可使得其再结晶温度提高 115℃ 或 45℃。

2. 采用定向凝固和粉末冶金来提高合金的高温强度

定向凝固——高温合金中含有多种合金元素,塑性和韧性均较差,一般采用精密铸造工艺成型,当铸造结构中的一些等轴晶粒的晶界处于垂直于受力方向时,最容易产生裂纹。当叶片旋转时,所受的热应力和拉力平行于叶片纵轴,若定向凝固工艺形成沿纵轴方向的柱状晶粒,可以消除垂直于应力方向的晶界,从而可以使得热疲劳寿命提高 10 倍以上。

粉末冶金——加入高熔点金属 W、Mo、Ta、Nb,凝固时会在铸件内部产生偏析,使组织成分的不均匀,若采用粒度数十至数百微米的合金粉末,经过压制、烧结、成型工序制成零件,便可消除偏析现象,不但组织成分均匀,而且可以节省大量材料。例如一个锻造涡轮盘毛坯质量为 180~200kg,而用粉末冶金法制造的涡轮盘质量只有 73kg。由于涡轮盘的轮缘和轮壳温度和受力情况不同,可以用成分和性能不同的两种合金粉末来制造,做到既经济又合理。

3.2 电功能合金

3.2.1 导电合金

1. 铜合金

银铜合金由于银的加入,耐热性得以提高,但导电性能略有下降。例如,加入约 0.5% 的银,合金的电导率降低 5%。通常加入银 0.03%~0.1% 的银铜合金用于制作引线、电极、电接触片等。

锆铜合金在强度和耐热性方面优于银铜合金,但由于高温固溶处理使成本提高,不宜大量使用。目前发展不需固溶处理的锆铜,用以代替银铜,在高温引线和导线等方面得到大量使用。

铍铜合金无磁性,有高的耐蚀性、耐磨损性、耐疲劳性,拉伸强度最高达 $1.37GN/m^2$,但电导率下降约 20%。

黄铜中含有锌及若干合金元素。随着锌含量的增加,强度也随之提高。黄铜具有切削加工容易,耐蚀性强的特性。

白铜是在铜合金中加入镍而制得的。这种合金的特点是耐蚀性好,另外,由于加入镍而使合金的杨氏模量提高。如果再加入少量的铁,则合金的耐蚀性更强。加入硅可获得显著的硬化效果,近年来开发的 Ni20%、Si0.5% 的合金已成为实用化的线簧继电器用弹簧材料。

2. 铝合金

铝合金密度小,有足够的强度、塑性和耐蚀性。电子工业中常用做机械强度要求较高、重量要求轻的导电材料。

铝硅合金有变形铝硅合金和铸造铝硅合金两类。变形铝硅合金具有良好的加工性能,可制成特细线来代替微细金丝。铸造铝硅合金流动性好,线膨胀系数比铝小,因而凝固时收缩率小,铸件不会开裂变形,耐蚀性和焊接性较好。

导电用铝镁合金的含镁量低于 1%,加工简便,焊接性和耐蚀性较好。软态铝镁合金可做电线电缆的芯线,硬态的铝镁合金多用做架空导线。若适当减少镁含量而增加铁含量,则可得到铝镁铁合金,铁的加入可改善铝镁合金的导电性能。若再添加镁硅,通过淬火和时效处理,析出强化相 Mg_2Si,合金的强度显著提高。

银合金、金合金由于具有良好的导电性和化学稳定性,常用做接点材料。镍合金在密封应用方面具有很好的封装性、成型加工性、电镀性,在半导体等的封装中具有易与塑料、玻璃、陶瓷及其他金属封接的性质,常见的有铁-镍系合金和铁-镍-钴系合金等。一些合金材料的电导率见表3-1。

表 3-1 室温下一些合金的电导率

材料	$\sigma/(S \cdot m^{-1})$	材料	$\sigma/(S \cdot m^{-1})$
Al-1.2%Mn 合金	2.95×10^7	不锈钢,301	0.14×10^7
黄铜(70%Cu-30%Zn)	1.6×10^7	镍铬合金(80%Ni-20%Cr)	0.093×10^7
灰铸铁	0.15×10^7		

3.2.2 电阻合金

1. 康铜电阻合金

康铜合金是一种比锰铜合金使用更早的电阻合金材料,密度为 $8.88g/cm^3$。用康铜合金制成的康铜线电阻温度系数低,抗氧化能力、机械性能和耐热性能优良,可在较宽的温度范围内使用。但是它对铜的热电势高,不适于作直流标准电阻器和测量仪器中的分流器。当康铜合金加热到相当温度时,其表面可形成一层具有绝缘性的氧化膜。因此,在制造电位器绕组时,若相邻线圈电压未超过 1V,则可以不再另用绝缘材料就可以密绕。通常将康铜很快加热到 900℃,然后在空气中冷却即得到此绝缘氧化层。

新康铜线(用铝代替锰铜中的镍)具有和康铜线相近的电阻率和机械性能,但电阻温度系数较大。由于不含镍,密度较康铜小,同时价格便宜,电性能也能满足要求,故新康铜在多方面可以代替康铜使用。电阻器和电位器用康铜以及新康铜线的品种、牌号、化学成分及主要性能见表3-2。

表 3-2　康铜线的品种、牌号、化学成分及主要性能

品种	牌号	主要化学成分/%					电阻率/$[(\Omega \cdot mm^2)/m^{-1}]$	使用温度范围/℃	电阻温度系数/$(10^{-6} \cdot ℃^{-1})$	对铜的热电势/$(\mu V \cdot ℃^{-1})$
		Cu	Mn	Ni	Al	Fe				
康铜线	6J40	余	1～2	39～41	—	—	0.48	≤500	−40～+40	45
新康铜线	6J11	余	10.5～12.5	—	2.5～4.5	1.0～1.6	0.49	20～200 20～500	−40～+40 −80～+80	2

2. 锰铜电阻合金

锰铜合金属于铜、锰、镍系精密电阻合金,密度为 $8.4\sim8.7g/cm^3$。由锰铜合金制造的电阻合金线的电阻温度系数小、稳定性好,对铜热电势小,是优良的精密电阻材料,常用来制造电阻器、分流器、精密或普通的电阻元件。由于它的使用温度范围小,只适宜作室温范围的中、低阻值电阻器使用。

锰铜电阻合金包括普通锰铜和分流器锰铜两类。普通锰铜一般在 5～45℃ 范围内使用,分流器锰铜一般在 10～80℃ 范围内使用。主要锰铜线的牌号、电阻率及主要化学成分见表3-3。

表 3-3　锰铜线的电阻率及主要化学成分

名称	牌号	主要化学成分/%				电阻率/$[(\Omega \cdot mm^2)/m^{-1}]$
		Cu	Mn	Ni	Si	
锰铜线	6J12	余	11～13	2～3	—	0.47±0.03
F_1 锰铜线	6J8	余	8～10	—	1～2	0.35±0.05
F_2 锰铜线	6J13	余	11～13	2～5	—	0.44±0.04
硅锰铜线	6J102	余	9～11	—	1.5～2.5	0.35±0.04

3. 镍铬系电阻合金

(1)镍铬合金薄膜

它是金属膜电阻器和薄膜集成电路中最常见的薄膜电阻器主体材料,主要用 Ni80%-Cr20%合金通过真空蒸发法和阴极溅射法制得。NiCr 薄膜性能稳定,阻值精度高,电阻率高,阻值范围宽,电阻温度系数小,是一种优异的金属膜电阻材料。若在 NiCr 薄膜中加入适量的 Al、Cu、Mn、Si、Be、Sn 和 Fe,还可降低电阻温度系数,提高耐热力,增强耐磨性。

(2)镍铬电阻合金线

镍铬电阻合金线具有较高的电阻率,良好的耐热性、耐磨性和耐腐蚀性,使用温度范围大。但它的电阻温度系数大,对铜的热电势高,阻值稳定性差,因此,一般用来制造普通的线绕电阻器和电位器。合金线的牌号、电阻率及主要成分见表 3-4。

表 3-4 镍铬电阻合金线化学成分和主要性能

牌号	主要化学成分/%					电阻率 /[($\Omega \cdot mm^2$) /m^{-1}]	电阻温度系数 /($10^{-6} \cdot °C^{-1}$)	对铜的 热电势/ ($\mu V \cdot °C^{-1}$)
	Ni	Cr	Cu	Si	Fe			
6J20	余	20~23	—	0.4~1.0	<1.5	1.08	350	20.5
6J15	51~61	15~18	—	0.4~1.3	余	1.11	150	1
6J10	余	9~10	≤0.2	≤0.2	≤0.4	0.69	50	5

(3)镍铬基精密电阻合金

在 Ni80%-Cr20%合金中,加入少量 Al、Fe、Cu、Si、Mo 等元素形成改良型镍铬基精密电阻合金,其主要品种有镍铬铝锰硅、镍铬铝铁及镍铬铝钒等。

其电阻合金线电阻率高,电阻温度系数小,对铜的热电势小,耐热、耐腐蚀,抗氧化,机械强度高,使用温度范围宽,适于线绕电阻器和电位器以及特殊用途的大功率、高阻值、小型化的精密电阻元件。但其焊接性能比锰铜线差,因此,必须选择合适的焊剂和焊接温度。

4. 贵金属电阻合金

目前常用的贵金属电阻合金有铂基合金、钯基合金、金基合金和银基合金等。用它们制成的电阻合金线具有很好的化学稳定性、热稳定性和良好的电性能。在精密线绕电位器绕组材料中占有重要的地位。

(1)铂基电阻合金

由铂基电阻合金制成的合金线,具有适中的电阻值,极优的耐腐蚀和抗氧化性能。接触电阻小而稳定,噪声电平低,硬度高,寿命长,是最可靠的电位器绕组材料。但是它在有机蒸气中易生成绝缘的褐色粉末,使接触电阻增大,噪声电平升高,因此,在一定程度上限制了它的应用。常用的铂基电阻合金线有铂铱线、铂铜线等。

（2）金基合金

金的抗氧化性和耐腐蚀性仅次于铂，对有机蒸气有惰性，它的产量高，价格比铂便宜，因此，以金为基的合金很受重视。但金基合金电阻率低，电阻温度系数较高，硬度较低，不耐磨。常用的金基电阻合金线有金镍铬线、金银铜线、金镍铜线及金钯铁铝线等。

（3）钯基电阻合金

钯基电阻合金线的电阻率高，电阻温度系数较低，接触电阻低而稳定，焊接性能好，价格也比铂基电阻合金线便宜。但是耐腐蚀性和抗氧化性不如铂基合金线。常用的钯基电阻合金线有钯银线、钯银铜线等。

（4）银基合金

银基合金的使用性能介于金基线和锰铜线之间。它比锰铜线的抗腐蚀性好，但不抗硫化和盐雾的腐蚀，因此，使用价值不如金基电阻合金线。目前常用的银基电阻合金线主要是银锰线和银锰锡线。

3.3　磁性材料

3.3.1　软磁材料

软磁材料在较弱磁场下就容易磁化，但也容易退磁，其矫顽力（使已磁化材料失去磁性所需加的与原磁化方向相反的外磁场强度）低，磁导率高，每个周期的磁滞损耗小。金属软磁材料主要用于低频范围，非金属软磁材料可用至高频和超高频范围。在电力工业中软磁材料常用作变压器和发电机的铁芯，在无线电工业中则用于继电器、变压器、电表、磁放大器、滤波器等各种感应元件铁芯和录音机、录像机的磁头。常用的软磁材料有工业纯铁、铁硅合金（含 $0.5\% \sim 4\%$ Si 的铁合金）、低镍坡莫合金（含 $40\% \sim 50\%$ Ni 的铁合金）、高镍坡莫合金（含 $70\% \sim 80\%$ Ni 的铁合金）、锰锌铁氧体（$Mn_\delta Zn_{1-\delta} Fe_2 O_4$）和镍锌铁氧体（$Ni_\delta Zn_{1-\delta} Fe_2 O_4$）等。

下面就几类常用的软磁材料的种类及应用分别讨论。

1. 电工用纯铁

电工用纯铁含碳量极低，其纯度在 99.95% 以上，退火态起始磁导率 μ_i 为 $300 \sim 50\mu_0$，最大磁导率 μ_m 为 $6000 \sim 12000\mu_0$，矫顽力 H_c 为 $39.8 \sim 95.5 A/m$。我国生产的电工用纯铁的机械性能如下。

抗拉强度 $\sigma_b = 27 kg/mm^2$；延伸率 $\delta_5 = 25\%$；断面收缩率 $\psi = 60\%$；布氏硬度 HB＝131。表 3-5 为几种电工用纯铁的磁性能。

表 3-5　几种电工用纯铁的磁性能

名称	$\mu_i(\mu_0)$	$\mu_m(\mu_0)$	$H_c/(A \cdot m^{-1})$	B_s/T
电铁	1000	26 000	7.2	2.15
羰基铁	3000	20 000	6.4	2.2
真空熔炼		207 500	2.2	
真空熔炼和氢氧退火		88 400	3.2	2.16
真空退火	14 000	280 000		
单晶		680 000		
单晶(经磁场热处理)		1430 000	12	

影响纯铁磁性能的因素有多种,包括晶粒的结晶轴对磁化方向的取向关系,纯铁中的杂质,晶粒大小,金属的塑性变形,加工过程中的内应力等等。为了改善纯铁的磁性能,除严格控制冶炼与轧制过程,还可以采用高温长时间氢气退火,消除晶格畸变和内应力,粗化晶粒。电工用纯铁只能在直流磁场下工作,在交变磁场下工作,涡流损耗大。在纯铁中加入少量硅形成固溶体,可以提高合金电阻率,减少材料涡流损耗。随着纯铁中含硅量的增加,磁滞损耗降低,而在弱磁场和中等磁场下,磁导率增加。但硅含量高于 4%,材料变脆。

电工用纯铁的电阻率很低,若在交变磁场下工作,涡流损耗大,故通常只能在直流磁场下工作。如果在纯铁中加入少量 Si 形成固溶体,则可提高其电阻率,从而减少涡流损耗。其主要的应用有电磁铁的铁芯和磁极、继电器的磁路和各种零件(如铁芯)、磁电式仪表中的元件,以及磁屏蔽罩等。

2. 电工用硅钢片

在纯铁中加入 0.38~0.45% 的 Si,使之形成固溶体,可以提高材料的电阻率,减少涡流损耗。这种铁碳硅合金的性能优于电工用纯铁,称为电工用硅钢片或铁硅合金。

电工用硅钢片主要用于各种形式的电机、发电机和变压器中,在扼流圈、电磁机构、继电器、测量仪表中也大量使用。不同的工作环境,对硅钢片的性能提出了不同的要求,一般将实用的硅钢片按在强磁场、中等磁场(5~1000A/m)、弱磁场(0.2~0.8A/m)下工作来分类。硅钢片的机械性能与硅含量、晶粒大小、结晶结构、有害杂质(碳,氧,氢)含量分布状况以及钢板厚度有关;在很大程度上取决于有害杂质含量、冶炼方法、轧制的压下制度、退火温度和介质以及钢板表面状况等。硅钢片的磁性能同样与硅含量、冶炼过程、热处理工艺、晶粒大小有关。一般认为,硅含量在 6%~6.5% 的钢具有高的磁导率(μ_i,μ_m),硅也使铁的磁各向异性和磁致伸缩降低。考虑到硅钢的机械性能及加工工艺性能,其中硅的含量不宜超过 4%。另外,碳、氢、硫、锰等元素均对合金的磁性能有不利影响;增大晶粒可以改善硅钢的磁性能,但使磁滞损耗增加。

电工用硅钢片按材料生产方法,结晶织构和磁性能可分为以下四类:热轧非织构(无取向)的硅钢片;冷轧非织构(无取向)的硅钢片;冷轧高斯织构(单取向)的硅钢片;冷轧立方织构(双取向)的硅钢片。

（1）无取向硅钢片

各种热轧硅钢片都属无取向的。热轧硅钢比冷轧硅钢的磁感应强度低,表面质量差,铁损大。热轧硅钢的产量逐年降低,有些国家已停止生产。

冷轧无取向硅钢片有全工艺型和半工艺型两类产品。全工艺型产品是经退火并涂有绝缘层的材料,其磁特性由制造厂保证,但钢片加工中产生的应力需经退火消除。半工艺型产品是平整或冷轧状态的材料,其磁特性并不完全由制造厂保证,而是需要通过适当的退火,使晶粒长大后才能达到应有的磁特性。

（2）高斯织构硅钢片

为了进一步提高电工钢的磁性能,高斯研制了具有取向结构的硅钢片——高斯织构硅钢片（冷轧取向硅钢片）。如图 3-1 所示,在这种结构中,α-Fe 的易磁化方向[100]与轧制方向吻合,难磁化方向[111]与轧制方向成 55°,中等磁化方向[110]与轧制方向成 90°。由于上述结构特点,高斯织构硅钢片具有磁各向异性,在强磁场内,单位铁损的各向异性最大,在弱磁场中,磁感应强度和磁导率的各向异性最大。因此,用这种硅钢片制铁芯时,常采用转绕方式。

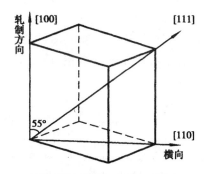

图 3-1　高斯织构硅钢片的磁化方向示意图

（3）立方织构硅钢片

立方织构硅钢片是指晶粒按立体取向,大多数晶粒的(001)面与轧制面相吻合,立方体的棱[100]轴沿轧制方向取向,中等磁化方向[110]与轧制方向成 45°,难磁化方向[111]则偏离磁化平面,如图 3-2 所示。因此,立方织构硅钢片沿轧向和垂直轧向均具有良好的磁性,其磁性能优于上述高斯织构硅钢片,如果两种织构合金的含硅量相同,则立方织构极薄带钢的磁导率比高斯织构带钢高;沿轧制和垂直轧制方向切取的立方织构试样,无论在弱磁场或强磁场内,都具有同样高的磁导率。

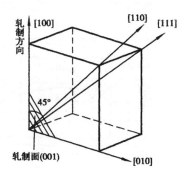

图 3-2　立方织构硅钢片的磁化方向示意图

3. 铁镍合金

铁镍软磁合金的主要成分是铁、镍、铬、钼、铜等元素。在弱磁场及中等磁场下具有高的磁导率,低的饱和磁感应强度,很低的矫顽力,低的损耗。该合金加工性能良好,可轧成3mm厚的薄带,可在500kHz的高频下应用。铁镍软磁合金与电工钢相比性能优越,被广泛地应用于电讯工业,仪表,电子计算机,控制系统等领域,但是价格比较昂贵。除此之外,由于工艺参数变动对其磁性能影响很大,所以产品性能不够稳定。

铁镍合金相图与不同成分合金的性能(见图3-3)。常用的铁镍软磁合金的成分大致在含镍40%~90%范围内,此成分范围的合金均为单相固溶体。超结构相 Ni_3Fe 的有序—无序转变温度为506℃,其居里温度是611℃,有序相对居里温度有影响。原子有序化对电阻率有影响,同时强烈影响合金磁晶各向异性常数 K_1 和磁致伸缩系数 λ;磁导率和矫顽力亦对组织结构较敏感。图3-4表示出经过不同的热处理合金磁导率的变化。由图可以看出含镍量76%~80%范围内的合金具有较高的磁导率,这是因为此范围正在超结构相 Ni_3Fe 成分附近,所以冷却过程中发生了明显的有序化转变,使 K 值及 λ 值发生了变化。为使 K 值及 λ 值均趋于零,需得到适量的有序度,因此,铁镍二元合金热处理时必须急冷,否则影响其磁性能。为了改善铁镍合金的磁性能,可以向其中加入钼、铬、铜等元素,使合金有序化速度减慢,降低合金的有序化温度,简化了热处理工艺。

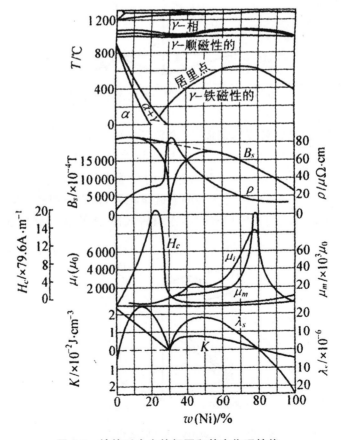

图 3-3　铁镍系合金的相图和基本物理性能

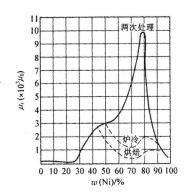

图 3-4　不同热处理工艺对铁镍合金的起始磁导率的影响

根据特性和用途不同,铁镍软磁合金大致可分为以下五类:

(1)1J50 类

1J50 类合金含镍量为 $36\%\sim50\%$,具有较低的磁导率和较高的饱和磁感应强度及矫顽力。主要用于中等强度磁场,适用于中、小功率电力变压器、微电机、继电器、扼流圈、电磁离合器的铁芯、屏蔽罩、话筒振动片以及力矩马达衔铁和导磁体等。在热处理中,若能适当提高温度和延长时间,可降低矫顽力,提高磁导率。主要牌号有 1J46、1J50 和 1J54 等。

(2)1J51 类

1J51 类合金含镍量为 $34\%\sim50\%$,结构上具有晶体织构与磁畴织构,沿易磁化方向磁化,可获得矩形磁滞回线。在中等磁场下,有较高的磁导率及饱和磁感应强度。经过纵向磁场热处理(沿材料实际实用的磁路方向加一外磁场的磁场热处理),可使材料沿磁路方向的最大磁导率 μ_m 及矩形比 B_r/B_m 增加,矫顽力降低。这类合金主要用于中小功率高灵敏度的磁放大器和磁调制器,中小功率的脉冲变压器、计算机元件等。主要牌号有 1J51、1J52 和 1J34 等。

(3)1J65 类

1J65 类合金含镍量在 65% 左右,具有高的最大磁导率和较低的矫顽力,其磁滞回线几乎呈矩形。主要应用于中等功率的磁放大器及扼流圈、继电器等。这类合金与 1J51 类合金一样,经过纵向磁场热处理后可以改善磁性能。主要牌号有 1J65 和 1J67 等。

(4)1J79 类

1J79 类合金含 $Ni79\%$、$Mo4\%$ 及少量 Mn。该类合金在弱磁场下具有极高的最大磁导率,低的饱和磁感应强度。主要用于弱磁场下工作的高灵敏度和小型的功率变压器、小功率磁放大器、继电器、录音磁头和磁屏蔽等。主要牌号有 1J76、1J79、1J80 和 1J83 等。

(5)1J85 类

1J85 类合金在软磁合金中具有最高的起始磁导率、很高的最大磁导率和极低的矫顽力。这类合金对微弱信号反应极灵敏,主要应用于扼流圈、音频变压器、高精度电桥变压器、互感器、录音机磁头铁芯等。主要牌号有 1J85、1J86 和 1J87 等。

4. 铁铝合金

铁铝合金是以铁和铝($6\%\sim16\%$)为主要元素组成的软磁合金系列,含铝量在 16% 以下时,便可以热轧成板材或者带材;含铝量在 $5\%\sim6\%$ 以上时,合金冷轧非常困难。铁和铝都是资源丰富、成本低的金属,铁铝合金的磁性能在很多方面与铁镍合金相类似,而在物理性质上还具有一些独特的优点,因此,可用来代替铁镍合金,是一种很有发展前途的软磁材料。铁铝合金可以部分取代铁镍系合金在电子变压器、磁头以及磁致伸缩换能器等方面应用。

铁铝系合金与其他金属软磁材料相比,具有如下特点:

①随着 Al 含量的变化,可以获得各种较好的软磁特性。如 1J16 有较高的磁导率;1J13 具有较高的饱和磁致伸缩系数;1J12 既有较高的磁导率又有较高的泡和磁感应强度等。

②电阻率高。1J16 合金的电阻率是目前所有金属材料中最高的一种,一般为 $150\mu\Omega \cdot cm$,是 1J79 铁镍合金的 2～3 倍,因而具有较好的高频磁特性。

③有较高的硬度、强度和耐磨性。这对磁头之类的磁性元件来说是很重要的性能,如 1J16 合金的硬度和耐磨性要比 1J79 合金高。

④密度小,可减轻铁芯自重,这对于铁芯质量占相当大比例的现代电器设备来说很有必要。

⑤温度稳定可采用低温退火后淬火处理,抗辐射性能良好。

⑥对应力不敏感,适于在冲击、振动等环境下工作。

⑦时效性好,随着环境温度的变化和使用时间的延长,其磁性变化不大。

5. 非晶态软磁合金

非晶态合金结构上的原子长程无序排列决定了其具有优良的软磁性能,它的矫顽力和饱和磁化强度虽然与铁镍合金基本相同,但含有质量比低于 20% 的非金属成分。非晶态合金不但具有高的比电阻,交流损失很小,而且制造工艺简单,成本也较低,同时还具有高强度,耐腐蚀等优点。非晶态软磁合金主要有两个方面的应用:一是高磁感合金用做功率器件,如配电变压器、高频开关电源等用于电子工业;二是具有零磁致伸缩的高磁导合金用做信息敏感器件或小功率器件,如磁头、磁屏蔽和漏电保护器等用于无线电电子工业和仪器仪表工业。此外,非晶态软磁合金还可以用做高梯度磁分离技术中的磁介质材料,磁弹簧和磁弹传感器材料,微电机、磁放大器、磁调制器、脉冲变压器铁芯材料以及超声延迟线等。总之,在许多方面的应用中,非晶态软磁合金已取得明显的效益。

目前金属—类金属型非晶态软磁合金从成分上看可分为三类,即铁基、铁镍基和钴基。

(1)铁基非晶态软磁合金

这类合金的特点是饱和磁感应强度较高,损耗值比晶粒取向硅钢片的低很多,只有硅钢的 1/4～1/5,很适合于做功率变压器等。但是,非晶态软磁合金和硅钢相比也存在一定的缺点,即带厚度比硅钢薄很多,如在工频条件下使用的硅钢的厚度一般为 0.35mm,而非晶态合金条带的厚度往往只有 0.04～0.05mm,这样,使铁芯的填空系数低 10%～15%。尽管如此,由于配电变压器的使用量极大,因而如果所有的配电变压器都改用铁基非晶态软磁合金薄带做的铁芯,则节电的效益是十分可观的。目前,由于制造成本高的原因,在规模使用上受到限制。

(2)铁镍基非晶态软磁合金

这类合金的饱和磁感应强度和起始磁导率等磁性参数基本上介于铁基和钴基非晶态合金之间,相应的用途也介于两者之间,即可用于传递中等功率及中等强度电压信号的变压器。

(3)钴基非晶态软磁合金

这类合金的特点是饱和磁感应强度较低,起始磁导率很高,矫顽力很小,交流损耗低。它适合于用作传递小功率能量及传递电压信号的磁性元件。另外,这类合金所具有的零磁致伸缩的特性,使其在磁头应用方面有较好的发展前途。

3.3.2　硬磁材料

硬磁料也称为永磁材料,是指材料被外磁场磁化以后,仍能在较长时间内保持着较强剩磁的材料。与软磁材料相比,硬磁材料经饱和磁化后具有高的矫顽力,一般为 $H_c > 10^4$ A/m。它也是人类最早发现和应用的磁性材料。

对于永磁材料,人们希望它的剩余磁感应强度 B_r 和矫顽力 H_c 越大越好,但仅有 B_r 和 H_c 还不能衡量永磁材料性能好坏。评价永磁材料性能好坏的几个重要指标是:剩余磁感应强度 B_r、矫顽力 H_c、最大磁能积 $(BH)_{max}$ 以及凸起系数 η。永磁材料饱和磁滞回线的第二象限部分称退磁曲线,上述几个参数都反映在这条曲线上。同磁滞回线一样,退磁曲线也可做成 B-H 曲线和 M-H 曲线,其相应的矫顽力分别以 H_{CB} 和 H_{CM} 表示,如图 3-5。退磁曲线上每点都对应一定的磁能积 BH 值。图 3-5 中 P 点称为最大磁能积点,它所对应的磁能积为最大磁能积 $(BH)_{max}$。由图 3-5 可以看出,退磁曲线的最大磁能积 $(BH)_{max}$ 不仅随 B_r 和 H_c 值的增高而增大,而且与退磁曲线的形状有关。在 B_r 和 H_c 值不变的情况下,退磁曲线越接近于直线,则 $(BH)_{max}$ 值越低;相反,退磁曲线越凸起,$(BH)_{max}$ 值就越大。退磁曲线的这种特性可以用凸起系数 η 表示

$$\eta = (BH)_{max}/B_r H_c$$

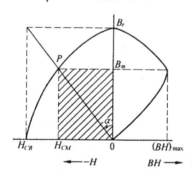

图 3-5　永磁材料的退磁曲线和磁能曲线

硬磁材料的种类很多,可以按不同的分类方法对其进行分类。目前产量较大,应用较为普遍的永磁材料主要有:铝镍钴系永磁合金,永磁铁氧体材料,稀土永磁材料,可加工的永磁合金,复合(粘结)永磁材料,单畴微粉永磁合金及塑料永磁材料。下面讨论几类金属硬磁材料。

1. 铝镍钴永磁合金

铝镍钴系永磁合金具有高的磁能积,高的剩磁以及适中的矫顽力。这类合金属沉淀硬化型磁体,高温下呈单相状态(α 相),冷却时从 α 相中析出相,使矫顽力增加。铝镍钴系合金硬而脆,难于加工,成型方法主要有铸造法和粉末烧结法两种。

由于 20 世纪 60,70 年代永磁铁氧体和稀土永磁合金的迅速发展,铝镍钴合金开始被取代,其产量自 70 年代以来明显下降。但在对永磁体稳定性具有高要求的许多应用中,铝镍钴系永磁合金往往是最佳的选择。铝镍钴合金被广泛用于电机器件上,如发电机,电动机,继电器和磁电机;电子行业中的扬声器,行波管,电话耳机和受话器等。

铝镍钴系永磁合金以 Fe,Ni,Al 为主要成分,通过加入 Cu,Co,Ti 等元素进一步提高合金性能。从成分角度可以将该系合金划分为铝镍型,铝镍钴型,铝镍钴钛型三种。其中铝镍钴型合金

具有高的剩余磁感应强度；铝镍钴钛型则以高矫顽力为主要特征。这类合金的性能除与成分有关（见表 3-6）外，还与其内部结构有密切关系。铸造铝镍钴系合金从织构角度可划分为各向同性合金，磁场取向合金和定向结晶合金三种。$AlNiCO_5$ 型合金价格适中，性能良好，故成为这一系列中使用最广泛的合金。由于采用高温铸型定向浇注和区域熔炼法，使其磁性能获得很大提高。

表 3-6 铝钴镍系列永磁合金的性能除与化学成分成分

| 序号 | 工艺方法 | 牌号 | 化学成分 | | | | | | 磁性能 | | | 备注 |
			Al	Ni	Co	Cu	Ti	Fe	$B_r / \times 10^4 T$	$H_c / \times 79.6$ $A \cdot m^{-1}$	$(BH)_{max} / \times 79.6 kJ \cdot m^{-3}$	
1	铸造	Alnico2	9～10	19～20	15～16	4	—	余	6800	600	1.6	各向同性
2		Alnico3	9	20	15	4	—	余	7500	600	1.6	各向同性
3		Alnico4	8	14	24	3	0.3	余	12000	550	4.0	各向异性
4		Alnico5	8	14	24	3	0.3	余	12500	600	5.0	各向异性
5		Alnico6	8	14	24	3	0.3	余	13000	700	6.5	柱状晶
6		Alnico8	7	15	34	4	5	余	8000	1250	4.0	各向同性
7		Alnico8 I	7	15	34	4	5	余	9500	1300	7.0	柱状晶
8		Alnico8 II	7	15	34	4	5	余	10000	1400	9.0	柱状晶
9		Alnico9	7.5	14	38	3	8	余	7400	1800	4.0	各向异性
10	铸造	Alni95	11～13	22～24	—	2.5～3.5	—	余	5600	350	0.9	各向异性
11		Alni120	12～14	26～28	—	3～4	—	余	5000	450	1.0	各向同性
12		Alnico100	11～13	19～21	5～7	5～6	—	余	6200	430	1.25	各向同性
13		Alnico200	8～10	19～21	14～16	3.5～4.5	—	余	6500	550	1.35	各向同性
14		Alnico400	8.5～9.5	13～24	24～26	2.5～3.5	—	余	10000	550	3.5	各向同性
15		Alnico500	8.5～9.5	13～14	24～26	2.5～3.5	—	余	10600	600	3.7	各向异性

2. 稀土永磁材料

稀土永磁材料是上世纪 60 年代开始迅速发展起来的最大磁能积最高的一类硬磁材料，主要是稀土元素与 Fe、Co、Cu、Zn 等过渡金属或 B、C、N 等非金属元素组成的金属间化合物。由于这类硬磁材料综合了一些稀土元素的高磁晶各向异性和铁族元素高居里温度的优点，因而获得了当前最大磁能积最高的硬磁性能。从 60 年代起，稀土永磁材料已经研究和生产了三代材料，即第一代的 $SmCO_5$ 系材料，第二代的 Sm_2Co_{17} 系材料和第三代的 Nd-Fe-B 系材料。当前正在研究第四代的 R-Fe-N 系和 R-Fe-C 系材料。

(1)稀土钴系永磁合金

稀土钴永磁合金是目前磁能积和矫顽力最高的硬磁材料,主要有 1:5 型 Sm-Co 永磁合金、2:17 型 Sm-Co 永磁合金和粘接型 Sm-Co 永磁合金。普遍应用于电子钟表、微型继电器、微型直流马达和发电机、助听器、行波管、质子直线加速器和微波铁氧器件等。

RCo_5 型合金中的 R 可以是 Sm、Pr、Lu、Ce、Y 及混合稀土(Mm),包括 $SmCO_5$、$PrCO_5$ 和 $(SmPr)CO_5$。$SmCO_5$ 金属间化合物具有 $CaCu_5$ 气型六方结构,矫顽力来源于畴的成核和品界处畴壁钉扎。其饱和磁化强度适中($M_s=0.97T$),磁晶各向异性极高($K_1=17.2MJ/m^3$)。由 Sm、Pr 价格昂贵,为了降低成本,发展了一系列以廉价的混合稀土元素全部或部分取代 Sm、Pr;用 Fe、Cr、Mn、Cu 等元素部分取代 Co 的 RCO_5 型合金。

金属间化合物 Sm_2Co_{17} 也是六方晶体结构,饱和磁化强度较高($M_s=1.20T$),磁晶各向异性较低($K_1=3.3MJ/m^3$)。以 Sm_2Co_{17} 为基的磁体是多相沉淀硬化型磁体,矫顽力来源于沉淀粒子在畴壁的钉扎。R_2Co_{17} 型合金较 RCO_5 型矫顽力低,但剩余磁感应强度及饱和磁化强度均高于后者。在 R_2Co_{17} 的基础上又研制了 R_2TM_{17} 型永磁合金,其成分为 $Sm_2(Co,Cu,Fe,Zn)_{17}$,其磁性能优于 RCO_5 型合金,并部分地取代了 RCO_5 型合金。

(2)Nd-Fe-B 系合金

Nd-Fe-B 永磁材料最大磁能积的理论计算值高达 $512kJ/m^3$,是磁能积最高的永磁体。传统的 Nd-Fe-B 永磁材料包括烧结永磁材料和粘接永磁材料。前者磁性能高,但工艺复杂,成本较高,典型化学成分比为 $Nd_{15}Fe_{77}B_8$;后者尺寸精度高,形态自由度大,且可与块状永磁材料做成复合永磁体,缺点是磁性能低。烧结永磁体主要有以下几相组成:①硬磁强化相 $Nd_2Fe_{14}B$,四方结构,如图 3-6。具有很强的单轴磁各向异性,饱和磁化强度可达很高的数值。其在合金中的体积比影响 B_r 值;②富钕相,面心立方结构,主要分布于主磁相周围;③富硼相 $Nd_{1.1}Fe_4B$,四方结构,主要存在于主磁相晶界处;④钕的氧化物相(Nd_2O_3)及合金凝固时由于包晶反应不完全而保留下来的软磁相 α-Fe 等。

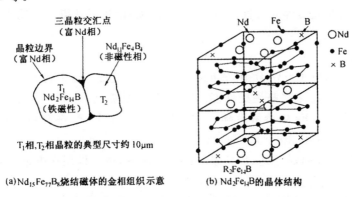

(a)$Nd_{15}Fe_{77}B_8$烧结磁体的金相组织示意　(b) $Nd_2Fe_{14}B$的晶体结构

图 3-6　Nd-Fe-B 系永磁体的金相组织和 $Nd_2Fe_{14}B$ 的晶体结构

Nd-Fe-B 系合金不含 Sm、Co 等贵金属,因此价格较第一、二代稀土便宜,但磁性好,而且不像稀土钴合金那样容易破碎,加工性能好;合金密度较稀土钴低 13%,更有利于实现磁性器件的轻量化、薄型化。但 Nd-Fe-B 合金的也存在一些缺点,如耐蚀性差、居里温度低(583K)、使用温度受限(上限仅为 400K)、磁感应强度温度系数大等。Nd-Fe-B 磁体磁性能是由主磁相的性能及磁体的组织结构决定的。其矫顽力除取决于主磁相的各向异性场外,还与晶粒尺寸、取向及其分布、晶粒界面缺陷及耦合状况有很大关系。Nd-Fe-B 磁体的矫顽力(1.2~1.3T),远低于

$Nd_2Fe_{14}B$ 硬磁相各向异性场的理论值;磁体的剩磁 B_r 值则与饱和磁化强度、主磁相体积分数、磁体密度和定向度成正比;弱磁相及非磁相隔离或减弱主磁相磁性耦合作用,可提高矫顽力,但降低饱和磁化强度和剩磁值。

为了进一步改善 Nd-Fe-B 合金的性能,国内外学者做了许多工作,主要从调整合金的成分和制备工艺两方面考虑。如在合金中加入一定量的镍,或在磁体表面镀保护层,均可提高其耐腐蚀性;用 Co 和 Al 取代部分 Fe 或用少量重稀土取代部分 Nd,可明显降低合金的磁性温度系数,如 $Nd_{15}Fe_{62.5}B_{5.5}Al$ 的居里温度可达 $500℃$;在 Dy 和 Co 的共同作用下,加入 Al、Nb、Ga 可以提高合金的内禀矫顽力,加入一定量的 Mo 也可以提高矫顽力,同时还可改善合金的温度稳定性。

通过改进烧结 Nd-Fe-B 永磁体的制备工艺,控制磁粉晶粒粒度、含氧量,提高定向度,均可以提高 Nd-Fe-B 永磁材料的磁性能。目前,实验室制备的烧结 Nd-Fe-B 永磁合金的最大磁能积达到 $444kJ/m^3$,大量生产的烧结 Nd-Fe-B 永磁材料的最大磁能积达到 $400kJ/m^3$(日本)。Nd-Fe-B 永磁合金具有良好的永磁性能、成熟的制备技术及不断降低的成本,尤其是很高的最大磁能积,使其在电子技术、核磁共振仪、通信工程、汽车及电机制造等方面有相当广泛的应用前景。

(3)R-Fe-N 系永磁合金

R-Fe-N 系永磁合金是目前国内外正在研究开发的第四代稀土永磁材料。其中 R 通常为 Sm 或 Nd,Er,Y。$Sm_2Fe_{17}N_x$ 的居里温度为 746K,大大高于 Nd-Fe-B 的 583K。N 以间隙原子形式溶入 Sm_2Fe_{17} 晶格,产生晶格畸变,磁化方向改变,具有单轴磁各向异性;磁晶各向异性场约为 $Nd_2Fe_{14}B$ 的两倍,理论磁能积与 $Nd_2Fe_{14}B$ 相近。$Sm_2Fe_{17}N_x$ 是亚稳态化合物,在 $600℃$ 以上不可逆分解为 SmN_x 和 Fe,所以只能用粘接法制备,因而限制了更广泛的应用。

3. 可加工的永磁合金

可加工永磁合金是指机械性能较好,允许通过冲压、轧制、车削等手段加工成各种带、片、板,同时又具有较高磁性能的硬磁合金。这类合金在淬火态具有良好的可塑性,可以进行各种机械加工。合金的矫顽力是通过淬火塑性变形和时效(回火)硬化后获得的。属于时效硬化型的磁性合金主要有以下几个系列。

(1)α-铁基合金

主要有 Fe-Co-Mo、Fe-Co-W 合金,磁能积在 $8kJ/m^3$ 左右。这类合金以 α-Fe 为基,通过弥散析出金属间化合物 Fe_mX_n 来提高硬磁性能。Co 的作用是提高 B_s,Mo 则提高 H_c。实际上,在铁中加入能缩小 γ 区并在 α-Fe 中溶解度随温度降低而减小的元素,都有可能成为 α-Fe 基永磁合金。如 Fe-Ti、Fe-Nb、Fe-Be、Fe-P 和 Fe-Cu 等。

α-铁基合金主要用做磁滞马达、形状复杂的小型磁铁,也可以用在电话接收机上。

(2)α/γ 相变型铁基合金

这类合金是在 Fe 中加入扩大 γ 区的元素,使合金在高温下为 γ 相,室温附近为 $\alpha+\gamma$ 相,利用 α/γ 相变来获得高矫顽力。主要为 Fe-Co-V 系、Fe-Mn 系等合金。

①Fe-Co-V 合金。

Fe-Co-V 永磁合金是最早研究和使用的硬磁合金之一,其成分为 $50\%\sim52\%$ 的 Co,$10\%\sim15\%$ 的 V,其余为 Fe,有时含少量的 Cr。它是可加工永磁合金中性能较高的一种,其 B_r 为 $0.9\sim1.0T$,H_c 为 $24\sim40kA/m$,磁能积为 $24\sim33kJ/m^3$。为了提高磁性能,回火前必须经冷变形,且冷变形度越大,含 V 量越高,磁性能越好。由于该合金延展性很好,可以压制成极薄的片,故可用于防盗标记。这类合金还广泛应用于微型电机和录音机磁性零件的制造。

部分 Fe-Co-V 永磁合金的性能见表 3-7。

表 3-7　部分 Fe-Co-V 永磁合金的性能

牌号	线材			带材		
	$B_r/$	$H_c/$	$(BH)_{max}/$	$B_r/$	$H_c/(\times$	$(BH)_{max}/(\times$
	$(\times 10^{-4} T)$	$(\times 79.6 A \cdot m^{-1})$	$(\times 79.6 A \cdot m^{-1})$	$(\times 10^{-4} T)$	$79.6 A \cdot m^{-1})$	$79.6 A \cdot m^{-1})$
2J13	7000	400	3.0	6000	350	2.3
2J12	8500	350	3.0	7500	300	2.4
2J11	10 000	300	3.0	10 000	220	2.4

②Fe-Mn-Ti 合金。

Fe-Mn 系一般含 Mn 量为 12%~14%。添加少量 Ti 的 Fe-Mn-Ti 合金经冷轧和回火后,可进行切削、弯曲和冲压等加工,而且由于不含 Co,所以价格较低廉。一般用来制造指南针、仪表零件等。

（3）铜基合金

包括 Cu-Ni-Fe 和 Cu-Ni-Co 两种合金,成分分别为 60%Cu-20%Ni-Fe 和 50%Cu-20%Ni-2.5%Co-Fe。它们的硬磁性能是通过热处理和冷加工获得的,其磁能积为 6~15kJ/m³,可用于测速计和转速计。Cu-Ni-Fe 合金锭不能热加工,且直径限制在 3cm 以下。

（4）铁铬钴合金

Fe-Cr-Co 永磁合金是从 20 世纪 70 年代开始发展起来的可加工永磁合金,是当代主要应用的另一类金属硬磁合金。该系列合金的基本成分为 20%~33% 的 Cr,3%~25% 的 Co,其余为铁。通过改变组分含量或添加其他元素如 Ti 等,可改变其硬磁性能。该系列合金冷热塑性变形性能良好,可以进行冷冲、弯曲、钻孔和各种切削加工,制成片材、棒材、丝材和管材,适于制成细小和形状复杂的永磁体。主要用于电话器、转速表、扬声器、空间过滤器、陀螺仪等方面。

Fe-Cr-Co 合金的磁性能已经达到 AlNiCO₅ 合金的水平,而原材料成本比 AlNiCO₅ 低 20%~30%,目前已部分取代 AlNiCo 系永磁合金及其他延性永磁合金。不过,Fe-Cr-Co 合金的硬磁性能对热处理等较为敏感,难以获得最佳的硬磁性能。Fe-Cr-Co 合金的成分及磁性能见表 3-8。

表 3-8　Fe-Cr-Co 合金的磁性能

成分/%					$B_r/$	$H_c/$	$(BH)_{max}/$	工艺特点
Cr	Co	Mo	Ti	Cu	$(\times 10^{-1} T)$	$(\times 79.6 A \cdot m^{-1})$	$(\times 79.6 A \cdot m^{-1})$	
22	15			0.8	15.3	0.648	7.25	柱晶,磁场热处理,回火
22	15	2		1	14.8	0.70	7.35	柱晶,磁场热处理,回火
28	8				14.5	0.595	6.86	柱晶,磁场热处理,回火

成分/%					$B_r/$	$H_c/$	$(BH)_{max}/$	工艺特点
Cr	Co	Mo	Ti	Cu	$(\times 10^{-1}T)$	$(\times 79.6A \cdot m^{-1})$	$(\times 79.6A \cdot m^{-1})$	
22	15		1.5		15.6	0.64	8.3	等轴晶,磁场热处理,回火
24	15	3	1.0		15.4	0.84	9.5	柱晶,磁场热处理,回火
26	10		1.5		14.4	0.59	6.9	等轴晶,磁场热处理,回火
30	4		1.5		12.5	0.57	5.0	等轴晶,磁场热处理,回火
33	23		2		13.0	1.08	9.8	形变时效
33	16		2		12.9	0.88	8.1	形变时效
33	11.5		2		11.5	0.76	6.3	形变时效
27	9				13.0	0.58	6.2	磁场热处理,回火
30	5				13.4	0.53	5.3	磁场热处理,回火
25	12				14.0	0.55	5.2	烧结法

4. 硬磁铁氧体

硬磁铁氧体是日本在 20 世纪 30 年代初发现的,但由于性能差,且制造成本高,而应用不广。直至 50 年代出现钡铁氧体($BaFe_{12}O_{19}$),才使硬磁铁氧体的应用领域得到了扩展。硬磁铁氧体具有高矫顽力、制造容易、抗老化和性能稳定等优点。由这类材料构成磁路时,磁路气隙的变化对气隙内磁通密度的影响不大,适用于动态磁路,如气隙改变的电动机和发电机等;硬磁铁氧体具有高电阻率和高矫顽力的特性,适应在高频与脉冲磁场中应用;硬磁铁氧体已部分取代铝镍钴永磁合金,用于制造电机器件(如发电机、电动机、继电器等)和电子器件(如扬声器、电话机等)。

工业上普遍应用的硬磁铁氧体就其成分而言主要有两种:钡铁氧体和锶铁氧体。其典型成分分别为 $BaO \cdot 6Fe_2O_3$ 和 $SrO \cdot 6Fe_2O_3$,一般以 Fe_2O_3、$BaCO_3$ 和 $SrCO_3$ 为原料,经混合、预烧、球磨、压制成型和烧结而成。这类材料具有亚铁磁性,晶体为六方结构,具有高的磁晶各向异性。铁氧体磁化以后,能保持较强的磁化性能。

钡铁氧体有各向同性和各向异性两种。各向异性钡铁氧体是利用单畴结构的微细粉末在磁场下成型,再经烧结而制得的。在外磁场的作用下,粉末颗粒的易磁化方向旋转至与磁场一致,使每个颗粒的易磁化轴平行于磁场方向,在材料中形成与单晶的磁状态近乎相同的组织。当除去外磁场后,各微晶粒的磁矩仍保留在这个方向上,因而各向异性硬磁铁氧体的磁能积要比各向同性的铁氧体大 4 倍之多。

锶铁氧体和钡铁氧体的物理性能相近。目前我国已经大量生产的部分硬磁铁氧体材料的主要性能见表 3-9。

表 3-9　硬磁铁氧体材料的磁性能

牌号	B_r/T	H_c/ (kA·m^{-1})	$(BH)_{max}$ /(kJ·m^{-3})	T_c/℃	饱和磁化场 /kA·m^{-1}
Y10T*	≥0.20	128～160	6.4～9.6	450	800
Y15	0.28～0.36	128～192	14.3～17.5	450～460	
Y20	0.32～0.38	128～192	18.3～21.5	450～460	
Y25	0.35～0.39	152～208	22.3～25.5	450～460	
Y30	0.38～0.42	160～216	26.3～29.5	450～460	
Y35	9.40～0.44	176～224	30.3～33.4	450～460	
T15H	≥0.31	232～248	≥17.5	460	
Y20H	≥0.34	248～264	≥21.5	460	
Y25BH	0.36～0.39	176～216	23.9～27.1	460	
Y35BH	0.38～0.40	224～240	27.1～30.3	460	

注：* 表示各向同性,未加 * 为各向异性。

　　金属永磁材料除上述讨论的几大类外,随单畴理论的发展研制成的单畴微粉 20 世纪 80 年代已成为商品,主要有铁粉,Fe-Co 粉,Mn-Bi 粉。另外,粘结永磁材料近年来的发展速度也很快。它是由永磁材料的粉末及作为粘结剂的塑性物质制成的永磁材料,由于材料内部含有一定比例的粘结剂,所以其磁性能较相应的非粘结永磁材料显著降低。但粘结永磁材料也有优越于其他非粘结永磁材料的方面：①尺寸精度高,成型后不需要再进行外形加工;②磁体各部分性能均匀性好,各磁体间的性能一致性好;③成型性好,能制成形状复杂的、薄的和细的磁体,且容易与其他部件一体成型;④机械性能好;⑤易于进行磁体的径向取向和多极充磁。粘结稀土永磁材料在各种粘结永磁材料中具有最高的磁性能。可用于音响器件、仪表、磁疗器械、门锁等许多方面。

3.3.3　磁记录材料

1. 磁记录原理

(1)磁记录模式

①纵向(水平)记录模式。

这是一种传统的磁记录模式,即利用磁头位于磁记录介质面内的磁场纵向矢量来写入信息。由于这种记录模式要求磁记录介质很薄,且磁头和介质的距离很窄,因此很难实现超高密度磁记录。

②垂直记录模式。

这种记录模式是利用磁场的垂直分量在具有各向异性的记录介质上写入信息。

③磁光记录模式。

磁光记录是用光学头,靠激光束加磁场来写入信息,利用磁光效应来读出信息。

（2）磁记录系统

无论是哪种模式，磁记录系统都包括以下几个基本单元：

①换能器，即电磁转换器件，如磁头。

②存储介质，即磁记录介质材料，如磁带、磁盘等。

③传送介质装置，即磁记录介质传送机构。

④匹配的电子线路，即与上述单元相匹配的电路。

（3）磁记录过程

磁头是电磁转换器件，其基本功能是与磁记录介质构成磁性回路，对信息进行加工，包括记录、重放和消磁。信号的磁记录是以铁磁物质的磁滞现象为基础，电信号使磁头的缝隙产生磁场，磁记录介质（如磁带）以恒定的速度相对磁头运动，磁头的缝隙对着介质，见图3-7。记录信号时，磁头线圈中通入信号电流，就会在缝隙产生磁场溢出，如果磁带与磁头的相对速度保持不

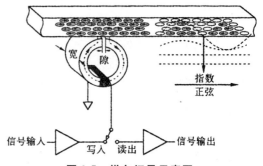

图 3-7　纵向记录示意图

变，则剩磁沿着介质长度方向上的变化规律完全反应信号的变化规律。换句话说，磁头缝隙的磁场使磁记录介质不同的位置产生不同方向和大小的剩余磁化强度，记录了被记录的电信号。如果已记录信号的磁带重新接近一重放磁头，通过拾波线圈感生出磁通，则磁通大小与磁带中磁化强度成比例。

利用磁记录方式可记录不同类型的信号，如音频信号，见图3-8中（a）；数字信号，图3-8中（b）；调频信号，图3-8中（c）。这三种是最基本的磁记录信号。

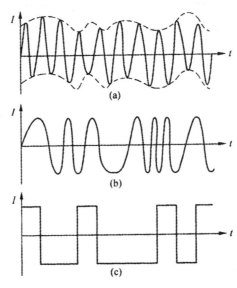

图 3-8　三种最基本的磁记录信号

（4）磁记录原理

①记录场。

常见电感式磁头有两种形式：一种是单极磁头，一种是环形磁头。理想的单极磁头的场分布

如图 3-9 所示。当介质逐步接近磁头时,先是受到水平方向和垂直方向两个场的共同作用,到达磁极位置正下方时,仅受到垂直场的作用,接着又受到水平和垂直两个方向磁场的作用。矢量场的轨迹是圆形,但圆心轨迹中心沿 y 轴移动。

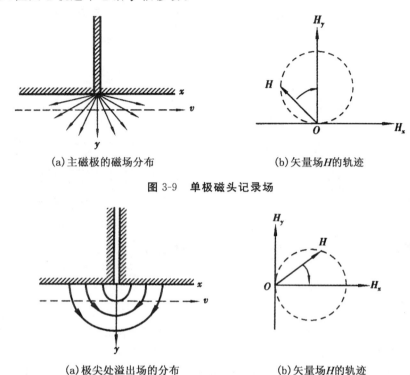

(a)主磁极的磁场分布　　　　　　　(b)矢量场H的轨迹

图 3-9　单极磁头记录场

(a)极尖处溢出场的分布　　　　　　(b)矢量场H的轨迹

图 3-10　环形磁头记录场

理想的环形磁头所产生的磁场分布如图 3-10(a)所示。这种溢出场的分布是以缝隙为中心,形成半圆形分布。磁记录介质逐步向磁头靠近时,将受到不同方向的溢出场的作用,当介质刚进入溢出场的区域时受到垂直方向的磁场的作用,而到达缝隙的中心附近时,受到纵向磁场的作用,最后又受到垂直磁场的作用。介质离开磁头时,作用磁场很快变为零。磁头溢出场的轨迹如图 3-10(b)所示,这种圆形轨迹的直径与介质、磁带之间的空间间隙成反比。

无论哪种磁头,介质被磁化时都要受到沿水平和垂直两个方向的磁场的作用。因此,介质上必然有沿水平和垂直方向的磁化矢量。一般情况下,环形磁头主要产生沿水平方向的磁化矢量,单极磁头主要产生沿垂直方向的磁化矢量。虽然实际磁头都不能满足理想条件,但是磁场分布的规律是不会改变的。

②磁记录介质的各向异性特性。

记录介质中的磁化强度方向与介质的磁各向异性有密切关系。例如,目前应用最广泛的磁带是由针状粒子磁粉涂布而成的。在磁层的涂布过程中,设法使粒子长度方向沿磁带的长度方向取向。由此构成磁带具有明显的单轴各向异性,沿磁带长度方向上的剩磁强度最高,这种介质有利于纵向记录模式。

③水平磁记录方式。

水平磁记录方式记录后介质的剩余磁化强度方向与磁层的平面平行,如图 3-11(a)所示,记录信号为矩形波。图中 λ 表示磁记录波长,δ 表示磁介质的厚度。从图中可以看出,对于水平记录,δ一定时,$\lambda \to 0$,则 $H_d \to 4\pi M_r$。H_d 表示铁磁体被磁化后磁体内部产生的磁场,与磁化强度方向相反,称为退磁场。即记录波长越短(即记录密度越高),自退磁效应越大。因此,纵向磁记录方式不适合高密度磁记录。

垂直磁记录方式记录后介质的剩余磁化强度方向与磁层的平面垂直,如图 3-11(b)所示,当 $\lambda \to 0$,$H_d \to 0$,即记录波长越短,记录密度越高时,自退磁的效应越小,因而可实现高密度磁记录的理想模式。

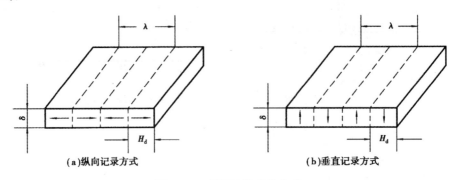

(a)纵向记录方式   (b)垂直记录方式

图 3-11　磁记录的磁化方式

2. 磁头材料

如前所述,磁头是磁记录的一种磁能量转换器,即磁记录是通过磁头来实现电信号和磁信号之间的相互转换的。磁头的基本结构如图 3-12 所示,由带缝隙的铁芯、线圈、屏蔽壳等部分组成。磁头的基本功能是与磁记录介质构成磁性回路,对信息进行加工,包括记录(录音、录像、录文件)、重放(读出信息)、消磁(抹除信息)三种功能。为了完成这三种功能,磁头可以有不同的结构和形式。但无论磁头是哪种形式,磁头性能的好坏与磁头材料有极大的关系。必须注意的是,材料的选择要与使用的记录介质及记录模式相匹配。

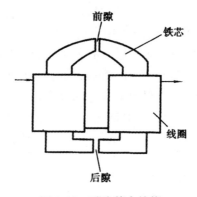

图 3-12　磁头基本结构

(1)磁头材料的基本性能

①高的磁导率:要求 μ_i 和 μ_m 较大,以便提高写入和读出信号的质量。

②高的饱和磁感应强度:B_s 要高,有利于提高记录密度,减小录音失真。

③低的剩磁和矫顽力:磁记录过程中,B_r 高会降低记录的可靠性。

④高的电阻率:电阻大可以减小磁头的损耗,改善铁芯频响特性。

⑤高的耐磨性:保证磁头的使用寿命和工作的稳定性。

（2）磁头材料

磁头同磁记录介质一样是磁记录中的关键元件,在磁记录发展进程中经历了三个重要的飞跃阶段,即体型磁头-薄膜磁头-磁阻磁头。薄膜磁头的主要优点是:工作缝隙小,磁场分布陡和磁迹宽度窄,故可提高记录速度和读出分辨率。磁阻磁头的特点是:读出电压由磁通感生,产生的输出电压电平高,特别是在低频信号下。而感应式磁头是对磁通变化率的响应,所以磁阻磁头适合于高记录密度的读出。

①体型磁头材料。

体型磁头是磁记录中沿用很长时间的一种磁电转换元件。它的核心材料是磁头的磁心。为了减小涡流损耗,最初的磁头磁心由磁性合金叠加而成。

②薄膜磁头材料。

薄膜磁头属于微电子器件。薄膜磁头几乎都是镍铁合金制成的,其组分的质量分数为 80% Ni,20%Fe。它与块材 NiFe 有很大差别,其性能更多地依赖于制膜工艺、薄膜厚度、热处理工艺。它可以由真空蒸发、溅射或电解工艺来制作 NiFe 薄膜。最佳沉积条件下得到的 NiFe 薄膜性能为:各向异性场 H 为 200~400A/m,饱和增感应强度接近 1.0T,低频相对磁导率为 2000~4000。若不计涡流损耗,工作频率可以超过 16MHz。

③磁阻磁头材料。

磁性材料的电阻随着磁化状态而改变的现象称为磁阻效应（Magneto-Resistance effect）。磁阻磁头的读出电压比一般的感应式磁头大,间隙长度可以控制得很小,有利于提高道密度,并且这种磁头的线圈圈数少,电感和分布电容小,谐振频率高（可达 50MHz）,加之磁阻磁头的阻抗较低,因此信噪比高。它的主要缺点是:只能读出,没有记录功能且需要足够大的电流或偏置磁场才能应用。不过,集磁阻磁头的诸多优点,硬磁盘自使用双元件读写薄膜磁头（记录头为薄膜感应磁头,读出头用磁阻磁头）后,记录密度每年都有大幅度提高。

3. 磁记录介质材料

磁记录介质材料的发展是磁记录技术发展的要求,随着记录密度迅速提高,对记录介质的要求也越来越高。同时,磁记录介质材料也是电子工业领域磁性材料市场发展最快的部分。虽然这些材料是作为硬磁材料来应用的,但是与传统的硬磁材料相比,仍然在许多方面有所不同,因此,在制备装置上就有很大的差别。

（1）磁记录介质的基本性能

①矫顽力 H_c 要高。

磁介质矫顽力的大小与磁畴结构密切相关,磁化过程中磁畴壁的位移会降低矫顽力,因此,磁粉粒子呈单畴状态时,可以获得高的矫顽力,矫顽力高能使磁记录介质承受较大的退磁作用。

②剩余磁感应强度 B_r 要高。

高的剩磁可以在较薄的磁层内得到较大的读出信号,但同时退磁场强度也高。因此,必须兼顾考虑剩磁和退磁场对记录系统的综合影响。B_r 决定于磁粉特性和磁粉在介质中所占比例,通常随磁粉比例减少而线性下降。

③磁层均匀且厚度适当。

磁层越厚,退磁越严重,记录密度降低很快,而且磁层越厚,越不容易均匀化,降低读出信号幅度,加大读出误差。要提高记录密度,就要减小厚度,但厚度减小,使读出信号下降,且涂布工艺也很难做到均匀,为此,必须综合各种因素,选择最适当的厚度层。

④磁滞回线矩形比要高。

当矩形比 B_r/B_s 接近 1 时,磁滞回线陡直近于矩形,可以减少自退磁效应,使介质中保留较高的剩磁,提高记录信息的密度和分辨力,从而提高信号的记录效率。

⑤饱和磁感应强度 B_s 要高。

饱和磁感应强度高可以获得高的输出信号,提高单位体积的磁能积,提高各向异性导致的矫顽力。

(2)磁记录介质

目前使用的磁记录介质有磁带、磁盘、磁卡等。从结构上看,磁记录介质可以分为颗粒(磁粉)涂布型介质和连续薄膜型介质两大类。颗粒涂布型介质是由高矫顽力的磁性粒子(磁粉)及适当的助溶剂、分散剂和黏结剂混合后均匀涂布在带基或基板(如聚酯薄膜)上而形成的,磁粉在磁浆中仅占 30%～40% 的体积。磁性颗粒被非磁性物质稀释,从而制约了记录密度的提高。现今使用的磁记录介质绝大部分属于这种类型的介质。连续薄膜型介质则是采用化学沉积或物理沉积方法而制成的连续性介质,由于无须采用黏结剂等非磁性物质,因而具有高的矫顽力和高的饱和磁感应强度,并且磁性层可以有效地减薄,这正是高密度记录介质所必备的性能。

从磁记录方式上看,磁记录介质则可以分为水平磁记录介质和垂直磁记录介质两种。水平磁记录介质从 20 世纪 50 年代到 80 年代经历了三个重要发展阶段,即氧化物磁粉、金属合金磁粉(如 Fe-Co-Ni 等合金磁粉)和金属薄膜。矫顽力从氧化物磁粉的 24kA/m 提高到金属薄膜的 240kA/m,提高了一个数量级;剩余磁感应强度从 170kA/m 提高到 1100kA/m,提高了近 6 倍。垂直磁记录的设想最早在 1930 年提出,1958 年 IBM 公司试图实现这种记录技术。它彻底消除了纵向磁记录方式随记录波长缩小和膜厚减薄所产生的退磁场增大效应。因此,垂直记录无需要求高的矫顽力和薄的磁层,退磁场随厚度的增加而减小。记录方式和退磁场的关系如图 3-13 所示,显然,垂直记录方式有利于记录密度的提高。1967 年磁泡技术出现之后,日本东北大学的岩奇俊一首先开创了垂直磁记录技术,并最早选择 Co-Cr 薄膜作为垂直磁记录介质。

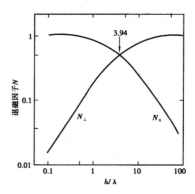

图 3-13 磁记录方式与退磁因子关系

($N_\perp$ 和 $N_\parallel$ 分别是垂直记录和水平记录退磁因子;

h 和 λ 分别是介质厚度和记录波长。$h \approx 4\lambda$ 时,退磁因子相等。)

在早期,除 Co-Cr 薄膜外,还对 Co-Mo、Co-W、Co-Ti、Co-V 和 Co-Mn 等磁性进行了研究。虽然它们的易磁化轴都垂直于膜面,但各向异性不高,矫顽力偏小,无实用价值。如果在 Co-Cr 合金中添加各种元素,如 Mo、Re、V、Ta,发现 Ta 能抑制 Co-Cr 合金的晶粒长大和改善矩形比,并能抑制纵向磁化的矫顽力。

3.3.4　其他磁记录材料

1. 高记录密度磁膜材料

近来报道的高记录密度的材料有 CoCrPtTa 和 CoCrTa 磁膜材料,其磁记录密度分别为 0.8Gb/cm² 和 0.128Gb/cm²。利用有高矫顽力的铁氧体或稀土合金膜和有高饱和磁化强度的磁性金属膜组成双层膜,也可得到兼有高矫顽力和高饱和磁化强度的高磁记录密度磁膜材料,如钴铁氧体/铁的饱和磁化强度达 1000kA/m,SmCo/Cr 的矫顽力达 155kA/m。

2. 高频和自旋阀磁头材料

高频和自旋阀磁头材料是磁记录技术发展急需的材料。近年来出现了两种高频磁头材料:一种是用电镀法制成的 NiFe(80/20)磁头;另一种是用测射法制成的多层 FeN 膜磁头。自旋阀巨磁电阻磁头比一般各向异性磁电阻磁头的磁电阻输出高,响应线性好,不需附加横偏压层,如 NiFe/CoFe 双层膜做软磁自由层,用测射法在玻璃基片上淀积的 Ta/NiFe/CoFe/Cu/CoFe/FeMn/Ta 多层膜,其磁电阻率为 7%。

3. 低磁场庞磁电阻材料

由于庞磁电阻材料有极高的磁电阻率,所以在磁头、磁传感器和磁存储器中有可能得到重要的应用。一般情况下,庞磁电阻都在很高磁场中才产生,要在实际应用时,必须研制能在低磁场(如小于 0.1T)下产生庞磁电阻的材料,目前已有所进展,$(Nd_{1-x}Sm_y)_{0.5}Sr_{0.5}-MnO_3$ 系材料,在 $y=0.94$、温度略高于居里温度时,在 0.4T 的外磁场中,其庞磁电阻率达 $10^{-3}\mu\Omega \cdot cm^{-1}$ 以上。

4. 巨磁阻抗材料

巨磁阻抗效应,即在一非晶态高磁导率软磁细线的两端施加高频电流(50～100MHz),由于趋肤效应,感生的两端阻抗(或电压)随频率变化而有大的变化,其灵敏度高达 $0.125\%\sim1\%/\mu m$。巨磁阻抗效应在磁信息技术中有很多潜在用途。

3.4　超导材料

3.4.1　超导材料的基本物理性质

1. 零电阻现象

常导体的零电阻是指在理想的金属晶体中,由于电子运动畅通无阻因此没有电阻;而超导体零电阻是指当温度降至某一数值 T_c 或以下时其电阻突然变为零。电阻率 ρ 与温度 T 的关系如图 3-14 所示。

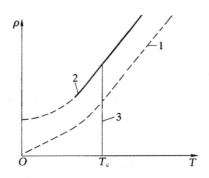

图 3-14　电阻率与温度的关系

1.纯金属晶体；2.含杂质和缺陷的金属晶体；3.超导体

2.完全抗磁性

1933 年，Meissner 和 Ochsenfeld 首次发现了超导体具有完全抗磁性的特点。把锡单晶球超导体在磁场（$H \leqslant H_c$）中冷却，在达到临界温度 T_c 以下，超导体内的磁通线被排斥出去；或者先把超导体冷却至 T_c 以下，再通以磁场，这时磁通线也被排斥出去，如图 3-15 所示。即当超导体处于超导态时，在磁场作用下表面产一个无损耗感应电流，这个电流产生的磁场恰恰与外加磁场大小相等、方向相反，总和成磁场为零，这就是 Meissner 效应。

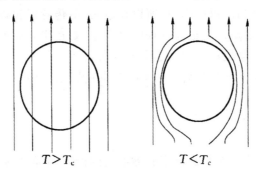

$$T > T_c \qquad\qquad T < T_c$$

图 3-15　超导体的完全抗磁性

超导态具有两大基本属性零电阻现象和 Meissner 效应是相互独立又相互联系的。单纯的零电阻并不能保证 Meissner 效应的存在，但零电阻又是 Meissner 效应的必要条件。因此，衡量一种材料是否是超导体，必须看是否同时具备零电阻和 Meissner 效应。

3.4.2　超导机理

在阐明超导机理的几种理论中，二流体模型是当前较有说服力的、较为流行的一种。1934 年，Goeter 和 Casimir 以超导体在超导转变时发生热力学变化作依据，提出了超导电性的二流体模型理论。二流体模型的理论观点很好地解释了超导体在超导态时的零电阻现象。

二流体模型认为：超导体处于超导态时传导电子分为两部分，一部分叫常导电子，另一部分叫超流电子，两种电子占据同一体积，彼此独立运动，在空间上互相渗透；常导电子的导电规律与常规导体一样,受晶格振动而散射,因而产生电阻,对热力学熵有贡献;超流电子处于某种凝聚状态,不受晶格振动而散射,对熵无贡献,其电阻为零,它在晶格中无阻地流动。这两种电子的相对数目与温度有关,$T > T_c$ 时,没有凝聚;$T = T_c$ 时,开始凝聚;$T = 0$ 时,超流电子成分占 100%。

3.4.3　超导体的临界参数

超导体有三个基本的临界参数,即临界温度 T_c、临界磁场 H_c、临界电流 I_c。

1. 临界温度

超导体从常导态转变为超导态的温度称为临界温度,以 T_c 表示。或者说临界温度就是在外部磁场、电流、应力和辐射等条件维持足够低时,电阻突然变为零时的温度。为了便于超导材料的使用,希望超导临界温度越高越好。

2. 临界磁场

使超导态的物质由超导态转变为常导态时所需的最小磁场强度,称为临界磁场,以 H_c 表示。H_c 是温度的函数,一般可以近似表示为抛物线关系,即

$$H_c = H_{c0}(1 - T^2/T_c^2)\ (\text{其中 } T \leqslant T_c)$$

在临界温度 T_c 时,磁场 $H_c = 0$,式中,H_{c0} 为绝对零度时的临界磁场。

3. 临界电流 I_c

产生临界磁场的电流,即超导态允许流动的最大电流称为临界电流,以 I_c 表示。对于半径为 a 的超导体所形成的回路,I_c 与 H_c 的大小有关:

$$I_c = \frac{1}{2}aH_c$$

4. 三个临界参数的关系

要使超导体处于超导状态,必须将它置于三个临界值 T_c,H_c 和 I_c 之下。三者缺一不可,任何一个条件遭到破坏,超导状态随即消失。其中 T_c,H_c 只与材料的电子结构有关,是材料的本征参数。而 I_c 和 H_c 不是相互独立的,它们彼此有关并依赖于温度。三者关系可用图 3-16 曲面来表示。在临界面以下的状态为超导态,其余均为常导态。

3.4.4　两类超导体

按超导体的磁化特性不同可将其分为两类。第一类超导体在低于临界磁场 H_c 的磁场 H 中处于超导态时,表现出完全抗磁性,即在超导体内部 $B = \mu_0(H + M) = 0$;在高于 H_c 的磁场中则处于正常态,$B/\mu_0 = H$,$-M = 0$。除铌、钒、铝以外,一般元素超导体都属于这类超导体,它们的 H_c 最高值仅为 $10^4\ \text{A/m}$ 数量级。

完全抗磁性,是当超导体处于超导态时,若周围存在小于 H_c 的磁场,在超导体表面能感生出屏蔽电流,从而产生一个恰好能抵消外磁场的附加磁场,使外磁场完全不能进入超导体内部,

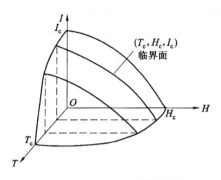

图 3-16　T_c, H_c, I_c 的关系

这种完全抗磁性又称迈斯纳效应,如图 3-17 所示。完全抗磁性和电阻消失现象是超导体的两个相互独立的基本特征。

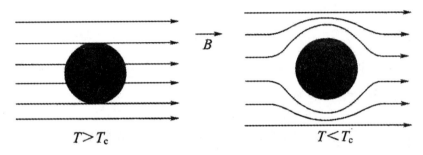

图 3-17　第一类超导材料的迈斯纳效应

第二类超导体有两个临界磁场:下临界磁场 H_{c1} 和上临界磁场 H_{c2}。当外加磁场小于 H_{c1} 时,第二类超导体也表现出完全抗磁性;当外磁场达到 H_{c1} 时,就失去完全抗磁性,磁力线开始穿过超导体内部。随着外磁场的增大,进入超导体内的磁力线增多。磁力线进入超导体,表明超导体内已有部分区域转变为正常态。此时的第二类超导体称为混合态。混合态中的正常区是以磁力线为中心,半径很小的圆柱形区域。正常区周围是连通的超导区,如图 3-18 所示。在超导体样品的周界仍有逆磁电流。因此,在混合态中的第二类超导体既具有抗磁性,又没有电阻。当外磁场增加时,每个圆柱形的正常区并不扩大,而是增加正常区的数目。当 $H = H_{c2}$ 时,相邻的圆柱体彼此接触,超导区消失,整个材料都变为正常态。

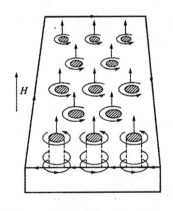

图 3-18　第二类超导体的混合态

图 3-19 为第二类超导体的磁化性能曲线。由图可见,当外加磁场增加时,超导体沿 $Oabc$ 方向磁化,当外磁场减小时,则沿 $cbaO$ 反向进行。具有这种可逆磁化行为的第二类超导体,称为理想的二类超导体。

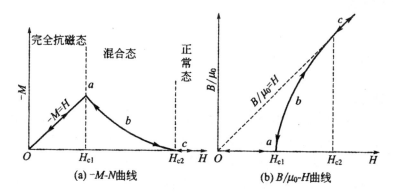

图 3-19　第二类超导体的磁化曲线与 B/μ_0-H 曲线

在第二类超导材料中,虽然其完全抗磁性在较低的磁场下就遭到破坏,但其完全导电性却可保持到较高的磁场。因此,对这类材料的开发和应用就得到普遍的重视。

3.4.5　超导材料的性能

1. 低温超导材料

这种材料的超导转变温度较低,大约在 30K 以下。具体又可分为元素超导体、合金超导体、化合物超导体三种。

(1)元素超导体

常压下,已发现具有超导电性的金属元素有 28 种。其中过渡族元素占 18 种,如 Ti,V,Zr,Nb,Mo,Ta,W,Re 等。非过渡族元素 10 种,如 Bi,Al,Sn,Cd,Pb 等。按临界温度高低排列,铌居首位,临界温度 9.24K;其次是人造元素锝,临界温度为 7.8K;第三是铅,7.197K;第四是镧,6.00K;然后是钒,5.4K;钽,4.47K;汞,4.15K;以下依次为锡、铟、铊、铝。研究发现,在施以30 000MPa 的条件下,超导元素的最高临界温度可达 13K。

元素超导体除 V,Nb,Ta 以外均属于第一类超导体,很难实用化。

(2)合金超导体

目前使用最广泛合金超导材料为 Nb-Ti 系合金,因为它与铜容易复合。这种合金线材虽然不是当前最佳的超导材料,但由于这种线材的制造技术比较成熟,性能也较稳定,生产成本低,所以目前仍是实用线材中的主导。20 世纪 70 年代中期,在 Nb-Zr,Nb-Ti 合金的基础上又发展了一系列具有很高临界电流的三元超导合金材料,如 Nb-40Zr-10Ti,Nb-Ti-Ta 等,它们是制造磁流体发电机大型磁体的理想材料。

(3)化合物超导材料

超导化合物的超导临界参量均较高,是性能良好的强磁场超导材料。但质脆,不易直接加工成线材或带材,需要采用特殊的加工方法。目前能够实用的超导材料,如 Nb-Ti 合金、V_3Ga 所产生的磁场均不超过 20T。近年来日本采用熔体急冷法、激光和电子束辐照等新方法进行试验,取得了重要进展。如用电子束和激光束辐照 $Nb_3(AlGe)$,在 4.2K,25T 的磁场下,临界电流密度达到 $3×10^4 A·cm^{-2}$。

2. 高温超导材料

这种材料大多具有较高的临界转变温度,超过了 77K,可在液氮的温度下工作。它们大多为氧化物陶瓷,随后开发的是铋系氧化物导体和铊系氧化物超导体。少数的非氧化物高温超导体主要是 C_{60} 化合物。

(1)氧化物超导体

高温超导体与低温超导体有相同的超导特性,即零电阻特性、Meissner 效应、磁通量子化和 Josephson 效应。高温超导体都具有层状的类钙钛矿型结构组元,整体结构分别由导电层和载流子库层组成,导电层是高温氧化物超导体所共有的,也是对超导电性至关重要的结构特征,它决定了氧化物超导体在结构上和物理特性上的二维特点。超导主要发生在导电层上。其他层状结构组元构成了高温超导体的载流子库层,它的作用是调节导电层的载流子浓度或提供超导电性所必需的耦合机制。体系的整个化学性质以及导电层和载流子库层之间的电荷转移决定了导电层中的载流子数目。而电荷转移又是由体系的晶体结构、金属原子的有效氧化态以及电荷转移和载流子库层的金属原子的氧化还原之间的竞争来决定的。

新型的氧化物高温超导体与低温超导体相比,有其独特的结构和物理特征,主要表现为:具有明显的层状结构,超导电性存在各向异性;超导相干长度短(电子对中两电子间距);构成晶体元素的组成对超导电性影响大;电子浓度大;氧缺损型晶体结构,其氧浓度与晶体结构有关,与超导电性关系密切;临界温度对载流子浓度有强的依赖关系。

高温超导体的性质由载流子浓度决定。晶格参数的变化常伴随着载流子浓度的变化。相干长度很短是所有高温超导体的本征特性,所以不均匀性也是高温超导体的本征特性,这将影响其物理性能和应用。不管是研制高质量的单晶还是探索高温超导机理,进一步研究缺陷含量及其分布都是十分重要的。

(2)非氧化物超导体

非氧化物高温超导体主要是 C_{60} 化合物,C_{60} 具有极高的稳定性,C_{60} 原子团簇的独特掺杂性质来自它特殊的球性结构。当其构成固体时,球外壳之间较大的空隙提供了丰富的结构因素。C_{60} 及其衍生物具有巨大的应用前景,如作为实用超导材料和新型半导体材料以及在许多领域获得重要的应用。

(3)非晶超导材料

非晶超导材料主要包括非晶态简单金属及其合金和非晶态过渡金属及其合金。它们具有高度均匀性、高强度、高耐磨、高耐蚀等优点。

超导电性主要是由于电子和声子之间的相互作用而引起的。非晶态结构的长程无序性对其超导性的影响很大,使有些物质的超导转变温度提高,而且显著改变了上临界磁场能隙和电声子耦合作用。

大多数非晶态超导体的超导转变温度比相应的晶态超导体高,一般约为 5K。各种非晶态超导体的 T_c 值别不大。非晶态超导体的超导能隙参数一般为 4.5,比晶态超导体大,属于强耦合超导体,而相应的晶态超导体能隙参数一般为 3.5,属弱耦合超导体。

（4）复合超导材料

复合超导材料的优点是：可承载更大的电流，减少退化效应，增加超导的稳定性，提高机械强度和超导性能。复合超导体大致有：超导电缆、复合线、复合带、超导细丝复合线、编织线和内冷复合超导体六种。它们一般由以下几个部分构成：超导材料、良导体、填充料、绝缘层、高强度材料包层和屏蔽层。

（5）重费米子超导体

重费米子超导体的比热测量显示其低温电子比热系数非常大，是普通金属的几百甚至几千倍。尽管目前发现的一些重费米子超导体的转变温度都较低，从实用价值上无重要性，但在理论上重费米子系统却存在两种不同的基态：反铁磁态和超导电态，即重费米子系统可以通过某种相互作用进入反铁磁态，或者通过某种电子配对机制而进入超导态。与通常的磁性超导体比较，重费米子体系是同一组电子本身的磁性与超导电性之间的选择。还有如热容磁化率和输运性质等，都表明重费米子超导体的超导机制是非常规的。

（6）有机超导材料

有机材料与无机材料相比，其最大的优点是质量轻，且十分容易进行分子水平上的剪裁与设计。第一个被发现的有机超导体是$(TMTSF)_2PF_6$，尽管这种有机盐的T_c只有 0.9K，但是有机超导体的低维特性、低电子密度和电导的异常频率关系以及超导体的发现预示了一个新的超导电性研究领域的出现。

3.4.6　超导材料的应用

1. 开发新能源

（1）超导受控热核反应堆

人类面临着能源危机，受控热核反应的实现，将从根本上解决人类的能源危机。如果想建立热核聚变反应堆，利用核聚变能量来发电，首先必须建成大体积、高强度的大型磁场（磁感应强度约为 105T）。这种磁体贮能应达 $4×10^{10}$J，只有超导磁体才能满足要求。用于制造核聚变装置中超导磁体的超导材料主要是 Nb_3Sn，Nb-Ti 合金，NbN，Nb_3Al 等。

（2）超导磁流体发电

磁流体发电是一种靠燃料产生高温等离子气体，使这种气体通过磁场而产生电流的发电方式。磁流体发电机的主体主要由三个部分组成：燃烧室，发电通道和电极，其输出功率与发电通道体积及磁场强度的平方成正比。超导磁体可以产生较大磁场，且励磁损耗小，体积，重量也可以大大减小。

磁流体发电特别适合用于军事上大功率脉冲电源和舰艇电力推进。美国将磁流体推进装置用于潜艇，已进行了实验。

2. 节能方面

（1）超导发电机和电动机

超导电机的优点是小型、轻量、输出功率高、损耗小。据计算，电机采用超导材料线圈，磁感应强度可提高 5～10 倍。一般常规电机允许的电流密度为 $10^2～10^3$A/cm^2，超导电机可达到 10^4

A/cm² 以上。可见超导电机单机输出功率可大大增加,即同样输出功率下,电机重量可大大减轻。目前,超导单极直流电机和同步发电机是人们研究的主要对象。

(2)超导输电

目前实用的超导材料临界温度较低,因此,对于超导输电必须考虑冷却电缆所需成本。近年,随着高温超导体的发现,日本研制了 66kV,50m 长的具有柔性绝热液氮管的电缆模型和 50m 长的导体绕在柔性芯子上的电缆,其交流载流能力为 2000A,有望用于市内地下电力传输系统。美国也研制了直流临界电流为 900A 的电缆。

3. 超导磁悬浮列车

磁悬浮列车的设想是 60 年代提出的。这种高速列车利用路面的超导线圈与列车上超导线圈磁场间的排斥力使列车悬浮起来,消除了普通列车车轮与轨道的摩擦力,使列车高速行驶,使用的超导磁体如图 3-20 所示。日本在 1979 年就研制成了时速 517km 的超导磁悬浮实验车。1990 年德国汉诺威—维尔茨堡高速磁浮列车线路正式投入运营,使德国在磁浮列车的实用化方面居领先地位。

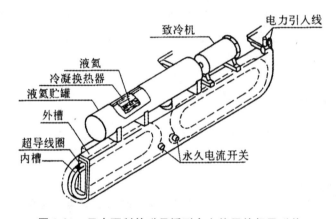

图 3-20 日本研制的磁悬浮列车上使用的超导磁体

4. 其他方面的应用

超导体的另一个重要应用是制造"约瑟夫森"器件。约瑟夫森器件的原理是所谓"约瑟夫森效应"——两块超导体之间点接触,或通过正常导电膜或绝缘膜接触,形成弱连接,则超导体中的"库柏对"可以隧道效应穿过,如图 3-21 所示。

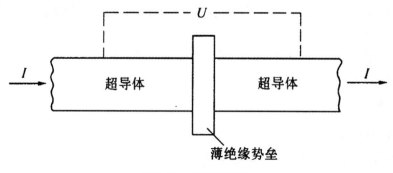

图 3-21 约瑟夫森结

约瑟夫森效应为超导电子学开辟了广阔的前景,约瑟夫森器件已应用于很多方面。现在高温超导体的发现及在液氮温度区实现了约瑟夫森效应,将会大大扩大约瑟夫森器件的应用范围。图 3-22 为几种常见的约瑟夫森结。

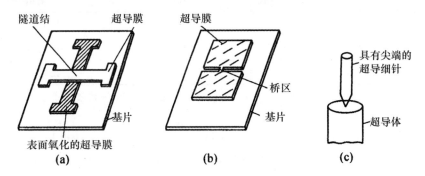

图 3-22　几种常见的约瑟夫森结

制作约瑟夫森器件的材料主要有软金属(Sn,Pb,In,Pb-In 合金,Pb-Bi 合金,Pb-In-Au 合金等),Nb 及 Nb 的化合物及氧化物薄膜等。最常见的形式是在两枚超导薄膜之间插入导电(绝缘)薄膜。薄膜的制造方法主要有溅射法、蒸镀法、CVD 法等。如 Nb 膜/Al 膜/Nb 膜,NbN/无定形 Si/Nb$_2$O$_5$/NbN 膜,Nb$_3$Ce 膜/无定形 Si/SiO$_2$ 膜/Nb$_3$Ce 膜等。

3.5　非晶态合金

3.5.1　非晶态合金的结构

研究非晶态材料结构所用的实验技术目前主要沿用分析晶体结构的方法,其中最直接、最有效的方法是通过散射来研究非晶态材料中原子的排列状况。由散射实验测得散射强度的空间分布,再计算出原子的径向分布函数,然后,由径向分布函数求出最近邻原子数及最近原子间距离等参数,依照这些参数,描述原子排列情况及材料的结构。根据辐射粒子的种类,可将散射实验分类,如表 3-10 所示。目前分析非晶态结构,最普遍的方法是 X 射线射及电子衍射,中子衍射方法也开始受到重视。

表 3-10　各种散射实验比较

辐射粒子	波段	波长	能量	实验方法
光子	微波	1~100cm	10^{-4}~10^{-6}eV	NMR,ESR
	红外	>770nm	<1.6eV	红外光谱,喇曼光谱
	可见	380~770nm	1.6~3.3eV	可见光谱,喇曼光谱
	紫外	<397nm	>3.1 eV	紫外光谱,喇曼光谱
	X 射线	0.001~10nm	1240keV~124eV	衍射,XPS,EXAFS
	β 射线	<0.1nm	>12.4keV	穆斯堡效应,康普敦效应

辐射粒子	波段	波长	能量	实验方法
电子		$0.1\sim0.0037nm$	$150eV\sim100keV$	衍射
中子	冷中子	$>0.4nm$	$<5meV$	SAS,INS,衍射
	热中子	$0.05\sim0.4nm$	$5\sim330meV$	衍射,INS
	超热中子	$<0.05nm$	$<330meV$	衍射,INs

注:NMR—核磁共振;ESR—电子自旋共振;XPS—X 射线光电子谱;EXAFS—扩展 X 射线吸收精细结构;SAS—小角度散射;INS—滞弹性中子散射。

利用衍射方法测定结构,最主要的信息是分布函数,用来描述材料中的原子分布。双体分布函数 $g(r)$ 相当于取某一原子为原点($r=0$)时,在距原点为 r 处找到另一原子的几率,由此描述原子排列情况。

图 3-23 为气体、固体、液体的原子分布函数。径向分布函数

$$J_{(r)} = \frac{N}{V} \cdot g_{(r)} \cdot 4\pi r^2$$

其中 N/V 为原子的密度。

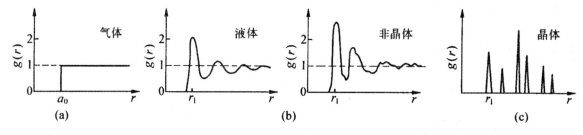

图 3-23　气体、固体、液体的原子分布函数

根据 $g_{(r)}$-r 曲线可求得配位数和原子间距。从图中可以看出,非晶态的图形与液态很相似但略有不同,和气态及晶态有明显的区别。这说明非晶态在结构上与液体相似,原子排列是短程有序的;总体结构是长程无序的,宏观上可将其看作均匀、各向同性的。非晶态结构的另一个基本特征是热力学的不稳定性。

通常在理论上把非晶态材料中原子的排列情况模型可分两大类。一类是不连续模型,如微晶模型,聚集团模型;另一类是连续模型,如连续无规网络模型,硬球无规密堆模型等。

1. 微晶模型

微晶模型认为非晶态材料是由"晶粒"非常细小的微晶粒组成。微晶模型认为微晶内的短程有序结构和晶态相同,但各个微晶的取向是杂乱分布的,形成长程无序结构。从微晶模型计算得出的分布函数和衍射实验结果定性相符,但定量上符合得不理想。假设微晶内原子按 hcp,fcc 等不同方式排列时,非晶 Ni 的双体分布函数 $g_{(r)}$ 的计算结果与实验结果比较,如图 3-24 所示。

2. 拓扑无序模型

拓扑无序模型认为非晶态结构的主要特征是原子排列的混乱和随机性,把短程有序看作是无规堆积时附带产生的结果。拓扑无序模型有多种形式,主要有无序密堆硬球模型和随机网络

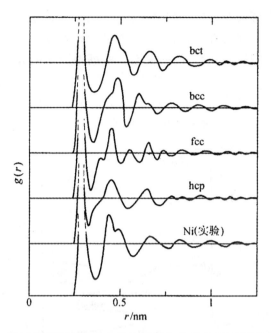

图 3-24　微晶模型得出的径向分布函数与非晶态 Ni 实验结果的比较

模型。前者用于研究液态金属的结构,是由贝尔纳提出的。他发现无序密堆结构仅由五种不同的多面体组成,如图 3-25 所示,称为贝尔纳多面体。无序密堆硬球模型所得出的双体分布函数与实验结果定性相符,但细节上也存在误差。后者的基本出发点是保持最近原子的键长、键角关系基本恒定,以满足化学键的要求。该模型的径向分布函数与实验结果符合得很好。

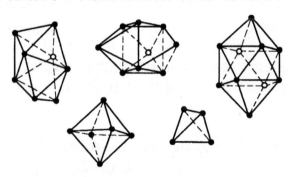

图 3-25　贝尔纳多面体

上述模型对于描述非晶态材料的真实结构还远远不够准确。但目前用其解释非晶态材料的某些特性如弹性,磁性等,取得了一定的成功。

3.5.2　非晶态材料的制备

1. 非晶态形成条件

原则上,所有的金属熔体都可以通过急冷制成非晶体。但实际上,要使一种材料非晶化,还得考虑材料本身的内在因素,主要是材料的成分及各组元的化学本质。

目前,对一种材料能否形成非晶态的判据主要有两个,即结构判据和动力学判据。结构判据是根据原子的几何排列,原子间的键合状态,及原子尺寸等参数来预测玻璃态是否易于形成;动力学判据考虑冷却速度和结晶动力学之间的关系。根据动力学的处理方法,把非晶态的形成看成是由于形核率和生长速率很小,或在一定过冷度下形成的体结晶分数非常小(小于 10^{-6})的结果。这样,可以用经典的结晶理论来讨论非晶态的形成,并定量确定非晶态形成的动力学条件。如图 3-26,作出金属及合金的 TTT 图(C 曲线),C 曲线的左侧为非晶态区。

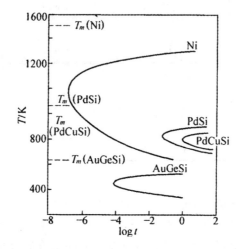

图 3-26　纯 Ni, $Au_{77.8}Ge_{13.8}Si_{8.4}$, $Pd_{82}Si_{18}$, $Pd_{77.5}Cu_6Si_{16.5}$ 的 C 曲线

从图 3-26 中可以看出,不同成分的合金,形成非晶态的临界冷却速度是不同的。临界冷却速度从 TTT 图可以估算出来

$$R_c = (T_m - T_n)/t_n$$

式中, T_m 为熔点; T_n, t_n 分别为 C 曲线鼻尖所对应的温度和时间。

若考虑实际冷却过程,就要作出合金的连续冷却转变图(CCT 图),如图 3-27,图中标示出了临界冷却速度。

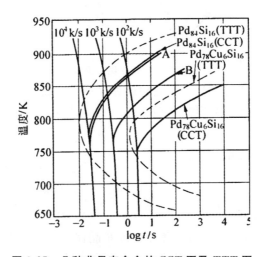

图 3-27　几种非晶态合金的 CCT 图及 TTT 图

研究表明,组元间电负性及原子尺寸相差越大(10%～20%),越容易形成非晶态。在相图上,成分位于共晶点附近的合金,其 T_m 一般较低,即液相可以保持到较低温度,而同时其玻璃化温度 T_g 随溶质原子浓度的增加而增加,令 $\Delta T = T_m - T_g$,ΔT 随溶质原子的增加而减小,有利于非晶态的形成。有人选用化学键参数,引用"图象识别"技术,总结了二元非晶态合金形成条件的规律。如图 3-28,图中横坐标是 A,B 两组元电负性差的绝对值,纵坐标中 Z 是化合价数,r_k 是原子半经,$(\delta X_p)_A$ 是 A 组元的电负性偏离线性关系的值,即纵坐标代表 A,B 原子因极化作用而引起的效应。

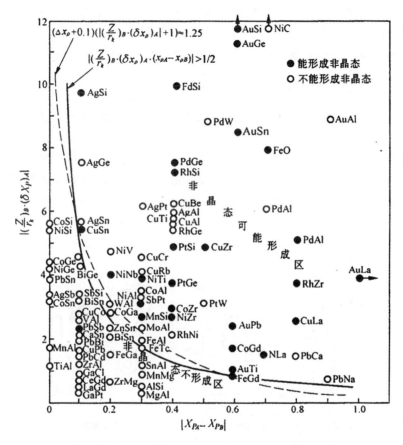

图 3-28　二元系形成非晶态合金的键参数判别曲线

总体来看,由一种过渡金属或贵金属和类金属元素(B,C,N,P,Si)组成的合金易形成非晶态。

2. 非晶态合金带材、线材的制备方法

为了达到一定的冷却速度,从而获得非晶态,已经发展了许多技术。制备非晶态材料的方法可归纳为三大类:①由气相直接凝聚成非晶态固体,如真空蒸发、溅射、化学气相沉积等;②由液态快速淬火获得非晶态固体;③由结晶材料通过辐照、离子注入、冲击波等方法制得非晶态材料。下面具体讨论几种常用的制备方法。

(1)真空蒸发法

用真空蒸发法制备元素或合金的非晶态薄膜已有很长的历史了。在真空中将材料加热蒸

发,所产生的蒸气沉积在冷却的基板衬底上形成非晶态薄膜。其中衬底可选用玻璃、金属、石英等,并根据材料的不同,选择不同的冷却温度。如对于过渡金属 Fe,Co,Ni 等,衬底则要保持在液氮温度。真空蒸发法虽然操作简单方便,但是合金品种受到限制,成分难以控制,而且蒸发过程中不可避免地夹带杂质,使薄膜的质量受到影响。

（2）溅射法

溅射法是在真空中通过在电场中加速的氩离子轰击阴极,使被激发的物质脱离母材而沉积在用液氮冷却的基板表面上形成非晶态薄膜。溅射法在非晶态半导体、非晶态磁性材料的制备中应用较多,近年发展的等离子溅射及磁控溅射,沉积速率大大提高,可制备厚膜。这种方法的优点是制得的薄膜较蒸发膜致密,与基板的粘附性也较好。缺点是由于真空度较低（$1.33 \sim 0.133$ Pa）,因此容易混入气体杂质,而且基体温度在溅射过程中可能升高,适于制备晶化温度较高的非晶态材料。

（3）化学气相沉积法

这种方法较多用于制备非晶态 Si,Ge,Si_3N_4,SiC,SiB 等薄膜,适用于晶化温度较高的材料,但是不适用于制备非晶态金属。

（4）液体急冷法

液体急冷法是由液体金属或合金急冷制备非晶态的方法。可用来制备非晶态合金的薄片、薄带、细丝或粉末,可大量生产,是目前制备非晶态合金比较实用方法。

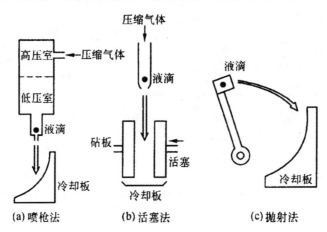

图 3-29　液体急冷法制备非晶态合金薄片

用液体急冷法制备非晶态薄片,根据所使用的设备不同分为喷枪法[图 3-29（a）],活塞法[图 3-29（b）]和抛射法[图 3-29（c）],当然,这些方法目前尚且处于研究阶段。在工业上实现批量生产的是用液体急冷法制非晶态带材。主要方法有离心法、单辊法、双辊法,见图 3-30。三种方法各有优缺点,离心法和单辊法中,液体和旋转体都是单面接触冷却,尺寸精度和表面光洁度不理想;双辊法是两面接触,尺寸精度好,但调节比较困难,只能制做宽度在 10mm 以下的薄带。目前较实用的是单辊法,产品宽度在 100mm 以上,长度可达 100m 以上。

这种方法的主要产生过程是:将材料用电炉或高频炉熔化,用惰性气体加压使熔料从坩锅的喷嘴中喷到旋转的冷却体上,在接触表面凝固成非晶态薄带。图 3-31 是非晶态合金生产线示意图。

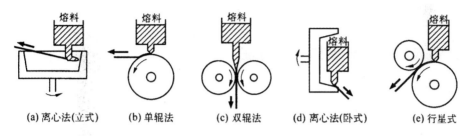

(a) 离心法(立式)　　(b) 单辊法　　(c) 双辊法　　(d) 离心法(卧式)　　(e) 行星式

图 3-30　工业法制备非晶态带材的方法

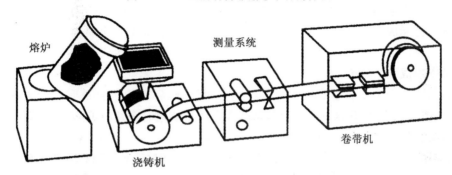

图 3-31　非晶态合金生产线示意图

3. 非晶态合金块材制备方法

传统的非晶态合金通常是在极高的冷速下获得的薄带或细丝,这大大限制了非晶态材料的工业应用。所以人们一直在寻求直接从液相获得大块非晶的方法。

要直接从液相获取大块非晶,要求合金熔体具有很强的非晶形成能力。具备上述条件的合金系有以下三个共同特征:①合金系由三个以上组元组成。②主要组元的原子要有 12% 以上的原子尺寸差。③各组元间要有大的负混合热。满足这三个特征的合金在冷却时非均匀形核受到抑制;易于形成致密的无序堆积结构,提高了液、固两相界面能,从而抑制了晶态相的形核和长大。大块非晶合金,大致可分为铁磁性和非铁磁性两大类。

大块非晶合金由于成分上的特殊性,采用常规的凝固工艺方法(熔体水淬、金属模铸造等)即可获得大块非晶。为了控制冷却过程中的非均匀形核,在制备时一方面要提高合金纯度,减少杂质;另一方面采用高纯惰性气体保护,尽量减少含氧量。主要制备方法有以下几种:

(1)熔体水淬法

将合金铸锭装入石英管再次融化,然后直接水淬,得到大直径的柱状大块非晶。

(2)金属模铸造法

将高纯度的组元元素在氩气保护下熔化,均匀混合后浇注到铜模中,可的到各种形状的具有光滑表面核金属光泽的大块非晶。根据具体操作工艺,金属模铸造法分为高压铸造、射流成型、吸铸等。

①高压铸造:利用活塞,以 $50\sim200MPa$ 的压力将熔化的合金快速压入上方的铜模内,强制冷却,形成非晶态合金。

②射流成型:将合金置于底部有小孔的石英管中,熔化后,在石英管上方导入氩气,使液态合金从小孔喷出,注入下方的铜模内,快速冷却形成非晶态。

③吸铸：在铜模中心加一活塞，通过活塞快速运动产生的气压差将液态金属吸入铜模内。

3.5.3 非晶态金属材料及其基本特征

非晶态是指原子呈长程无序排列的状态。具有非晶态结构的合金称非晶态合金，非晶态合金又称金属玻璃。作为金属材料的非常规结构形态，非晶态合金表现出许多特有的材料性能，例如，特别高的强度和韧性、优异的软磁性能、高的电阻率及良好的抗蚀性能。非晶态合金引起人们的极大兴趣，成为金属材料的一个新领域。目前非晶态合金应用正逐步扩大，其中非晶态软磁材料发展较快，已能成批生产。区别于传统晶态合金材料，非晶态合金材料的基本特征包括如下几个方面：

（1）非晶态形成能力对合金的依赖性

通常，非晶态合金由金属组成或由金属与类金属组合，后者的组合更有利于非晶态的形成，合适的组合类金属为 B、P、Si、Ge。可见非晶态合金的形成对合金组元有较大的依赖性。

（2）结构的长程无序和短程有序性

非晶态金属材料不存在原子排列的长程有序性，电子显微镜等手段也观察不到晶粒的存在。研究表明，非晶态金属的原子排列也不是完全杂乱无章的。例如，X 射线衍射的结果表明，非晶态金属原子的最近邻、第二近邻这样近程的范围内，原子排列与晶态合金极其相似，即存在近程有序性。由于原子结构是典型的玻璃态，又称为金属玻璃。

（3）热力学的亚稳性

从热力学来看，它有继续释放能量、向平衡状态转变的倾向；从动力学来看，要实现这种转变首先必须克服一定的能垒，否则这种转变实际上是无法实现的，因而非晶态金属又是相对稳定的。非晶态金属的亚稳态区别于晶态的稳定性，一般，在 400℃ 以上的高温下，它就能够获得克服位垒的足够能量，实现结晶化。位垒越高，非晶态金属越稳定，越不容易结晶化。可见位垒高低直接关系到非晶态金属材料的实用价值和使用寿命。

3.5.4 非晶态金属材料的性能与用途

1. 高强度高韧性的力学性能

非晶态合金具有高的强度和硬度，例如非晶态铝合金的抗拉强度（1140MPa）是超硬铝抗拉强度（520MPa）的两倍。非晶态合金强度高的原因是由于其结构中不存在位错，没有晶体那样的滑移面，因而不易发生滑移。非晶态合金断后伸长率低但并不脆，而且具有很高的韧性，非晶薄带可以反复弯曲 180° 而不断裂，并可以冷轧，有些合金的冷轧压下率可达 50%。

非晶态合金的机械性能与其成分有很大关系，尤其是其中类金属与过渡族金属元素的种类及含量。如图 3-32、图 3-33 所示。此外，制备时的冷却速度和相关的热处理工艺对非晶合金的延性与韧性有重要影响。

非晶态合金的高强度、高硬度和高韧性可以被利用制作轮胎、传送带、水泥制品及高压管道的增强纤维。用非晶态合金制成的刀具，如保安刀片，已投入市场。另一方面，利用非晶态合金的机械性能随电学量或磁学量的变化，可制作各种元器件。如用铁基或镍基非晶态合金可制作

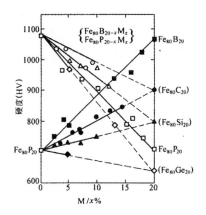

图 3-32　铁基非晶态合金的硬度与类金属（M）的关系

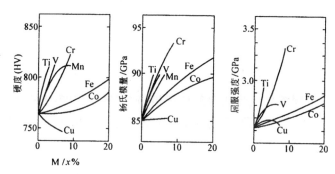

图 3-33　$(Ni\text{-}M)_{75}Si_8B_{17}$合金的硬度、杨氏模量和屈服强度与过渡金属（M）

压力传感器的敏感元件。

2. 高导磁、低铁损的软磁性能

由于非晶态合金的无序结构，不存在磁晶各向异性，因而易于磁化；而且没有位错、晶界等晶体缺陷，故磁导率、饱和磁感应强度高；矫顽力低、损耗小，是理想的软磁材料。目前比较成熟的非晶态软磁合金主要有铁基、铁-镍基和钴基三大类。金属玻璃主要用于作为变压器材料、磁头材料、磁屏蔽材料、磁致伸缩材料及磁泡材料等。

3. 耐强酸、强碱腐蚀的化学特性

晶态金属材料中，耐蚀性较好的是不锈钢。但不锈钢在易发生点腐蚀和晶间腐蚀。非晶态的 Fe-Cr 合金可以弥补不锈钢的这些不足，Cr 可显著改善非晶态合金的耐蚀性。

非晶态合金的耐蚀性主要是由于其不存在第二相，组织均匀，无序结构中不存在晶界，位错等缺陷；非晶态合金本身活性很高，能够在表面迅速形成均匀的钝化膜，阻止内部进一步腐蚀。目前对耐蚀性能研究较多的是铁基、镍基、钴基非晶态合金，其中大都含有铬。利用非晶态合金的耐蚀性，用其制造耐腐蚀管道、电池的电极、海底电缆屏蔽、磁分离介质及化工用的催化剂、污水处理系统中的零件等都已达到实用阶段。

4. 电性能

与晶态合金相比，非晶态合金的电阻率显著增高（2～3 倍），非晶态合金的电阻温度系数比晶态合金的小。多数非晶态合金具有负的电阻温度系数,即随温度升高电阻率连续下降。

非晶态合金还具有好的催化特性、高的吸氢能力、超导电性、低居里温度等特性。总之,非晶态材料是一种大有前途的新材料,但也有不尽如人意之处。其缺点主要表现在两方面,一是热力学上不稳定,受热有晶化倾向;二是由于采用急冷法制备材料,使其厚度受到限制。解决的办法主要是采取表面非晶化及微晶化。

随着金属材料在各个领域的延伸应用,以及金属材料学与其他学科的日益交叉渗透,金属作为一类较为基础的材料,其"粗重"的形象正在逐步发生改变,越来越多特殊结构或特定功能的金属材料得到研究发展,其应用价值也正逐步提升。

3.6 贮氢合金

3.6.1 金属贮氢原理

许多金属(或合金)可固溶氢气形成含氢的固溶体(MH_x),固溶体的溶解度$[H]_M$与其平衡氢压p_{H_2}的平方根成正比。在一定温度和压力条件下,固溶相(MH_x)与氢反应生成金属氢化物,反应式如下

$$\frac{2}{y-x}MH_x + H_2 \frac{2}{y-x}MH_y + \Delta H$$

式中,MH_y是金属氢化物,ΔH为生成热。贮氢合金正是靠其与氢起化学反应生成金属氢化物来贮氢的。

贮氢材料的金属氢化物有两种类型:一类是Ⅰ和Ⅱ主族元素与氢作用,生成的离子型氢化物。这类化合物中,氢以负离子态嵌入金属离子间;另一类是Ⅲ和Ⅳ族过渡金属及Pb与氢结合,生成的金属型氢化物。氢以正离子态固溶于金属晶格的间隙中。

金属与氢的反应,是一个可逆过程。正向反应,吸氢、放热;逆向反应,释氢、吸热;改变温度与压力条件可使反应按正向、逆向反复进行,实现材料的吸释氢功能。平衡氢压-氢浓度等温曲线可用图 3-34 表示。

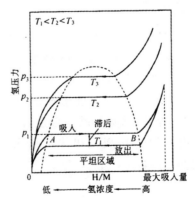

图 3-34 平衡氢压-氢浓度系的 p-C-T 曲线

在图 3-34 中,由 O 点开始,金属形成含氢固溶体,A 点为固溶体溶解度极限。从 A 点,氢化反应开始,金属中氢浓度显著增加,氢压几乎不变,至 B 点,氢化反应结束,B 点对应氢浓度为氢化物中氢的极限溶解度。图中 AB 段为氢气、固溶体、金属氢化物三相共存区,其对应的压力为氢的平衡压力,氢浓度(H/M)为金属氢化物在相应温度的有效氢容量。由图中还可以看出,金属氢化物在吸氢与释氢时,虽在同一温度,但压力不同,这种现象称为滞后。作为贮氢材料,滞后越小越好。

根据 p-C-T 图可以作出贮氢合金平衡压-温度之间的关系图,如图 3-35 所示。下图表明,对各种贮氢合金,当温度和氢气压力值在曲线上侧时,合金吸氢,生成金属氢化物,同时放热;当温度与氢压力值在曲线下侧时,金属氢化物分解,放出氢气,同时吸热。

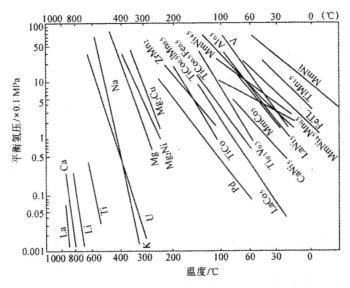

图 3-35　各种贮氢合金平衡分解压-温度关系曲线

储氢合金的吸氢反应机理如图 3-36 所示。氢分子与合金接触时,就吸附于合金表面上,氢分子的 H—H 键离解为原子态氢,H 原子从合金表面向内部扩散,进入比氢原子半径大得多的金属晶格的间隙中而形成固溶体。固溶于金属中的氢再向内部扩散。固溶体一旦被氢饱和,过剩 H 原子与固溶体反应生成氢化物,这时,产生溶解热。

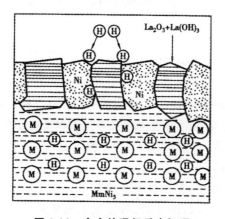

图 3-36　合金的吸氢反应机理

一般来说,氢与金属或合金的反应是一个多相反应,这个多相反应由下列基础反应组成:

①H_2 传质,

②化学吸附氢的解离:$H_2 2H_{ad}$,

③表面迁移,

④吸附的氢转化为吸收氢:$H_{ad} H_{abs}$,

⑤氢在 α 相的稀固态溶液中扩散,

⑥α 相转变为 β 相:$H_{abs}(\alpha) H_{abs}(\beta)$,

⑦氢在氢化物(β 相)中扩散。

了解氢在金属本体中扩散系数的大小,有助于掌握金属中氢的吸收-解吸过程动力学参数。

3.6.2　贮氢合金材料

1. 实用的贮氢材料应具备条件

实用的贮氢材料应具备如下条件:

①容易活化,吸氢能力大,能量密度高。

②金属氢化物的生成热要适当,做贮氢材料或电池时应该小,做贮热材料时则应大。

③平衡氢压适当。最好在室温附近只有几个大气压,便于贮氢和释放氢气。

④吸氢、释氢速度快。

⑤传热性能好。

⑥对氧、水和二氧化碳等杂质敏感性小,反复吸氢,释氢时,材料性能不致恶化。

⑦在贮存与运输中性能可靠、安全、无害。

⑧化学性质稳定,经久耐用。

⑨价格便宜。

能够基本上满足上述要求的主要合金成分有:Mg,Ti,Nb,V,Zr 和稀土类金属,添加成分有 Cr,Fe,Mn,Co,Ni,Cu 等。

目前研究和已投入使用的贮氢合金主要有稀土系、钛系、镁系几类。另外,可用于核反应堆中的金属氢化物及非晶态贮氢合金,复合贮氢材料已引起人们极大兴趣。

2. 镁系贮氢合金

最早研究的贮氢材料。镁与镁基合金贮氢量大、重量轻、资源丰富、价格低廉。主要缺点是分解温度过高,吸放氢速度慢,使镁系合金至今处于研究阶段。

镁与氢在 300～400℃ 和较高的氢压下反应生成 MgH_2,具有四方晶金红石结构,属离子型氢化物,过于稳定,释氢困难。在 Mg 中添加 5％～10％ 的 Cu 或 Ni,对镁氢化物的形成起催化作用,使氢化速度加快。Mg 和 Ni 可以形成 Mg_2Ni 和 $MgNi_2$ 二种金属化合物,其中 $MgNi_2$ 不与氢发生反应,Mg_2Ni 在一定条件下(2MPa,300℃)与氢反应生成 Mg_2NiH_4,稳定性比 MgH_2 低,使其释氢温度降低,反应速度加快,但贮氢量大大降低。在 Mg-Ni 合金中,当 Mg 含量超过一定程度时,产生 Mg 和 Mg_2Ni 二相,如图 3-37,等温线上出现两个平坦区,低平坦区对应反应

$$Mg + H_2 MgH_2$$

高平坦区对应反应

$$Mg_2Ni + 2H_2 \, Mg_2NiH_4$$

Mg 和 Mg₂Ni 二相合金具有较好的吸释氢功能，Ni 含量在 3％～5％时，可获得吸氢量最大为 7％。

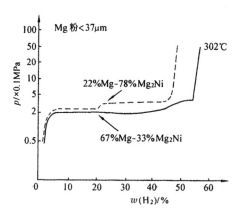

图 3-37　Mg-Mg₂Ni-H 系统 p-C-T 平衡图

目前镁系贮氢合金的发展方向是通过合金化，改善 Mg 基合金氢化反应的动力学和热力学。研究发现，Ni，Cu，Re 等元素对 Mg 的氢化反应有良好的催化作用，对 Mg-Ni-Cu 系，Mg-Re 系，Mg-Ni-Cu-M（M＝Cu，Mn，Ti）系，La-M-Mg-Ni（M＝La，Zr，Ca）系及 Ce-Ca-Mg-Ni 系多元镁基贮氢合金的研究和开发正在进行。

3. 稀土系

LaNi₅ 是稀土系贮氢合金的典型代表，室温即可活化，吸氢放氢容易，平衡压力低，滞后小（见图 3-38），抗杂质。但是成本高，大规模应用受到限制。LaNi₅ 是六方结构，其氢化物仍保持六方结构。为了克服 LaNi₅ 的缺点，开发了稀土系多元合金，主要有以下几类。

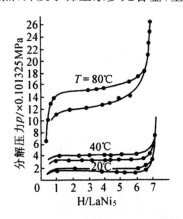

图 3-38　LaNi₅-H 系统 p-C-T 平衡图

（1）LaNi₅ 三元系

主要有两个系列：$LaNi_5-xM_x$（M：Al，Mn，Cr，Fe，Co，Cu，Ag，Pd 等）型和 $R_{0.2}La_{0.8}Ni_5$（R＝Zr，Y，Gd，Nd，Th 等）型。$LaNi_5-xM_x$ 系列中最受注重的是 $LaNi_5-xAl_x$ 合金，M 的置换显著改变了平衡压力和生成热值，如图 3-39 所示。

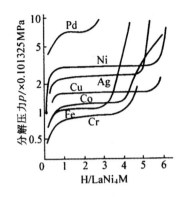

图 3-39　$LaNi_4M$-H 系统 p-C-T 平衡图

（2）$MINi_5$ 系

以 Ml（富含 La 与 Nd 的混合稀土金属，La＋Nd＞70％）取代 La 形成的 $MINi_5$，价格便宜，而且在贮氢量和动力学特性方面优于 $LaNi_5$，更具实用性，见图 3-40。以 Mn，Al，Cl 等置换部分 Ni，发展了 $MINi_5$-xMx 系列合金，降低了氢平衡分解压。$MINi_5$-$xAlx$ 已大规模应用于氢的贮运、回收和净化过程中。

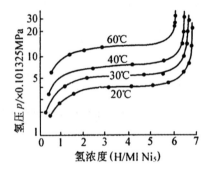

图 3-40　$MmNi_5$-H 系统 p-C-T 平衡图

（3）$MmNi_5$ 系

$MmNi_5$ 用混合稀土元素（Ce，La，Sm）置换 $LaNi_5$ 中的 La。$MmNi_5$ 释氢压力大，滞后大，难于实用。为此，在 $MmNi_5$ 基础上又开发了许多多元合金，如用 Al，B，Cu，Mn，Si，Ca，Ti，Co 等置换 Mm 而形成的 $Mm_{1-x}A_xNi_5$ 型（A 为上述元素中一种或两种）合金；用 B，Al，Mn，Fe，Cu，Si，Cr，Co，Ti，Zr，V 等取代部分 Ni，形成的 $MmNi_5$-yBy 型合金（B 为上述元素中的一种或两种）。其中取代 Ni 的元素均可降低平衡压力，Al，Mn 效果较显著，取代 Mm 的元素则一般使平衡压力升高。图 3-41 为 $MmNi_5$-yBy-H 系合金氢化特性。

4. 钛系贮氢合金

（1）钛铁系合金

钛和铁可形成 TiFe 和 $TiFe_2$ 二种稳定的金属间化合物。TiFe 可在室温与氢反应生成 $TiFeH_{1.04}$ 和 $TiFeH_{1.95}$，如图 3-42。由图可以看出 p-C-T 曲线有两个平台，分别对应两种氢化物。

TiFe 合金的缺点是活化困难，抗杂质气体中毒能力差。为改善 TiFe 合金的贮氢特性，研究

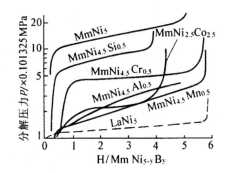

图 3-41　MmNi$_{5-y}$By-H 系统 p-C-T 平衡图

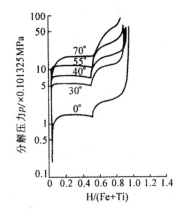

图 3-42　TiFe-H 系 p-C-T 平衡图

了以过渡金属 M 置换部分铁的 TiFe$_{1-x}$M$_x$ 三元合金，其中 M＝Co，Cr，Cu，Mn，Mo，Ni，Nb，V 等。加入过渡金属使合金活化性能得到改善，氢化物稳定性增加，但平台变得倾斜。这一系列合金中具有代表性的是 TiFe$_{1-x}$Mn$_x$（x＝0.1～0.3），如图 3-43 所示。TiFe$_{0.8}$Mn$_{0.2}$ 在室温和 30MPa 氢压下即可活化，生成的 TiFe$_{0.8}$M$_{0.2}$H$_{1.95}$，贮氢量 1.9wt％，但 p-C-T 曲线平台倾斜度大，释氢量少。日本研制出一种新型 Fe-Ti 氧化物合金，贮氢性能很好。

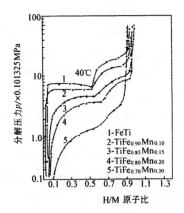

图 3-43　TiFe$_{1-x}$M$_x$ 系 p-C-T 平衡图

（2）钛镍系合金

钛镍系合金的研究始于 20 世纪 70 年代初，被认为是一种具有良好应用前景的储氢电极材料，曾与稀土镍系储氢材料并驾齐驱。Ti-Ni 系有三种化合物，即 Ti$_2$Ni、TiNi 和 TiNi$_3$。Ti-Ni 是一种高韧性的合金,难于用机械粉碎。而组成稍偏富钛侧,就会在 TiNi 母相的表面以包晶形式析出脆性 Ti_2Ni 相,较易粉碎。Ti_2Ni 与氢反应生成 $TiNiH_2$,吸氢量达 1.6wt%,理论容量达 420mA·h/g,但离解压低,只能放出其中的 40%。TiNi 合金在 270℃ 以下与氢反应生成稳定的氢化物 $TiNiH_{1.4}$ 因 Ni 含量高,氢离解压高,反应速度也加快,但容量只有 245mA·h/g。$TiNi_3$ 相在常温下不吸氢。

人们一直在寻求改进 Ti-Ni 性能的途径。例如,制备混相合金,使合金中既含有储氢量大的相,又含有电催化活性高的相,也就是包含上述 TiNi 和 Ti_2Ni 的混合相。或者用原子半径大的 Zr 部分替代 TiNi 中的 Ti,以提高 TiNi 合金相的晶胞体积,增大可逆储氢量。选择与 Ti 能固溶且吸氢量大的 V 部分替代 Ti,或采用 Zr、V 部分替代 Ti,制取 $(Ti_{0.7}Zr_{0.2}V_{0.1})Ni$,合金的电化学容量达到 320mA·h/g,比 TiNi 二元合金高得多,也比 AB_5 型合金(320mA·h/g)要高。但该合金的循环稳定性较差,经 10 次充放电循环后容量迅速衰退至 200mA·h/g

戴姆勒—奔驰公司对使用 Ti-Ni 系合金作为可逆电池的研究发现,将 Ti_2Ni 和 TiNi 混合粉末烧结成的电极,最大放电容量为 300mA·h/g,充放电效率近 100%,但 Ti_2Ni 在电解液中的循环寿命很短。如果在 Ti_2Ni 中加入 Co 和 K,则可使 Ti_2Ni 电极的循环寿命大大提高。另外,用 Al 代替部分 Ni,在 $Ti_2Ni_{1-x}Al_x$ 电极材料中,随合金中 Al 的增大,电极比容量降低,但循环寿命提高。

除以上几类典型贮氢合金外,非晶态贮氢合金目前也引起了人们的注意。研究表明,非晶态贮氢合金比同组分的晶态合金在相同的温度和氢压下有更大的贮氢量;具有较高的耐磨性;即使经过几百次吸、放氢循环也不致破碎;吸氢后体积膨胀小。但非晶态贮氢合金往往由于吸氢过程中的放热而晶化。有关非晶态贮氢材料的机理尚不清楚,有待于进一步研究。

5. 机械合金化技术及复合贮氢合金

机械合金化(MA)是 20 世纪 70 年代发展起来的一种用途广泛的材料制备技术。将欲合金化的元素粉末以一定的比例,在保护性气氛中机械混合并长时间随球磨机运转,粉末间由于频繁的碰撞而形成复合粉末,同时发生强烈的塑性变形;合金粉末周而复始地复合、碎裂、再复合,组织结构不断细化,最终达到粉末的原子级混合而形成合金。

MA 技术可以细化合金颗粒,破碎其表面的氧化层,形成不规则的表面,使合金表面参与氢化反应的活性点增加;晶粒细化使氢化物层厚度减少,相应地参与氢化反应的合金增加。MA 技术可以方便地控制合成材料的成分和微观结构,制备出纳米晶、非晶、过饱和固溶体等亚稳态结构的材料。如用 MA 技术制备的纳米晶镁基贮氢合金,由于纳米晶中高密度晶界一方面可以作为贮氢的位置,另一方面为氢在合金中的扩散提供快速通道,使合金具有很好的动力学性能,吸释氢速度加快。

机械合金化技术技术成本低、工艺简单、生产周期短;制备的贮氢合金具有贮氢量大、活化容易、吸释氢速度快、电催化活性好等优点。美中不足的是用 MA 制备贮氢合金尚处于实验室研究阶段,理论模型,工艺参数,工艺条件还有待于进一步优化。

3.6.3　储氢材料的应用

1. 储氢容器

传统的储氢方法,如钢瓶储氢及储存液态氢都有诸多缺点,而储氢合金的出现解决了上述问题。首先,氢以金属氢化物形式存在于储氢合金之中,密度比相同温度、压力条件下的气态氢大 1000 倍。可见用储氢合金作储氢容器具有重量轻、体积小的优点。其次,用储氢合金储氢,无需高压及储存液氢的极低温设备和绝热措施,节省能量,安全可靠。

由于储氢合金在储入氢气时会膨胀,因此通常情况下要在粒子间留出间隙。为此出现了一种"混合储氢容器",也就是在高压容器中装入储氢合金。通过与高压容器相配合,这种空隙不仅可有效用于储氢,而且整个容器也将增加单位体积的储氢量。储氢容器设想使用普通的轻量高压容器。这种容器用碳纤维强化塑料包裹着铝合金衬板。装到容器中的储氢合金采用储氢量为重量 2.7%,合金密度为 5g/cm³ 的材料。对能够储入 5kg 氢气的容器条件进行了推算。与压力相同的高压容器相比,重量增加了 30%～50%,但体积缩小了 30%～50%。

2. H_2 的回收与纯化

利用 $TiMn_{5.5}$ 储氢合金,可将 H_2 气提纯到 99.9999% 以上。可回收氨厂尾气中的 H_2 以及核聚变材料中氘,利用它可分离氕、氘和氚。

3. 加氢反应

CO、丙烯腈的加氢,烃的氨解、芳烃的氢化。

4. 氢化物电极

20 世纪 70 年代初发现,$LaNi_5$ 和 TiNi 等储氢合金具有阴极储氢能力,而且对氢的阴极氧化也有催化作用。20 世纪 80 年代以后,用金属氢化物电极代替 Ni-Cd 电池中的负极组成的 Ni/MH电池才开始进入实用化阶段。

以氢化物电极为负极,$Ni(OH)_2$ 电极为正极,KOH 水溶液为电解质组成的 Ni/MH 电池,如图 3-44 所示。

充电时,氢化物电极作为阴极储氢,M 作为阴极。电解 KOH 水溶液时,生成的氢原子在材料表面吸附,继而扩散入电极材料进行氢化反应生成金属氢化物 MH_x;放电时,金属氢化物 MH_x 作为阳极释放出所吸收的氢原子并氧化为水。

决定氢化物电极性能的最主要因素是储氢材料本身。作为氢化物电极的储氢合金必须满足如下基本要求:①在碱性电解质溶液中良好的化学稳定性;②合适的室温平台压力;③高的阴极储氢容量;④良好的电催化活性和抗阴极氧化能力。

5. 功能材料

化学能、热能和机械能可以通过氢化反应相互转换,这种奇特性质可用于热泵、储热、空调、制冷、水泵、气体压缩机等方面。总之,储氢材料是一种很有前途的新材料,也是一项特殊功能技

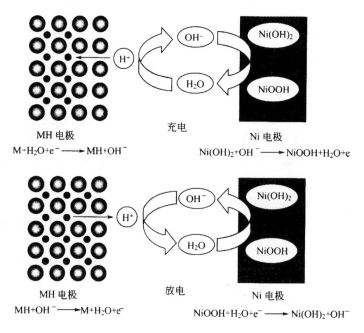

MH 电极　　　　　　　　　充电　　　　　　　　　Ni 电极

M+H$_2$O+e$^-$ $\longrightarrow$ MH+OH$^-$　　　　　Ni(OH)$_2$+OH$^-$ $\longrightarrow$ NiOOH+H$_2$O+e

MH 电极　　　　　　　　　放电　　　　　　　　　Ni 电极

MH+OH$^-$ $\longrightarrow$ M+H$_2$O+e$^-$　　　　　NiOOH+H$_2$O+e$^-$ $\longrightarrow$ Ni(OH)$_2$+OH$^-$

图 3-44　Ni-MH 镍氢电池充放电过程示意图

术,21 世纪将会在氢能体系中发挥巨大作用。

3.7　其他合金材料

合金的种类非常繁多,除了以上讨论的合金材料还有很多诸如超塑性合金、减振合金、硬质合金等等,下面以超塑性合金为例进行一下简单探讨。

塑性是金属自身具有的一种物理属性。所谓塑性,是指当材料或物体受到外力作用时,发生显著的变形而不立即断裂的性质。塑性的大小,标志着材料变形能力的好坏。对于同种材料来说,塑性愈高表示材料的杂质愈少,纯度愈高,使用起来也就愈安全。同时,塑性好的材料,在加工过程中容易成形,可以制造出形状复杂的零件。

延伸率是衡量材料塑性的指标,在通常情况下钢铁材料的延伸率可达 40%,有色金属为 60%,在高温时也不超过 100%。但在某些特定的条件下有些合金的延伸率超过 100%,可高达 1000%～6000%,而变形所需应力却很小,只有普通金属的几分之一到十几分之一,而且变形均匀,拉伸时不产生颈缩,无加工硬化,弹性恢复,变形后内部无残余应力,无各向异性,这种现象称超塑性。

1. 超塑性机理

只有在特定的条件下,金属才具备超塑性。超塑性合金必须具有细小等轴晶粒的两相组织,晶粒直径小于 $10\mu m$,在塑性变形过程中不显著长大。变形温度约为熔点的 0.5～0.65 倍。应变速率较小,约为 $10^{-4}S^{-1}$。超塑性合金利用本身高流动应力应变速率敏感性。一般认为,超细晶粒晶界的存在是合金出现超塑性的原因所在。所谓合金的超塑性现象是在适当温度下用较小的应变速率使合金产生的 300% 以上的平均延伸率。

　　1986 年,张作梅和卢连大通过实验发现,晶界面的不同位向和凹凸不平程度对晶界滑移影响极大,晶界滑移总是在那些与最大剪应力方向相适应的晶界面所构成的变形阻力最小的路径上发生,单晶粒局部应变(主要是外壳上的)和转动对晶界滑移有重要的调节作用。晶粒在三维空间的重新排列主要靠晶界滑移、晶粒局部应变和转动三者的相互协调来实现的。

2. 超塑性合金的应用

　　利用超塑性合金的高变形能力采用真空成型或气压成型对其加工,既大幅度减少加工用力和加工工序,又可获得相当高的加工精度。尤适于极薄管或板,以及具有极微小凹凸表面制品的制造。利用其晶粒的超细化,具有很大的比晶界而易于在较低压力下实现固相结合,已在轧制黏合多层材料、包覆材料、复合材料等方面得到应用,也在以箔材或细粉形式用作黏合剂方面开发了一些新用途。同时,超塑性合金也可以单独或与其他材料复合用作减振消音材料。

第4章 无机功能材料

4.1 半导体材料

4.1.1 半导体材料的性质和分类

1. 半导体材料的主要性质

（1）载流子浓度和迁移率

载流子浓度是指每立方厘米内自由电子或空穴的数目，分别用电子浓度（n）和空穴浓度（p）表示。漂移迁移率是指半导体内自由电子或空穴在单位电场作用下漂移的平均速度，简称迁移率。μ_n 和 μ_p 分别表示电子迁移率和空穴迁移率。载流子电荷的符号与霍耳系数（R）的符号一致，有正霍耳系数的材料为空穴导电的 P 型材料，反之为电子导电的 N 型材料。同时测量半导体材料的霍耳系数和电导率可定出它的导电类型、载流子浓度和迁移率。载流子浓度和迁移率与温度有关，故电导率（σ）也与温度有关。本征半导体的电导率随温度升高而增大，掺杂半导体的电导率与掺杂浓度有关，随温度的变化比较复杂。在高掺杂简并情况下，σ 几乎不随温度而变。

（2）禁带宽度 E_g

在半导体材料中通过光吸收，使电子自价带跃迁至导带称为本征吸收。能量小于禁带宽度的光子不能引起本征吸收。当光子能量达到禁带宽度时本征吸收开始，这一界限称为本征吸收边。从半导体材料的本征吸收边可以定出材料的禁带宽度 E_g，也叫做带隙、能隙。

（3）少数非平衡载流子的寿命（τ）

通过光照或用电学方法在半导体内产生较热平衡状态下为多的电子和空穴称非平衡载流子。这些非平衡电子和空穴成对产生或消失，消失过程称为复合。非平衡载流子在复合之前平均存在的时间，定义为非平衡载流子的寿命（τ）。

（4）掺杂

杂质和缺陷对半导体材料的性质往往起着决定性作用。一些杂质原子形成的杂质能级的电离能比较小（<100meV），称为浅能级。在硅中的Ⅲ族和Ⅴ族杂质原子，Ⅲ～Ⅴ族化合物中的Ⅱ族和Ⅵ族杂质原子分别形成浅受主能级和浅施主能级。有些杂质原子或缺陷，以及二者的配合物可以在禁带中形成深能级。例如锗中的铜和镍原子，硅中的金原子等。电子和空穴可以通过这些深能级复合，影响半导体内少数非平衡载流子寿命值。

2. 半导体材料的分类

(1)元素半导体

元素半导体大约有十几种处于ⅢA族～ⅦA族的金属与非金属的交界处,如 Ge,Si,Se,Te 等。

(2)化合物半导体

①二元化合物半导体。

ⅢA族和ⅤA族元素组成的ⅢA-ⅤA族化合物半导体。即 Al,Ga,In 和 P,As,Sb 组成的 9 种ⅢA-ⅤA族化合物半导体,如 AlP,AlAs,AlSb,GaP,GaAs,GaSb,InP,InAs,InSb 等。

ⅣA族元素之间组成的ⅣA-ⅣA族化合物半导体,如 SiC 等。

ⅣA 和ⅥA 元素组成的ⅣA-ⅥA族化合物半导体,如 GeS,GeSe,SnTe,PbS,PbTe 等共 9 种。

ⅡB族和ⅥA族元素组成的Ⅱ-ⅥA族化合物半导体,即 Zn,Cd,Hg 与 S,Se,Te 组成的 12 种ⅡB－ⅥA族化合物半导体,如 CdS,CdTe,CdSe 等。

ⅤA族和ⅥA族元素组成的ⅤA-ⅥA族化合物半导体,如 $AsSe_3$,$AsTe_3$,AsS_3,SbS_3 等。

②多元化合物半导体。

IB-ⅢA-$(ⅥA)_2$ 组成的多元化合物半导体,如 $AgGeTe_2$ 等。

$(IB)_2$-ⅡB-ⅣA-$(ⅥA)_4$ 组成的多元化合物半导体,如 $Cu_2CdSnTe_4$ 等。

IB-ⅤA-$(ⅥA)$组成的多元化合物半导体,如 $AgAsSe_2$ 等。

(3)固溶体半导体

固溶体是由二个或多个晶格结构类似的元素化合物相互溶合而成。有二元系和三元系,如ⅣA-ⅣA组成的 Ge-Si 固溶体;ⅤA-ⅤA 组成的 Bi-Sb 固溶体。

由三种组元互溶的固溶体有:(ⅢA-ⅤA)-(ⅢA-ⅤA)组成的三元化合物固溶体,如 GaAs-GaP 组成的镓砷磷($GaAs_{1-x}P_x$)固溶体和(ⅡB-ⅥA)-(ⅡB-ⅥA)组成的,如 HgTe-CdTe 两个二元化合物组成的连续固溶体碲镉汞($Hg_{1-x}Cd_xTe$)等。

(4)有机半导体

有机半导体分为有机分子晶体、有机分子络合物和高分子聚合物,一般指具有半导体性质的碳-碳双键有机化合物,电导率为 $10^{-10}\sim10^2 Q\cdot cm$。一些有机半导体具有良好的性能,如聚乙烯咔唑衍生物有良好的光电导特性,光照后电导率可改变两个数量级。

(5)非晶态半导体

非晶态半导体主要有非晶 Si、非晶 Ge、非晶 Te、非晶 Se 等元素半导体及 GeTe,As_2Te_3,Se_2As_3 等非晶化合物半导体。

4.1.2 半导体的典型晶体结构

1. 金刚石结构

金刚石结构是由同种原子组成的共价键结合的面心立方复格子晶体结构,其晶体结构如图 4-1 所示。每个原子有四个最近邻的同种原子,彼此之间以共价键结合。元素半导体硅,锗,α-Sn

都是该类型的结构。

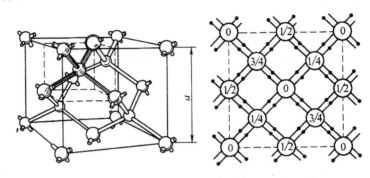

图 4-1　金刚石结构及[100]面上的投影

2. 闪锌矿结构

闪锌矿结构是由两种不同元素的原子分别组成面心晶格套构而成,套构的相对位置与金刚石结构相对位置相同。闪锌矿结构也具有四面体结构,具有立方对称,其结构图如 4-2 所示。闪锌矿结构中两种不同原子之间的化学键主要是共价键,同时具有离子键成分,成为混合键。因此闪锌矿结构的半导体特性、电学、光学性质上除与金刚石结构有许多不同之处。闪锌矿结构中的离子键成分,使电子不完全公有,电子有转移,即"极化现象"。这与两种原子的电负性之差 $\Delta X = X_A - X_B$ 有关,ΔX 越大,离子键成分越大,极化越大。

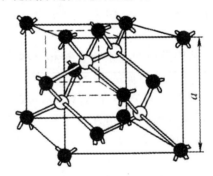

图 4-2　闪锌结构

3. 纤锌矿结构

纤锌矿结构是由两种不同元素的原子的 hcp 晶格适当错位套构而成的,也有四面体结构,具有六方对称性。图 4-3 为其晶胞图形。纤锌矿结构在[111]方向上下两层不同原子是重叠的。纤锌矿晶体结构更适合于电负性差大的两类原子组成的晶体。如Ⅲ-Ⅴ化合物 BN、GaN、InN、Ⅲ-Ⅵ族化合物 ZnO、ZnS、CdS、HgS 等。

4. 氯化钠结构

氯化钠结构是由两种不同元素原子分别组成的两套面心立方格子沿 1/2[100]方向套构而成的复格子,如图 4-4 所示。这两种元素的电负性有显著的差别,分别为正离子和负离子,它们之间形成离子键。具有氯化钠结构的半导体材料,主要有 CdO、PbS、PbSe、PbTe、SnTe 等。

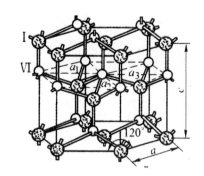

图 4-3　纤锌矿结构

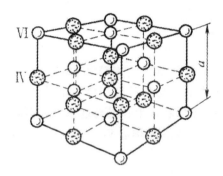

图 4-4　氯化钠晶体结构

4.1.3　硅和锗半导体材料

1. 硅和锗的性质

硅和锗都是具有灰色金属光泽的固体,硬而脆。硅和锗在常温下化学性质是稳定的,但升高温度时,很容易同氧、氯等多种物质发生化学反应,所以在自然界没有游离状态的硅和锗存在。

锗不溶于盐酸或稀硫酸,但能溶于热的浓硫酸、浓硝酸、王水及 HF-HNO$_3$ 混合酸中。硅不溶于盐酸、硫酸、硝酸及王水,易被 HF-HNO$_3$ 混合酸溶解。硅比锗易与碱起反应。硅与金属作用能生成多种硅化物,这些硅化物具有导电性良好、耐高温、抗电迁移等特性,可用于制备大规模和超大规模集成电路内部的引线、电阻等。

锗和硅都具有金刚石结构,化学键为共价键。锗和硅的导带底和价带顶在空间处于不同的 k 值,为间接带隙半导体,见图 4-5。锗的禁带宽度为 0.66eV,硅的禁带宽度为 1.12eV。锗的室温电子迁移率为 3800cm^2/V·s,硅为 1800cm^2/V·s。

在锗、硅中的杂质分为两类,一类是ⅢA族或ⅤA族元素,它们在锗、硅中只有一个能级,电离能小,ⅢA族杂质起受主作用使材料呈 p 型导电,ⅤA族杂质起施主作用使材料呈 n 型导电;另一类是除ⅢA、ⅤA族以外的杂质。

2. 硅和锗晶体的制备

制备锗主要用直拉法,制备硅除了直拉法之外还有悬浮区熔法。直拉法又称(Czochralski)法,简称 CZ 法,是生长元素和ⅢA-ⅤA族化合物半导体单晶的主要方法。

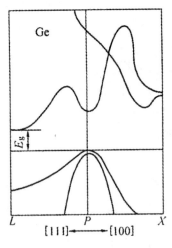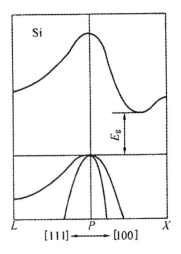

图 4-5　锗硅能带图

由直拉法制备的单晶,由于坩埚与材料反应和电阻加热炉气氛的污染,杂质含量较大,生长高阻单晶困难。工业上将区域提纯与晶体生长结合起来,在高纯石墨舟前端放上籽晶,后面放上原料锭。建立熔区,将原料锭与籽晶一端熔合后,移动熔区,单晶便在舟内生长,可制取高纯单晶。

3. 硅和锗的应用

目前的电子工业中使用的半导体材料主要还是硅,它是制造大规模集成电路最关键的材料。

小容量整流器取代真空管和硒整流器,用于收音机、电视机、通讯设备及各种电子仪表的直流供电装置。晶体二极管既能检波又能整流。晶体三极管具有对信号起放大和开关作用,在各种无线电装置中作为放大器和振荡器。将成千上万个分立的晶体管、电阻、电容等元件,采用掩蔽、光刻、扩散等工艺,把它们"雕刻"在晶片上集结成完整的电路,为各种测试仪器、通信遥控、遥测等设备的可靠性、稳定性和超小型化开辟了广阔前景。

利用超纯硅对 $1\sim7\mu m$ 红外光透过率高达 $90\%\sim95\%$ 这一特性,制作红外聚焦透镜,用以对红外辐射目标进行夜视跟踪、照相等。

由于锗的载流子迁移率比硅高,在相同条件下,锗具有较高的工作频率、较低的饱和压降、较高的开关速度和较好的低温特性,主要用于制作雪崩二极管、开关二极管、混频二极管、变容二极管、高频小功率三极管等。

4.1.4　化合物半导体材料

1. 砷化镓

砷化镓的晶体结构是闪锌矿型,每个原子和周围最近邻的四个其他原子发生键合。砷化镓的化学键和能带结构为直接带隙结构,如图 4-6 所示。禁带宽度为 1.43eV。砷化镓具有双能谷导带,在外电场下电子在能谷中跃迁,迁移率变化,电子转移后电流随电场增大而减小,产生"负阻效应"。砷化镓的介电常数和电子有效质量均小,电子迁移率高。

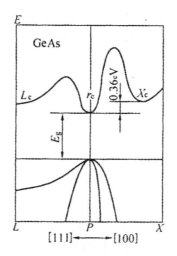

图 4-6 砷化镓的能带结构

砷化镓单晶的制备主要采用两种方法。一种是在石英管密封系统中装有砷源,通过调节砷源温度来控制系统中的砷压。另一种是将熔体用某种液体覆盖,并在压力大于砷化镓离解压的气氛中合成拉晶,称为液体封闭直拉法。目前国内外在工业生产中主要采用水平区熔法和液封直拉法制备砷化镓体单晶。

由砷化镓制备的发光二极管具有发光效率高、低功耗、高速响应和高亮等特性,用作固体显示器、讯号显示、文字数字显示等器件。

砷化镓隧道二极管具有高迁移率和短寿命等特性,用于计算机开关时,速度快、时间短。砷化镓是制备场效应晶体管最合适的材料,振荡频率目前已达数百千兆赫以上,主要用于微波及毫米波放大、振荡、调制和高速逻辑电路等方面。

2. 磷化镓

在 GaP 中掺入铬、铁、氧等杂质元素,成为半绝缘材料。若在 GaP 中掺入杂质元素,将间接跃迁转化为直接跃迁,可提高发光效率。在 GaP 中掺 N 可提高绿光发光效率,掺 ZnO 络合物可提高红光发光效率。

GaP 单晶是化合物半导体材料中生产量仅次于 GaAs 单晶的材料,它主要用于制作能发出红色、纯绿色、黄绿色、黄色光的发光二极管,广泛用于交通、广告等数字和图象显示。

3. 磷化铟

磷化铟(InP)晶体呈银灰色,质地软脆。磷化铟具有载流子速度高、工作区长、热导率大等特点,可以制作低噪声和大功率器件。

磷化铟材料主要用于制作光电器件、光电集成电路和高频高速电子器件。在光电器件的应用方面,主要制作长波长激光器、激光二极管、光电集成电路等,用于长距离通信。它的抗辐射性能优于砷化镓,作为空间应用太阳能电池的材料更理想,其转换效率可达 20%。

4. 碳化硅

SiC 是一种重要的宽禁带半导体材料。纯净的 SiC 无色透明,晶体结构复杂,有近百种。

SiC 的硬度高,莫氏硬度为 9,低于金刚石(10)而高于刚玉(8)。由于 SiC 单晶具有较大的热导率、宽禁带、高电子饱和速度和高击穿电压等特性,是制作高功率、高频率、高温"三高"器件的优良衬底材料,并可用于制作发蓝光的发光二极管。

5. 锗硅合金

在通常压力下,锗硅合金为立方晶系的金刚石结构。锗硅合金有无定形、结晶形和超晶格三种。

结晶形锗硅合金的制备方法有直拉法、水平法、热分解法和热压法。超晶格 SiGe 采用分子束外延、金属有机化学气相沉积等方法制备,交替外延 $1\sim100$ 原子层厚度的 Ge_xSih/Si 周期结构材料。

在器件的制造工艺方面,如光刻、隔离、扩散等,可以采用硅工艺,SiGe 工艺与 Si 工艺相兼容,可采用硅衬底制造集成电路,从而提高材料的利用率,降低集成电路成本,是一种很有发展前途材料,被称为"第二代微电子技术"。

SiGe 材料兼具有 Si 和 GaAs 两种材料的优点:高的载流子迁移率,在高速领域可与 GaAs 相媲美,在制造工艺上又与硅平面工艺相兼容,应用前景很好。

SiGe 材料主要用作太阳能电池,转换效率达到 14.4%,它是一种优良的温差电材料,热端温度达到 $1000\sim11\,000℃$,具有效率高、抗辐射、热稳定性好、重量轻等优点,用于航天系统的温差发电器。

4.1.5 半导体微结构材料

1. 异质薄层材料

PN 结是在一块半导体单晶中用掺杂的办法做成的两个导电类型不同的部分。结的两边是用同一种材料做成的称为同质结。结的两边是异种材料,则两种材料的交界面就形成异质结。由于在异质结两侧的材料禁带宽度一般不同,且其他特性也会有差异,所以异质结就具有一系列不同于同质结的特性,在器件设计上将得到某些同质结不能实现的功能。例如,在异质结晶体管中用宽带一侧用作发射极可得到很高的注入比,获得较高的放大倍数。

2. 超晶格材料

(1)超晶格结构

异质结是在一种半导体材料上生长另一种半导体而形成的,这种不同材料相互之间的生长称为异质外延生长。如果将这种外延生长层沿生长方向周期性排列起来,就会构成一种重复结构。例如,在 $Al_xGa_{1-x}As/GaAs$ 异质结的 GaAs 外侧再生长 $Al_xGa_{1-x}As$,然后在 $Al_xGa_{1-x}As$ 外侧再生长 GaAs,这样形成的重复结构即为超晶格结构。

(2)超晶格种类

①组分超晶格。

在超晶格结构中,若超晶格的重复单元是由不同半导体材料的薄膜堆砌而成的,称为组分超晶格,如图 4-7(a)所示。由图 4-7(b)可以看出,在组分超晶格中,由于两种材料具有不同的禁带宽度,因而在异质界面处的能带是不连续的。

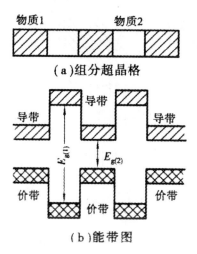

（a）组分超晶格

（b）能带图

图 4-7　组分超晶格及能带图

②掺杂超晶格。

掺杂超晶格是在同种半导体中交替地改变掺杂类型做成的新型人造周期性半导体结构的材料,如图 4-8 所示。

掺杂超晶格的优点是:选材广泛,任何一种半导体材料只要控制好掺杂类型,都可以做成超晶格;多层结构的完整性好,掺杂超晶格中没有明显的异质界面;禁带宽度可调。

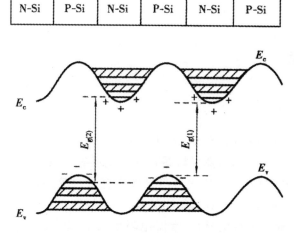

图 4-8　掺杂超晶格及能带结构

③多维超晶格。

一维超晶格与体单晶比较具有许多不同的性质,这些特点来源于它将电子和空穴限制在二维平面内而产生量子力学效应,进一步发展这种思想,将载流子再限制在低维空间中,可能会出现更多的新的光电特征。图 4-9 所示为低维超晶格。

用 MBE 法生长多量子阱结构或单量子阱结构,通过光刻技术和化学腐蚀制成量子线、量子点。

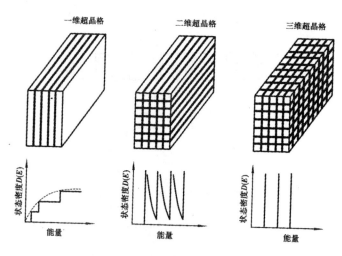

图 4-9 一维、二维、三维超晶格及状态密度

④应变超晶格。

初期研究超晶格材料时,除了 $Al_xGa_{1-x}As/GaAs$ 体系外,对其他物质形成的超晶格的研究不多,原因是它们之间的晶格常数相差很大,会引起薄膜之间产生失配位错而得不到良好质量的超晶格材料。但如果多层薄膜的厚度十分薄时,在晶体生长时反而不容易产生位错,也就是在弹性形变限度之内的超薄膜中,晶格本身发生应变而阻止缺陷的产生。因此巧妙地运用这种性质,制备出了应变超晶格。

SiGe/Si 就是一种典型的应变超晶格材料,随着能带结构的变化,载流子的迁移率得以提高,因而可做出比一般 Si 器件更高速工作的电子器件。

4.1.6 半导体陶瓷

1. PTC 半导体陶瓷

PTC(Positive Temperature Coefficient)热敏半导体陶瓷,是指一类具有正温度系数的半导体陶瓷材料。典型的 PTC 半导体陶瓷材料系列有氧化钒等材料及以氧化镍为基的多元半导体陶瓷材料,$BaTiO_3$ 或以 $BaTiO_3$ 为基的固溶半导体陶瓷材料等。其中以 $BaTiO_3$ 半导体陶瓷最具代表性。也是实用范围最宽的 PTC 热敏半导体陶瓷材料。

$BaTiO_3$ 陶瓷是一种典型的铁电材料,常温电阻率大于 $10^{12}\,\Omega\cdot cm$。在纯净的 $BaTiO_3$ 陶瓷中引入微量的稀土元素,其常温电阻率可下降到 $10^{-2}\sim10^4\,\Omega\cdot cm$。若温度超过材料的居里温度,则电阻率在几十度的温度范围内能增大 $3\sim10$ 个数量级,即产生 PTC 效应,图 4-10 为 PTC 陶瓷的电阻率随温度的变化关系,若温度继续升高,电阻率又逐渐降低。

$BaTiO_3$ 晶格为典型的 ABO_3 型钙钛矿结构,钡离子处在 A 位,钛离子处在 B 位。在纯净的 $BaTiO_3$ 材料中引入微量稀土元素作为施主杂质可使材料半导化。不掺杂 $BaTiO_3$ 陶瓷在还原气氛中烧结,也可获得常温电阻率很低的半导体陶瓷材料,但这种半导体陶瓷不具有 PTC 效应。而且,既使施主掺杂 $BaTiO_3$ 半导体陶瓷,也只有在氧化气氛中烧结或在 900℃ 的氧化气氛中热处理,样品才呈现 PTC 效应,在还原气氛中烧成,则没有 PTC 效应。

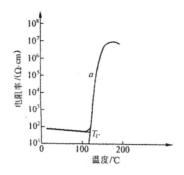

图 4-10　PTC 陶瓷的电阻率随温度的变化关系

PTC 效应主要在降温过程中形成。高温烧成的样品，直接淬火至室温，不呈现 PTC 效应；降温速率越慢，PTC 效应越大。

PTC 效应来源于多晶半导体晶界，$BaTiO_3$ 单晶半导体不呈现 PTC 效应，把 $BaTiO_3$ 单晶半导体粉碎后烧成陶瓷后才有明显的 PTC 效应。

PTC 材料所具有的独特电阻率随温度的变化关系，使其应用十分广泛。目前主要用于温度自控、过电流和过热保护、马达启动、彩电消磁、液面深度探测等方面。

2. CTR 半导体陶瓷

负温度系数临界电阻 CTR（Critical Temperature Resister）是利用材料从半导体相转变到金属状态时电阻的急剧变化而制成，称为急变温度热敏电阻。主要是以 V_2O_5 为基础半导体陶瓷材料。这类材料常掺杂 MgO，CaO，SrO，BaO，Ba_2O，P_2O_5，SiO_2，GeO_2，NiO，WO_3，MoO_3 等稀土氧化物。V_2O_5 陶瓷材料首先在一定程度的还原气氛下，在 $800\sim900℃$ 温度下热处理，然后再粉碎成小颗粒，最后在 $1000℃$ 左右的温度和适当还原气氛中烧结，采用急冷工艺冷却，制成具有 V^{4+} 离子的 VO_2 陶瓷。所制成的 VO_2 陶瓷材料在 $63\sim67℃$ 之间存在着急变临界温度，温度系数变化在 $-30\sim-100\times10^2℃^{-1}$ 之间，响应速度为 10s，室温下的电阻值在 $1\sim100k\Omega$ 之间。这种热敏电阻的特性是其电流—电阻特性与温度有一定依赖关系，在急变温度附近，电压峰值有很大的变化，因而具有温度开关特性。用 CTR 半导体陶瓷材料制成的传感器在温度报警、火灾报警方面有很大用途，在固定温度控制和测温方面也有许多优点，其反应时间快，可靠性高。

3. NTC 半导体陶瓷

负温度系数（NTC，Negative Temperature Coefficiemt）热敏半导体陶瓷是研究最早、生产最成熟、应用最广泛的半导体陶瓷之一。这类热敏半导体陶瓷材料大都是用锰、镍、钴、铁等过渡金属氧化物按一定比例混合，采用陶瓷工艺制备而成，温度系数通常在 $-1\%\sim-6\%$ 左右。按使用温区可分为低温（$-60\sim300℃$）、中温（$300\sim600℃$）及高温（大于 $600℃$）三种类型。

NTC 半导体陶瓷一般为尖晶石结构，其通式为 AB_2O_4，式中 A 为二价正离子，B 为三价正离子，O 为氧离子。尖晶石结构的单位晶胞中共有 8 个 A 离子，16 个 B 离子和 32 个氧离子。晶胞由氧离子密堆积而成，金属离子则位于氧离子的间隙中。氧离子间隙有两种：一种是正四面体间隙，A 离子处于此间隙中；另一种是正八面体间隙，由 B 离子占据，这种正常结构状态称为正尖晶石结构。当全部 A 位被 B 离子占据，而 B 位则由 A、B 离子各半占据时，称为反尖晶石结构。当只有部分 A 位被 B 离子占据时，称为半反尖晶石结构。只有全反尖晶石结构及半反尖晶石结构的氧化物才是半导体。

NTC 热敏半导体陶瓷材料通常都以 MnO 为主材料,引入 CoO,NiO,CuO,FeO 等氧化物,使其在高温下形成半反或全反尖晶石结构的半导体材料。

常温热敏半导瓷材料主要有含锰二元系氧化物半导体陶瓷 MnO-CoO-O$_2$ 系、MnO-NiO-O$_2$ 系、MnO-FeO-O$_2$ 系及 Mn-CuO-O$_2$ 系等。含锰三元系热敏半导体陶瓷材料主要有 Mn-Co-Ni 系、Mn-Fe-Ni 系和 Mn-Co-Cu 系等。

高温热敏材料主要有 Mn-Co-Ni-Al-Cr-O 系、Zr-Y-O 系、Al-Mg-Fe-O 系、Ni-Ti-O 系等。

高温热敏材料与常温热敏材料不同,由于其工作温度很高,材料本身有可能发生不可逆的化学变化引起老化。高温热敏材料宜选择接近化学计量比,离解能大的氧化物制备。

NTC 半导体陶瓷已广泛用于电路的温度补偿、控温和测温传感器的制作,在汽车发动机排气和工业上高温设备的温度检测及家用电器、防止公害污染的温度检测等方面应用。

4.压敏半导体陶瓷

压敏半导体陶瓷是指材料所具有的电阻值,在一定电流范围内具有非线性可变特性的陶瓷,用这类陶瓷制成的元器件又称非线性电阻器,它在某一临界电压下电阻值非常高,几乎无电流流过,当超过临界电压时,电阻急剧变低,随着电压的少许增加,电流会迅速增大,其特性曲线如图 4-11 所示。具有这种特殊非线性特性的材料包括硅、锗等单晶半导体及 SiC,TiO$_2$,BaTiO$_3$,SrTiO$_3$,ZnO 等半导体陶瓷,其中以 ZnO 半导体陶瓷的特性最佳。

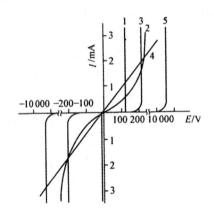

图 4-11　压敏电阻的电流-电压特性曲线

1—齐纳二级管；2—SiC 压敏电阻；

3—ZnO 压敏电阻；4—线性电阻；

5—ZnO 压敏电阻

ZnO 是六方晶系纤锌结构,化学键类型处于离子键与共价键的中间状态。ZnO 结构是氧离子以六角密堆的方式排列,锌离子填充在半数由氧离子紧密排列所形成的四面体空隙中,氧离子密堆形成的八面体空隙是全空的,正负离子的配位数均为 40。

ZnO 半导体陶瓷中存在晶粒和粒界层形成双肖特基势垒。在低电压区,I-V 特性受粒界的热激发射电流效应控制,表现出电流饱和的高电阻性。当外加电压增加,反偏势垒的场强超过某一临界值后,粒界界面态中所俘获的电子以隧穿势垒的机制传输电子电流,使 I-V 特性曲线进入击穿区。

　　ZnO 的许多性质,尤其是电导率主要来源于晶体的缺陷结构。ZnO 的晶体结构中存在大量易于容纳填隙锌离子的大尺寸的空隙,并且锌在 ZnO 晶体中的扩散系数比氧在 ZnO 中的扩散系数高。

　　ZnO 压敏电阻器的应用很广,在过电压保护方面是十分重要的 ZnO 避雷器可以用于由雷电引起的过电压和电路工作状态突变造成电压过高,使正常运行状态的过电压线路得到保护和稳压,防止设备遭受损坏。

4.1.7　非晶态半导体

1. 非晶态半导体的结构

　　非晶态物质与晶态物质差别在于长程无序,但也并不是非晶态半导体在原子尺度上完全杂乱无章,而其键长几乎是严格一致的,键角限制了最邻近原子的分布,有所谓短程有序。由于非晶态半导体的短程有序性,因而,能在非晶态半导体中测量到激活电导率、光吸收边等一些特性。长程有序性主要影响周期性势场变化情况,对散射作用、迁移率、自由程等物理量起主导作用。在能带结构上无本质差别,因此,非晶态半导体仍然可以用能带结构对其主要性能进行研究,但在状态密度的能谱和带边上有区别。

2. 非晶态半导体的特点

　　由于非晶态半导体在原子尺度上为短程有序、长程无序,因此与晶态半导体相比呈现出以下的一些特点:

　　(1)制备工艺简单,便于大量生产,且价格低廉

　　非晶态半导体由于它是非结晶性的,没有方向性,因此不需要结晶方式、提纯、杂质控制等麻烦工艺。非晶态半导体便于大规模生产,同时价格便宜。

　　(2)对杂质的掺入不敏感,具有本征半导体的性质

　　非晶态半导体结构不具有敏感性,掺入杂质的正常化合价都被饱和,即全部价电子都处在键合状态。例如,非晶锗或非晶硅中的硼都是三重配位的,因而它在电学上表现为非激活状态。正是由于非晶态半导体对杂质的不敏感,因此几乎所有的非晶态半导体都具有本征半导体的性质。

3. 非晶态半导体的种类

　　(1)离子键非晶半导体

　　离子键非晶半导体主要是氧化物玻璃,如 V_2O_5-P_2O_5、V_2O_5-P_2O_5-BaO、V_2O_5-GeO_2-BaO、V_2O_5-PbO-Fe_2O_3、MnO-Al_2O_3-SiO_2、CaO-Al_2O-SiO_2、FeO-Al_2O_3-SiO_2 和 TiO-B_2O-BaO 等。

　　(2)共价键型

　　①四面体结构非晶半导体。

　　主要有ⅣA 族元素非晶态半导体和化合物,如 Si、Ge 和 SiC,以及ⅢA-ⅤA 族化合物非晶态半导体,如 GaAs、GaP、InSb、InP、GaSb 等。这类非晶半导体的特点是:它们的最近邻原子配位数为 4,即每个原子周围有 4 个最近邻原子。

　　②"链状"非晶半导体。

如 S、Se、Te、As_2S_3、As_2Te_3 和 As_2Se_3 等，它们往往是以玻璃态形式出现。

③交链网络非晶半导体。

它们由上述两类非晶半导体结合而成，如 Ge-Sb-Se、Ge-As-Se、As-Se-Te、As-Te-Ge-Si、As_2Se_3-As_2Te_3、Tl_2Se-As_2Te_3 等。

4. 非晶态半导体的制备

（1）硫系及氧化物材料的制备

硫系及氧化物一般不采用气相沉积薄膜的方法制备，而是通过液相快冷得到非晶态材料。因此，非晶态常被视为过冷的液态，所要求的冷却速率因材料而异。

（2）四面体材料的制备

制备薄膜的方法如真空蒸发法、溅射法、CVD 等都可以采用，但不同的材料还有不同的特殊要求。例如，用一般的真空蒸发或溅射的方法制备的非晶硅薄膜，包含有大量的硅悬键，隙态密度高，性能不好。氢化可以使隙态密度减小 3~4 个数量级。氢化非晶硅可用反应溅射法、辉光放电分解硅烷法、CVD 等方法制备。

5. 非晶态半导体的应用

非晶态半导体多制成薄膜，氢化后禁带宽度可在 1.2~1.8eV 范围调节，但其载流子寿命较短，迁移率小，因此，一般不作为电子材料，而作为光电材料，如制造太阳能电池。太阳能电池是一种能够直接将太阳能转换为电能的器件，以往主要用 Si、CdTe 和 GaAs 单晶材料制造，由于单晶工艺复杂，材料损耗大，价格昂贵，因此使用受限。非晶态硅薄膜可以大面积沉积，成本低，为广泛利用太阳能创造了条件。

另外，非晶态半导体还可以用来制成薄膜晶体管、图像传感器、光盘等器件。

4.2　功能陶瓷

4.2.1　介电、铁电陶瓷

1. 介电性质和介电陶瓷

绝缘体就称为介电质，当绝缘体放入电场中时，荷电质点在电场作用下相互位移，正电荷沿电场作用方向位移，负电荷向反方向位移，形成许多电偶极子，发生极化，结果在表面感生了异性电荷，它们束缚住板上一部分电荷，抵消了这部分电荷的作用。在相同条件下，增加了电荷的容量。材料越易极化，电容量也越大，介电质的相对介电常数就越大，电容器的尺寸就可减小。

电解质在电场作用下，引起介质发热，单位时间内消耗的能量，称介电损耗。在电解质上加角频率为 ω 的交变电场 E 时，电位移也以相同的角频率振动。但是，极化强度 P、电位移 $D = \varepsilon^* E$ 的相位落后于所加电场的相位。电位移与电场强度 E 的相位差 δ，称为介质损耗角。复介电常数 ε^* 的实部为 $\varepsilon' = \varepsilon_s\cos\delta$，虚部为 $\varepsilon'' = \varepsilon_s\sin\delta$，它们与 δ 的关系为

$$\tan\delta = \frac{\varepsilon''}{\varepsilon'}$$

实部 ε' 表示电解质储存电荷的能力,虚部 ε'' 表示电解质电导引起的电场能量的损耗。$\tan\delta$ 称为损耗角正切,$\tan\delta$ 大,则能量损耗大,品质因素 $Q = 1/\tan\delta$,Q 值大,介电损失小,品质好。

电解质的击穿是电解质承受的电压超过临界值时,失去绝缘性的现象。此临界电压值称击穿电压 U_g。通常用相应的击穿电场强 E_g 来比较材料的击穿现象,材料能承受的最大电场强度称抗电强度或介电强度,厚度 d 的试样,相应的击穿场强度为

$$E_g = \frac{U_g}{d}$$

电解质的击穿有电击穿、热击穿和化学击穿三种。材料的击穿电压同材料的性质有关;与试样和电极的形状、媒介和温度、压力等有关。

一类陶瓷的介电常数与温度呈线性关系,可用介电常数的温度系数 $TK\varepsilon$ 来描述,即

$$TK\varepsilon = \frac{1}{\varepsilon}\frac{d\varepsilon}{dT}$$

还有一类陶瓷的介电常数与温度成强烈非线性关系,例如铁电陶瓷,很难用温度系数描述。

铁电陶瓷的介电常数呈非线性,又称为高介电常数电容器陶瓷。除用作低频或直流电容器外,还用于敏感陶瓷。反铁电陶瓷用于换能器等。

2. 高频介质瓷

高频介质瓷的介电常数一般要求在 $8.5\sim900$,在高频($1MHz$)下介电损耗小,介电常数温度系数范围宽,可调节。高频介质瓷主要由碱土金属和稀土金属的钛酸盐和它们的固溶体组成。

(1)高频温度补偿电容器陶瓷

介电常数温度系数小,一般为负值,可补偿正温度系数,使谐振频率稳定。如金红石瓷、钛酸锶瓷、钛酸铋瓷、钛酸钙瓷、硅钛钙瓷。

(2)高频热稳定电容器陶瓷

介电常数温度系数接近于零。用于精密电子仪器时,通常采用正温度系数和负温度系数的瓷料来配制这类陶瓷,如镁镧钛瓷、钛酸镁瓷、锡酸钙瓷。

3. 微波介质瓷

微波介质瓷要求 ε 值大,$TK\varepsilon$ 值为接近零的负值,在 $n\,GHz$ 频率范围内的 Q 值高。介质谐振器的尺寸大致是金属空腔谐振器的 $1/\sqrt{\varepsilon}$。$TK\varepsilon$ 值小,可提高谐振器的频率稳定性。介质谐振器的频率温度系数 τ 与介质的 $TK\varepsilon$ 和热膨胀系数 α 的关系为

$$\tau = \frac{1}{2}TK\varepsilon - \alpha$$

理想介质谐振器的 τ 应为零,α 为 $(5\sim6)\times10^6\,℃^{-1}$,$TK\varepsilon$ 为 $-(10\sim20)\times10^{-6}\,℃^{-1}$。

$BaO\text{-}TiO_2$ 系陶瓷是此系中最早应用的介质瓷。$A(B_{1/3}C_{2/3})O_3$ 钙铁矿型陶瓷. A 为钡、锶,B 为锌、镁、锰,C 为铌、钽。如 $Ba(Zn_{1/3}Ta_{2/3})O_3$,加入摩尔分数为 $1\%\sim2\%$ 的锰,可在较低温度下烧结成致密瓷体,并提高高频段的 Q 值。在氮中 $1200℃$ 退火也可成倍提高 Q 值。

4. 半导体电容器陶瓷

在 $BaTO_3$、$SrTiO_3$ 高介电常数半导体陶瓷表面或晶界形成薄的绝缘层就构成半导体电容

器。表面层半导体电容器的介质层厚度为 $10\sim15\mu m$，晶界层电容器的介质层厚 $0.1\sim2\mu m$。晶界层电容器的介电常数比常规瓷电容器高几倍到几十倍。

表面层电容器是在半导体瓷表面于空气中烧渗金属电极时，在陶瓷表面形成一层具有整流作用的高阻挡层。$BaTO_3$ 表面烧渗银电极时，接触界面生成 P 型半导体的 Ag,O 与 N 型半导体的 $BaTO_3$ 构成 P-N 结，故表面层电容器也称为 P-N 结电容器。表面层电容器的耐电强度差，为了改善其耐压特性，可采用电价补偿法。

电价补偿法是在半导体瓷表面涂覆一层受主杂质，通过热处理使受主金属离子沿半导体表面扩散，表面层则因受主杂质的补偿作用变成绝缘介质层。还原再氧化法通常是电容器先在空气中烧成，后在还原气氛下强制还原成半导体，最后在、氧化气氛中把表面层重新氧化成绝缘介质层。

晶界层电容器是在 $BaTO_3$ 的半导体陶瓷表面涂覆金属氧化物，在氧化条件下进行热处理，涂覆氧化物与 $BaTO_3$ 形成低共熔相，沿开口气孔渗入陶瓷内部，沿晶界扩散，在晶界上形成一薄层固溶体绝缘层。

5. 多层电容器陶瓷

将涂有金属浆料的陶瓷坯片，多层交替叠堆，烧成整体。陶瓷介质厚度可减薄至 $20\mu m$，叠层可达几十层。相同的电容量，多层电容器的体积只有盘状单片电容器的 $1/20\sim1/30$。

多层电容器陶瓷可分为三类：烧结温度 1300℃ 上，电极材料为 Pt/N 的高温型；烧结温度 1000$\sim$1250℃，电极材料 Ag/Pd 的中温型和烧结温度 900℃ 以下，

电极为全银或低钯 Ag/Pd 的低温型。

(1)低温烧结低频多层电容器陶瓷

①$Pb(Mg_{1/3}Nb_{2/3})O_3-PbTlO_3-Bi_2O_3$ 系（即 $PMN-PT-Bi_2O_3$）。主晶相镁铌酸铅 PMN 是复合钙铁矿型铁电体，存在老化问题。

②$PMN-PT-PbCd_{1/2}W_{1/2}O_3$ 系。对上系，以 $PbCd_{1/2}W_{1/2}O_3$ 代替 Bi_2O_3 作熔剂，同时加入质量分数为 1% 的硼铅玻璃，改善电性能和抗潮老化性。

③改性 PMN-PT-PCW 系。在上述 PMN-0.1PT-0.05PCW 系中，引入 $PbMgW_{1/2}O_3$（PMW）作压降剂，改善负温容量变化率，同时引入钴离子改善负温损耗性能。

(2)低温烧结高频多层电容器陶瓷

采用铌铋锌系 $ZnO-Bi_2O_3-Nb_2O_5$，铌铋镁系 $MgO-Bi_2O_3-Nb_2O_5$ 和 $PbMg_{1/2}W_{1/2}O_3-PbMg_{1/3}Nb_{2/3}O_3$ 系（PMW-PMN）。铌铋锌和铌铋镁系都不含铅，生产不需特殊防护。

(3)中温烧结高频多层电容器陶瓷

通常用 $BaO-TiO_2-Nd_2O_3$ 系和 $CaO-TiO_2-SiO$ 系。在 $BaO-Nd_2O_3-5TiO_2$ 中，加入助熔剂 $SiO_2-Pb_3O_4-BaO$，改性物 $Bi_2O_3-2TiO_2$，瓷电性能 $\varepsilon=75\sim90$，$\tan\delta<3\times10^{-4}$，有好的稳定性。

6. 铁电陶瓷

铁电体存在类似于磁畴的电畴。每个电畴由许多永久电偶矩构成，它们之间相互作用，沿一定方向自发排列成行，形成电畴。无电场时，各电畴在晶体中杂乱分布，整个晶体呈中性。有电场时，电畴极化矢量转向电场方向，沿电场方向极化畴长大。极化强度 P 随外电场强度 E 按图 4-12 的 OA 线增大，直到整个晶体成为单一极化畴（B 点），极化强度达到饱和，以后极化时 P 和

E 呈线性关系(BC 段)。外推线性部分交于 P 轴的截矩称饱和极化强度 P_s。电场降为零时,存在剩余极化强度 P_r。再有反向电场强度 E_c 时,P 降至零,E_c 为矫顽电场。在交流电作用下,P 和 E 的形成电滞回线。铁电体存在居里点,居里点以下显铁电性。

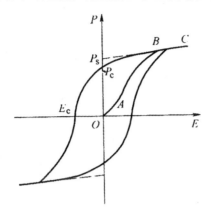

图 4-12　铁电陶瓷的电滞回线

铁电陶瓷的主晶相多属钙铁矿型、钨青铜型、焦绿石型等。铁电解质瓷具有很大的介电常数,可制成大容量电容器。介电常数与外电场呈非线性关系,可用于介质放大器。铁电陶瓷的介电常数随温度变化也呈非线性关系,用一定温度范围内的介电常数变化率或容量变化率来表示。

$BaTiO_3$ 是典型的铁电陶瓷,居里点以上是顺电的立方相,在居里点以下属铁电体的四方相。$BaTiO_3$ 中加入锶、锡、锌的化合物,居里点可调整到室温附近。

铁电解质瓷有高介铁电瓷、低变化率铁电瓷、高压铁电瓷和低损耗铁电瓷四类

7.反铁电陶瓷

反铁电体的晶体结构类似于铁电体,有一些共同特性,如高介电常数,介电常数与温度的非线性关系。不同是,反铁电体电畴内相邻离子沿反平行方向自发极化。每个电畴存在两个方向相反、大小相等的自发极化强度。反铁电体每个电畴总的自发极化为零。当外电场降为零时,反铁电体没有剩余极化。图 4-13 为反铁电体的双电滞回线。施加电场于反铁电体时,P 和 E 呈线性关系,类似于线性介质。但当超过 E_c 时,P 和 E 呈非线性关系至饱和,此时反铁电体相变为铁电体,E 下降时 P 也降低,形成类似铁电体的电滞回线。当 E 降至 E_p 时,铁电体又相变为反铁电体。施加反向电场时,在第 3 象限出现与之对称的电滞回线,形成双电滞回线。

反铁电陶瓷种类很多,最常用的是由 $PbZrO_3$ 基固溶体组成的反铁电体。纯 $PbZrO_3$ 的相变场强 E_c 很高,当温度达居里点附近才能激发出双回线。为使在室温能激发出双回线,发展了以 $Pb(Zr,Ti,Sn)O_3$ 固溶体为基的反铁电陶瓷。

反铁电陶瓷储能密度高,储能释放充分,用作储能电容器。反铁电体发生反铁电⇌铁电相变时,应变很大。这给反铁电电容器造成困难,但可利用相变形变作成机电换能器,还可用作电压调节器和介质天线。

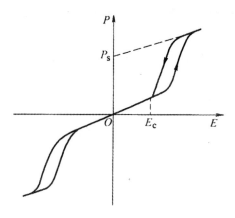

图 4-13　反铁电体双电滞回线

4.2.2　生物陶瓷

1.生物材料的必要条件

（1）生物学条件

①生物相容性好，对机体无免疫排异反应，种植体不致引起周围组织产生局部或全身性反应，最好能与骨形成化学结合，具有生物活性。

②无溶血、凝血反应。

③对人体无毒、无刺激、无致敏、无致畸、无致突变和致癌作用。

（2）力学条件

①具有足够的静态强度，如抗弯、抗压、拉伸等。

②耐疲劳、摩擦、磨损、有润滑性能。

③具有适当的弹性模量和硬度。

（3）化学条件

①在体内长期稳定，不分解、不变质。

②耐侵蚀，不产生有害降解产物。

③不产生吸水膨润、软化变质等变化。

（4）其他条件

①具有良好的孔隙度、体液及软硬组织易于长入。

②易加工成型，使用操作方便。

③热稳定好，高温消毒不变质。

综合考虑上述条件，尚无任何一种现存材料能够令人满意，相比之下生物陶瓷却占据了相对的优势。

2.生物陶瓷的特点

陶瓷是经高温处工艺而合成的无机非金属材料，具有很多其他材料无法比拟的优点。首先，它是烧结制成，其结构中包含着键强很大的离子键和共价键，因此它不仅具有良好的机械强度、硬度,而且在体内难溶解,不易腐蚀变质,热稳定性好,耐磨性能好,满足种植学的要求。其次,陶瓷的组成范围比较宽,可以根据实际应用的要求设计组成,性能可控性比较好。第三,陶瓷成型容易,可以根据使用要求,制成各种形态和尺寸。第四,随着加工装备及技术的进步,现在陶瓷的切削、研磨、抛光等已是成熟的工艺。近年来又发现了可以用普通金属加工机床进行车、铣、刨、钻孔等的"可切削性生物陶瓷",利用玻璃陶瓷结晶化之前的高温流动性,制成了铸造玻璃陶瓷。用这种陶瓷制作的人工牙冠,不仅强度好,而且色泽与天然牙相似。

3. 生物陶瓷材料

植入材料中氧化铝是一种很实用生物材料。视制造方法的不同,有单晶氧化铝、多晶氧化铝和多孔质氧化铝三种产物。氧化铝生物相容性良好,在人体内稳定性高,机械强度较大,单晶氧化铝轴方向抗弯强度高,临床上用来制作人工骨、牙根、关节和固定骨折用的螺栓。

氧化铝也存在一些问题:①与骨不发生化学结合,时间一长,骨固定会发生松弛;②杨氏模量过高;③机械强度不十分高;④摩擦系数和磨耗速度不低。

部分稳定化的氧化锆和氧化铝一样,生物相容性良好,在人体内稳定性高,而且比氧化铝的断裂韧性值更高,耐磨性也更为优良,用作生物材料有利于减小植入物的尺寸和实现低摩擦、磨损,因而在人工牙根和人工股关节制造方面的应用引人注目。

石墨质轻而且具有良好的润滑性和抗疲劳特性,弹性模数与人骨大小相同,在人体内不发生反应和溶解,生物亲和性良好,对人体组织的力学刺激小,因而是一种优良的生物材料。

美国和日本在二十世纪七十年代中期发表了高密度羟基磷灰石多晶的研究结果。羟基磷灰石能与骨直接化学结合,其抗弯强度为 200MPa,压缩强度为 1000MPa,杨氏弹性模量为 100GPa。随后,日本将其制成多孔状用作颚骨、颧骨、鼻软骨等的填补材料,致密的羟基磷灰石制成人工耳小骨。美国将它制成颗粒状用作齿槽骨的填充材料。

在 $Na_2O-KO-MgO-CaO-SiO_2-P_2O_5$ 系玻璃中析出许多磷灰石结晶的结晶化玻璃,可与骨直接化学结合,抗弯强度为 100MPa,压缩强度为 500MPa,可作颚骨补缀物。

4.2.3 湿敏陶瓷

1. 湿敏陶瓷特性

湿敏陶瓷主要利用多孔陶瓷表面对水的吸附作用,引起电阻或电导的变化。电阻率随湿度的增加而下降,为负湿敏特性,电阻率随湿度的增加而上升,为正湿敏特性。绝大多数多孔陶瓷具有负湿敏特性。涂覆膜湿敏电阻有负湿敏特性,但烧结多孔陶瓷则具有正湿敏特性。

湿敏电阻可以将湿度的变化转换为电信号,实现了湿度指示、记录和控制的自动化。可用在主控中心显示出各处的粮仓、坑道、弹药库、气象站等不同部位的湿度。并定时记录,通过自动装置进行控制调节。

依据多孔半导体陶瓷的电阻随湿度的变化关系制成的湿度传感器,使用湿敏陶瓷材料,响应速度快,灵敏度高,可靠性高,寿命长,抗其他气体的侵袭和污染。

湿敏电阻的灵敏度,通常用相对湿度变化1%的阻值变化百分率来表示,单位为%/%RH。响应速度用时间表示,单位为秒。湿敏电阻的温度特性,用湿度温度系数表示,即温度变化1℃

时,阻值的变化相当于多少％RH 的变化,单位为％RH/℃,称为湿敏电阻的温度系数。

纳米固体对外界环境湿气十分敏感,环境湿度迅速引起表面或界面离子价态和电子运输的变化,纳米固体具有明显的湿敏特性。例如,BaTiO 气纳米晶的电导随水分变化显著,响应时间短,两分钟可达到平衡。

2. 湿敏陶瓷材料

(1)低温烧结湿敏陶瓷

Si-Na_2O-V_2O_5 系和 ZnO-Li_2O-V_2O_5 系,Na_2O 和 V_2O_5 气为助熔剂。Si-Na_2O-V_2O_5 系的主晶相为半导体性硅,ZnO-Li_2O-V_2O_5 系的主晶相为 ZnO。烧结温度低于 900℃,孔隙度一般为 25％～40％。烧结时固相反应不完全,收缩率很小,响应速度慢。

(2)高温烧结湿敏陶瓷

$MgCr_2O_4$-TiO_2 半导体湿敏陶瓷。以 MgO、Cr_2O_3、TiO_2 粉末为原料,经湿磨混合,干燥,压制成形,在空气中于 1200～1450℃烧结 6h,就可以得到孔隙度 25％～35％的多孔陶瓷。TiO_2 的摩尔分数低于 30％时,陶瓷为单相固溶体,具有 $MgCr_2O_4$ 型的尖晶石结构。烧结体显微组织内 $MgCr_2O_4$-TiO_2 晶粒和晶粒间的孔隙组成,孔隙为开口型,形成连通毛细管结构,因此,容易吸附和凝结水蒸气。在 1400℃,TiO_2 在 $MgCr_2O_4$ 中的溶解度为 31％(摩尔分数)。TiO_2 含量在 35％～70％(摩尔分数)时,相组成为 $MgCr_2O_4$ 型尖晶石和 $MgCr_2O_5$ 相。

TiO_2 含量低于 30％(摩尔分数)时 $MgCr_2O_4$-TiO_2 系陶瓷表现出 P 型半导体性。添加的 T^{4+} 离子能和 Mg^{2+} 离子一起溶于尖晶石结构的八面体间隙中,结果 Cr^{2+} 离子取代了四面体间隙位置。当 TiO_2 含量大于 40％(摩尔分数)时,陶瓷呈 N 型半导体性。电阻随相对湿度的提高而降低(吸湿过程),或者电阻随相对湿度的降低而提高(脱湿)时,响应时间为 12s 左右。$MgCr_2O_4$-TiO_2 多孔陶瓷的导电性由于吸附水而增高,其导电机制是离子导电。相对湿度大时,物理吸附水不但存在于晶界区域,而且存在于陶瓷晶粒的平表面和凸面部位,形成多层的氢氧基。氢氧基可能和水分于形成水合离子。当存在大量吸附水时,水合离子会水解,使质子传输过程处于支配地位。金属氧化物陶瓷表面不饱和键的存在,很容易吸附水。$MgCr_2O_4$-TiO_2 表面形成的水分子很容易在压力降低或温度稍高于室温时脱附,湿度响应快。对温度、时间、湿度和电负荷的稳定性高,主要应用于微波炉的自动控制。$MgCr_2O_4$-TiO_2 陶瓷还可以制成对气体、湿度、温度具有敏感特性的多功能传感器。

(3)厚膜湿敏陶瓷

钨锰矿结构氧化物 $MeWO_4$(Me 为锰、镍、锌、镁、钴、铁)。具有钨锰矿结构的 $MnWO_4$、$NiWO_4$,可以在 900℃以下不用无机粘结剂烧结成多孔陶瓷、不会损害与它粘附的金属电极,是制备厚膜湿敏元件的理想材料。在制备厚膜湿敏元件时,先在高铝瓷基片的一面印刷并烧附高温净化用的加热电极,在基片的另一面印刷并烧附底层电极,再在这层电极上印刷感湿浆料,干燥后再印上表层电极,然后将感湿浆料和表层电极烧附在基片和底层电极上。基片面积为 $5mm^2$,感湿膜厚约 $50\mu m$。烧结后陶瓷晶粒在 1～$2\mu m$,孔径在 $0.5\mu m$ 左右,可获得较好的感湿特性。

(4)涂覆膜型湿敏陶瓷

将感湿浆料涂覆在已印刷并且烧附有电极的陶瓷基片上,不烧结,经低温干燥而成。以 Fe_3O_4 为粉料的涂覆型湿敏元件,性能较好,电阻值为 10^4～$10^8\Omega$,电阻随相对湿度的增加而下降,再现性好,可在全域湿度内进行测量。

涂覆膜湿敏电阻也称为瓷粉膜湿敏电阻。湿敏瓷粉还有 Fe_2O_3、Cr_2O_3、Al_2O_3、Sb_2O_3、TiO_2、SnO_2、ZnO、CoO、CuO 等。

4.2.4　气敏陶瓷

1. 气敏陶瓷原理

利用半导体陶瓷与气体接触时电阻的变化来检测低浓度气体。半导体陶瓷的表面吸附气体分子时,根据半导体的类型和气体分子的种类的不同,材料的电阻率也随之发生不同的变化。半导体材料表面吸附气体时,如果外来原子的电子亲合能大于半导体表面电子的逸出功,原子将从半导体表面得到电子,形成负离子吸附;相反,则形成正离子吸附。电子的迁移,引起能带弯曲,使功函数和电导率变化。C 原子的电子亲合能 A 比半导体的功函数 φ 大,C 原子接受电子的能级比半导体陶瓷的费米能级低,吸附后,电子由半导体向吸附层移动,形成负离子吸附,形成表面空间电荷层,阻碍电子继续向表面移动,最后达到平衡。

N 型半导体的负离子吸附,使功函数增大,导电电子减少,表面电导率降低。N 型半导体发生正离子吸附时,导致多数载流子增加,表面电导率提高。常用的气敏半导体材料,吸附氢、碳氢等可提供电子的分子时,发生正离子吸附,电子移向半导体内,载流子增大,电导率增大。而吸附有氧气等吸收电子的分子时,多发生负离子吸附,载流子密度减少,电导率减小。

半导体陶瓷的气敏特性同气体的吸附作用和催化剂的催化作用有关。气敏陶瓷对气体的吸附分为两种,即物理吸附和化学吸附。通常物理吸附和化学吸附存在。在常温下物理吸附是吸附的主要形式。随着温度的升高,化学吸附增加,在某一温度时会升高到一个最大值。超过最大值后,气体解吸的几率增加,物理吸附和化学吸附同时减少。

图 4-14 是 SnO_2 和 ZnO 半导体气敏电阻的电导率随温度变化的曲线,被检测气体为浓度0.1%的丙烷。在室温下,SnO_2 能吸附大量气体,但其电导率在吸附前后变化不大,因此吸附气体绝大部分

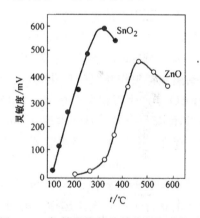

图 4-14　气敏陶瓷的灵敏度与温度的关系

以分子状态存在,对电导率贡献不大。在 100℃ 以后,气敏陶瓷电阻的电导率随温度的升高而迅速增加,300℃时达到最大值,300℃以后开始下降。在 300℃ 以下,物理吸附和化学吸附同时存在,化学吸附随温度提高而增加。对于化学吸附,陶瓷表面所吸附的气体以离子状态存在,气体与陶瓷表面之间有电子交换,对电导率的提高有贡献。温度超过300℃后,发生解吸,吸附气体减少,电导率下降。ZnO 的情况同 SnO_2,类似,但其灵敏度峰值温度出现在 450℃ 左右。

为了使气敏元件能在常温下工作,必须采用催化剂,提高气敏元件在常温下的灵敏度。在 SnO_2 中添加质量分数 2% 的 $PdCl$,就可以大大提高气敏元件对还原性气体的灵敏度。可以用作半导体陶瓷气敏元件的催化剂有金、银、铂、钯、铱、铑、铁以及一些金属盐类。

2. 几种气敏陶瓷材料

(1)SnO_2 系气敏陶瓷

氧化锡系是最广泛应用的气敏半导体陶瓷,氧化锡系气敏元件的灵敏度高,出显最高灵敏度的温度较低,在 300℃左右,掺入催化剂可进一步降低其工作温度。添加摩尔分数为 0.5%～3%的 Sb_2O_3 可降低起始阻值;涂覆 MgO、PbO、CaO 等二价金属氧化物可加速解吸速度,改善老化性能。

氧化锡气敏半导体陶瓷对许多可燃性气体,如氢、一氧化碳、乙醇、甲烷、丙烷、酮或芳香族气体都有高灵敏度。比如,可测出人体呼出气体中的酒精量。

烧结型氧化锡气敏传感器,可吸附还原气体时电阻减少的特性,检测还原气体,主要用作家用石油液化气的漏气报警器、生产用探测警报器和自动排风扇等。氧化锡系半导体陶瓷属 N 型半导体。加入微量 $PdCl$,或少量铂等负金属催化剂,可促进气体的吸附和解吸,提高响应速度和灵敏度。氧化锡系气敏传感器对 CO 也特别敏感,广泛用于 CO 报警和工作环境的空气监测。

以 SnO_2 为基体,加入 $Mg(NO_3)_2$ 和 ThO_2 后,再添加 $PdCl_2$ 触媒,将这些混合物在 800℃的温度下煅烧 1 小时,球磨粉碎成原料粉末。在粉末中加入硅胶粘结剂后分散在有机溶剂中,制成可印刷厚膜的糊状物,然后印刷在氧化铝底座上,与铂电极一起在 400～800℃烧成厚膜气体氧化锡传感器,对一氧化碳的检测更有效。

通过改变氧化锡传感器的制备方法,氧化锡可以制成具有多功能的气体传感器。可以具有对混合气体的某些气体的选择敏感性。

真空沉积的 SnO_2 薄膜传感器,可以检测出气体蒸汽中的一氧化碳和乙醇。

以铂黑和钯黑作触媒的氧化锡厚膜传感器。用于检测碳氢化物,可有选择地检测出氢气和乙醇,而 CO 不产生可识别的信号。SnO_2 传感器对氢气的高度敏感性,被认为是由于贵金属的触媒作用,使氢气分解。从而改变了 SnO_2 的半导体性,提高它对氧化还原条件的敏感性。当无贵金属的存在,用 SnO_2 传感器监测 AsH_3 时,可检测出 $0.6 \times 10^{-6} AsH_3$ 的存在。

(2)ZnO 系气敏陶瓷

ZnO 系陶瓷的重要性仅次于 SnO_2 陶瓷。其特点是灵敏度同催化剂的种类有关,这就提供了用掺杂来获得对不同气体选择性的可能性。

ZnO 的组成,Zn/O 原子比大于 1,锌呈过剩状态,显示出 N 型半导体性:当晶体的 Zn/O 比增大或者表面吸附对电子的亲和性较强的化学物时,传导电子数就减少,电阻加大。当与还原性气体,如 H_2 或碳氢化合物接触时,吸附的氧气数量减少,电阻降低。

ZnO 单独使用时,灵敏度和选择性不够高,当掺杂 Ga_2O_3、Sb_2O_3 和 Cr_2O_3 等并加入铂或钯作触媒时,便可可大大提高其选择性。采用铂化合物触媒时,对丁烷等碳氢化物很敏感。采用钯触媒时,则对氢气和一氧化碳特别敏感。但 ZnO 系气体传感器的工作温度比 SnO_2 高为0～500℃。

(3)氧化钛系陶瓷

用于空气-燃料比控制的氧传感器只有半导体型的氧化钛系陶瓷和离子导电型的钇或钙掺杂的氧化锆。这些氧传感器的原理是基于汽车排出气体的氧分压随空气-燃料比发生急剧的变化,陶瓷的电阻又随氧分压变化。在室温下,氧化钛的电阻很大,随着温度的升高,部分氧离子脱离固体进入环境中,留下氧空位或钛间隙,晶格缺陷为导带提供电子。随着氧空位的增加,导带中的电子浓度提高,材料的电阻下降。多孔圆片氧化钛传感元件直径 4~5mm,厚度为 1mm,并埋入铂引线或制成薄膜。

(4)氧化铁系陶瓷

氧化铁系气敏陶瓷,不需要添加贵金属催化剂就可制成灵敏度高,稳定性好,具有一定选择性的气体传感器。现有城市煤气报警器,多采用氧化锡加贵金属催化剂的气敏元件,其灵敏度高,可以通过测定氧化铁气敏材料的电阻变化来检测还原性气体,也可通过氧化铁电阻的变化来检测氧化性气体。

氧化铁系气敏陶瓷,可以通过掺杂和细化晶粒等途径来改善其气敏特性,也有可能变成多功能的敏感材料(气敏、湿敏和热敏)。

4.3　功 能 玻 璃

4.3.1　功能玻璃与普通玻璃

玻璃是非晶态材料,其特点为:无固定熔点、无晶粒或晶界、无固定形态、各向同性和性能可设计性。

功能玻璃除了具有普通玻璃的性质以外,它与通常玻璃的不同主要表现在:①成形方面,通常玻璃主要产品是板材、管材、成瓶、成纤等,而新型功能玻璃则是微粉末、薄膜、纤维状等。②玻璃化方面,通常玻璃是在大气中进行熔融而制得的,而新型功能玻璃是采用超急冷法、溶胶凝胶法、CVD、PVD、等离子溅射、材料复合等各种高新技术。③加工方面,通常玻璃采用烧制、研磨、急冷强化等方法,而新型功能玻璃则采用结晶化、离子交换法、分手溅射、分相、微细加工技术等。④用途方面,通常玻璃主要用于建筑、容器、光学制品等,而功能玻璃主要用于光电子、光信息情报处理、传感显示、精密机械以及生物工程等领域。

功能玻璃包括:光色玻璃、微晶玻璃、光导纤维玻璃、激光玻璃、半导体玻璃、非线性光学玻璃、磁功能玻璃、生物玻璃、机械功能玻璃以及功能玻璃薄膜等。

4.3.2　光学玻璃

1.无色光学玻璃

无色光学玻璃在 400~700nm 波长整个可见光范围对光吸收系数很低,呈无色透明状态,玻璃的组分中不含着色离子基团,过渡金属和部分稀土离子的氧化物,特别是铁、钴、镍、铜等过渡金属氧化物的含量极低,故无色光学玻璃在制作时应作特殊的提纯处理。

光学玻璃成分中引入钡、锌、硼、磷等氧化物,制成轻冕玻璃、锌冕玻璃和硼冕玻璃,其折射率较低、大都在 1.5 左右。重冕玻璃和火石玻璃折射率在 1.57~1.62 之间,用于制高质量的照相机和显微镜的物镜。在组分中引入稀土铜氧化物,发展了高折射低色散的镧冕玻璃、镧火石玻璃和重镧火石玻璃。氟化物、氟磷玻璃是透光波段宽的光学玻璃品种。

折射率是光学玻璃元件设计的重要光学参数,表征了玻璃的折光能力,定义为玻璃介质中的光速与真空中光速的比值,这个比值称为绝对折射率;工程中常用的是相对折射率,它定义为介质与空气中光速的比值,绝对折射率与相对折射率差别甚小。光学玻璃的折射率与玻璃的组成及结构以及制备工艺条件密切相关。含重金属(钡、镧、铅等)氧化物的光学玻璃折射率高、相应的玻璃密度也大,折射率与密度有很好的线性比例关系。

折射率值随波长改变的关系被称为色散,也是设计光学元件的一个重要参数。由于色散,不同波长的光波有不同的折射,因而造成像的色差。色差与球差、慧差、像散和像畸变等共同组成像差。光学设计的主要目的在于消除各种像差,使之达到规定的很小的值,以保证光学元件的质量。光学玻璃的色散通常用中部色散和色散系数来表示。

无色光学玻璃除作为光学仪器外,应用领域正在逐渐拓宽。例如,光学玻璃作为衬底,制作各种无源的波导器件。光学玻璃作为基板玻璃,用于小到计算器,大到壁挂式大屏幕液晶显示器。此外,光学玻璃还被广泛地用作太阳能电池、磁盘和光盘的基板。

2. 滤色玻璃

滤色玻璃又称为有色玻璃和颜色玻璃。某些光学仪器,特别是用激光作为光源的仪器或分光仪等,所用光源都是单色光,滤色玻璃作为滤色元件,滤去其他光波的干扰,因此,要求对不同波长的光波有不同的透过率,特别要保证所用波长高的透光特性。这类玻璃当其吸收了某些特定波长后,透过的光就呈现所吸收波长的补色,因而玻璃就带有特定的颜色。

滤光玻璃根据其吸收光谱的物理特性可分为三类。

(1)截止型滤光玻璃

它在短波长处有强烈的吸收,几乎不透明,而在可见光的长波长部分是透明的,如硒红玻璃。其选择吸收特性常用短波的吸收截止波长来标记。

(2)中性灰色滤光玻璃

在整个可见光波段有几乎均匀的无选择性吸收,吸收的百分数可由滤色玻璃的厚度来控制,它是可见光波段理想的光强衰减器;但由于其衰减机制是吸收,常会在强光时造成热破坏,因此强激光场合应避免直接使用。

(3)选择吸收型滤色玻璃

在可见光谱区的一个或几个波长附近有较高的透过率,而在其他波长则有较高的吸收,从而使玻璃呈现特定的颜色。这种选择吸收常用透过波段的峰值波长及其透过波长宽度来表征。

除上述三种滤色玻璃外,还有一种用于红外波段的滤色玻璃,它对短波的可见光部分有强的吸收,而在很宽的红外光波段有很高的透过率,是红外技术中常用的滤色玻璃,根据其透红外特性,被称为透红外玻璃。从光谱特征看,它属一种透过长波长的截止型滤光玻璃。

3. 耐辐照玻璃

一般光学玻璃很容易在高能射线辐照下产生电子和空穴,进而形成色心使玻璃着色。耐辐照玻璃是人为地在其组分中引入变价的阳离子,它们可以吸收由辐照产生的大部分电子和空穴,使因辐照而形成的在可见光波段的色心数目明显地减少,从而保证光学玻璃可以在强辐照条件下使用,是一种特殊的无色光学玻璃。在较高剂量的 β 射线和 X 射线的辐照下,保持可见光波段高的透明特性。耐辐照玻璃主要用于制作在高能辐射环境中使用的光学仪器,或者作为高能辐射装置的窥视窗,目前还常用于制作卫星和宇航器中的光学元件。

常用的耐辐照变价离子为铈,在光学玻璃中掺入质量分数约为 $0.5\%\sim1.0\%$ 的铈离子氧化物,在强辐射时可使玻璃的着色大为减轻。

4. 光色玻璃

材料在触及到光或者被光遮断时,其化学结构发生变化,可视部分的吸收光谱发生改变。这种可逆的或不可逆的显色、消色现象的物质称为光致变色,光色玻璃就是其中的一类。当受紫外线或日光照射时,玻璃由于在可见光区产生光吸收而自动变色;当光照停止时,玻璃能可逆地自动恢复到初始的透明状态。具有这种性质的玻璃称为光致变色玻璃。许多有机物、无机物有光致变色性能,但光色玻璃具有优于其他光色材料之处是因为它可以长时间反复变色而无老化现象,化学稳定性好,可制备形状复杂的制品。

(1)光色玻璃种类

主要有三种,即掺 Ce^{3+} 或 Eu^{3+} 的高纯度碱硅酸盐玻璃,含卤化银或卤化铊的玻璃及玻璃结构缺陷变成色心的还原硅酸盐玻璃。目前多采用含卤化银的碱铝硼酸盐玻璃,但也有采用含卤化银的硼酸盐玻璃及磷酸盐玻璃等。

(2)卤化物光致变色玻璃

光色玻璃的光色特性与玻璃的基础组分、光敏相的种类和聚焦状态、分相热处理条件以及其他许多因素有关。光色玻璃的变色过程和照相过程有一些相似,在照相中,入射光子将胶卷上的银离子分解成为银原子和卤素,通过显影的化学反应,把卤素从原来的位置扩散出去,这一过程是不可逆的。在光色玻璃中光子也将银离子变为银原子,但卤素并没有从晶体玻璃中扩散出去,仍存在于银原子附近,当光照去除后,依然能与银结合成卤化物。光色玻璃的逆过程可由热能或比使玻璃变色的激活辐射更长的可见光波长提供的活化能来完成。

光吸收峰值位置和玻璃含碱类有关,随着碱金属离子半径的增加吸收带峰值向长波区域漂移;不同的卤化银对玻璃的光色性能也有影响,光吸收峰值随着卤素原子序数的增加而向长波区延伸。为了使玻璃具有良好的光色性,提高对激活辐射的灵敏度和加快色心的破坏速度,常在玻璃成分中添加敏化剂。

除了使用熔融法制造光色玻璃外,还可用离子交换法将含有卤素、铜的 $Na_2O\text{-}Al_2O_3\text{-}B_2O_3\text{-}SiO_2$ 玻璃浸入 $AgNO_3$ 熔盐,使 Na^+ 与 Ag^+ 交换,Ag^+ 进入玻璃表面层,再经热处理使银与卤素聚集成 AgX 微晶体,再经热处理后颗粒长大到一定的尺寸范围,才有光色效应。玻璃的热处理温度通常在转变点和软化点之间,即高于退火温度 $20\sim100℃$,在一般情况下避免使用过高的温度,以防止玻璃变形或者乳浊。

(3)无银的光色玻璃

卤化银光色玻璃有许多优点,但需要耗费银。无银的光色玻璃在无银的玻璃加入一些变价的金属氧化物如锰、钨、铈、铕、钼等的氧化物,制成的玻璃再经过热处理或用紫外线辐照后,形成了着色中心,玻璃就会具有光色性能。着色中心形成之后,使得玻璃在可见光波段的光敏性增加,产生了附加吸收。用 Cu^+ 作为添加剂加入玻璃中,得到卤化铜光色玻璃。这种玻璃未经热处理时,在紫外、可见光波段均为透明的,热处理后,透明度显著下降,并出现乳光,且吸收限向长波方向发生了移动。卤化铜光色玻璃即使在加工时,会发现吸收与乳光增强现象,对应用不利,但其优点是具有比较快的变暗速度和褪色速度,而且变暗幅度也大。

(4)光色玻璃的应用

光色玻璃已广泛用作制造太阳眼镜,用作图像记录、全息照相材料,作储存、光记忆在显示装置的元件中进行应用;光色玻璃作为汽车保护玻璃及建筑物的自动调光窗玻璃;光色玻璃制成光学纤维面板可用于计算技术和显示技术;当光色互变性足够快时,可用于光阀、相机镜头、紫外线剂量计等。

5. 非线性光学玻璃

(1)非线性光学玻璃的性质

当光波通过固体介质时,在介质中感生出电偶极子。单位体积内电偶极子的偶极矩总和被称作介质的极化强度,通常用 P 来表示,它表征了介质对入射辐射场作用的物理响应。通常,P 仅和辐射场强 E 的一次幂项有关,由此产生的各类现象称为线性光学现象,可由传统光学定律进行描述处理。

激光出现后,其相干电磁场功率密度可达 $10^{12}\,\mathrm{W/cm^2}$,相应的电场强度也能与原子的库仑场强相比较。因此,其极化率 P 与电场强度 E 的二次、三次甚至更高次幂相关,从而开辟了非线性光学及其材料发展领域。

由于玻璃是各向同性的,所以它不产生二次非线性光学效应,只具有三次非线性光学效应。三次非线性光学系数可根据玻璃的折射率和色散或玻璃的紫外吸收极限来计算。高折射率和高平均色散的玻璃,如高铅氧化物玻璃、高铋等氧化物玻璃、碲酸盐玻璃和硫系玻璃,具有三次非线性光学系数。

低折射率玻璃的非线性光学效应主要受阴离子极化的影响,且与阴离子的极化程度成正比,而网络形成及调整体的阳离子作用可忽略。反之,当易极化的阳离子浓度增加时,由于这些阳离子结构单元屏蔽效应的影响,使得对非线性光学效应起主导作用的是阳离子的极化,而与阴离子的状态无关。

激光技术的出现,在促成了强光光学或和非线性光学的产生时,同时也促进了新光学应用技术的发展。从广义上讲,非线性研究的是强激光辐射与物质的相互作用以及由此而出现的一系列效应的产生原理、过程规律和各种应用的可能性。此外气体、聚合物、液晶、生物系统、有机溶液、水、半导体、晶体、金属等许多材料也会具有非线性光学性质。

(2)非线性光学玻璃的制备方法

①Sol-gel 法。

按照引入掺杂物的方法不同,Sol-gel 法还可以进一步细分为直接掺杂合成、有机掺杂法、气体后处理法、分解法、扩散法等。

有机染料共轭聚合物具有很高的非共振三阶极化率和超短的响应时间,如将聚 2-乙基苯胺掺杂石英凝胶,就可以得到具有很高的三阶非线性光学玻璃。金属原子掺杂于溶胶凝胶基质中,玻璃将出现非线性光学效应。利用低温合成再经热处理可制备含铁电相微晶玻璃材料,$Pb-TiO_3-SiO_2$ 可实现微晶与玻璃的纳米复合,其紫外吸收光谱出现明显的量子尺寸效应,带隙能量变低。

②熔制法。

一般制备均质非线性光学玻璃时均采用熔制法,在 600℃ 以上的高温中进行。用熔制法制备掺金属玻璃时要考虑熔制气氛和基础玻璃成分,如掺金要求氧化气氛并掺 SnO_2,掺铜要求还原气氛等,掺银要求中性气氛并掺微量 Sb_2O_3。

4.3.3　光电子功能玻璃

1.激光玻璃

掺钕离子的玻璃材料是一种优秀的激光材料,用于制成固体激光器。激光材料料能将多种泵浦能量(主要是光能)通过其所含的激活离子的受激辐射作用。转变成单色性好、相干性好、功率密度高的激光。固体激光材料是目前应用得广的激光材料,主要有激光晶体和激光玻璃两类固体激光材料。

(1)激光玻璃的要求

从辐射性能来考虑,要求激光材料能容易地渗入性能好的激活离子,要求材料有大的受激辐射截面,长的荧光寿命。从光学性能上说,要求激光材料对泵浦光有较高的吸收,对所产生的激光有低的线性吸收和非线性损耗,要有高的光学均匀性。从强激光产生的条件出发,要求高的物理化学稳定性,激光材料有高的光损伤阀值,低的热膨胀系数高的热导率和低的折射率温度系数。

激活离子是激光材料中产生激光的最主要成分,激活离子有过渡金属离子和稀土元素离子两大类。玻璃激光材料中常用的激活离子是结构中有外层屏蔽电子的三价稀土元素离子。这类激活离子的激光跃迁是由 4f 电子的受激辐射跃迁产生的,它们在玻璃的无规网络中,由于配位场不同而导致不同向的能级分裂和位移,总的谱线是由一些不同网络造成中心频率略有不同的谱线的组合,因而辐射谱线及吸收谱线都较宽。辐射谱线的非均匀加宽,使玻璃激光材料的受激辐射截面较小;但吸收谱线的加宽,有利于泵浦光能的吸收,使泵浦光的利用率较高。激光性能最好的是钕离子 $1.05\sim1.08\mu m$ 激光辐射,钆离子的 $0.3125\mu m$ 和钕离子的 $0.93\mu m$ 两个激光辐射只能在低温 77K 实现,其他稀土离子的激光跃迁主要用于玻璃光纤。而过渡金属离子的 3d 电子没有外层电子屏蔽,它在玻璃材料中受周围无规网络的影响较大,很难保持优秀的受激辐射特性。

最早实现激光输出的是掺钕钡冕玻璃,因为可以获得较低的激光损耗。之后,逐渐开发了专门用于激光的玻璃品种,推动了锁模等超短脉冲技术、激光核聚变技术以及光通信技术的发展。

(2)激光玻璃的种类

①硅酸盐激光玻璃。

组分为 Na_2O-K_2O-CaO-SiO_2 的 N3 牌号硅酸盐激光玻璃是目前最常用的激光材料,他制作工艺成熟,玻璃尺寸最大,成本低廉,适宜于工业应用。组分为 Li_2O-Al_2O_3-SiO_2 的 N11 牌号锂硅酸盐激光玻璃的受激发射截面较高,并可以通过离子交换技术进行化学增强,它被用于早期高功率激光系统,获得调 Q 的巨脉冲激光。

掺稀土激活离子的石英玻璃光纤是一种特殊的硅酸盐激光玻璃,主要有钕、铒、镱、钬、铥等三阶稀土激光离子掺杂。其中用掺铒的单模石英玻璃光纤制成的 $1.55\mu m$ 激光放大器,波长与光通信兼容,尺寸上又有集成前景,已在光纤通信中获得广泛应用。

②磷酸盐激光玻璃。

要实现核靶材料的聚变增益，激光器的功率必须大于 10^{12} W，激光器系统应该是超短光脉冲的多路多级系统。玻璃激光材料不宜于作为前级种子激光，但它是后续放大级的优选材料。前级种子激光材料以掺钕氟化钇锂等激光晶体较为适宜，它们能高效率地产生 $1.053\mu m$ 的超短脉冲。牌号为 N21 和 N24 的磷酸盐激光玻璃的 $1.054\mu m$，与此前级波长适配。掺钕磷酸盐激光玻璃具有受激发射截面大、发光量子效率高、非线性光学损耗低等优点，通过调整玻璃组成可获得折射率温度系数为负值，热光性质稳定的玻璃，特别适宜于制作聚变用的激光放大器。

③氟磷酸盐激光玻璃。

掺钕的氟磷酸盐激光玻璃的激光波长与前级种子激光的氟化物晶体适配，它有更低的非线性折射率，在高功率密度时，光损耗极低，并且能保持较高的受激发射截面和高的量子效率。其主要组成为 AlF_3-RF_2-$Al(PO_3)_3$-$NdPO_3$（R 为碱土金属），在高温时氟容易与水气反应形成难熔的氟氧化物，玻璃中往往存在许多微小的固体夹杂物，使激光损伤阀值下降，难以在高功率激光器中应用。

④氟化物激光玻璃。

氟化物激光玻璃的激光波长也于前级种子激光接近，发光量子效率高。氟化物玻璃从紫外到中红外有极宽的透光范围，这为激光波长在近紫外武中红外的一些激活离子掺杂，制作新激光波长激光器提供了好的条件。但是氟化物激光玻璃也存在微小的团体包裹物，难以在高功率激光器中实用。

氟化物玻璃的组成分为两类，一类是氟锆酸盐玻璃，另一类是氟铍酸盐玻璃。氟锆酸盐玻璃是一种超低损耗的红外光纤材料，在中红外区具有很高的透过率。掺钕氟铍酸盐的组分为 BeF_2-KF-CaF-AlF_3-NdF_3，非线性折射率非常低，受激发射截面比氟磷酸盐玻璃还要高，亦可掺入高浓度钕离子而没有明显的浓度淬火效应。但是铍的剧毒给玻璃的制备相加工带来很大困难，使其应用难以推广。

2. 声光玻璃

（1）声光效应及应用

声光效应又称为弹光效应，在介质中有声波（或称为弹性波）场时，所通过的光波受到声波场的衍射而使其强度、相位及传播方向都被声波场所带有的信号调制的现象。

声光器件分为低频和高频两大类。声光介质要求具有高的声光衍射效率、低的光波和声波损耗以及热的稳定性。为提高声光衍射效率，要求声光玻璃有较高的折射率、大的弹光系数和小的密度；此外低的声速有利于提高衍射效率，但不利于高频的应用。由于玻璃长程无序的结构，一般具有较低的声速，有利于获得高的声光衍射效率。但是长程无序结构易产生声子粘滞效应，因而声损耗比晶态材料高，其工作频率无法做得很高。大多数声光玻璃折射率低，为改进这个性能，常在引入较高成分的钡、铅、碲、镧等氧化物，以提高声光衍射品质因子。硫系玻璃的折射率很高，有很宽的红外光透过率，常用来制作红外光波段的声光器件。

由于声光玻璃各向同性，通常用来制作低频各向同性衍射的各种优秀声光器件。玻璃对光波和声波的损耗都很低，很早被用作声光技术的研究，制成各种声光器件。声光玻璃最早被用于制作成激光强度调制器、声光开关、声光偏转器等，在光电子技术中得到广泛应用。光通信技术及光信息技术发展后，声光玻璃又被制作成波导和声表面波器件，对光信号实行调制、分束或互联,推动了光电子技术发展。

（2）声光玻璃种类

①融石英玻璃。

融石英玻璃用纯 SiO_2 制成,具有低的声速,较高的声光衍射效率、很低的声损耗和光波损耗,容易制成高光学质量、宽透光波段的大块声光器件,应用于高功率、多种激光波长的声光调制,是目前最常用的声光玻璃材料。

②硫系玻璃。

硫系玻璃组分是些不含氧的硫化物、硒化物或砷化物玻璃,以硫化物玻璃最为常用。硫、硒和砷的化合物在近程范围仍保持共价键特性并形成交联网络结构,因而这些玻璃具有高的折射率和较低的声损耗,从而有优秀的声光特性。这种玻璃对紫或紫外短波的光透过率低,但对红外或中红外光透过率高,常用作红外声光材料。这类玻璃中,含砷玻璃的失透温度较高,在室温工作时不易失透,性能较其他玻璃稳定。

③各种重火石玻璃。

玻璃组分中含有多种重金属元素氧化物,它们具有特别高的折射率,因而具有高的声光衍射效率。缺点是重金属元素的引入,常使其透明波段的短波限红移,使用波段相应较窄,光学均匀性及光透过率都比石英玻璃差。

④单质半导体玻璃。

单质半导体玻璃主要是非晶态硒玻璃和碲玻璃,它们具有半导体特性,具有极高的折射率,声速比硫系玻璃低,在红外波段也有宽的透过率,是优秀的红外声光材料。

第 5 章　功能晶体材料

5.1　光学晶体

光学晶体(optical crystal)用作光学介质材料的晶体材料。主要用于制作紫外和红外区域窗口、棱镜、透镜。按晶体结构分为单晶和多晶。由于单晶材料具有高的晶体完整性和光透过率，以及低的输入损耗，因此常用的光学晶体以单晶为主。

1. 光学单晶种类

（1）卤化物单晶

卤化物单晶分为氟化物单晶，溴、氯、碘的化合物单晶，铊的卤化物单晶。氟化物单晶在紫外、可见和红外波段光谱区均有较高的透过率、低折射率及低光反射系数；缺点是膨胀系数大、热导率小、抗冲击性能差。溴、氯、碘的化合物单晶能透过很宽的红外波段，其熔点低，易于制成大尺寸单晶；缺点是易潮解、硬度低、力学性能差。铊的卤化物单晶也具有很宽的红外光谱透过波段，微溶于水，是一种在较低温度下使用的探测器窗口和透镜材料；缺点是有冷流变性，易受热腐蚀，有毒性。

（2）氧化物单晶

氧化物单晶主要有蓝宝石(Al_2O_3)、水晶(SiO_2)、氧化镁(MgO)和金红石(TiO_2)。其熔点高、化学稳定性好，在可见光和近红外光谱区透过性能良好。主要用于制造从紫外到红外光谱区的各种光学元件。

（3）半导体单晶

半导体单晶有单质晶体（如锗单晶、硅单晶），Ⅱ-Ⅵ族半导体单晶，Ⅲ-Ⅴ族半导体单晶和金刚石。金刚石是光谱透过波段最长的晶体，可延长到远红外区，并具有较高的熔点、高硬度、优良的物理性能和化学稳定性。半导体单晶可用作红外窗口材料、红外滤光片及其他光学元件。

2. 光学多晶材料

光学多晶材料主要是热压光学多晶，即采用热压烧结工艺获得的多晶材料。主要有氧化物热压多晶、氟化物热压多晶、半导体热压多晶。热压光学多晶除具有优良的透光性外，还具有高强度、耐高温、耐腐蚀和耐冲击等优良力学、物理性能，可作各种特殊需要的光学元件和窗口材料。

5.2　非线性光学晶体

5.2.1　几种重要的无机非线性光学晶体

1. 三硼酸锂(LBO)晶体

LBO 晶体是一种紫外倍频晶体,结构中存在(B_3O_7)硼氧阴离子基团,其基本单位为平面结构的BO_3,有利于产生大的非线性效应,又有一个四面体结构的BO_4增加了倍频系数的 z 向分量,使结构中电子数的不对称,进一步加强了的非线性光学效应。

LBO 晶体一般采用熔盐(高温溶液)法生长,可以稳定生长出较大尺寸具有优异光学质量的块状晶体。晶体的透光波段为 $160nm\sim2.6\mu m$,具有目前实用非线性光学晶体中最短的紫外吸收边,是负光性双轴晶,双折射率 $\Delta n=10^{-6}$,对于 Nd：YAG 激光倍频、三倍频可实现Ⅰ类和Ⅱ类位相匹配;有效倍频系数为 KDPd36 的三倍,利用温度调谐,可实现非临界位相匹配。LBO 晶体宽透光波段、高光学均匀性,大的有效倍频系数和角度带宽,小的离散角,有很高的抗光伤阈值,有良好的化学稳定性和抗潮性,莫氏硬度 $6\sim7$,便于加工抛磨和镀膜。在参量振荡,参量放大,光波导及电光效应方面也有良好的应用前景。

2. 三硼酸锂铯(CLBO)晶体

CLBO 晶体的基本结构与三硼酸锂和三硼酸铯相同,其阴离子基因中平面(BO_3)基团和四面体(BO_4)基团的结合是其大的非线性效应来源。透光范围为 $175nm\sim2.75\mu m$,具有对紫外很宽范围良好的透过率,并具有更大的有效非线性系数,具有适中的双折射率,能够实现 Nd：YAG 激光的倍频、三倍频、四倍频乃至五倍频的位相匹配。

CLBO 晶体也可采用熔盐法法生长,能在较短的时间内生长大尺寸的优质单晶。其良好的温度稳定性,大的角度带宽和小的离散角,具有很高的抗光伤阈值,良好的化学稳定性,基本不潮解,但是从目前情况来看,该晶体的长期使用的稳定性尚待考验。

3. 磷酸二氢钾(KDP)晶体

KDP 晶体是水溶性晶体之一,是以离子键为主的多键型晶体,但是,在阴离子基团中存在着共价键和氢键,其非线件光学性质,主要起源于这一基团。

KDP 晶体在水中有较大的溶解度,通常用溶液流动法和温差流动法来生长。大尺寸 KDP 晶体采用特殊方法工艺可达到快速生长的目的。由于 KDP 晶体采用水溶液生长,莫氏硬度 2.5,硬度较低,易潮解,所以需采取保护措施。

KDP 晶体除了作为频率转换晶体外,还有优良的电光性能,其电光系数大,半波电压低,良好的压电性能等。KDP 晶体作为优良的频率转换晶体对 $1.064\mu m$ 激光实现二、三、四倍频。对染料激光实现倍频而被广泛应用。又用以制造激光 Q 开关、电光调制器和固态光阀显示器等。近年来,随着特大功率激光在受控热核反应,核爆模拟的应用发展,大尺寸 KDP 是唯一已经采用的倍频材料,其转换效率已超过 80%。

KDP 的同系晶体包括 $NH_4H_2PO_4$、CsD_2AsSO_4 和 DKDP 晶体等 10 多种,有些晶体的某些性质超过 KDP 晶体,但生长的难度及其成本可能较高。

4. 偏硼酸钡(BBO)晶体

中平常所指的 BBO 晶体为低温相偏硼酸钡(β-BaB_2O_4)。该晶体是由 Ba^{2+} 和 (B_3O_6) 环交错组成层状阶梯式结构的离子晶体,莫氏硬度 4.0,构成 BBO 晶体的基本结构单位为平面结构的 BO_3,晶体中有四种结晶方位的硼氧环,由于硼氧环键长的不同,以及钡原子与其周围氧原子不对称分布改变了硼氧环电子密度,是 BBO 晶体具有相当大倍频效应的原因。

BBO 晶体的具有大的双折射率和相当小的色散。可实现 Nd:YAG 的倍频、三倍频、四倍频及和频等,并可实现红宝石激光器、氩离子激光器、染料激光器的倍频,产生最短波长为 213nm 的紫外光。具有良好的机械性质和很高的抗光伤阈值和宽的温度接收角,并有较大的电光系数。

晶体采用高温溶液法生长或高温溶液提拉法,一般加入 Na_2O 作生长晶体溶剂,容易获得大尺寸、高光学质量的透明单晶。

BBO 晶体主要用于各种激光器的频率转换。包括制作各种倍频器和光学参量振荡器,是目前使用最为广泛的紫外倍频晶体,有许多实际应用。

5. 磷酸钛氧钾(KTP)晶体

KTP 晶体是在 20 世纪 70 年代发现的具有有优良的非线性光学性质的一种重要的非线性光学晶体。在 KTP 晶体结构中存在着以八面体的 TiO_6 和四面体的 PO_4 在三维交替联接的骨架,在 TiO_6 八面体中 Ti-O 键偏离正常键长,长短键相差很大引起八面体的严重畸变是 KTP 晶体具有大非线性光学系数的原因。

KTP 晶体可以来用熔盐法或水热法生长,采用熔盐法时一般采用磷酸钾盐自熔剂体系,而生长 KTP 同系物时也可采用钨酸盐体系作熔剂,水热法生长 KTP 时以 TiO_2 为营养料,以一水合磷酸钾熔融物来输运,两种方法均能获得光学质量均匀的大尺寸单晶。

通过掺杂等方法可实现 KTP 晶体的非临界位相匹配,KTP 晶体有较高的抗激光损伤阈值,可用于中功率激光倍频等。KTP 晶体有良好的机械性质和理化性质,其密度为 $3.0145g/m^3$,莫氏硬度 5.7,不溶于水及溶剂,不潮解;熔点约 1150℃,在熔化时有部分分解,该晶体还有很大的温度和角度宽容度。

和 KTP 同类的晶体包括钾离子为同系碱金属类离子铷、铯、氨、铊离子取代及 AsO_4 离子取代 PO_4 离子的晶体,如 $KTiO-AsO_4$(KTA)、$RbTiO-AsO_4$(RTA)、$CsTiO-AsO_4$(CTA)等。其中有一些晶体有自己独具的特点,如向红外波段的扩展等。

KTP 是中小功率倍频的最佳晶体,该晶体制的倍频器及光参量放大器等已应用于全固态可调谐激光光源。

6. 铌酸锂(LN)晶体

LN 晶体是一种多功能和广泛应用的光学功能晶体材料,属三方晶系,畸变钙铁矿型结构。LN 晶体通常采用熔体提拉法生长,它是一种典型的非化学计量比氧化物晶体。

LN 晶体是一种多功能的晶体材料,除制作倍频器、光参量振荡器放大器外,还可制作红外探测器、激光调制器、光学开关、高频宽带的滤波器、高频高温换能器、光折变器件、光存储器件、集成光学元器件等。

LN 晶体中掺入 MgO 和 Nd^{3+} 后又可成为自倍频激光晶体,已经实现了自倍频激光输出。另外,通过材料设计制备聚片多畴 LN,从而更好地利用其非线性光学性能及声光效应。

7. 铌酸钾(KN)晶体

KN 晶体属钙铁矿型结构铁电晶体,是一种多功能晶体。铌酸钾晶体为正交结构,为负光性双轴晶。它具有很高的非线性光学系数,可实现位相匹配。在室温下可达到非临界位相匹配;也可以通过调节温度在指定轴对于特定波长实现非临界位相匹配。铌酸钾晶体还具有优良的光折变性质,在现有的光折变晶体中有最高的光折变品质因子。铌酸钾高度的非线性来自于 NbO_6 八面体基团的畸变,这种畸变与晶体的压电、热释电性质等有关。

铌酸钾晶体采用熔盐提拉或泡生法生长,由于 $KNbO_3$ 从生长温度到室温经历多次相变,使得 KN 晶体生长难度很大。主要问题在于解决晶体生长及其后处理单畴化及加工等方面。

铌酸钾晶体可用于 Nd：YAG 和红宝石激光器的倍频,由于其有很大的非线性系数而成为无机晶体中唯一可能实现半导体激光器直接倍频的材料。KN 晶体还可制作压电换能器、电光调制器、电光偏转器等。

5.2.2 红外非线性光学晶体

半导体型非线性光学晶体很多能深入远红外波段,其最突出的特点是透过波段宽,在光电子技术方面有重要的应用前景。但现有的这类晶体,还存在着各种缺陷,如光吸收、光阈值低等,有的晶体生长困难。

1. 单质晶体

硒和碲是最早用于红外倍频的半导体型非线性光学晶体。硒单晶属正光性单轴晶,透光波段为 $0.7 \sim 21 \mu m$,能够实现 CO_2 激光 $10.6 \mu m$ 倍频的位相匹配,并且有光学旋光性。碲单晶在常温常压下与硒对称性相同,也是正光性单轴晶,透光波段为 $3.8 \sim 32 \mu m$,非线性光学系数比硒单晶更大,加之生长高质量的晶体存在一定困难,因此限制了该晶体的应用。

2. 二元化合物晶体

二元化合物晶体 ZnS 型的离子晶体,主要是有两种同素异构体,一种是闪锌矿结构,另一种是纤锌矿结构。

闪锌矿结构为面心立方点阵,属于这一类结构的晶体有 GaAs,GaP,ZnTe,ZnSe,InP,CdTe,GaSb,CuCl,CuBr,CuI,AlSb,BN 等晶体,在过去相当长的时期内多作为电光晶体使用。

纤维矿结构为六方晶系,属于这一类结构的晶体有 BeO,ZnO,CdS,CdSe,GaN,AlN,InN 等晶体,具有很大的非线性系数和电光系数。

砷化镓(GaAs)是继硅单晶以后的第二代最重要的半导体材料,有广泛的应用。当 GaAs 晶体作为非线性光学材料时,对单晶的完整性要求更高。目前,高质量、大尺寸 GaAs 晶体的生长技术有了很大进展,GaAs 的生长方法可分为两类,一类是水平法,包括 Bridgman 法和温度梯度凝固法,另一类是液体覆盖提拉法。在微重力状态下生长的 GaAs 晶体具有良好的掺杂分布和均匀性。GaAs 晶体可用于制作低噪声微波器件、高放叠层太阳能电池,光相位与光放大调制器,多量子阱和光导器件等。

硒化镉(CdSe)晶体是目前国际上重要的激子非线性多量子阱材料,具有很强的非线性,可在可见红外波段应用。CdSe 晶体主要采用气相化学反应法生长,为正光性单轴晶,可以对于许多不同波段激光的倍频和实现位相匹配。

3. 三元化合物晶体

这类半导体型化合物有淡红银矿(Ag_3AsS_3),硫镓银($AgGaS_2$)、硫锗锌($ZnGeS_2$)、硫镓汞($HgGa_2S_4$)、硒砷铊(Tl_3AsS_3)、碲镉汞($HgCdTe$)等晶体。

这类晶体组成复杂,生长时,蒸气压较大,组成难以控制。部分原料有较大毒件、故生长难度很大,长成晶体质量较差。

5.3 激光晶体

5.3.1 激光晶体类型

激光晶体是晶体激光器的工作介质,它是指以晶体为基质,通过分立的发光中心吸收光泵能量并将其转化成激光输出的发光材料。晶体激光器是固体激光器的重要成员,与玻璃激光器相比,它具有较低的振荡阀值,较易实现连续运转。激光晶体全是人工晶体,而且都是无机晶体,它可分为掺杂型激光晶体,自激活激光晶体,色心激光晶体和激光二极管四类。

1. 掺杂型激光晶体

绝大部分激光晶体都是掺杂型激光晶体,它是由激活离子和基质晶体两部分组成。各种激活离子提供一个合适的晶格场,使之产生所需的受激辐射。常用的激活离子大部分是稀土金属离子和过渡金属离子。过渡金属离子的 3d 电子没有外层电子屏蔽,在晶体中受周围晶格场的直接作用,因此在不同类型的晶体中,其光谱特性有很大差异。例如三价铬离子(Cr^{3+})在 Al_2O_3 晶体中,其辐射波长是694.3nm 的 R 锐线,但在一系列弱晶场的基质晶体中,特征的 E 锐线被宽带的发射带所代替,从而发展出一类新型的以红宝石为代表的激光晶体。与过镀金属离子不同,三价稀土离子的 4f 电子被 5s 和5p 外壳层电子屏蔽,从而减少了周围晶场对 4f 电子的作用,但晶场的微扰作用使本来禁戒的 4f-4f 跃迁可能实现,产生吸收较弱和宽度较窄的吸收线,而从 4f 到 6s,6p 和 5d 能级跃迁的宽吸收带处于远紫外区,因此这类激活离子对一般光泵吸收效率较低,为了提高效率必须采用敏化技术、提高掺杂浓度等,代表为掺钕钇铝石榴石晶体($Nd:Y_3Al_5O_{12}$)。

激光晶体对基质晶体的要求是其阳离子与激活离子的半径和电负性接近,价态尽可能相同,物理化学性能稳定和能较易生长出光学均匀性好的大尺寸晶体。基本符合上述要求的基质晶体主要有二大类,即氟化物和氧化物。氧化物晶体通常熔点高、硬度大、物理化学性能稳定,掺入三价激活离子对不需要电荷补偿。表 5-1 和 5-2 是常见氟化物晶体。表 5-3 为部分常用氧化物晶体。

表 5-1　常见氟化物晶体(1)

晶体	激活离子												
	Nb^{3+}	Tb^{3+}	Ho^{3+}	Er^{3+}	Tu^{3+}	Yb^{3+}	Sm^{2+}	Dy^{2+}	Tu^{2+}	U^{3+}	V^{2+}	Co^{2+}	Ni^{2+}
$LiYF_4$	+	+	+										
MgF_2											+	+	+
$KMgF_3$												+	
$KMnF_3$													+
CaF_2	+		+	+	(+)	+	+	+	+	+			
MnF_2													+
ZnF_2												+	

注:"+"表示至今已可组成的掺杂型激光晶体。

表 5-2　常见氟化物晶体(2)

晶体	激活离子								
	Pr^{3+}	Nd^{3+}	Dy^{3+}	Ho^{3+}	Er^{3+}	Tu^{2+}	Sm^{2+}	Dy^{2+}	U^{3+}
SrF_2		+				+	+	+	+
BaF_2		+							+
BaY_2F_8			+	+	+				
LaF_3	+	+			+				
CeF_3		+							
HoF_3				+					

表 5-3　部分常用氧化物晶体

晶体	激活离子										
	Pr^{3+}	Nd^{3+}	Eu^{3+}	Gd^{3+}	Ho^{3+}	Er^{3+}	Tm^{3+}	Yb^{3+}	Ni^{2+}	Cr^{3+}	Ti^{2+}
$LiNdO_3$					+		+				
Al_2O_3										+	+
YVO_4		+	+		+		+				
$Y_3Al_3O_{12}$		+		+	+	+	+	+		+	
$Ca(NdO_3)_2$	+	+									
$YAl_3(BO_3)_4$		+									
$Bi_4Ge_3O_{12}$		+									
$CaWO_4$	+	+			+	+	+				
$YCa_4O(BO_3)_3$		+		+				+			

2. 自激活激光晶体

当激活离子成为基质的一种组分时,形成自激活晶体。在通常的掺杂型晶体中,激活离子浓度增加到一定程度时,就会产生浓度猝灭效应,使荧光寿命下降。但在一类以 NdP_5O_{14} 为代表的自激活晶体中,含钕虽比通常的 Nd:YAG 晶体高 30 倍,荧光寿命无明显的下降。由于激活离子浓度高,很薄的晶体就能得到足够大的增益,这使得它们可作为高效、小型化激光器的晶体材料。表 5-4 为常见的自激活激光晶体。

表 5-4 常见的自激活激光晶体

晶体	空间群	最邻近的阳离子数	波长/μm	寿命		寿命比	最大浓度/cm^{-1}
				X=0.01	X=1.0		
$Nd_xLa_{1-x}P_5O_{14}$	$P2_1/C_1$	8	1.051	320	115	2.78	3.9×10^{21}
$LiNd_xLa_{1-x}P_4O_{12}$	C2/C	8	1.048	325	135	2.41	4.4×10^{21}
$KNd_xGd_{1-x}P_4O_{12}$	$P2_1$	8	1.052	275	100	2.75	4.1×10^{21}
$Nd_xGd_{1-x}Al_3(BO_3)_4$	R32	8	1.064	50	19	2.63	5.4×10^{21}
$Nd_xLa_{1-x}Na_5(WO_4)_4$	$14_1/a$	8	—	220	85	2.59	2.6×10^{21}
$Nd_xLa_{1-x}P_3O_9$	$C222_1$	8	—	375	1230	75	5.8×10^{21}
$C_3Nd_xY_{1-x}NaC_{16}$	Fm3m	8	—	4100	—	3.33	3.2×10^{21}

3. 色心激光晶体

色心晶体是由束缚在基质晶体格点缺位周围的电子或其他元素离子与晶格相斥作用形成发光中心,由于束缚在缺位中的电子与周围晶格间存在强的耦合电子能级显著加宽,使吸收和荧光光谱呈连续的特征。因此,色心激光可实现可调谐激光输出。色心晶体主要由碱金属卤化物的离子缺位捕获电子,形成色心。表 5-5 为碱金属卤比物色心晶体及其特性。

表 5-5 碱金属卤化物色心晶体及其特性

晶体	色心类型	泵浦波长/nm	输出功率/mW	效率(%)	调谐范围/μm
LiF	F^{2+}	647	1800	60	800～1010
KF	F^{2+}	1064	2700	60	1260～1480
NaCl	F^{2+}	1064	150	—	1360～1580
KCl:Na	$F^{2+}(A)$	1340	12	18	1620～1910
KCl:Li	$F^{2+}(A)$	1340	25	7	2000～2500
KCl:Li	FA(I)	530,647,514	240	9.1	2500～2900
KI:Li	$F^{2+}(A)$	1730	—	3	2590～3165

4. 半导体激光器

在光子作用下，且光子能量 $h_v > E_g$（禁带宽度），则价带电子跃迁到导带，分别在导带与价带中产生电子与空穴，称为受激光吸收。这种光生载流子就能在外电路形成光电流，各种半导体光探测器就是基于这一原理。通过电注入使半导体导带中积累一定浓度的电子，它们将自发地与价带空穴复合，以光子的形式释放出等于或大于禁带宽度的能量，即为自发发射过程。若以上过程不是自发的，而是在光子的作用下进行的，这就是受激辐射复合。所辐射的光子与激励这一复合过程的光子有完全相同频率、偏振和相位等特性。激励这一过程的光子可以是外来光子或内部产生但受到反馈的光子。

半导体激光器是指以半导体晶体为工作物质的一类激光器，主要有Ⅲ-Ⅴ族半导体，如 GaAs，GaN，GaAlAs 等，Ⅱ-Ⅵ族，如 CdS、ZnSe 等。近年来，半导体激光器发展迅速，波长几乎可以覆盖可见光区域和近紫外区域，图 5-1 是几种常用的半导体激光器波段范围。半导体激光器一般采用电激励方式激励。

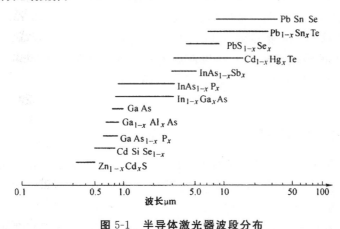

图 5-1　半导体激光器波段分布

5.3.2　常用的激光晶体及应用

1. 高平均功率密度激光晶体

高平均功率密度固体激光器在材料加工、军事、医学和科研上有迫切的需求，早期其效率和输出平均功率比 CO_2 激光器低一至两个数量级。目前用于工业加工的激光器主要是 CO_2 激光器和 Nd：YAG 激光器，由于 Nd：YAG 激光器能通过光纤导向很多工作台进行元件或多样化加工，所以，非常适合工业精密加工的需要。由于采用高功率的半导体激光器作为泵浦源，在结构上采用多棒串接组合系统以及发展了板条激光器和筒形激光器等新结构系统，使得 Nd：YAG 激光器输出达到千瓦级高平均功率密度。

优质大尺寸 Nd：YAG 生长技术也不断进步，已能生产 $\varphi(75 \sim 100) \times 250mm$ 的大晶体。在石榴石基质基础上也已经发展了优质大尺寸的钇镓石榴石

Nd：$Gd_3Ga_5O_{12}$（Nd：GGG），比 YAG 更容易生长并且比较适于激光二极管泵浦。

2. 可调谐激光晶体

可调谐激光晶体借助过渡金属离子 d-d 跃迁易受晶格场影响的特点而使其激光波长在一定范围内可以调谐。20 世纪 80 年代掺 Cr^{3+} 或钛的金绿宝石（Cr^{3+}：$BeAl_2O_4$）和钛宝石（Ti^{3+}：Al_2O_3）的受激发射在室温下可以调谐。Ti^{3+}：Al_2O_3 可调谐范围宽（660～1100nm），可覆盖九种染料激光器的光谱范围，通过倍频还可扩展至可见及紫外波段，不存在染料退化问题，光伤阈值高，迅速转化为激光器产品，预期在空间遥感、医疗、光存储及光谱学等方面有广阔的应用前景。

Cr^{3+}：$LiCaAlF_6$ 和 Cr^{3+}：$LiSrAlF_6$ 调谐范围为 $0.78～1.01\mu m$，两种晶体力学性能均很好，Cr^{3+}：$LiSrAlF_6$ 的激光性能较好，也能用作激光二极管（670nm）泵浦的大功率激光器工作物质。Cr^{3+}：$MgSiO_4$ 是荧光宽度最宽（680～1400nm）的可调谐晶体。

3. 新波长激光晶体

随着激光应用日趋广泛、深入，对激光波长的要求也越来越广，尽管已从多种稀土掺杂的晶体中获得了不同波长的激光，但进入实用的波长还只有 Nd^{3+} 离子的 1060nm 左右的几条谱线。因此新波段的激光晶体，比较重要的是波长在 $2～3\mu m$ 的中红外晶体，如 $Er_{1.5}Y_{1.5}Al_2O_3$（$2.94\mu m$），此波长对水的吸收系数为 1，所以此激光器在医学上有广泛应用。EYAG 已在外科、牙科、神经外科和眼科医学临床中实际应用。另外，Ho：Tm：Cr：YAG（$2.08\mu m$），Tin：YAG（$2.13\mu m$）等 $2\mu m$ 医用激光器已商品化。

4. 半导体激光器和小型固体激光器用激光晶体

半导体超晶格、量子阱材料在光电子技术中的一个重要应用就是制作半导体量子阱激光器（QWLD）。QWLD 的效率为 60%，效率高，同时还具有体积小、可靠和价廉等优点而获得广泛应用。QWLD 已覆盖 630～2000nm 波段。

GaAlAs/GaAs 材料体系的 QWLD 研制已达到很高水平，阈值电流密度低至 $65mA/cm^2$，最低闭值电流为亚毫安量级，阵列连续输出可达百瓦量级。QWLD 的发散度大，光谱较宽，它的一个重要应用是泵浦激光晶体，用于转换成相干性较好的辐射。与灯泵晶体激光器相比，这种泵浦形式不仅光谱匹配好，转换效率高，而且泵浦波长接近激光上能级，把泵浦过程中工作物质的热效应降到了最低，从而改善了激光器的质量。最成熟的应用是用波长为 808nmQWLD 泵浦钕（Nd^{3+}）激光晶体。还有用波长为 670nm 的 QWLD 泵浦铬（Cr^{3+}）可调谐激光晶体等。

超小型蓝绿光激光器在信息处理、激光打印、光盘等方面有重要应用，Ⅲ-Ⅴ族（GaN）和 Ⅱ-Ⅵ族（ZnMgSeS/ZnSeS/ZnCdSe）半导体量子阱激光器（400～600nm）实现了室温连续输出，寿命在不断提高。获得蓝绿光的另一方式是采用非线性频率转换法，它包括用体块非线性晶体或非线性波导对 QWLD 直接倍频，上转换技术，用 QWLD 泵浦的倍频激光器。如 Nd：YAG、掺钕钒酸钇（Nd：YVO_4）、掺钕氟磷酸锶（Nd：$Sr_5(PO_4)F$）、掺钕氟钒酸锶（Nd：$Sr_5(VO_4)_3F$）、硼酸铝钇钕（$Nd_xY_{1-x}Al(BO_3)_4$、NYAB）。除 NYAB 外，其他掺钕激光晶体都需配以非线性光学晶体行倍频，组成小型蓝绿光激光器。

5.4　电光和光折变晶体

5.4.1　电光晶体

1. 电光效应

晶体的介电系数 ε_{ij} 是一个二价介电常数张量,它的逆张量 β_{ij} 为介电不渗透张量。晶体的非线性介电常数定义为

$$\varepsilon = \varepsilon_0 + 2\alpha E + 3\beta E^2 + \cdots\cdots$$

在通常电场强度所能达到的数值内,第二项和其他高次项对介电常数的贡献很小,与介电常数非线性项相关的一些效应微弱得难以察觉。然而,由于折射率微小变化可以用光学方法高度精确地测量出来,如利用双折射效应和光学干涉等方法都可以测量出折射率在 1×10^{-6} 数量级上的差别,相当介电常数在 2×10^{-6} 数量级上的差别。所以由较强电场引起的对于线性介电常数的修正量,这一效应又在实际中得到了许多重要的应用。

对于非磁性材料来说有 $\varepsilon(\omega)/\varepsilon_0 = n^2(\omega)$,即相对光频介电常数等于折光率的平方。所以低频电场对于光频介电常数的贡献,相当于低频电场导致折射率的微小变化,即

$$n - n_0 = aE + bE + \cdots\cdots$$

等式右边的第一项为线性电光效应,第二项为二次电光效应。

用 β_{ij} 介电不渗透张量描述电光效应定义是,晶体施加电场后,介电不渗透张量的改变量

$$\Delta\beta_{ij} = \beta_{ij} - \beta_{ij}^0 = \gamma_{ijk}E_k + h_{ijkl}E_kE_l + \cdots\cdots$$

式中,γ_{ijk} 是线性电光系数,h_{ijkl} 是电光系数;β_{ij} 是一个二价张量。线性电光系数 $\gamma_{ijk} = \gamma_{jik}$。

线性电光效应只可能在非中心对称的晶类中存在,不同的晶类的线性电光系数数目不同。所有具有压电效应的晶体都具有线性电光效应。二次电光效应可以泛指各向同性的固体、液体和气体在强电场下变为光学各向异性体,由电场引起的双折射与电场的平方成正比的现象。原则上,物质都存在二次电光效应,但在压电类晶体中,由于同时存在线性电光效应,其强度比二次电光效应强得多,除个别情况外不再注意其二次电光效应,在实用中,常利用立方晶系或均质体的一次电光效应。有些液体,如硝基苯,具有很大的二次电光系数,常用作制作二次电光器件,称克尔盒。

2. 电光晶体材料

(1)电光晶体性能要求

为提高灵敏度,需大的有效电光系数和高的折射率。高的光学均匀性,光学均匀性优于 $10^{-5}/cm^{-1}$。器件关断时剩余透过率与断开时最高透过率之比值即材料的消光比要达到 $80dB$ 以上。宽的透明波段能展伸材料所应用的波长,为避免双光子吸收,要求晶体具有低的短波吸收限。杂质和散射颗粒的光吸收是造成器件温升退化的主要原因,故需严格控制。由于电光效应产生的折射率改变一般很小,折射率的温度变化,特别是双折射率的温度变化会造成器件性能的

极大变化,所以要有高的温度稳定性。电光器件尺寸往往达厘米量级,获得高光学质量的大尺寸单晶也是一个重要的要求。

(2)实用的电光晶体

大部分非线性光学晶体都具有良好的电光性质,但按对电光晶体的要求,能够满足实际应用的晶体为数不多,一些主要的电光晶体有 KDP(KH_2PO_4)、DKDP(KD_2PO_4)、ADP($NH_4H_2PO_4$)、KDA(KH_2AsO_4)、ADA($NH_4H_2AsO_4$)、$BaTiO_3$、$SrTiO_3$、$LiNbO_3$、GaAs、InP、ZnS、ZnSe 等等。

3. 电光晶体的应用

电光晶体可以在激光技术中获得广泛应用,包括电光调制器、电光开关、电光偏转器等。最常用的电光晶体材料是磷酸二氘钾(DKDP)。

(1)电光开关

基本思想是利用脉冲电信号来控制光信号,因此在通信和激光技术中十分重要。电光开关是一对正交偏光器及置于其中纵向通光的 DKDP 晶体组成,在 DKDP 晶体的通光面镀电极并施加电场,可以施加脉冲电压束调制光强。入射光强 I_0 与出射光强 I 之比,相对透过率 T 为

$$T=\frac{I}{I_0}\sin^2\frac{2\pi V}{2V_\pi}$$

图 5-2 中,当无外加电场时,$T=0$,视场黑暗;当所施加电压等于半波电压 V_π 时,透过率最大,视场明亮,透过率 T 为零或最大,相当于电光开关的关闭和打开。在理想情况下其开关频率可达 10^{10} Hz,将这一电光开关置于激光器腔内,即组成调 Q 激光器,这一电光开关即称为 Q 开关。通过对 Q 开关的调节可以控制脉冲的长短及能量,是激光器中一个极其重要的元件。

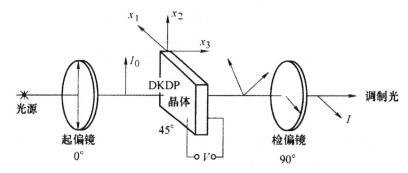

图 5-2 电光开关原理

(2)电光调制器

当在电光晶体上施加交变调制信号电压时,由于电光效应,晶体的折射率随调制电压即信号而交替变化,此时,若有光波通过晶体,则原来不带信号的光波则含有了调制信号的信息。若是强度受到调制,称为电光强度调制器,若是位相受到调制,则称为电光位相调制器。

(3)电光偏转器

电光偏转器是利用晶体的电光效应使激光束实现偏转的器件。根据施加电压形式不同而造成偏转方式的不同,将电光偏转器分为数字偏转器和连续偏转器,数字偏转器使激光束在特定的间隔位置上离散,连续偏转器使光束传播方向产生连续偏转而使光束光点在空间按预定要求连续移动。

5.4.2　光折变晶体

1.光折变效应

(1)基本概念

上世纪六十年代中期,美国贝尔实验室在用铌酸锂晶体进行高功率激光的倍频转换实验时,观察到晶体在强激光照射下出现可逆的"光损伤"现象。由于这种效应伴随着折射率的改变,此种"光损伤"是可擦除的,将这一效应称作光折变效应。其含义是指材料在光辐射下,通过光电导效应形成空间电荷场,由于电光效应引起折射率随光强空间分布而发生变化的效应。在光折变效应中折射率的变化和通常在强光场作用下所引起的非线性折射率的变化机制是完全不同的。光折变效应是发生在电光材料中的一种复杂的光电过程,是由于光致分离的空间电荷产生相应空间电荷场,由于晶体的电光效应而造成折射率在空间的调制变化,形成一种动态光栅。由电光效应形成的动态光栅对于写入光束的自衍射,引起光波的振幅、位相、偏振甚至频率的变化,从而为相干光的处理提供了全方位的可能性。

(2)光折变效应的特点

第一个特点是光折变效应和光强无关。入射光的强度,只影响光折变过程进行速度。因为光折变效应是起因于光强的空间调制,而不是绝对光强作用于价键电子云发生形变造成的。这种低功率光致折射率变化为人们提供了在低功率激光条件下观察非线性光学现象的可能性,并为采用低功率激光制作各种实用非线性光学器件奠定了坚实的基础。

第二个特点是其非局域响应,通过光折变效应建立折射率位相光栅是需要时间的,它的建立不仅在时间响应上显示出惯性,而且在空间分布上也是非局域响应的。在光折变晶体中形成的动态光栅相对于作用光的干涉条纹有一定的空间相移,当这一相移达到 $\pi/2$ 时,将发生最大的光能不可逆转移。此时的光栅又称相移型光栅,利用这一光栅,允许将泵浦光能向信号光或相位共扼波转移,开辟了利用非线性作用放大信号光的一条新途径。理论和实践证明,利用光折变效应进行光耦合,其增益系数可以达到 $10\sim100\mathrm{cm}^{-1}$ 量级。此外,如果在这种光放大器上加上适当正反馈,还可以在光折变晶体中形成光学振荡,这是一种基于经典光学的干涉、衍射和电光效应实现的一种新型的相干光放大形式。

(3)光折变效应的形成过程

光折变效应由三个基本过程形成:①光折变材料吸收光子而产生分布不均匀的自由载流子(空间电荷);②空间电荷在介质中的漂移、扩散和重新俘获形成了空间电荷的重新分布并产生空间电荷场;③调制的空间电荷场再通过线性电光效应引起折射率的调制变化,即形成折射率的光栅。作为一种光折变材料,必须具有光电导性能,即能够吸收入射光子并因此产生可以迁移的光生载流子,材料本身具有非零的电光系数。

2.光折变晶体

(1)铁电体氧化物光折变晶体

包括 $BaTiO_3$、SBN、$LiTaO_3$、KNSBN、$LiNbO_3$、$KNbO_3$、KTN 等类晶体。

①钙钛矿铁电氧化物晶体。

通式为 ABO_3，A 为一价或二价金属，而 B 为四价或者五价金属。图 5-3 是其立方晶胞的结构。

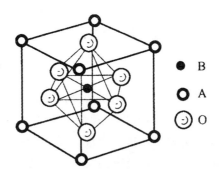

图 5-3　立方 ABO_3 结构

钛酸钡（$BaTiO_3$）晶体是一种优良的光折变晶体，在自泵浦位相共轭以及光折变振荡等方面有重要应用。钛酸钡晶体的主要缺点是光折变响应速度比较慢。在功率密度为 $1W/cm^3$ 时，其响应时间为 $0.1\sim1s$。但许多实际应用中要求光折变响应时间至少小于 1ms。

铌酸钾（$KNbO_3$）晶体纯的光折变效应比较弱，在紫外倍频方面有重要应用。掺铁可以提高光折变效应。铌酸钾晶体经过电化学还原处理可以将大量的三价铁离子中心转变为二价铁离子，虽然作为施主中心，折射率光栅的建立速度却非常快。铌酸钾晶体的主要载流子可以是电子，也可以是空穴，主要依赖于晶体的还原处理过程。

钽铌酸钾（KTN）晶体是 $KNbO_3$ 和 $KTaO_3$ 的固溶体，具有钙钛矿的结构。室温下立方相的钽铌酸钾晶体最受重视，其居里点在 10℃左右，接近室温的 $KTa_{0.63}NbO_{0.37}O_3$。它有很大的二次电光效应，很小的半波电压，还实现了基于二次电光效应的光折变效应。室温为四方相的钽铌酸钾晶体的能量耦合自泵浦位相共轭的实验，证明钽铌酸钾晶体是一种性能优异并且具有很大应用潜力的光折变晶体。但钽铌酸钾晶体的固溶体特性使得晶体的均匀生长非常困难，使得获得光学质量高的 KTN 晶体相当困难。

②钨青铜型光折变晶体。

其晶体结构内部有许多空位，可以引进其他的离子作为光折变材料的激发与复合中心。钨青铜型变晶相界化合物具有简单的畴结构，具有大的电光效应，且能够通过晶体的组分来控制电光效应的强度。因为晶体相变比较简单，去孪、极化容易。可以制备变晶相界化合物，具有非常大的极化率和电光系数；晶体内部的空位允许引入其他的光折变杂质中心来增强材料的光折变效应。具有钨青铜结构的锈酸盐单晶自发极化强，双折射明显，电光系数大，其居里点和电光系数均受组分影响，可形成变晶相界化合物。属于这一类的光折变晶体包括 BNN、KNSBN、SBN 等。

铌酸钡钠（$Ba_2NaNb_5O_{15}$，BNN）晶体有较为优异的光学和电光性能。由于存在着铁电相变，所以晶体在使用时必须进行去孪去畴处理，但是实验获得的光折变灵敏度却非常低。

铌酸锶钡（$Sr_{1-x}Ba_xNb_2O_6$，SBN）晶体当 $0.75\geqslant x\geqslant0.25$ 时为钨青铜型结构，SBN 晶体中对 $x=0.6$ 的晶体研究最多。铌酸锶钡晶体易于生长，目前可制备直径 3cm，长度为 7cm 的光学质量优异的晶体，过适当的掺杂，铌酸锶钡晶体可获得高灵敏的全息存储。非零的电光系数最大，光束耦合时光栅矢量沿光轴方向即可获得强的作用。

钾钠铌酸锶钡（KNSBN）晶体与铌酸锶钡（SBN）晶体相比，晶体的居里温度有明显的提高，

$(K_{0.5}Na_{0.5})(Sr_{0.75}Ba_{0.25})Nb_2O_6$ 晶体的居里点为 175℃，SBN 晶体中 $x=0.75$ 时的居里点只有 39℃。因此，钾钠铌酸锶钡晶体在室温下的性能稳定，不易退极化。另外钾钠铌酸锶钡晶体的介电常数明显降低，电光系数增加到接近 $BaTiO_3$ 晶体的相应值，这种变化有利于材料的光折变灵敏度提高。多种过渡金属元素的掺杂可以有效地提高钾钠铌酸锶钡晶体的光折变效应，尤其是非充满型结构的晶体。

(2)非铁电氧化物光折变晶体

主要包括硅酸铋（$Bi_{12}SiO_{20}$，BSO）、锗酸铋（$Bi_{12}GeO_{20}$，BGO）及钛酸铋（$Bi_{12}TiO_{20}$，BTO）等，这些晶体具有顺电电光和光导特性。采用熔体法生长可以获得大尺寸、高质量的单晶。晶体属立方结构，无外加电场时晶体为各向同性，但在电场作用下表现出双折射，不为零的电光系数。非铁电氧化物光折变材料均具有较强的旋光系数，光束在这类晶体中的耦合作用必须考虑光束在其中的偏振态的变化，也可以利用这种晶体对光束偏振性的影响，实现全息存储中的高信噪比。

BTO 晶体与 BSO、RGO 晶体具有相同的结构，但它有更优越的光折变性能。BTO 晶体具有大的电光系数。三种晶体的电光系数虽然较铁电体光折变晶体的小，光折变效应也弱得多，但由于它们属光导型材料，具有很快的响应速度等特点，采用外加直流或交流电场增强它们的光折变效应的强度，在各类应用中获得了成功。

(3)半导体光折变晶体

铬掺杂的 GaAs、铁掺杂的 InP 及 CdTe 等，具有大的电荷迁移率、高的光电导、光折变响应速度很快、响应的波段在 $0.95\sim1.35\mu m$，电光系数很小，必须利用外加电场来增强其空间电荷场以获得较强的光折变效应。半导体材料的迁移率、光电子寿命以及迁移特征长度都依赖于外电场。如在 GaAs 中外加交变电场时可能会导致电荷迁移率与寿命之积的大幅度减小，而在 CdTe 中外加电场强度超过 13kV/cm 时也会导致电荷迁移率的下降，电荷寿命会增加。半导体材料中杂质离子及其不同价态对光折变效应有重要作用。

(4)量子阱光折变材料

量子阱材料中的电场共振增强作用可以形成非常大的平方电光效应，从而有效地导致材料折射率的改变。利用分子束外延获得的多量子阱材料的结构。

量子阱光折变材料具有大的电荷迁移率和很快的光折变响应速度，其光电导、迁移率等与电场强度有关，同时也是入射光强的函数。这类材料的平方电光效应大，从而克服了半导体材料线性电光系数小的缺点。这类材料在电场作用下可以获得非常大的光束耦合系数，其折射率光栅与光场的相位差随外加电场变化，当外电场很大时这一相位差为 90°。量子阱光折变材料可以在极弱的光强下工作，材料本身大的电阻以及对入射光束的极强的吸收，加之大的电光效应，使得材料具有很小的饱和光强和极高的光折变灵敏度，目前尚属探索阶段。

3.光折变效应的应用

(1)光学位相共轭器件

获得一束波的位相共轭波实际上是将原波束倒转，倒转波束二点之间的位相差均与波束相同二点的位相差的绝对值相同，符号相反。在位相共驱镜中会将发散的球面波变成会聚球面波严格地沿原路返回，反射的光波具有与入射光波相反的方向，也具有完全相同的波阵面。因为位相共轭光可严格再现原入射光波的波阵面，所以即使在其光路中引入任何畸变介质、光束来回二次通过后也能完全消除其影响。这使光学位相共轭有助于克服或抑制光学系统受到的动态和静态畸变。

(2)光折变自泵浦位相共轭器

自泵浦位相共轭器件结构紧凑,不需外加泵浦光,并几乎不受外界影响。泵浦位相共轭器的信号也可以通过电压信号来调制,在远距离传感和光通信中,在通过大气或介质都会引入扰动噪声,位相共轭器光二次通过介质即可消除畸变,可将瞬态的带有信息的嵌入信号从一地传到另一地。晶体自泵浦位相共轭器制备高分辨率的光刻技术方案可以完全消除光学元件表面的散斑,满足光刻的要求。

(3)光折变二波耦合

光束在光折变晶体中的耦合作用可产生强的增益从而导致大的能量转移。常用于弱信号放大或者光学图像放大,激光光束净化、激光光束的导向、偏转、自激光学谐振,光学逻辑运算等。

(4)光折变四波混频的应用

光折变晶体中的四波混频可以等效为实行全息存储,利用这种技术能方便地实现入射光波的位相共轭波。除自泵浦位相共轭外还有其他方法,如外泵浦、互泵浦等。外泵浦位相共轭也可用于通过畸变介质的信息传输、实时干涉计量,图像的卷积与相关,无散斑成像,二维图像的加减,光互联等方面。

(5)光存储

光存储是光折变晶体材料最可能获得实际应用的一个领域。采用光折变材料实现全息存储具有许多特点。它的信息读出的效率很高,可以接近100%,信息的记录和擦除方便,而且能反复使用无损读出;其信息存储密度很大,采用"分层"存储的形式,在几毫米厚的晶体中可以存储成千上万幅全息图像;其分辨率一般高于银盐制成的乳胶底片。

5.5 其他交互效应功能晶体

5.5.1 声光晶体

1.声光效应

声光效应是超声波使介质的光学性质,如折射率起周期性变化,形成折射率光栅,使通过折射率光栅的光的传播方向发生变化的一种物理效应。超声波是机械波,在晶体中传播时形成周期性的折射率超声光栅,光栅常数即为超声波的波长,光通过形成超声光栅的介质时将会产生折射和衍射,产生声光交互作用。通常声光效应是利用光衍射现象。声光交互作用可以控制光束的方向、强度和位相,利用声光效应能制成偏转器、调制器和滤波器等器件。

光波被超声波光栅衍射时,有两种情况,一种是当超声波长较短、声束宽,光线与超声波面成角度入射时,与 X 射线在晶体中的衍射相同,产生 Bragg 反射;另一种是低频超声、声束窄,光线平行声波面入射时可产生多级衍射,称为 Raman-Nath 衍射。

2. 几种声光晶体

大多数声光器件为可见光波段的器件,主要是氧化物晶体,其中最重要的是二氧化碲和钼酸铅等晶体。

(1)二氧化碲(TeO_2)晶体

二氧化碲晶体又称对位黄碲矿,为 $\alpha\text{-}TeO_2$,属于四方晶系,晶胞参数 $a=0.479nm$,$b=0.763nm$;密度 $6.0g/cm^3$,熔点为 $733℃$,为金红石结构。二氧化碲是优良的声光晶体,用于制作声光偏转器。TeO_2 晶体可以用提拉法或坩埚下降法生长,可得到大尺寸优质单晶体。

(2)钼酸铅($PbMoO_4$,PM)晶体

PM 属于四方晶系,晶胞参数为 $a=0.543nm$,$c=1.210nm$;密度 $6.95g/m^3$,熔点 $1065℃$,莫氏硬度 3。PM 是一种高质的声光晶体,通光波段宽,常用于制作声光调制器和声光偏转器。可以采用提拉、水热法或凝胶法生长。多采用提拉法生长,得到无色透明或浅黄色晶体。

(3)硅酸铋($Bi_{12}SiO_{20}$,BSO)晶体

BSO 属于立方晶系,晶胞参数 $a=1.010nm$;密度 $9.21g/m^3$,熔点 $900℃$,莫氏硬度 4.5。具有压电、电光、光折变、声光性质和光电导效应。可制作普克尔调制器,平面滤波器,相干光—非相干光转换器等。一般采用提拉法以 Bi_3O_2 和 SiO_2 为原料生长,可获得大尺寸黄色透明的优质单晶体。

(4)锗酸铋($Bi_{12}GeO_{20}$,BGO)晶体

其晶胞参数为 $a=1.0146nm$,熔点 $930℃$,密度 $9.23g/cm^3$,莫氏硬度 4.5,也是优良的声光和电光材料。在 $GeO_2\text{-}Bi_2O_3$ 二者比例不同的同素异构体为 $Bi_4Ge_3O_{12}$ 是优良的闪烁晶体。

3. 声光晶体的应用

声光晶体的应用主要是借助于声光衍射,其基本功能包括强度调制、偏转方向控制、光频移动、光频滤波四类。据此,可制作相应声光器件,声光器件一般均由三部分组成:把高频电信号转变成超声波的换能器,引入声波并与光产生干涉的声光介质及吸收声波的吸声材料,其基本原理如图 5-4 所示。

(1)声光偏转器

声光衍射时,声波频率改变会使衍射光束方向改变。因此采用调频声波就可做成随机偏转器,和连续扫描偏转器,用于光信号的显示和记录。将声光调制器和声光偏转器结合,在激光印刷系统、记录、传真方面已有广泛应用。

(2)声光调制器

衍射效率与超声功率有关,采用强度调制的超声波可对衍射光强度调制,如曾采用碲化物玻璃成功地传送中心频率为 4MHz,带宽 17MHz 的彩色电视信号。声光调制器消光比大,体积小,驱动功率小,并在激光领域用作光开关、锁模等。

(3)声光信息处理器

利用声光栅作实时位相光栅或利用声光调制功能实现乘法和"与"的操作,可制成乘法器用于高速并行计算,还可用于脉冲压缩、光学相关器和射频频谱分析等方面。

已有多种高技术系统如与声光频谱分析相关的声光雷达预警系统和宇宙射电分光仪,微波扫描接收仪、射线探测仪;用于军用雷达提高分辨率、灵敏度及保密性。

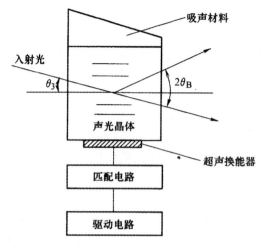

图 5-4　声光器件原理

5.5.2　磁光晶体

1. 磁光效应

材料在外加磁场作用下呈现光学各向异性,使通过材料光波的偏振态发生改变,称为磁光效应。磁光效应的本质是在外加磁场和光波电场共同作用下产生的非线性极化过程。磁光材料具有旋光性,磁致旋光现象具有不可逆性质,这是其与自然旋光现象的根本区别。

磁场作用下晶体材料呈现多种光学各向异性,如克尔效应、法拉第效应、磁双折射效应和塞曼效应等。由反射引起偏振面旋转的效应叫克尔效应。当线偏振光在铁磁材料表面反射时,反射光将变为椭圆偏振光,偏振面旋转一个角度,根据磁化强度矢量与入射面的相对关系,可分为极向效应、横向效应和纵向效应三种。

法拉第效应是由透射引起的偏振面旋转,即线偏振光沿磁场方向通过介质时,其偏振面旋转一个角度,如图 5-5 所示。其旋转角 φ 与磁场强度 B 和磁光相互作用长度 L 成正比,$\varphi = VBL$,V 为费尔德常数,一般随波长增大而迅速减小。

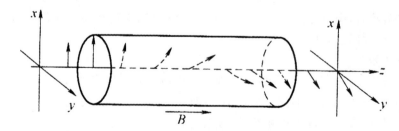

图 5-5　法拉第效应

当光波垂直于磁化强度方向通过磁光晶体时,将产生类似于普通晶体的双折射,入射的线偏振光变为椭圆偏振光,这一现象称为磁致双折射(MLB)。这一现象可用垂直与平行于磁化强度矢量 M 两个方向偏振光折射率差来表示。

所有的晶体材料都具有磁光效应,而且多种磁光效应同时存在,但晶体效应的复杂情况和大小情况不一,有些不具有实际价值。

2. 磁光晶体

磁光晶体的要求在常温下有大而纯的法拉第效应,对使用波长的低吸收系数,大的磁化强度和高的磁导率。低对称晶体有复杂的磁性,不易获得纯的法拉第效应。目前磁光晶体都属高于正交晶系对称性的晶体,而实用磁光晶体主要为立方晶体和光学单轴晶体。

具有高的磁化强度的铁磁和亚铁磁晶体有强的法拉第效应。它们适于制作光隔离器,光非互易器件以及磁光存储器。具有逆磁和顺磁特性的晶体,其磁化强度较低,必须用外磁场来感生法拉第旋转。这些材料只适于制作磁光调制器。

磁光晶体的品质因子为法拉第旋转与吸收系数之比值,它随波长和温度而变化,是评价磁光晶体性能的最主要参数。

(1)磁性元素的铁氧体

一些含有磁性元素的铁氧体具有较高的法拉第效应,较好的透明波段,是目前最实用的磁光晶体材料。其中以稀土石榴石型、钙钛矿型和磁铅矿型铁氧体晶体性能较好。如钇铁石榴石(YIG)晶体,在近红外波段,其法拉第旋转可达 $200°/cm$ 左右,是该波段最好的磁光晶体。

(2)稀土铁石榴石

稀土铁石榴石又称为磁性石榴石,其分子式一般可写作 $RE_3Fe_5O_2$,当稀土 RE 为钐、铕、钆、铽、镝、钬、铒、铥、镱、镥时可以单稀土组分的 RIG 存在;当 RE 为镧、镨、钕时,则以 $RE_xY_{3-x}Fe_5O_2$ 型混晶存在。稀土铁石榴石每个单位晶胞内有 8 个分子计 160 个原子。在这类晶体中最重要的是 YIG 以及由此发展起来的一系列材料,磁化状态的 YIG 在超高频场中的磁损耗比其他品种铁氧体要低几个数量级。

(3)钇镓石榴石($Gd_3Ga_5O_{12}$,GGG)

钇镓石榴石也是一种重要的磁光晶体,并有激光、超低温磁制冷性质,可作人造宝石。

YIG 和其他铁族化合物在可见光波段有强烈吸收,无法用于可见光波段。二价铕有大的自旋—轨道互作用。其氟化物,如氟化铕(EuF_2)晶体在可见波段透明,是较好的可见波段磁光晶体。在 CO_2 激光波段,InSb、$CdCr_2Si_4$、KRS-5 也是磁光法拉第旋转的候选材料。

磁光单晶膜是随着光通信和光信息处理需要而发展起来的新材料,它被用作小型坚固的光隔离器、非互易元件、磁光存储器和显示器。在 $Gd_3Ga_5O_{12}$ 衬底上外延生长的钇铁石榴石是最实用的磁光单晶膜。它在 633nm 波长法拉第旋转角为 $835°/cm$,制成的光隔离器光路长约半毫米。

3. 磁光晶体的应用

在实际应用中,目前应用最多的是利用磁光晶体的法拉第旋转,将其用于激光系统作快速光开关、调制器、循环器及隔离器;在激光陀螺中用作非对易元件;同时,可以利用磁光材料作为磁光存储介质制作高密度存储器,目前应用最实际、最广泛的是制作光隔离器。也可用于光通信等。

第6章 功能高分子材料

6.1 常见化学功能高分子

化学功能高分子材料是具有化学反应功能材料，它是以高分子链为骨架并连接有具有化学活性的基团构成的。如离子交换树脂、高分子催化剂、高吸水性树脂、高分子絮凝剂等。

6.1.1 离子交换树脂

离子交换树脂能显示离子交换功能，在其大分子骨架的主链上带有许多基团，这些基团由两种带有相反电荷的离子组成：一种是以化学键结合在主链上的固定离子；另一种是以离子键与固定离子相结合的反离子，反离子可以被离解成为能自由移动的离子，并在一定条件下可与周围的其他同类型离子进行交换。离子交换反应一般是可逆的，在一定条件下被交换上的离子可以解吸，使离子交换树脂再生，因而可反复利用。

1. 离子交换树脂的分类

离子交换树脂可以按可交换基团和骨架结构来分类。

①根据可交换基团性质不同分类。离子交换树脂可分为阳离子交换树脂和阴离子交换树脂。阳离子交换树脂可进一步分为强酸型（如—SO_3H）和弱酸型（—$COOH$，—PO_3H_2，—AsO_3H_2等），阴离子交换树脂也可以进一步分为强碱型（如季铵盐类）和弱碱型（伯胺、仲胺和叔胺等）。若树脂上既有阳离子交换基团，又有阴离子交换基团，则称为两性离子交换树脂。

②根据树脂骨架物理结构不同分类。可分为凝胶型、大孔型和载体型三大类，凝胶型离子交换树脂具有均相结构，干态和湿态均呈透明状，溶胀时有 $2\sim4$nm 微孔。在溶胀状态下使用，能使小分子通过。依据交联度不同，又可分为低交联度（交联度小于8）、标准交联度（交联度等于8）和高交联度（交联度大于8）树脂。

大孔型树脂内存在粗大孔结构，呈非均相状态，外观不透明，孔径从几纳米到几百纳米甚至微米不等。因为树脂本身具有多孔型结构，可以在非溶胀状态下使用。大孔型树脂又可分为一般大孔树脂和高大孔树脂，一般大孔树脂的交联度通常为8，而高大孔树脂的交联度远远大于8。

载体型离子交换树脂是将离子交换树脂包覆在载体如硅胶或玻璃珠上制备的。其优点是能经受流动介质的高压，通常用作为液相色谱的固定相。

2. 离子交换树脂的功能

(1)离子交换

这是离子交换树脂的最基本功能,溶液内离子扩散至树脂表面,再由表面扩散到树脂内功能基所带的可交换离子附近,进行离子交换,之后被交换的离子从树脂内部扩散到表面,再扩散到溶液中。

(2)催化作用

离子交换树脂相当于多元酸和多元碱,也可对许多化学反应起催化作用,如阳离子交换树脂可应用于催化配化反应、缩醛化反应、烷基化反应、酯的水解、醇解、酸解等,阴离子交换树脂则对醇醛缩合等反应有催化作用。与低分子酸碱相比,离子交换树脂催化剂具有易于分离、不腐蚀设备、不污染环境、产品纯度高,后处理简单等优点。

(3)吸附功能

离子交换树脂与溶液接触时,有从溶液中吸附非电解质的功能,这种功能与非离子型吸附剂的吸附行为有些类似。由于树脂结构中的非极性大分子链与醇中烷基的作用力随烷基增长而增大,因此烷基越大的醇吸附越好。

用适当的溶剂使其解吸,无论是凝胶型或大孔型离子交换树脂,还是吸附树脂,均具有很大的比表面积,具有吸附能力。吸附量的大小和吸附的选择性,取决于诸多因素共同作用的结果,其中最主要决定于表面的极性和被吸附物质的极性。吸附是分子间作用力,因此是可逆的,可用适当的溶剂或适当的温度使之解吸。

由于离子交换树脂的吸附功能随树脂比表面积的增大而增大,因此大孔型树脂的吸附能力远大于凝胶型树脂。大孔型树脂不仅可以从极性溶剂中吸附弱极性或非极性物质,而且还可以从非极性溶剂中吸附弱极性物质,也可对气体进行选择吸附。

(4)脱水功能

离子交换树脂具有很多强极性的交换基团,有很强的亲水性,干燥的离子交换树脂有很强的吸水作用,可作为脱水剂用。离子交换树脂的吸水性与交联度、化学基团的性质和数量等有关。交联度增加,吸水性下降,树脂的化学基团极性越强,吸水性越强。

(5)脱色功能

离子交换树脂和大孔型吸附树脂还具有脱色、作载体等功能。色素大多数为阴离子物质或弱极性物质,可用离子交换树脂除去它。特别是大孔型树脂具有很强的脱色作用,可作为优良的脱色剂。如葡萄糖、蔗糖、甜菜糖等的脱色精制,用离子交换树脂效果很好。与活性炭比较,离子交换树脂脱色剂的优点是反复使用周期长,以及使用方便。

3. 离子交换树脂的应用

(1)水处理

水处理包括水质的软化、水的脱盐和高纯水的制备等。

水的软化就是将 Ca^{2+}、Mg^{2+} 等离子通过钠型阳离子交换树脂的交换反应除去。这个过程仅使硬度降低,而总合盐量不变。

$$2RSO_3Na + Ca^{2+}(Mg^{2+}) \rightleftharpoons (RSO_3)2Ca + 2Na^+$$

去除或减少了水中强电解质的水称为脱盐水。将几乎所有的电解质全部去除,还将不解离的胶体、气体及有机物去除到更低水平,使含盐量达 0.1mg/L 以下,电阻率在 $10 \times 10^6 \Omega \cdot cm$ 以上,则称为高纯水。制备纯水或将水脱盐就是将水通过 H^+ 型阳离子交换树脂和 OH^- 型阴离子交换树脂混合的离子交换。

（2）海洋资源利用

从海水制取淡水,也可从许多海洋生物如海带中提取碘、溴、镁等重要化工原料。

（3）冶金工业

用于分离、提纯和回收重金属、轻金属、稀土金属、贵金属和过渡金属、铀、钍等超铀元素。

选矿方面,在矿浆中加入离子交换树脂可改变矿浆中水的离子组成,使浮选剂更有利于吸附所需要的金属,提高浮选剂的选择性和选矿效率。

（4）食品工业

某些食品及食品添加剂的提纯分离、脱色脱盐、果汁脱酸脱涩等。

（5）原子能工业

用于包括核燃料的分离、提纯、精制和回收等;核动力用循环、冷却、补给水是用离子交换树脂制备的高纯水;原子能工业废水的去除放射性污染处理。

（6）化学合成

作为催化剂使用已由最初的催化酯化反应、酯和蔗糖的水解反应为主扩展到烯类化合物的水（醇）合,醇（醚）的脱水（醇）,缩醛（酮）化,芳烃的烷基化,链烃的异构化,烯烃的齐聚和聚合、加成、缩合等反应。离子交换树脂作为催化活性部分的载体用于制备固载的金属络合物催化剂,阴离子交换树脂作为相转移催化剂等也在有机合成中得到了广泛的应用。目前,利用强酸离子交换树脂催化的反应已由实验室研究发展到大规模的工业应用。

（7）环境保护

用于废水、废气的浓缩、处理、分离、回收及分析检测等。例如,影片洗印废水中的银是以 $Ag(SO_3)_2^{3-}$ 等阴离子形式存在的,使用 Ⅱ 型强碱性离子交换树脂处理后,银的回收率可达 90% 以上。

H^+ 型强酸性阳离子交换树脂和 OH^- 型强碱性阴离子交换树脂作为固体强酸和强碱,其酸性和碱性分别与无机强酸如 H_2SO_4 的酸性和无机强碱如 NaOH 的碱性相当,因此可以代替无机强酸和无机强碱作为酸、碱催化剂。固体强酸和强碱的优点有:避免了无机强酸、强碱对设备的腐蚀;催化反应完成后,通过简单的过滤即可将树脂与产物分离,避免了麻烦的从产物中去除无机酸、碱的过程;避免了废酸、碱对环境的污染;H^+ 型强酸性阳离子交换树脂作为催化剂时,避免了使用浓硫酸时的强氧化性、脱水性和磺化性引起的不必要的副反应;另外,由于离子交换树脂的高分子效应,通过调整树脂的结构,有时树脂催化的选择性和产率会更高。

通过离子交换树脂的功能基连接上反应官能团后,可以作为高分子试剂,用来制备许多新的化合物,如有机化合物的酰化、过氧化、大环化合物的合成、溴化二硫化物的还原、肽键的增长、羟基的氧化、不对称碳化合物的合成等。

当离子交换树脂用在化学合成中时应注意:树脂的热稳定性较低,不能在高温下使用;价格较昂贵,一次性投资较大。

6.1.2　高吸水性高分子

高吸水性高分子是具有很大吸水能力、保水能力的功能高分子材料,是传统吸水材料无法比拟的。一般使用的吸水材料有纸浆、脱脂棉、海绵等,但这些材料只能达到比自身大 20 倍左右的吸水能力,而且一旦增加压力就会脱水。

1. 高吸水性树脂的吸水机制

高吸水性树脂实际上是具有一定交联度的高分子电解质,可用高分子电解质的离子网络理论来解释。即在高分子电解质的立体网络构造的分子间,存在可移动的离子对。高分子电解质电荷吸引力强弱的可移动离子的浓度,在高吸水性树脂内侧往往比外侧高,即产生渗透压。正由于这种渗透压及水和高分子电解质之间的亲和力,从而产生了异常的吸水现象。例如,含有羧酸钠盐的高吸水性树脂在未接触水时是固态网束,与水接触后亲水基与水作用,水渗入树脂内部,羧酸钠基解离为羧酸根和迁移性反离子 Na^+,羧酸根离子不能向水中扩散,Na^+ 也不能自由渗入水中,这样就造成网络结构内外产生渗透压,使水分子进一步渗入树脂网结构内部,高分子链间出现纯溶剂区,部分 Na^+ 向纯溶剂区扩散,导致高分子链上带静电荷,由于静电斥力使高分子网束扩展,大量水分子封存于高分子网内,因为受网结构的束缚水分子运动受到限制,从而阻挡了失水。由于吸水时高分子网链扩展,又引起该网自弹性收缩。这两种因素平衡的结果决定了高吸水性树脂的吸水能力。

2. 高吸水性树脂的基本特性

(1)高吸水性

吸水能力除与产品组成有关外,还与产品的交联度、形状及外部溶液的性质有关。在制备过程中交联反应很重要。未交联的聚合物是水溶性的,不具有吸水性;而交联度过大也会降低吸水能力,为此应控制适度的交联度。高吸水性树脂的产品形状对吸水率有很大的影响,将它制成多孔性或鳞片状等粗颗粒来增加其表面积,可保证吸水性。因为高吸水性树脂是高分子电解质,其吸水能力受盐水和 pH 的影响。在中性溶液中吸收能力最大,遇到酸性或碱性物,则吸水能力降低。这也是今后需要解决的重要问题。

(2)加压下的保水性

它与普通的纸、棉吸水不同,它一旦吸水就溶胀为凝胶状,在加压下也几乎不易挤出水来。这一优越特性特别运用于卫生用品、工业用的密封剂。

(3)吸氨性

高吸水性树脂是含羧基的聚合阴离子材料,因 70% 的羧基被中和,30% 呈酸性,故可吸收像氨类那样的离子,具有除臭作用。

3. 高吸水性树脂的种类

高吸水性树脂种类很多,可以从不同角度进行划分。从合成反应类型的角度可分为接枝共聚、羧甲基化及水溶性高分子交联三种。也可按亲水性分类,按交联方法分类,按制品形态分类等。但一般最常见的是按原料组成分类,分为淀粉类、纤维素类及合成树脂类。

(1)淀粉类

①淀粉接枝共聚物。主要有淀粉接枝丙烯腈的水解产物(由美国农业部北方研究中心开发成功)、淀粉接枝丙烯酸、淀粉接枝丙烯酰胺等。

②淀粉羧甲基化产物。将淀粉在环氧氯丙烷中预先交联,将交联物羧甲基化,使得到高吸水

性树脂。淀粉改性的高吸水性树脂的优点是原料来源丰富。吸水倍率较高（通常在千倍以上）。缺点是吸水后凝胶强度低，长期保水性差，在使用中易受细菌等微生物分解而失去吸水、保水作用。

（2）纤维素类

纤维素改性高吸水性树脂有两种形式。一种是纤维素与一氯醋酸反应引入羧甲基后用交联剂交联或再经加热进行不溶化处理而成，另一种为纤维素与亲水性单体接枝共聚产物。

纤维素类高吸水性树脂的吸水能力比淀粉类树脂低，同时亦存在易受细菌分解失去吸水、保水能力的缺点。但在一些特殊用途方面如制作高吸水性织物等是淀粉类树脂所不能取代的。制作高吸水性织物，用纤维素类树脂与合成纤维混纺以改善其吸水性。

（3）合成树脂类

①聚丙烯酸盐类。聚丙烯酸盐类高吸水性树脂主要由丙烯酸或其盐类与二官能度的单体聚合而成，制备方法有通溶液聚合和悬浮聚合制成。这类产品吸水倍率较高，达400倍以上，在高吸水状态下仍具有很高的强度，对光和热有较好的稳定性，并具有优良的保水性。与淀粉-丙烯腈接枝共聚型高吸水性树脂相比，耐热性、耐蚀性和保水性较好。

②聚丙烯腈水解物。将聚丙烯腈用碱性化合物水解，再经交联剂交联，即得高吸水性树脂。由于氰基的水解不易彻底，产品中亲水基团含量较低，故这类产品的吸水倍率不太高，在500～1000倍左右。

③改性聚乙烯醇。用聚乙烯醇与酸酐反应制备改性聚乙烯醇高吸水性树脂。其将顺酐溶解在有机溶剂中，然后加入聚乙烯醇粉末进行非均相反应，使聚乙烯醇上的部分羟基酯化并引入羧基，然后用碱处理得到。这类产品吸水倍率为150～400倍，初期吸水速度较快，耐热性和保水性都较好，适用面较广。

④醋酸乙烯酯共聚物。将醋酸乙烯酯与丙烯酸甲酯进行共聚、产物用碱水解后得到乙烯醇与丙烯酸盐的共聚物，不加交联剂即可成为不溶于水的高吸水性树脂。这类树脂在吸水后有较高的机械强度，适用范围广。

4. 高吸水性树脂的应用

高吸水性树脂由于有优良吸水、保水特性，使得它有广阔的应用前景，在农业、医疗卫生、工业、日常生活等各个方面都有广泛应用。

（1）在农业上的应用

利用高吸水性树脂的吸水、保水性能，与土壤混合，不仅改善土壤团粒结构，增加土壤的透水性和透气性，同时也作为土壤保湿剂、保肥剂，在沙漠防治、绿化、抗旱方面极具前景。

高吸水性树脂可以用于保护植物如蔬菜、高粱、大豆、甜菜等种子所需要的水分，也可以以包装膜的形式用于蔬菜、水果保鲜。

（2）在医疗卫生上的应用

在医用方面，除了用作药棉、绷带、手术外衣和手套、失禁片等物品，以代替天然吸水性材料、克服吸水能力低而导致的使用量多外，还可以用于含水量大的药用软膏、能吸收浸出液并防止化脓的治疗绷带。

卫生用品是最早被开发的用途，一般是将高吸水性树脂制成吸收膜或粉末，将其夹在薄纸之间形成层压物；也有将高吸水性树脂粉末与纸浆混合后再制成薄膜或片状制品；还有将高吸水性树脂制成蜂窝状固定于两层薄纸中间制成吸水板,并在其压花加工时打上微孔制成体液吸收处理片。甚至有的用一种透水性包覆材料将上述体液吸收处理片包覆起来的生理用品等,形式多种多样。目前高吸水性树脂中有 90％以上用于卫生材料。

(3)在工业上的应用

在建筑工程中,将高吸水性树脂混在泥中胶化可作墙壁抹灰的吸水材料,添加在清漆或涂料内可防止墙面及天花板返潮,混在堵塞用的橡胶或泥土中可用来防止水分渗透,与聚氨酯、聚乙酸乙烯酯或橡胶聚氯乙烯等一起压制后,可制成水密封材料。

在油田开发中,作为钻头的润滑剂、泥浆固化剂,作为油的脱水剂,从油中有效去除所含的少量水分。在城市污水处理和疏浚工程中,用它可使污泥固化,从而改善挖掘条件,便于运输。

对环境敏感的高吸水性树脂作为凝胶传动器是新兴的研究领域,添加了高吸水性树脂的材料可用作机器人的人工"肌肉",通过调节树脂凝胶溶胀状态控制传动器,当改变光强、温度、盐浓度、酸碱度或电场强度时,凝胶溶胀度的变化带动"肌肉"作相应的运动。

(4)在日常生活上的应用

将高吸水性树脂与三聚磷酸二氢铝等除臭剂以及纤维状物质等增强材料一起成型,在其中保持二氧化氯溶液,可用作空气清新剂,达到消臭、杀菌的目的。另外还可以制造人造雪、膨胀玩具等。

6.1.3　高分子絮凝剂

工业废水、生活污水及其他水悬浮体中所含的固体悬浮物属于难以自然沉降的胶体分散相或组分散相类物质。利用具有絮凝功能的絮凝剂进行固液分离,除去液相中的悬浮物质,是一种极其有效的分离方法。

1. 絮凝机理

为了加速悬浮粒子的沉降,必须设法破坏粒子在体系中的稳定性,促使其碰撞以达到增大,这就是絮凝作用的基本原理。一般认为高分子絮凝剂的絮凝作用机理是:在稳定的胶体分散体系中,一个长链大分子可同时吸附两个或几个胶粒,或是一个胶粒可同时吸附两个高分子链,因而形成"架桥"的形式把胶粒裹集起来而聚沉,如图 6-1(a)所示;也可能是大分子链中的极性基团在胶粒表面上进行无规则吸附而使胶粒聚沉,如图 6-1(b)所示。此外,有的絮凝剂也有中和悬浮物质的电荷的作用。具有吸附架桥或表面吸附而导致分散相成絮团沉降的过程叫做絮凝作用,起絮凝作用的药剂即絮凝剂。

分散胶粒

(a)经架桥而聚集的粒子　　(b)极性基团引起的表面吸附

图 6-1　高分子絮凝剂的絮凝机理

2. 高分子电解质的特性

阳离子型及阴离子型高分子絮凝剂带有很多解离基,是溶解于水的高分子离子和离解于很多低分子离子(反离子)的高分子电解质。高分子电解质溶解在水中,并离解出的低分子离子,脱离高分子离子时,高分子离子作为超多价离子而带有很多正电荷或负电荷。这种高分子离子通过相同电荷的相互排斥,与离解前相比更倾向于拉伸或笔直的棒状。随着这一倾向,高分子离子的有效电荷将会增加。但是,高分子离子有效电荷一旦增加,曾一度脱离掉的低分子离子被较强的静电吸引力吸住,靠向高分子离子被固定在高分子周围,这时高分子离子的有效电荷开始减少,同种离子的排斥力减弱,进而高分子链由棒状向弯曲状过渡,结果高分子保持伸直和弯曲两个相反的作用,达到平衡状态。

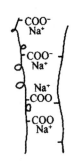

图 6-2　聚丙烯酸钠

以阴离子型聚丙烯酸钠为例,如图 6-2 所示,线状高分子由于带有很多电荷,故强烈地吸引着反离子,使其固定下来,于是反离子的浓度增大,对外部开始具有很大的渗透压。这样反离子便向外运动,开始脱离高分子相。其结果,高分子离子通过相互间同种电荷的排斥力而伸直,呈现棒状。两者如此保持着一种状态。另外非电解质的高分子在溶液中则呈所谓"线团"状态。在黏度、渗透压等方面也显示出溶液中的特有性质。

(1)pH 对黏度的影响

聚丙烯酸溶解于水时,离子化程度很低,表现为整齐的螺旋状(线团状),图 6-2、图 6-3 其水溶液的黏度很低。聚丙烯酸在稀盐酸溶液中,将会增加其螺旋状,电解度降低,黏度也会降低。加入氢氧化钠溶液,电解度就会增加,黏度则会逐步上升。若增加 pH,那么黏度也会随其上升。但加入的氢氧化钠过多,则与其相反,黏度将会减小。聚丙烯酸的浓度越低,这一现象越为明显。就聚丙烯酸而言,其黏度的最大值几乎接近完全中和点,pH＝9～10。

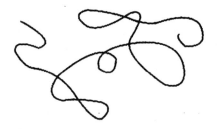

图 6-3　线状模型

开始加入氢氧化钠,就会引起电离,产生钠离子和高分子离子。聚合物链上的羧基离解越多,电荷产生斥力越大,进而使聚合物链成为伸直的棒状形态。

如果产生相对流动的阻力,使黏度增加,到完全中和后,添加过量的氢氧化钠会增加钠离子数,抑制聚合物的电离,于是羧基间排斥力,由钠离子产生而被中和控制,聚合物链的一部分将会成螺旋状,溶液黏度将会减小。

(2)加入中性盐引起黏度的变化

高分子电解质水溶液,例如在聚丙烯酸溶液中加入 $NaCl$、$CaCl_2$、$AlCl_3$ 等中性盐,那么羧基间的排斥力受到添加金属离子的影响而减弱,倾向于线状化的水溶液黏度将会降低。

此时,加入盐的浓度增加,那么吸附、固定于高分子离子上的反离子量也会增多。

另外,反离子若是多价离子,高分子越容易呈现线形,水溶液的黏度会越低。如 Ca^{2+}、Al^{3+} 比起 Na^+ 更容易固定在高分子离子上。据此,固定成对离子的高分子有效电荷必然趋于减少。若都是一价离子,K^+ 固定化倾向比 Na^+ 强。

图 6-4 表示聚丙烯酰胺部分加水分解物水溶液的相对黏度,随着加入中性盐的 $NaNO_3$ 的减少,在一定浓度范围内有最低值(见图 6-5)。即认为很多高分子电解质在这一浓度的 $NaNO_3$ 溶液中,其电解完全可以受到抑制。

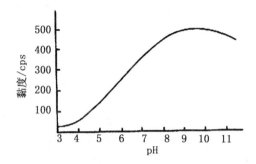

图 6-4　聚丙烯酸 0.2% 水溶液的 pH 和黏度

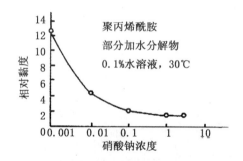

图 6-5　硝酸钠加入量对相对黏度影响

3. 高分子絮凝剂的凝集结构

胶体粒子降低其表面电位(电位)相互间粘接的现象,叫做凝结。而胶体粒子凝结所必须的凝结剂的最小浓度叫做凝结值。

凝集是指粗大分散的粒子的凝结生成的絮凝体。这里主要是基于高分子凝集剂吸附的粘联起主导作用。

另外通过吸附子悬浮粒子的高分子相互吸附作用也能引起絮凝。若絮凝剂过剩,则所有悬浮粒子表面的活性吸附点都会由絮凝剂所占据,絮凝剂将失去原来的交联作用。

因为絮凝剂本身是高分子电解质,亲水性强,所以它表示保护胶体的功能,将围住悬浮粒子使其趋于稳定化,从而悬浮粒子处于分散状态(图 6-6)。

当絮凝剂量较少时,相近的悬浮粒子的吸附活性点进行交联,表示其凝集作用见图 6-7。

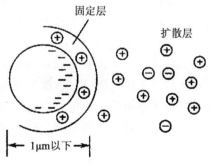

图 6-6　加凝结剂前悬浮液电荷分布

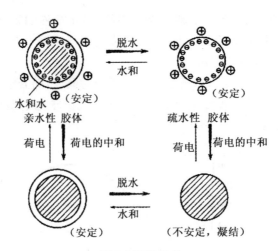

图 6-7 胶粒状态

①有机高分子絮凝剂与无机类絮凝剂相比,在絮凝物的形成、颗粒大小及强度、添加量等方面都很优越。对于普通的废水,加入 $(0.2\sim10)\times10^{-6}$ 高分子絮凝剂就相当于无机絮凝剂的 $1/200\sim1/30$。高分子絮凝剂取决于相对分子质量大小,达到 SiO_2 悬浮的絮凝、沉降速度的聚丙烯酰胺的实验示例,如图 6-8 所示。

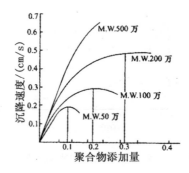

图 6-8　聚合物相对分子质量对沉降速度影响

相对分子质量越大,沉降速度也就越快。当添加量达到一定程度,认为是最佳点时,沉降速度也最大。相对分子质量小的絮凝剂最佳添加量则小,沉降速度的最大值也会变小,容易进行再分散。另外,以相同絮凝物沉降速度进行比较,相对分子质量大的高分子絮凝剂用量小。由此可见,絮凝性能是以相对分子质量大为益。

②由凝结作用使电荷中和的微小絮凝通过交联、吸附,使粒子粗大化的作用叫做凝结。这种凝结作用受到溶解环境污染或者中和分散微小粒子表面的荷电絮凝剂离子价影响。

离子价的测定:把阳离子性高分子电解质和阴离子高分子电解质进行混合,当正负电荷比接近 1:1 时,在当量关系开始成立情况下,形成负离子配位体而凝结,沉降下来。这时作为指示剂添加蓝色的甲苯胺色素,那么,就可通过标定已知的高分子电解质来滴定浓度或不明电荷价的反电荷的高分子电解质。即可以定量高分子絮凝阳离子价或阴离子价,这种方法叫做胶体滴定法。一般用阳离子性高分子絮凝、阴离子性胶体粒子时,可测定其阳离子性高分子絮凝剂的阳离子价的大小。

可用图 6-9 比较阳离子性高分子絮凝阳离子价的大小。

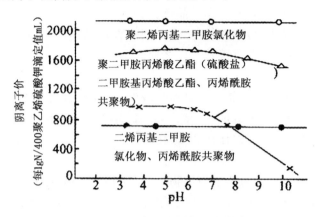

图 6-9　pH 变化对阳离子价影响

6.2　有机光功能材料

6.2.1　有机非线性光学晶体

非线性光学材料是指光学性质依赖于入射光强度的材料。光学性质分为线性与非线性,可以用于通信及信息处理。由于光子之间的相互作用相比电子之间的相互作用要弱得多,光可进行长距离传输而信息并不因干涉而损失。使用一束光来控制另一信号光束传输的过程称为"全光信息处理",其突出优点就是超快速度,光子过程的开关速度一般要比电开关速度快两个数量级以上。对于光电子技术的发展,非线性光学材料起到了十分关键的作用,包括有机和无机晶体材料、有机金属配合物、高分子液晶和高分子 LB 膜等。

1. 有机非线性晶体特点、结构和分类

(1)有机非线性光学晶体的特征

有机非线性光学效应主要发生在具有离域 π 电子的共轭体系中,由于 π 电子在内部易于移动,并不受晶格振动的影响,因此具有较无机物高的非线性电极化率及快的响应速度。高分子非线性晶体光学晶体具有:

①响应速度快。

②介电常数低,器件驱动电压小。

③吸收系数低,仅为无机材料及半导体材料的百万分之一。

④优良的化学稳定性。

⑤大的非共振光学效应。

⑥激光损伤阈值高。

⑦力学性能好,易于加工成形,如匀一的膜、纤维、块状等。

⑧有机分子具有可剪裁、嫁接性质,因此便于进行分子设计,如加入金属离子或无机基团,构

成有机－无机结合或半有机化合物,有利于控制尺寸及双折射系数,从而达到优化宏观非线性光学系数目的,制备一系列新型的非线性光学晶体。

有机材料的缺点是熔点低,力学性能差,难于制成大块晶体。但将有机材料高分子化,不仅可以保留它的许多优点,还可大大改善其不足之处。

（2）结构特点

有机非线性光学晶体多为分子晶体。对称性较低,内部结合力较弱,而且,根据有机晶体结构出现的空间群分布几率来看,多出现在 $P2_1/c$,$P2_12_12_1$,$P2_1$,P_1 和 Pbca 五种空间群,占总数的一半左右。从以上空间群来看,多数存在 2_1 螺旋轴。

（3）有机晶体分类

按照晶体的主要成分将其分为苯基衍生物晶体、酰胺类晶体、吡啶衍生物晶体、酮衍生物晶体、有机盐类晶体、有机金属络（配）合物晶体及聚合物晶体等。从结构划分,有机晶体也可分为平面状分子晶体、链状分子晶体、类球状分子晶体及有机金属络合物等类型。也有按有机晶体的功能予以分类的,如二阶非线性光学晶体、三阶非线性光学晶体和有机光折变晶体等。

2. 典型的有机类非线性光学晶体

（1）酰胺类晶体

酰胺是羧酸的衍生物,羧酸中的羧基为氨基所取代后,即为酰胺基。脲类化合物是酰胺的一种,包括尿素、马尿酸和二甲基尿等晶体,尿素晶体为这一类晶体的典型代表,是一种已经得到应用的有机紫外倍频晶体。属四方晶体,它的熔点为 132.7℃,密度 1.318g/cm³,硬度约为莫氏硬度 2.5,正光性单轴晶,透明波段为 200nm～1.43pm。可以对各种波长的激光实现倍频、和频的位相匹配,可以通过和频获得 210nm 附近的紫外光,其非线性系数 $d_{36}(0.6\mu m)$ 约为 $KPDd_{36}$ 的 3 倍,并有较高的抗光伤阈值、尿素晶体具有较大的双折射率和小的折射率温度系数,能在室温下稳定实现紫外倍频输出,主要用于激光的高次谐波发生和频和光参量振荡等。在 LBO、BBO 晶体发现前,尿素已被采用。缺点是容易潮解,晶体生长难,可采用溶液法生长,一般用醇（甲醇、乙醇或混合溶系）作溶剂获优质晶体。

（2）酮衍生物晶体

查尔酮衍生物是研究较多的有机非线性光学晶体体系,查尔酮体系本身已形成 π 体系,通过可以设计的施主或受主基团,便于对晶体的性质进行设计和优化。

（3）苯基衍生物晶体

这类晶体的特点是在苯环上引入不同取代基。取代基可分为施主基团和受主基团,前者有 NMe_2、$NHNH_2$、NH_2、OH、OCH_3、OMe 等基团。后者有 NO_2、CHO、$COOH$、$COCH_3$、CF_3 等。

（4）其他有机物类晶体

有几类有机物的初步研究显示其具有足够大的粉末倍频效应,可能作进一步研究。如硝基苯和吡啶、硝基杂环、极化烯类、碳水化合物和氨基酸类化合物。此外,还有苯胺衍生物、二胺衍生物、均二苯代乙烯衍生物、西佛碱衍生物等,有机非线性光学晶体的研究范围越来越广,品种也在不断增加。

6.2.2　高分子光导纤维

　　传统的光通信传输材料是采用石英玻璃纤维制成的光缆，它们是直径只有几微米到几十微米的丝（光导纤维），然后再包上一层折射率比它小的材料。光缆通信能同时传播大量信息，例如一条光缆通路同时可容纳数千万人通话，也可同时传送多套电视节目。光导纤维不仅重量轻、成本低、敷设方便，而且容量大、抗干扰、稳定可靠、保密性强。因此光缆正在取代铜线电缆，广泛地应用于通信、信息处理、广播、遥测遥控、照明、军事和医疗等许多领域。

　　高分子光导纤维又称为塑料光纤（POF），是用高分子材料制成的，与无机玻璃系列的光导纤维相比，具有以下优点：

　　①直径大、韧性好，直径一般可做到 0.3～3.0mm。

　　②数值孔径（NA）大，约为 0.5 左右，光纤与光源之间，光纤与受光元件之间的耦合，以及光纤与光纤之间的连接变得简单易行。

　　③POF 的低损耗窗口位于可见光的领域，因此可以使用价值便宜的 LED 光源。

　　④材料费便宜，制造成本低。

1.高分子光纤的性能

（1）透光性

　　光纤的主要功能是长距离传输光信号或图像，因此透光性是很重要的性能。塑料光纤对可见光的透过性能较好，而在红外区则有强烈的选择性吸收，这是由高分子材料的分子结构决定的。高分子光纤的透光性与波长的关系如图 6-10 所示。光纤的透光性还与其长度有关，随光纤长度而下降。在短距离内，塑料光纤的透光率优于玻璃光纤，但随光纤长度增加，高分子光纤透光率下降更快。

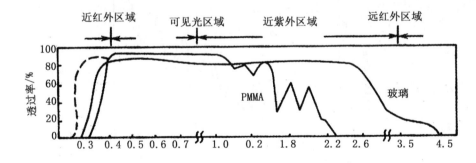

图 6-10　聚甲基丙烯酸甲酯（PMMA）与玻璃的光透过率比较

（2）传光损耗

　　这是光纤的一个重要性能，它表示光纤的传光能力。光损越大，传光能力越小。光纤的传输损耗主要是由吸收和散射造成的。

　　为了研究光纤的损耗，可做出光纤的损耗光谱特性图。图 6-11 为高纯 PMMA 芯线的损耗光谱图。从图中可看出，在波长 600nm 附近有很强的 C—H 键振动吸收，这是高聚物结构引起的固有吸收。在其他波长范围内固有吸收较少；此外还有雷利散射。由上述两项引起的损耗称为损耗限度。

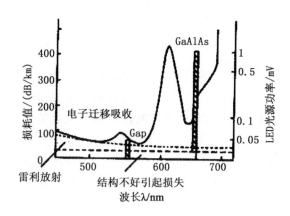

图 6-11   PMMA 芯线的损耗光谱图

2.高分子光导纤维的进展

（1）氟化高分子光导纤维

由于在 400nm～2.5μm 的波长范围之内 C—F 键几乎没有明显的吸收，因此含氟高分子材料光纤的性能将远远优于传统的塑料光纤，主要表现在以下几个方面。

①低损耗。首先，因为 C—F 键的振动吸收基频在远红外区，在从可见光区到近红外区的范围内吸收很小，使吸收损耗降低。其次，由于透光窗口的红移同样使瑞利散射导致的损耗降低。此外，含氟高分子材料的表面能很小，可以降低水蒸气在其表面的吸附，防止水蒸气在材料中渗透，也起到了降低损耗的作用。图 6-12 显示了酯基氟代前后甲基丙烯酸酯高分子材料透射损耗的对比。

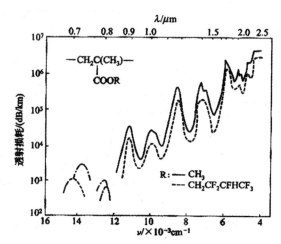

图 6-12   酯基氟代前后甲基丙烯酸酯高分子材料透射损耗的对比

②与石英光纤的工作波长匹配。氟代后，吸收范围红移提高了材料在近红外区的透光性。

③耐温性。氟聚合物通常都比较稳定，有较高的玻璃化温度，因此氟代塑料光纤通常具有较好的耐温性。而且氟聚合物不易老化，从而使得氟塑料光纤有较长的使用寿命。

目前，在塑料光纤的应用中研究较多的几类含氟高分子材料包括氟代苯乙烯、含氟丙烯酸酯类聚合物和全氟聚合物等。

（2）耐热高分子

以聚甲基丙烯酸甲酯为芯材的塑料光纤有优异的透明性，但耐热性较差，使用上限温度仅为 80% 左右，因而限制了它的使用范围。近年来，各国相继研究开发耐热塑料光纤。按芯材聚合物的种类主要可分为以下几类：

①甲基丙烯酸甲酯共聚物芯光纤。通过共聚或其他方法在大分子主链中引入环状结构或引入大侧基是提高聚合物耐热性的有效途径。如甲基丙烯酸甲酯与甲基丙烯酰胺共聚物芯光纤于 130℃ 加热 1000h 损耗不变。聚甲基丙烯酸甲酯与甲胺的反应产物，其热变形温度可提高到 162℃。

②热固性聚合物芯光纤。用具有交联结构的热固性树脂作塑料光纤的芯材，受热后变形小，不会导致损耗增加。已研制的热固性芯材有聚硅氧烷系。如在内径 1mm 左右的氟化乙烯-丙烯共聚物圆管中注满液态硅氧烷化合物，用紫外线使之固化。其传输损耗为 300dB/km（660nm），该光纤能耐 150℃ 高温。此外，热同性多组分聚酯芯光纤（包层为含氟聚合物）也已有试制品，并已用于传感器等方面。这种光纤在 200℃ 下能使用约 10h，传输距离可达 20m。热固性树脂的缺点是脆性大，而且纤维化比较困难，因此开发了由单体在聚合交联过程中成纤的工艺。

（3）耐湿塑料光纤

塑料光纤与无机光纤相比容易吸潮，而水能增强芯材聚合物 C—H 键的振动吸收，使光纤的损耗增大。为提高塑料光纤的耐湿性，在芯材聚合物中引入苯环、脂肪环和长链烷基。甲基丙烯酸甲酯-甲基丙烯酸环己酯-丙烯酸甲酯共聚物芯光纤在 70℃、相对湿度 95×10^{-2} 条件下放置 1000h，透光率仅下降 1.5×10^{-2}。

商品化的塑料光纤中仍以聚甲基丙烯酸甲酯芯光纤为主。由于传输损耗较大，一般传输距离仅数十米，因而广泛用于医用内窥镜、玩具、装饰、灯具及其他检测系统中；在通信系统中主要用于长距离通信的端线和配线，也大量用于飞机、船舶、汽车内部的短距离光通信系统。日本研制的耐热塑料光纤也已在汽车中得到应用。随着塑料光纤损耗性能大幅度改进，如重氢化聚甲基丙烯酸甲酯光纤损耗已达 20dB/km（680nm），传输距离可达 1.3km，这就可能进一步扩大它的应用范围。近年来还研制了损耗较低的重氢化氟化聚合物芯光纤，但由于成本高，尚未商品化。当前，塑料光纤仍在向低损耗化、提高耐热性及扩展特有的应用领域等方向发展，日本甚至提出了要开发与现在的石英光纤损耗程度相当的塑料光纤。

6.2.3　光致变色高分子材料

含有光色基团的化合物受一定波长的光照射时，发生颜色的变化，而在另一波长的光或热的作用下又恢复到原来的颜色，这种可逆的变色现象称为光色互变或光致变色。光致变色过程包括显色反应和消色反应两步。显色反应是指化合物经一定波长的光照射后显色和变色的过程。消色有热消色反应和光消色反应两种途径。但有时其变色过程正好相反，即稳定态 A 是有色的，受光激发后的亚稳态 B 是无色的，这种现象称为逆光色性。

1. 光致变色机理

不同类型的化合物的变色机理不同，通常有以下几类：键的异裂、键的均裂、顺反互变异构、氢转移互变异构、价键互变异构、氧化还原反应等。比如：具有连吡啶盐结构的紫罗精类发色团，

在光的作用下通过氧化还原反应,可以形成阳离子自由基结构,从而产生深颜色:

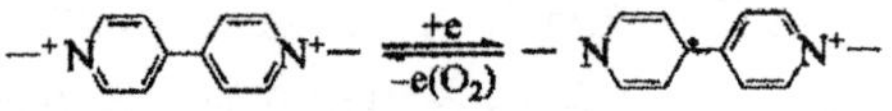

以下列出了一些常见光致变色聚合物及其结构式:

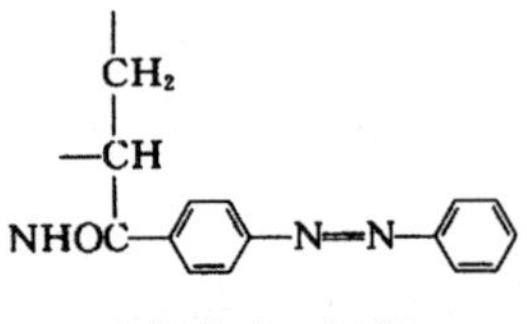

偶氮苯类（侧基） 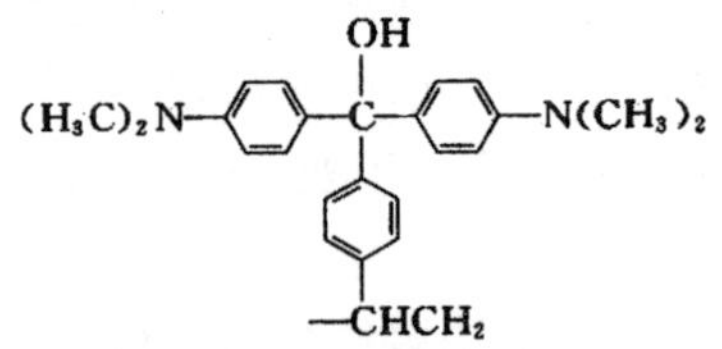　　　三苯基甲烷类（侧基） 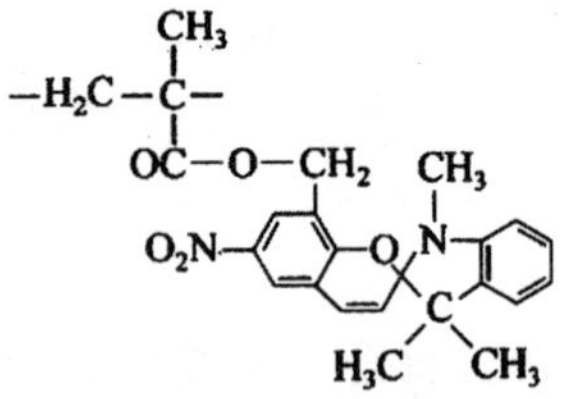　　　螺吡喃类（侧基）

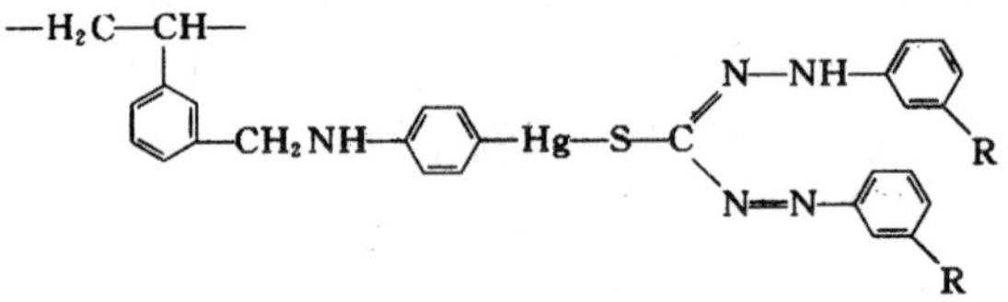

双硫腙类（侧基）

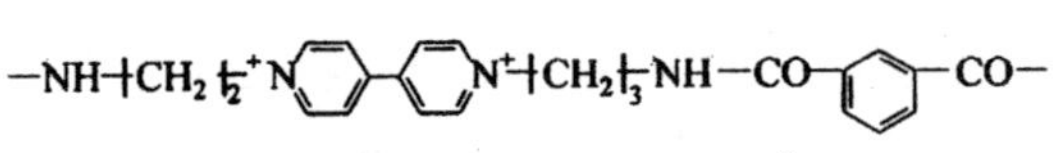

氧化还原类（主链） 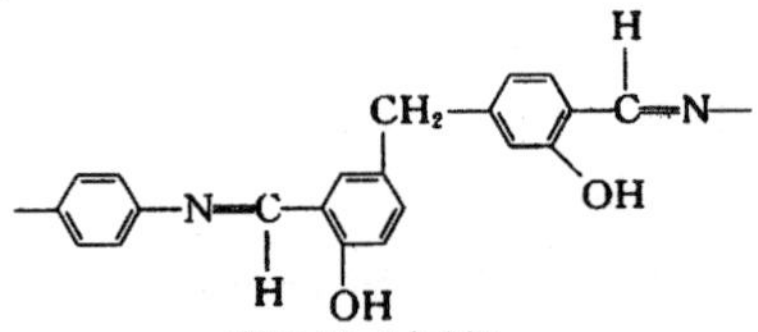　　　　　　聚甲川（主链）

2. 光致变色高分子材料的应用

光致变色高分子材料同光致变色无机物和小分子有机物相比具有低退色速率常数,易成形等优点,故得到广泛的应用。

(1)光的控制和调变

可以自动控制建筑物及汽车内的光线。做成的防护眼镜可以防止原子弹爆炸产生的射线和强激光对人眼的损害,还可以做滤光片、军用机械的伪装等。

(2)感光材料

应用于印刷工业方面,如制版等。

(3)信号显示系统

用作宇航指挥控制的动态显示屏,计算机末端输出的大屏幕显示。

(4)信息储存元件及全息记录介质

光致变色材料的显色和消色的循环变换可用作信息储存元件。未来的高信息容量,高对比度和可控信息储存时间的光记录介质就是一种光致变色膜材料。用于信息记录介质等方面具有操作简单,不用湿法显影和定影;分辨率非常高,成像后可消除,能多次重复使用;响应速度快,缺点是灵敏度低,像的保留时间不长。

(5)其他

除上述用途外,光致变色材料还可用作强光的辐射计量计,测量电离辐射、紫外线、X 射线、γ射线,以及模拟生物过程生化反应等。

6.3 电功能高分子

6.3.1 导电高分子材料

电功能高分子是具有导电性或电活性或热点及压电性的高分子材料。同金属相比,它具有低密度、低价格、可加工性强等优点。随着高分子科学的发展,对于电功能高分子的认识将不断深入,越来越多的电功能高分子材料和器件实际应用。下面将将对导电高分子进行具体研究。

导电高分子材料是一类具有接近金属导电性的高分子材料。

按照导电高分子的结构与组成,可将其分成两大类,即结构型(或称本征型)导电高分子和复合型导电高分子。

1.结构性导电高分子

结构型导电高分子本身具有传输电荷的能力。根据导电载流子的不同,结构型导电高分子有电子导电、离子传导和氧化还原三种导电形式。电子导电型聚合物的结构特征是分子内有大的线性共轭 π 电子体系,给载流子一自由电子提供离域迁移的条件。离子导电型聚合物的分子有亲水性、柔性好,在一定温度条件下有类似液体的性质,允许相对体积较大的正负离子在电场作用下在聚合物中迁移。而氧化还原型导电聚合物必须在聚合物骨架上带有可进行可逆氧化还原反应的活性中心,导电能力是由于在可逆氧化还原反应中电子在分子间的转移产生的。

(1)共轭高聚物

一般整个分子是共轭的体系称作共轭高聚物。

①共轭高聚物类型。在整个分子是共轭高聚物体系中碳—碳单键和双键是交替排列的,例如聚乙炔,其他还有碳-氮、碳-硫、氮-硫等共轭体系,如聚(2,5-噻吩),次聚氮化硫、聚吡咯、聚对苯撑、聚(2,5-吡啶)、聚苯撑硫、聚苯胺等。

②共轭高聚物制备。有些高聚物通过热裂解得到的具有梯形共轭结构的物质电导率很高,这是由于它们裂解后形成扩展的芳族结构非常接近于石墨结构。如将苯乙炔在 150℃氩气下不用引发剂进行热聚合,就可得到黑色可溶的聚苯乙炔,相对分子质量为 1100～1500。未经进一步热处理的聚苯乙炔,其 π 电子是非活性的,因此电阻率很高。若将它在不同温度下热处理 6h(在减压至 5.33～6.66Pa 条件下),则发现温度越高,电阻越低。在 700℃热处理之后,电阻率降至 $1.8 \times 10^{-2} \sim 0.1 \Omega \cdot m$。因 700℃热处理,发生了裂解与交联反应,产生了多取代芳香环,并有低分子碳氢化合物析出。

用化学反应制备高电导率的分子内共轭体系。如用吡啶或二甲基吡啶对聚 α-氯代丙烯腈进行脱盐酸处理得到聚氰基代乙炔(PCA),随共轭性的增加,膜呈金黄色,最终显示金属光泽,电导率最高达 $10^{-2} S/m$。

③聚合物的参杂。为了提高电子导电聚合物的导电性,往往需要在电子导电聚合物中进行掺杂。掺杂过程实际上就是掺杂剂与聚合物之间发生电荷转移的过程,掺杂剂可以是电子给体(n-掺杂剂),也可以是电子受体(p-掺杂剂)。

电子受体掺杂剂包括卤素(Cl_2、Br_2、I_2、ICl、ICl_3、IBr、IF_5)、路易斯酸(PF_5、AsF_5、SbF_5、BF_5、BCl_3、BBr_3、SO_3)、过渡金属卤化物(NbF_5、TaF_5、MoF_5、WF_5、RuF_5、$PtCl_4$、$TiCl_4$)、过渡金属盐($AgClO_4$、$AgBF_4$、$HPtCl_6$、$HIrCl_6$)、有机化合物(TCNE、TCNQ、DDO、四氯苯醌)、质子酸(HF、HCl、HNO_3、H_2SO_4、$HClO_4$)以及其他掺杂剂(O_2、$XeOF_4$、XeF_4、$NOSbCl_6$)。

电子给体主要有电化学掺杂剂(R_4N^+、RP^+,$R=CH_3$、C_6H_5 等)和碱金属(Li、Na、K、Cs、Rb)。

可供选择的掺杂剂虽然很多,但对不同的共轭高分子使用同一掺杂剂时所得到的导电高分子的电导率相差甚大。用 X 射线衍射研究电子受体掺杂 PAc 表明,掺杂剂是沉积在大分子链间的。

聚合物中掺入的掺杂剂浓度对电导率有很大影响。对常用掺杂剂如 I_2、AsF_5 等,其饱和掺杂浓度大约为乙炔单体的 6%(摩尔分数),而有些聚合物掺杂的浓度高达 50%。因为化学法掺杂是一种非均相反应,掺杂的深度有限,一般延长掺杂时间可以增加掺杂的深度,表观上表现为掺杂剂浓度增加,电导率也增加。提高掺杂均相程度,电导率提高。室温下掺杂聚合物的电导率如表 6-1 所示。

表 6-1 掺杂聚合物的电导率(室温)

聚合物	掺杂剂	电导率/$\Omega^{-1} \cdot cm^{-1}$
cis-PAc	I_2	1.6×10^2
	Br_2	0.5
	AsF_5	1.2×10^3
	H_2SO_4	1.0×10^3
	$(n\text{-}C_4H_9)_4NClO_4$	9.7×10^2
PPP	$AgClO_4$	3.0
	I_2	$< 10^{-2}$
	AsF_5	500
	HSO_4F^-	35
	BF_4^-	10
	PF_6^{2-}	45
PMP(聚间苯)	AsF_5	10^{-3}
PPS(聚对苯硫醚)	$AsF_5\ AsF_3/AsF_5$	1 0.3~0.6
PPy(聚吡咯)	$AgClO_4$	40~100
	BF_4^-	50
聚 1,6-己二烯	I_2	0.1
	AsF_5	0.1

(2)高分子电荷转移络合物

从广义上说,高分子电荷转移络合物所包含的种类很多,简单地可分为两大类:一类是掺杂型全共轭聚合物;另一类是由非全共轭型高分子形成的电荷转移络合物,称为高分子电荷转移络合物。后者又可分为两大类:一类是由侧链或主链含有正离子自由基或正离子的聚合物与小分子电子受体所组成的高分子离子自由基盐型络合物;另一类是主链或侧链含有 π 电子体系的聚合物与小分子电子给体或受体所组成的非离子型或离子型电荷转移络合物,称为中性高分子电荷转移络合物。

①高分子离子自由基盐型络合物。这是高分子电荷转移络合物中具有较好电导率的一类材料,和小分子离子自由基盐一样,高分子离子自由基盐可以分为以下两种类型:一是电子给体性聚合物与 I_2、Br_2 等卤素或 Lewis 酸等小分子电子受体之间发生电荷转移而形成的正离子自由基盐络合物;二是正离子型聚合物与 TCNQ 等小分子电子受体的负离子自由基所形成的负离子自由基盐型络合物。

②中性高分子电荷转移络合物。这类络合物很多,其中大部分由电子给体型高分子与电子受体型小分子组成。电子给体型高分子多为带芳香性侧链的聚烯烃,如聚苯乙烯、聚萘乙烯、聚蒽乙烯、聚芘乙烯、聚乙烯咔唑、及其衍生物等;作为电子受体的有含氰基化合物、含硝基化合物等。一般的中性高分子电荷转移络合物的电导率都非常小,且比相应的小分子的电导率要小得多。例如聚乙烯-2-吩嗪与 DDQ 的络合物电导率为 $4 \times 10^{-7} \mathrm{S/m}$,而由相应应单体组成的络合物电导率则为 $0.01 \mathrm{S/m}$。这一事实表明,与小分子不同,高分子较难与小分子电子受体堆砌成有利于 π 电子交叠的规则紧密结构。原因可归结为高分子链的结构与链排列的高次结构存在着不同程度的无序性,及取代基的位阻效应等。因此,这类化合物也很少得到实用。

③应用。这类结合物可制成薄膜,作为电容、电阻材料来使用,由这种薄膜制成的电容有很高的贮能容量。另外,由于这种聚合物可以成膜,故可做导电涂料。

(3)金属有机聚合物

将金属引入聚合物主链即得到金属有机聚合物。由于有机金属基团的存在,使聚合物的电子电导增加,其原因是金属原子的 d 电子轨道可以和有机结构的 π 电子轨道交叠,从而延伸分子内的电子通道。同时,由于 d 电子轨道比较弥散,它甚至可以增加分子间的轨道交叠,从而在结晶的近邻层片间架桥。

①二茂铁型金属有机聚合物。随聚合方法的不同,含二茂铁的聚合物本身的电导率略有差异,但都是 $10^{-12} \mathrm{S/m}$ 左右的绝缘体。但是当将聚二茂铁、聚乙炔基二茂铁等用二氮二氰代苯醌(DDQ)、对氯苯醌(P-CA)及 Ag^+ 等温和的氧化剂部分氧化之后,电导率可增加 7 个数量级。这时,铁原子处于混合氧化态,这种具有混合氧化态的过渡金属原子的聚合物,可以提供一种新的,与有机骨架无关的导电途径,电子直接在不同氧化态的金属原子间传递,这同在离子自由基盐型络合物中,电子直接在离子自由基的不同氯化态之间传递很类似。电导率从未部分氧化的 $10^{-12} \mathrm{S/m}$ 增至 $0.04 \mathrm{S/m}$。

②金属有机聚合物的螯合物。是很早发现的半导材料,1958 年,Woft 等首次发现了聚酞菁铜具有半导体性能。这种金属有机聚合物易于合成,是一种螯合型的共轭高分子,具有二维电子通道的平面结构,电导率为 $0.01 \sim 1 \mathrm{S/m}$。这种半导性高分子溶解性差,不易加工,而且脆性较大,一直未应用。1982 年,Achar 等将芳基或烷基引入金属聚酞菁络合物,使其具有一定的柔性和可溶性。这才使金属聚酞菁络合物的应用有了可能性。

2. 复合型导电高分子

复合型导电高分子材料是将导电填料加入聚合物中形成的,如将银粉掺入胶粘剂中得到导电胶、炭黑加入橡胶中得到导电橡胶等。早期的所谓导电高分子材料都是指这类材料,其导电特征、机理及制备方法均有别于结构型导电高分子。

复合型导电高分子中,聚合物基体的作用是将导电颗粒牢固地粘结在一起,使导电高分子有稳定的电导率,同时还赋予材料加工性和其他性能,常用的树脂和橡胶均可用。常用的导电剂包括碳系和金属系导电填料。

复合型导电高分子材料通常具有 NTC 效应和 PTC 效应。

①NTC(Negative Temperature Coefficient)效应:在聚合物的熔化温度以上时,许多没有交联的复合导电材料的电阻率尖锐地下降,这种现象被称为 NTC 效应,NTC 现象对于许多工业应用领域是不利的。

②PTC(Positive Temperature Coefficient)效应:当复合材料被加热到半结晶聚合物的熔点时,炭黑填充的半结晶聚合物复合材料的电阻率急剧提高,这种现象被称为 PTC 效应。此时,材料由良导体变为不良导体甚至绝缘体,从而具有开关特性。

高分子 PTC 器件具有可加工性能好、使用温度低、成本低的特点。可作为发热体的自控温加热带和加热电缆,与传统的金属导线或蒸汽加热相比,这种加热带和加热电缆除兼有电热、自调功率及自动限温三项功能外,还具有节省能源、加热速度快、使用方便(可根据现场使用条件任意截断)、控温保温效果好(不必担心过热、燃烧等危险)、性能稳定且使用寿命长等优点,可广泛用于气液输送管道、罐体等防冻保温、仪表管线以及各类融雪装置。在电子领域,高分子复合导电 PTC 材料主要用于温度补偿和测量、过热以及过电流保护元件等。在民用方面,可广泛用于婴儿食品保暖器、电热座垫、电热地毯、电热护肩等保健产品以及各种日常生活用品、多种家电产品的发热材料等。

(1)碳系复合型导电高分子材料

碳系复合型导电高分子材料中的导电填料主要是炭黑、石墨及碳纤维。常用的导电炭黑如表 6-2 所示。

表 6-2　炭黑的种类及其性能

种类	粒径/μm	比表面积/(m² · g⁻¹)	吸油值/(mg · g⁻¹)	特性
导电槽黑	17～27	175～420	1.15～1.65	粒径细,分散困难
导电炉黑	21～29	125～200	1.3	粒径细,孔度高,结构性高
超导炉黑	16～25	175～225	1.3～1.6	防静电,导电效果好
特导炉黑	<16	225～285	2.6	孔度高,导电效果好
乙炔炭黑	35～45	55～70	2.5～3.5	粒径中等,结构性高,导电持久

炭黑的用量对材料导电性能的影响可用图 6-13 表示。图中分为三个区。其中,体积电阻率急剧下降的 B 区域称为渗滤(Percolation)区域。而引起体积电阻率 ρ 突变的填料百分含量临界值称为渗滤阈值。只有当材料的填料量大于渗滤阈值时,复合材料的导电能力才会大幅度的提高。如对于聚乙烯,用炭黑为导电填料时,其渗滤阈值约为 10wt%,即炭黑的质量分数大于 10%时,导电能力(电导率)急剧增加。

A 区:炭黑含量极低,导电粒子间的距离较大(>10nm),不能构成导电通路。

B 区:随着炭黑含量的增加,粒子间距离逐渐缩短,当相邻两个粒子的间距小到 1.5～10nm

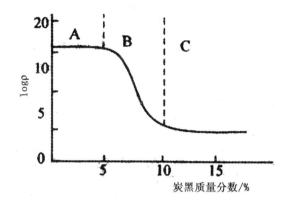

图 6-13　复合型导电高分子体积电阻率与炭黑含量的关系

时,两粒子相互导通形成导电通路,导电性增加。

C 区:在炭黑填充量高的情况下,聚集体相互间的距离进一步缩小,当低于 1.5nm 时,此时复合材料的导电性基本与频率、温度、场强无关,呈现欧姆导电特征,再增加炭黑量,电阻率基本不变。

总体来说复合型导电高分子材料的导电能力主要由隧道导电和接触性导电(导电通道)两种方式实现,其中普遍认为后一种导电方式的贡献更大,特别是在高导电状态时。复合材料的导电机制实际上非常复杂,其中以炭黑填充型复合材料的导电机理最为复杂,现在还不能说已经完全弄清楚了,因为迄今还没有一种模型能够解释所有的实验事实。

碳纤维也是一种有效的导电填料,有良好的导电性能,并且是一种新型高强度、高模量材料。目前在碳纤维表面电镀金属已获得成功。金属主要指纯钢和纯镍,其特点是镀层均匀而牢固,与树脂粘结好。镀金属的碳纤维比一般碳纤维导电性能可提高 $50\sim100$ 倍,能大大减少碳纤维的添加量。虽然碳纤维价格昂贵,限制了其优异性能的推广,但仍有广泛用途。如日本生产的 CE220 是 20%导电碳纤维填充的共聚甲醛,其导电性能良好,机械强度高,耐磨性能好,在抗静电、导电性及强度要求高的场合得到了应用。

天然石墨具有平面型稠芳环结构,电导率高达 $10^{2\sim3}$ S·cm^{-1},已进入导体行列,其天然储量丰富、密度低和电性质好,一直受到广泛关注。目前,石墨高分子复合材料已经被广泛应用于电极材料、热电导体、半导体封装等领域。

碳纳米管是由碳原子形成的石墨片层卷成的无缝、中空的管体,依据石墨片层的多少可分为单壁碳纳米管和多壁碳纳米管,是最新型的碳系导电填料。碳纳米管复合材料可广泛应用于静电屏蔽材料和超微导线、超微开关及纳米级集成电子线路等。

(2)金属系复合型导电高分子材料

金属系复合型导电高分子材料是以金属粉末和金属纤维为导电填料,这类材料主要是导电塑料和导电涂料。

聚合物中掺入金属粉末,可得到比炭黑聚合物更好的导电性。选用适当品种的金属粉末和合适的用量,可以控制电导率在 $10^{-5}\sim10^{4}$ S·cm^{-1} 之间。

金属纤维有较大的长径比和接触面积,易形成导电网络,电导率较高,发展迅速。目前有钢纤维、铝合金纤维、不锈钢纤维和黄铜纤维等多种金属纤维。如不锈钢纤维填充 PC,填充量为 2%(体积)时,体积电阻率为 10Ω·cm,电磁屏蔽效果达 40dB。

金属的性质对电导率起决定性的影响。此外金属颗粒的大小、形状、含量及分散状况都有影响。

6.3.2 电活性高分子

电活性高分子材料是指在电参数作用下，材料本身组成、构型、构象或超分子结构发生变化而表现出特殊物理和化学性质的高分子材料。

电活性高分子材料是功能高分子材料的重要组成部分，其研究与应用在科学领域和工程领域备受重视，近年来发展非常迅速。由于电活性高分子的功能显现和控制是由电参量控制的，因此这类材料的研究一旦获得成功很快就能投入生产，获得实际应用。例如，从电致发光材料的发现、研制成功到生产出基于这种功能材料的全彩色显示器实用化产品仅需几年的时间。

1. 电活性高分子的种类及特点

根据施加电参量的种类和材料表现出的性质特征，可以将电活性高分子材料划分为以下类型。

(1)电极修饰材料

用于对各种电极表面进行修饰，改变电极性质，从而达到扩大使用范围、提高使用效果的高分子材料。

(2)高分子电致变色材料

材料内部化学结构在电场作用下发生变化，因而引起可见光吸收波谱发生变化的高分子材料。

(3)高分子电致发光材料

在电场作用下，分子生成激发态，能够将电能直接转换成可见光或紫外线的高分子材料。

(4)高分子介电材料

电场作用下材料具有较大的极化能力，以极化方式储存电荷的高分子材料。

(5)高分子驻极体材料

材料荷电状态或分子取向在电场作用下发生变化，引起材料永久性或半永久性极化，因而表现在某些压电或热电性质的高分子材料。

2. 电致变色高分子

电致变色是指在外加电压的感应下，物质的光吸收或光散射特性发生变化的现象，简称电色现象。其实质是由于电场作用，物质发生氧化-还原反应而引起颜色的变化。这种颜色的变化能够可逆地响应电场的变化，且具有开路记忆的功能。

电致变色材料是指在外电场及电流的作用下，可发生色彩变化的材料即为电致变色材料。其本质是材料的化学结构在电场作用下发生改变，进而引起材料吸收光谱的变化。根据颜色变化的过程分类，可分为颜色单向变化的不可逆变色材料，以及更具应用价值的颜色可以双向改变的可逆变色的材料。

电致变色材料又可根据材料的结构特征划分，分为无机电致变色材料和有机电致变色材料。目前发现的无机电致变色材料主要是过渡金属(如钨、钼、铂、铱、铁、钌、钯等)的氧化物、络合物，以及普鲁士蓝和杂多酸等。有机电致变色材料有可分为有机小分子电致变色材料和高分子电致变色材料。有机小分子电致变色材料主要包括有机阳离子盐类和带有有机配位体的金属络合物,有机阳离子盐类中最具代表性是紫罗精类化合物,带有有机配位体的金属络合物种类繁多,其中最具代表的是酞菁络合物。

无机和有机小分子电致变色材料由于自身的一些缺陷,限制了它们的应用范围,高分子电致变色材料在制备方法、成本、色彩变化与可加工性等方向都具有明显的优势,是目前研究的热点领域。

6.4 高分子液晶

液晶是一些化合物所具有的介于固态晶体的三维有序和无规液态之间的一种中间相态,又称介晶相(mesophase),是一种取向有序流体,既具有液体的易流动性,又有晶体的双折射等各向异性的特征。1888 年奥地利植物学家 Reinitzer 首次发现液晶,但直到 1941 年 Kargin 提出液晶态是聚合物体系的一种普遍存在状,人们才开始了对高分子液晶的研究。1966 年 Dupont 公司首次使用各向异性的向列态聚合物溶液制备出了高强度、高模量的商品纤维—FibreB,使高分子液晶研究走出了实验室。20 世纪 70 年代 Dupont 公司的 Kevlar 纤维的问世和商品化,开创了高分子液晶的新纪元。接着 Economy、Plate 和 Shibaev 分别合成了热熔型主链聚酯液晶和侧链型液晶聚合物。20 世纪 80 年代后期,Ringsdorf 合成了盘状主侧链型液晶聚合物。到目前为止,高分子液晶的研究已成为高分子学科发展的一个重要方向。

液晶高分子(LCP)的大规模研究工作起步更晚,但目前已发展为液晶领域中举足轻重的部分。如果说小分子液晶是有机化学和电子学之间的边缘科学,那么液晶高分子则牵涉到高分子科学、材料科学、生物工程等多门学科。液晶最使人感兴趣的是:同一种液晶材料,在不同温度下可以处于不同的相,产生变化多端的相变现象。液晶系统分子间的作用力非常微弱,它的结构易受周围的机械应力、电磁场、温度和化学环境等变化的影响,因此在适度地控制周围的环境变化之下,液晶可以透光或反射光。由于只需很小的电场控制,因此液晶非常适合作为显示材料。

1. 液晶高分子的分类

(1)分子排列形式

液晶分子在空间的排列的物理结构,在空间排列有序性的不同,可分为向列型、近晶型、胆甾型、和碟型液晶四类,如图 6-14 所示。

①向列型结构。在向列型结构中分子相互间沿长轴方向保持平行,如图 6-14(a)所示,分子只有取向有序,但其重心位置是无序的,不能构成层片。向列型液晶分子是一维有序排列,因而这种液晶有更大的运动性,其分子能上下、左右、前后滑动,有序参数值 S 值在 $0.3 \sim 0.8$ 之间。

②近晶型液晶。分子排列成层,如图 6-14(b)所示,层内分子长轴互相平行,分子重心在层内无序,分子呈二维有序排列,分子长轴与层面垂直或倾斜,分子可在层内前后、左右滑动,但不能在上下层之间移动。由于分子运动相当缓慢,因而近晶型中间相非常粘滞。近晶型液晶的规整性近似晶体,是二维有序排列,其有序参数值 S 高达 0.9。

③胆甾型液晶。是向列型液晶的一种特殊形式,如图 6-14(c)所示。其分子本身平行排列,

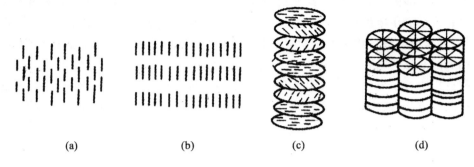

图 6-14　液晶的物理结构

(a)向列型；(b)近晶型；(c)胆甾型；(d)碟型

但它们的长轴是在平行面上，在每一个平面层内分子长轴平行排列，层与层之间分子长轴逐渐偏转，形成螺旋状结构。其螺距大小取决于分子结构及温度、压力、磁场或电场等外部条件。

④碟型液晶。碟状分子一个个地重叠起来形成圆柱状的分子聚集体，故又称为柱状相，如图6-14(d)所示。在与圆柱平行的方向上容易发生剪切流动。

(2)根据液晶的生成条件分类

根据液晶的生成条件也可把它分为溶致液晶、热致液晶、兼具溶致与热致液晶、压致液晶和流致液晶五类，如表 6-3 所示。

表 6-3　根据液晶的生成条件分类的液晶高分子

液晶类型	液晶高分子举例
溶致液晶	芳香族聚酰肼、聚烯烃嵌段共聚物、聚异腈、纤维素、多糖、核酸等
热致液晶	芳香族聚酯共聚物、芳香族聚甲亚胺、芳香族聚碳酸酯、聚丙烯酸酯、聚丙烯酰胺、聚硅氧烷、聚烯烃、聚砜、聚醚嵌段共聚物、环氧树脂、沥青等
兼具溶致与热致液晶	芳香族聚酰胺、芳香族聚酯、纤维素衍生物、聚异氰酸酯、多肽、聚磷腈、芳香族聚醚、含金属高聚物等
压致液晶	芳香族聚酯、聚乙烯
流致液晶	芳香族聚酰胺酰肼

①溶致液晶。就是由溶剂破坏固态结晶晶格而形成的液晶，或者说聚合物溶液达到一定浓度时，形成有序排列、产生各向异性形成的液晶。这种液晶体系含有两种或两种以上组分，其中一种是溶剂，并且这种液晶体系仅在一定浓度范围内才出现液晶相。

②热致液晶。由加热破坏固态结晶晶格、但保留一定取向有序性而形成的液晶，即单组分物质在一定温度范围内出现液晶相的物质。

③兼具溶致与热致液晶。既能在溶剂作用下形成液晶相，又能在无溶剂存在下仅在一定的温度范围内显示液晶相的聚合物，称为兼具溶致与热致液晶高分子，典型代表是纤维素衍生物。如芳香族聚酰胺、芳香族聚酯、纤维素衍生物等。

④压致液晶。是指压力升高到某一值后才能形成液晶态的某些聚合物。这类聚合物在常压下可以不显示液晶行为，它们的分子链刚性及轴比都不很大，有的甚至是柔性链。如聚乙烯通常不显示液晶相，但在 300MPa 的压力下也可显示液晶相。

⑤流致液晶。是指流动场作用于聚合物溶液所形成的液晶。与溶致液晶相比,流致液晶的链刚性与轴比均较小,流致液晶在静态时一般为各向同性相,但流场可迫使其分子链采取全伸展构象,进而转变成液晶流体。

(3)根据液晶基元所处的位置分类

根据液晶基元在高分子链中所处的位置不同,可以将液晶高分子分为:①主链型液晶高分子(main chain LCP),即液晶基元位于大分子主链的液晶高分子;②侧链型液晶高分子(side chain LCP),即主链为柔性高分子分子链,侧链带有液晶基元的高分子;③复合型液晶高分子,这时主、侧链中都含有液晶基元。如表 6-4 所示。

表 6-4 根据液晶基元在高分子链中所处的位置不同分类

液晶高分子类型	液晶基元在高分子链中所处的位置
主链型液晶高分子	
侧链型液晶高分子	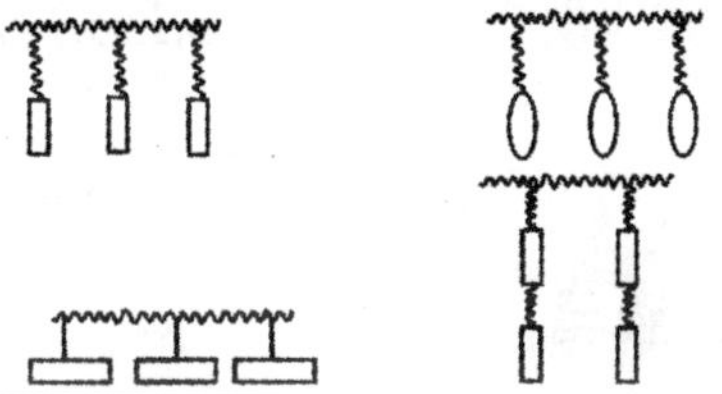
复合型液晶高分子	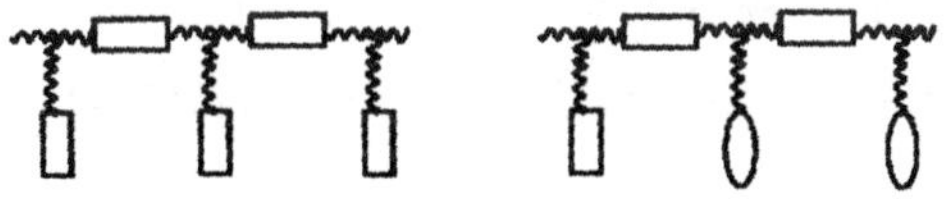

2. 主链高分子液晶

主链液晶高分子是由苯环、杂环和非环状共轭双链等刚性液晶基元彼此连接而成的大分子。这种链的化学组成和特性决定了主链液晶高分子链呈刚性棒状,在空间取伸直链的构象状态,在溶液或熔体中,在适当条件下显示向列型相特征。

苯二胺是主链型溶致性液晶高分子材料,通过液晶溶液可纺出高强度高模量的纤维。液晶聚酯是主链型热致性液晶聚合物。已商品化了的液晶聚酯有:

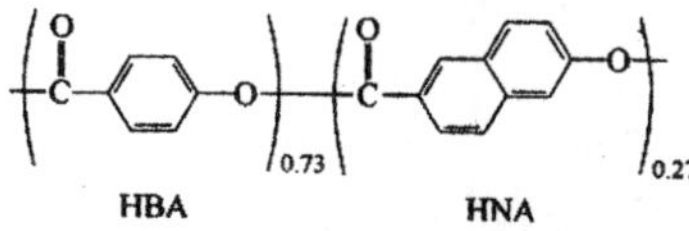

HBA 0.73 HNA 0.27
Vectra A950 (Vectra-A)

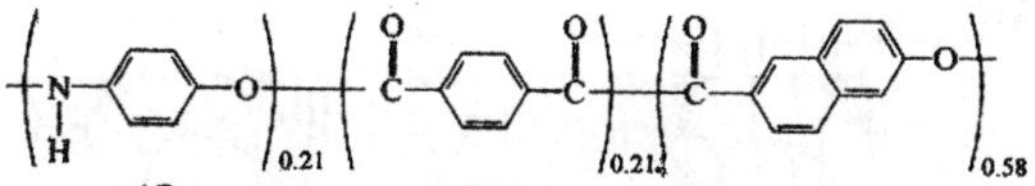

AP 0.21 TA 0.21 HNA 0.58
Vectra B950 (Vectra-B)

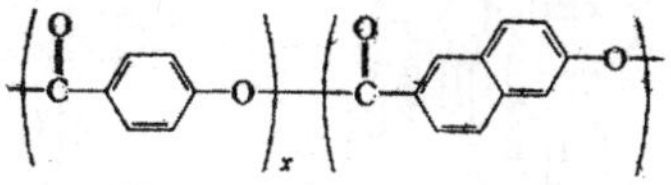

HBA x HNA
Vectra C950 (Vectra-C)(x=0.85)

HIQ45

HX2000

Rodrun LC3000 (LC3000)

Rodrun LC5000 (LC5000)

3. 侧链高分子液晶

侧链型液晶聚合物由高分子主链、液晶基元和间隔基组成,如聚丙烯酸酯和聚甲基丙烯酸酯类侧链型液晶聚合物(X—H,CH$_3$;R—OCH$_3$,OC$_4$H$_9$):

在聚酯侧链引入偶氮苯或 NLO 生色团可得具有光活性和 NLO 液晶聚合物:

光照下,偶氮苯发生反-顺式异构转变(图 6-15)。

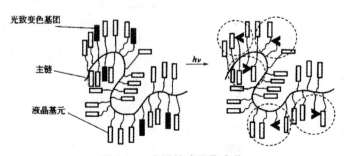

图 6-15　光活性液晶聚合物

侧链含螺环吡喃的液晶聚合物：

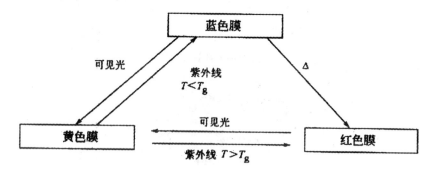

在光、热作用下具有光致变色性（图 6-16）。

图 6-16　光致变色性含螺环吡喃的液晶聚合物

4. 刚性侧链型液晶高分子——甲壳型液晶高分子

1987 年，我国学者周其凤、黎惠民、冯新德三人在 Macromolecules 上发表文章，首次合成了液晶基元直接腰接于高分子主链上的新型刚性侧链型液晶高分子，并提出了"mesogenfacketed liquid crystal polymers"（MJLCP，甲壳型液晶高分子）的概念，1990 年，Hardouin 首次用小角中子衍射证实了这类侧链液晶高分子的"甲壳"模型。MJLCP 分子中的刚性液晶基元是通过腰部或重心位置与主链相联结的，在主链与刚性液晶基元之间不要求柔性间隔基。周其凤课题组研究的甲壳型液晶高分子主要结构如下：

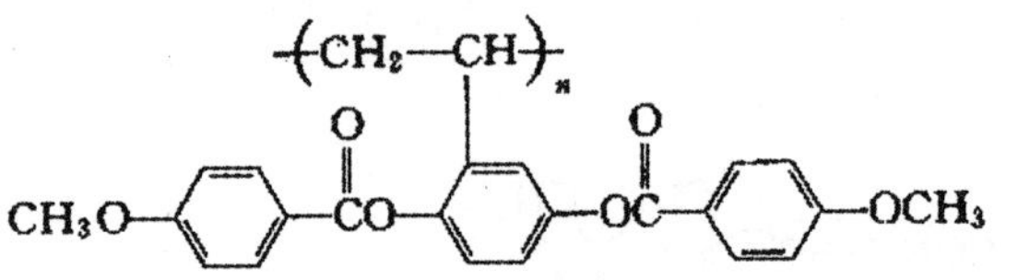

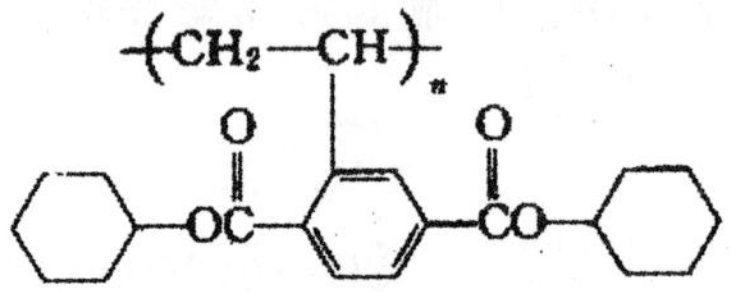

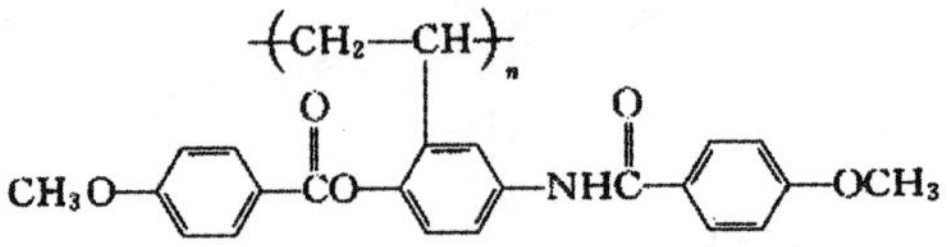

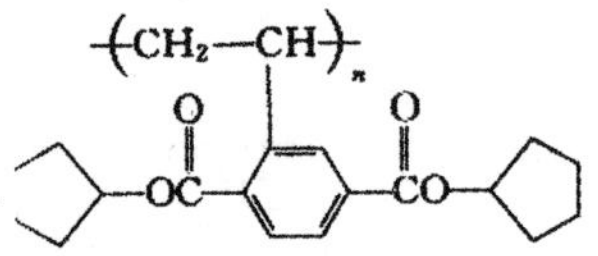

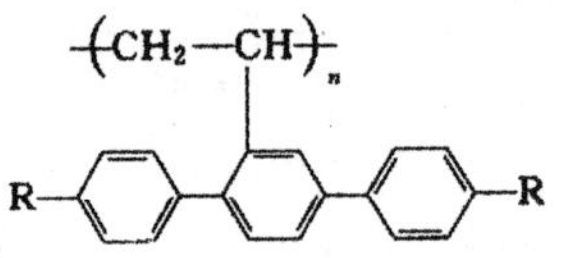

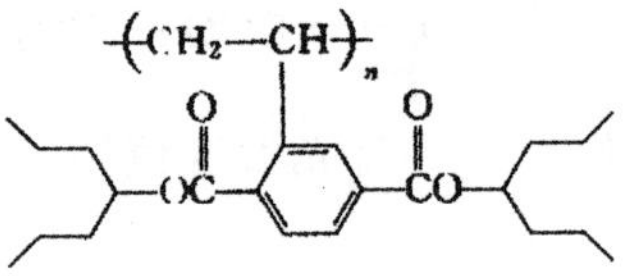

R=OC$_m$H$_{2m+1}$(m=1~11)、COOC$_m$H$_{2m+1}$(m=1~12)

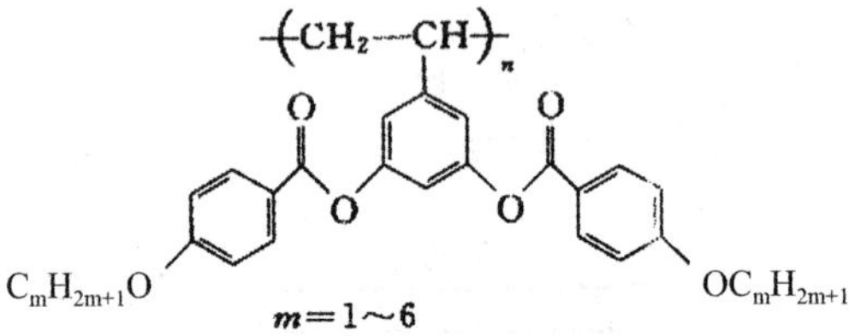

$m=1\sim6$

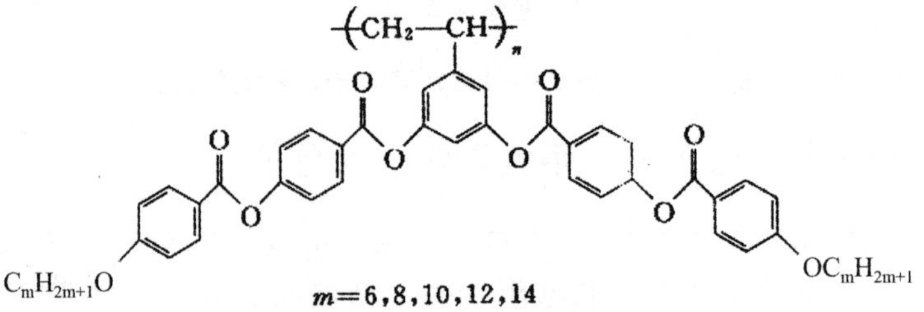

$m=6,8,10,12,14$

由于在这类液晶高分子的分子主链周围空间内刚性液晶基元的密度很高,可以看出这类液晶高分子的分子主链被一层由液晶基元组成的氛围或"外壳"包裹着,分子主链周围空间内刚性液晶基元的密度很高,每个主链碳原子都不容易"看"到它自己的同类,四周所"见"到处都是液晶基元,于是分子主链被迫采取相对伸直的刚性链构象,若将这种因液晶基元的拥挤而造成的使分子链刚性化的作用称为"甲壳效应",其强弱与液晶基元本身的结构有关,它越长越粗越刚硬,甲壳效应越强。这样的液晶高分子从化学结构上看属于侧链型液晶高分子,但它的性质更多的与主链型液晶高分子相似,即具有明显有分子链刚性,有较高的玻璃化温度、清亮点温度和热分解温度,有较大的构象保持长度,可以形成稳定的液晶相。

甲壳型液晶高分子概念的提出已有 20 余年,随着新的聚合方法的出现,各种新型结构的甲壳型液晶高分子被设计和合成,目前已有几十种结构的甲壳型液晶高分子被设计并成功合成出。作为第三类液晶高分子,MJLCP 在主链和侧链液晶高分子之间架起了一座桥梁,它兼有主链液晶高分子刚性链的实质和侧链液晶高分子化学结构的形式,使其具有很多独特的性质和魅力,有待我们进一步去探索和发现。

5. 液晶高分子材料的应用

(1)结构材料

高分子液晶的重要应用方向就是制作高强度高模量纤维、液晶自增强塑料及原位复合材料，在航空、航天、体育用品、汽车工业、海洋工程及石油工业及其他部门得到广泛应用。例如 Kevlar49 纤维具有低密度、高强度、高模量、低蠕变性的特点，且在静电荷及高温条件下仍有优良的尺寸稳定性，特别适合于作复合材料的增强纤维。Kevlar29 的伸长度高，耐冲击性优于 kevlar49，已用于制造防弹衣和各种规格的高强缆绳等。它目前仍是溶致性高分子液晶中规模最大的工业化产品。

(2)功能性高分字液晶的应用

小分子液晶，其分子因外界的微弱的电场、磁场和极微弱的热刺微而改变排列方向或分子运动发生紊乱，因而它的光学性质发生改变，由于对外界刺激灵敏已被广泛用作信息显示和检测材料。向列型液晶由于其显示液晶的温度范围低及具有电光效应而在电子工业中用作显示器件，胆甾型液晶具有热光效应而被制作热敏元件、温度计及彩色薄膜液晶显示器。

高分子液晶由于粘性高，松弛时间长，响应时间长，应用方面受到限制，但高分子液晶也因其由结构特征带来的易固定性、聚集态结构多样性等特点而具有一定的功能性。除用作结构材料外，由于高分子液晶同小分子液晶一样也具有特殊的光学性质、电光效应、热光效应等，也可以用作信息显示材料、光学记录材料、储存材料、非线性光学材料等。

6.5　形状记忆高分子

自 1964 年发现 Ni-Ti 合金的形状记忆功能以来，记忆材料便依其独特的性能引起世界的广泛关注。目前，已发现的记忆材料有应力记忆材料、形状记忆材料、体积记忆材料、色泽记忆材料、湿度记忆和温度记忆材料等。

材料的性能是其自身的组成与结构特征在外部环境中的具体反映。高分子材料的性能易受外部环境的物理、化学因素的影响，这是应用中的不利因素。但是，如果以积极的态度利用这种敏感易变的特点，就可变不利因素为有利因素。形状记忆高分子(Shape Memory Polymer，简写为 SMP)就是据此思想制成的。在一定条件下，SMP 被赋予一定的形状(起始态)。当外部条件发生变化时，它可相应地改变形状并将其固定(变形态)。如果外部环境以特定的方式和规律再一次发生变化，SMP 便可逆地恢复至起始态。至此，完成"记忆起始态—固定变形态—恢复起始态"的循环。图 6-17(a)是形状记忆聚合物材料成形加工过程，1 聚合物物料加热到 T_m 温度以上，交联共混，第一次成形；2 冷却结晶后成初始状态；3 加热到外 T_m 温度以上施加外力第二次变形；4 在保持外力下冷却到室温得到变形态，再加热到 T_m 温度以上变为初始态，达到对起始态的形状记忆。如图 6-17(b)所示为形状记忆聚合物材料记忆过程内部结构的变化。外部环境促使 SMP 完成上述循环的因素有热能、光能、电能和声能等物理因素以及酸碱度、整合反应和相转变反应等化学因素。

温度形状记忆。同形状记忆合金(SMA)相比，SMP 的主要缺点在于回复应力较小(只相当 SMA 的 1/100)，但 SMP 形变量大，达 250%～800%，赋形容易，形状恢复温度便于控制，电绝缘

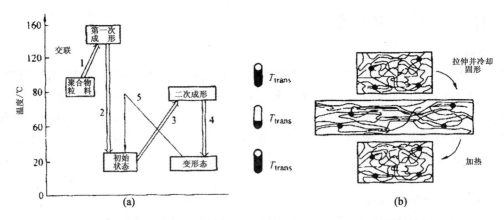

图 6-17　形状记忆聚合物材料成形加工过程及记忆过程内部结构的变化
（a）形状记忆聚合物材料成形加工过程；（b）记忆过程内部结构的变化

性和保温效果好,而且不生锈,易着色。

1. 热致感应型形状记忆高分子材料

形状记忆高分子材料 SMP 一般都是由防止树脂流动并记忆起始态的固定相与随温度变化能可逆地固化和软化的可逆相组成。可逆相为物理交联结构,如结晶态、玻璃态等,而固定相可分为物理交联结构或化学交联结构。以化学交联结构为固定相的 SMP 被称为热固性 SMP,以物理交联结构为固定相的 SMP 则为热塑性 SMP。

热致型 SMP 的品种丰富,日本已拥有 4 种 SMP 的工业化生产技术,即聚降冰片烯、聚氨酯、高反式聚异戊二烯(TPI),以及苯乙烯/丁二烯共聚物,如表 6-5 所示。其他品种还有含氟树脂、聚己酸内酯、聚酰胺等。

表 6-5　市场销售的形状记忆树脂

名称	固定相	可逆相	厂家
TPI	烯烃双键的化学交联结构	结晶态	
聚降冰片烯	高相对分子质量的分子链之间的缠绕	玻璃态	
苯乙烯/丁二烯共聚物	聚苯乙烯的结晶态	反式丁二烯结晶态玻璃态	旭化成公司
聚氨酯	聚氨酯结晶态	玻璃态	三菱重工业公司

2. 形状记忆效果

可逆相对 SMP 的形变特性影响较大,固定相对形状恢复特性影响较大。可逆相分子链的柔韧性增大,SMP 的形变量就相应提高,形变应力下降。热固性 SMP 同热塑性 SMP 相比,形状恢复的速度快、精度高、应力大,但它不能回收使用。

目前,热致感应型 SMP 已投入应用的和正在开发的应用领域有电子通信、医疗卫生、机械制造、商品识伪、文娱体育、日常用品以及现代农业、科学能源等领域。同形状记忆合金相比,

SMP 具有如下的特征：

①SMP 的形状恢复温度可通过化学方法调整，如形状记忆聚氨酯的恢复温度范围为 $-30℃\sim70℃$。具体品种的形状记忆合金则高于 1471MPa。

②形状记忆合金的形变量低，一般在 10% 以下，而 SMP 较高，形状记忆聚氨酯和 TPI 均高于 40%。

③形状记忆合金的重复形变次数可达 10^4 数量级，而 SMP 仅稍高于 5000 次，故 SMP 的耐疲劳性不理想。

④SMP 的形状恢复应力一般均比较低，在 9.81MPa$\sim$29.4MPa 之间，形状记忆合金则高于 1471MPa。

⑤目前，SMP 仅有单向记忆功能，而形状记忆合金已发现了双向记忆和全方位记忆。单向记忆是指材料被加热恢复起始态后，再降低温度时不再改变其形状；双向记忆材料不仅能记忆较高温度下的形状，而且能记忆较低温度下的形状，当温度的高低温之间反复变化时，则不断变换形状；全方位记忆是双向记忆的特殊情况，即较低温度下的开头与较高温度下的形状相反，即较低温度下的开头与较高温度下的形状相反。

3. 形状记忆高分子的应用

（1）在纺织工业上的应用

形状记忆聚合物经形变和固定后，在特定的外部条件下，如热、化学、机械、光、磁、电等作用下，自动恢复到初始形状。

①形状记忆材料在纺织上应用的形式主要有三种。一是形状记忆纱线：将形状记忆材料制成细丝，然后纺成纱线；二是形状记忆化学品：将形状记忆聚合物制成乳液、对织物进行整理、层压或涂层，赋予织物形状记忆功能，将形状记忆聚合物制成树脂或粘合剂与短纤维一起制成非织造织物；三是形状记忆织物：将形状记忆纱线织成各种机织物和针织物。将形状记忆聚合物材料与天然纤维/合成纤维共同构成复合材料。

②湿度敏感型聚合物应用。湿度激发形状记忆材料，适用于用即弃卫生产品，如尿布、训练裤、卫生巾和失禁产品。这些产品具有可折叠或伸缩功能，当材料受到一个或几个外界力作用时，至少在某一方向可产生变形；当外力解除后，至少在一个方向可保持一定程度的变形。当处于潮湿或多水的环境中时，该材料具有至少一个方向的变形和部分回复的能力。

目前的用即弃产品可能在受到液体浸渍或在高温和人体温度条件下使用时会变形或变得不舒适，形状的变化可能会产生渗漏问题。开发的这种产品和采用的方法可最大限度保持形变，从而防止渗漏。

③温度敏感型聚合物应用。用作织物的功能性涂层和功能性整理以获得防水、透气性织物，如军用作战服、运动服、登山服、帐篷等。

利用聚氨酯的形状记忆功能，调整好合适的记忆触发温度用于服装衬布（袖口、领口等），使其具有良好的抗皱和耐磨等性能，通过升高温度使其回复其在使用过程中产生的皱痕达到原来的形状。

利用聚氨酯的形状记忆功能，可以做矫形、保形用品如涂层绷带、胸罩、腹带等。

将形状记忆高分子的粉末粘接到天然或人造织物或非织造织物上，该混合成分能够在织物的上下表面各形成一层薄膜，如图 6-18 所示。整理后的织物手感硬挺，可以用作衬衫的领口、袖口和前口袋,部分整理后的非织造布可以制成手提袋。发生形变后的织物,放入热空气中或者穿着在人体上,当温度高于或等于形状记忆高分子的玻璃化相转变点时,由于形状记忆高分子会吸收热量,发生相的转变,因而会记忆起它最初始的状态,最后回复到原来的形态,达到抗皱和保持不变形的目的。新兴的形状记忆整理技术不存在甲醛含量的问题,因而受到广泛关注。

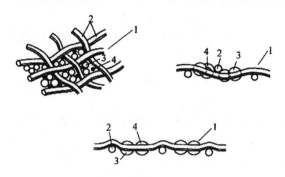

图 6-18　形状记忆高分子整理

1—织物;2—织物纱线;3—形状记忆高分子;4—粘合剂

在纺织品的加工过程中,采用层压、涂层、泡沫整理和其他后整理的方法将聚氨酯施加于织物上,并通过一定的方法使聚氨酯在织物的表面成膜或与纤维中的活性基团发生交联反应,就可以获得具有形状记忆功能的纺织品。

(2)在工程上的应用

将异形管结合,将形状记忆聚合物加热向内插入比聚合物管径大的棒料扩大口径,冷却后抽去棒料制成热收缩管。使用时,将要结合的管料插入,通过加热使聚合物管收缩,紧固,可用于线路终端的绝缘保护,通信电缆接头防水,以及钢管线路结合处的防护。

同样可利用热记忆特性,作零部件的铆接。如图 6-19 所示。

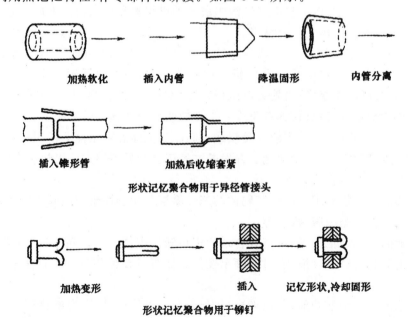

图 6-19　形状记忆聚合物用于管接和铆接

（3）在医学上的应用

形状记忆聚氨酯纤维在医学固形材料、运动护套、织物、人造头发,特别是在可生物降解的医用组织缝合线等领域显示广阔的应用前景。

①血管缝合线、止血钳、医用组织缝合线。先将缝合线拉伸 200％,然后定形。手术完后,随体温的升高,手术线的形状记忆回复,伤口逐渐被扎紧而闭合。

②植入材料。热敏形状记忆聚氨酯可植入体内,放于需医疗的位置,通过体温获得需要的形状,当完成其生理功能后,该植入材料在体内慢慢降解或被吸收,或被排放,这类材料无须进行第二次手术将所植入的材料取出,极大地减轻了病人的痛苦。

可生物降解的植入材料的分子设计包括选择合适的继结点以固定聚合物的永久形变,选择合适的分子链段充当开关链节,以及选择合适的原材料和合成方法,以最大限度地减小毒性。另外还必须考虑生物相容性。

③固形材料。形状记忆聚氨酯赋形、固形、形状回复方便,形状记忆温度易于调节,质轻、生物相容性好,透气、抗菌,在医疗矫形方面得到广泛应用,是石膏类固形材料的理想替代品。

（4）便于携带模型

利用形状记忆聚合物形变量大的特点,对于大型的物品可以制成小的便于携带模型,到需使用时,通过激发,还原成原来的形状,图 6-20 是日常餐具的还原图。

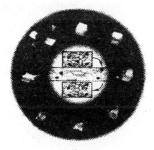

模型　　　　　　　　　　　　还原后的餐具

图 6-20　形状记忆聚合物的便携式餐具

6.6　医药功能高分子

6.6.1　医用高分子

医用高分子材料是生物材料的重要组成部分,用于人工器官、外科修复、理疗康复、诊断检查、治疗疾患等医疗保健领域,并要求对人体组织、血液不产生不良影响。其研究内容包括两个方面,一是设计、合成和加工符合不同医用目的的高分子材料与制品;二是最大限度地克服这些材料对人体的伤害和副作用。

1. 对医用高分子材料的基本要求

医用高分子材料是直接用于人体或用于与人体健康密切相关的目的,因此对进入临床使用阶段的医用高分子材料具有严格的要求。不然,用于治病救命的医用高分子材料会引起不良后果。

（1）对医用高分子材料本身性能的要求

①物理和力学稳定性。针对不同的用途,在使用期内医用高分子材料的强度、弹性、尺寸稳定性、耐曲挠疲劳性、耐磨性应适当。对于某些用途,还要求具有界面稳定性,舶人工髋关节和人工牙根的松动问题与材料-组织结合界面的稳定性有关。

②耐生物老化。对于长期植入的医用高分子材料,生物稳定性要好。但是,对于暂时植入的医用高分子材料,则要求能够在确定时间内降解为无毒的单体或片断,通过吸收、代谢过程排出体外。因此,耐生物老化只是针对某些医学用途对高分子材料的一种要求。

③材料易得、价格适当。

④易于加工成型。

⑤便于消毒灭菌。

（2）对医用高分子材料的人体效应的要求

①对人体组织不会引起炎症或异物反应。有些高分子材料本身对人体有害,不能用作医用材料。而有些高分子材料本身对人体组织并无不良影响,但在合成、加工过程中不可避免地会残留一些单体,或使用一些添加剂。当材料植入人体以后,这些单体和添加剂会慢慢从内部迁移到表面,从而对周围组织发生作用,引起炎症或组织畸变,严重的可引起全身性反应。

②具有化学惰性。与体液接触不发生化学反应。人体环境对高分子材料主要有一些影响:体液引起聚合物的降解、交联和相变化;生物酶引起的聚合物分解反应;在体液作用下材料中添加剂的溶出;体内的自由基引起材料的氧化降解反应;血液、体液中的类脂质、类固醇及脂肪等物质渗入高分子材料,使材料增塑,强度下降。

③不致畸、不致癌。

④不引起过敏反应或干扰肌体的免疫机理。

⑤无热原反应。

⑥对于与血液接触的材料,还要求具有良好的血液相容性。血液相容性一般指不引起凝血（抗凝血性能好）、不破坏红细胞（不溶血）、不破坏血小板、不改变血中蛋白（特别是脂蛋白）、不扰乱电解质平衡。

⑦不破坏邻近组织,也不发生材料表面钙化沉积。

（3）对医用高分子材料生产与加工的要求

除了对医用高分子材料本身具有严格的要求之外,还要防止在医用高分子材料生产、加工工程中引入对人体有害的物质。首先,严格控制用于合成医用高分子材料的原料的纯度,不能代入有害杂质,重金属含量不能超标。其次,医用高分子材料的加工助剂必须是符合医用标准。最后,对于体内应用的医用高分子材料,生产环境应当具有适宜的洁净级别,符合 GMP 标准。

与其他高分子材料相比,对医用高分子材料的要求是非常严格的。对于不同用途的医用高分子材料,往往又有一些具体要求。在医用高分子材料进入临床应用之前,都必须对材料本身的物理化学性能、机械性能以及材料与生物体及人体的相互适应性进行全面评价,通过之后经国家管理部门批准才能临床使用。

2. 医用高分子的生物相容性

（1）组织相容性

组织相容性是指材料在与肌体组织接触过程中不发生不利的刺激性、炎症、排斥反应、钙沉淀等，并不致癌。产生组织相容性问题的关键在于肌体的排斥反应和材料的化学稳定性。

高分子材料植入人体后，材料本身的结构和性质、材料中掺入的化学成分、降解或代谢产物、材料的几何形状都可能引起组织反应：

①高分子材料生物降解的影响。降解速度慢而降解产物毒性小的高分子材料植入体内后，一般不会引起明显的组织反应。相反，降解速度快而降解产物毒性大的材料，则可能引起严重的急、慢性炎症。如聚酯用作人工喉管修补材料，常常出现慢性炎症的情况。

②材料中掺人的化学成分的影响。高分子材料中的添加剂、杂质、单体、低聚物、降解产物等会导致不同类型的组织反应，例如，聚氨酯和聚氯乙烯中的残余单体有较强的毒性，渗出后会引起人体严重炎症。

③高分子材料在体内的表面钙化高分子材料植入人体后，材料表面常常会出现钙化合物沉积的现象，即钙化现象。钙化结果往往导致高分子材料在人体内应用的失效。钙化现象不仅是胶原生物材料的特征，一些高分子水溶胶，如聚甲基丙烯酸羟乙酯，在大鼠、仓鼠、荷兰猪的皮下也发现有钙化现象。影响高分子材料表面钙化的因素很多，包括材料因素（亲水性、疏水性、表面缺陷等）和生物因素（如物种、年龄、激素水平、血清磷酸盐水平、脂质、蛋白质吸附、局部血流动力学、凝血等）。一般而言，材料植入时，被植个体越年青，材料表面越可能钙化。多孔材料的钙化情况比无孔材料要严重。

④材料物理形状等因素的影响。材料的物理形态，如大小、形状、孔度、表面平滑度等因素，会影响组织反应。一般来说，植入材料的体积越大，表面越光滑，造成的组织反应越严重。

（2）血液相容性

在医用高分子材料的应用中，有相当多的器件必须与血液接触，例如各种体外循环系统、心脏瓣膜、人工肺、血液渗析膜、介入治疗系统、人造血管、血管内导管等。

当异体材料与血液接触时，血浆蛋白就会吸附到材料表面，随后凝血因子的活化和血小板的粘附、激活，最终导致凝血。高分子生物材料的抗凝血性是由其表面与血液接触后所生成的蛋白质吸附层的组成和结构所决定的，其方式如图 6-21 所示。

3. 各类人体器官应用的高分子材料

（1）血液净化材料

血液净化疗法就是通过体外循环技术，矫正血液成分质量和数量的异常。主要包括有血液透析、血液滤过、血液透析滤过、血液灌流、血浆置换、连续性肾脏替代治疗等方法。血液净化疗法的几种主要类型列于表 6-6 中，其基本原理是透析、滤过、吸附，使用的材料是分离膜和吸附剂。膜分离依赖于膜的通透性即膜孔的大小；而吸附净化则取决于吸附剂对目标物质的亲和性。

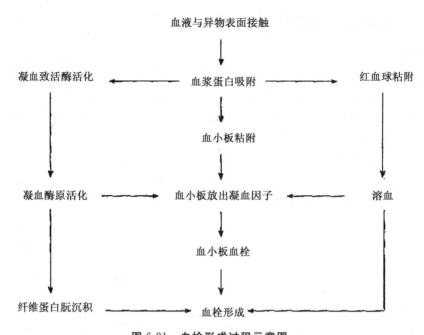

图 6-21　血栓形成过程示意图

表 6-6　血浆成分净化治疗的分类与特征

净化疗法	原理	材料特征	清除物质	补充物质	适应症	成本
血液透析	透析	透析膜(孔径 1～8nm)	小分子物质	电解质溶液	肾衰竭	低
血液滤过	过滤	超滤膜(孔径 3～60nm)	中小分子物质	电解质溶液	肾衰竭	中
血浆置换	过滤	大孔膜(孔径 200～600nm)	高分子物质(如肽类物质)	血浆蛋白质	自免疫疾病,代谢病等	高
血液灌流	吸附	亲和吸附剂或物理化学吸附	亲和吸附剂或物理化学吸附	无	自免疫疾病,代谢病等	低

　　血液净化膜材料。用于血液透析、血液滤过和血浆交换的高分子膜必须具备良好的通透性、机械强度以及血液相容性。最早使用的透析膜为纤维素膜,后来发展了如图 6-22 所示的多种高分子膜。

　　制备再生纤维素膜有三种工艺过程:铜氨工艺,是将纤维素溶解于铜氨溶液中,最终用酸再生;黏胶液工艺,是纤维素在碱性条件下与二硫化碳反应生成可溶性的黄原酸酯,用酸再生;乙酸酯工艺,是通过乙酰化制备热塑性纤维素衍生物,最后经碱水解再生。再生纤维素膜在干态是脆性的,因此在加工时往往加入增塑剂如甘油等,以便保存。在使用时,甘油会溶出,膜溶胀增厚,机械性能会发生某种程度的变化。

　　醋酸纤维素可以通过溶剂蒸发或熔融挤出的方法制膜。膜的性质取决于酰化程度、增塑剂的性质与比例、分子量的大小等因素。通过醋酸纤维素,可以制备纤维素中空纤维膜。Dow 公司用四亚甲基砜作为增塑剂,通过挤出工艺生产中空纤维,然后以氢氧化钠水解,得到再生纤维素中空纤维。Envirogenics 公司制备了醋酸纤维素不对称膜,由 0.2mm 的致密层和 50～

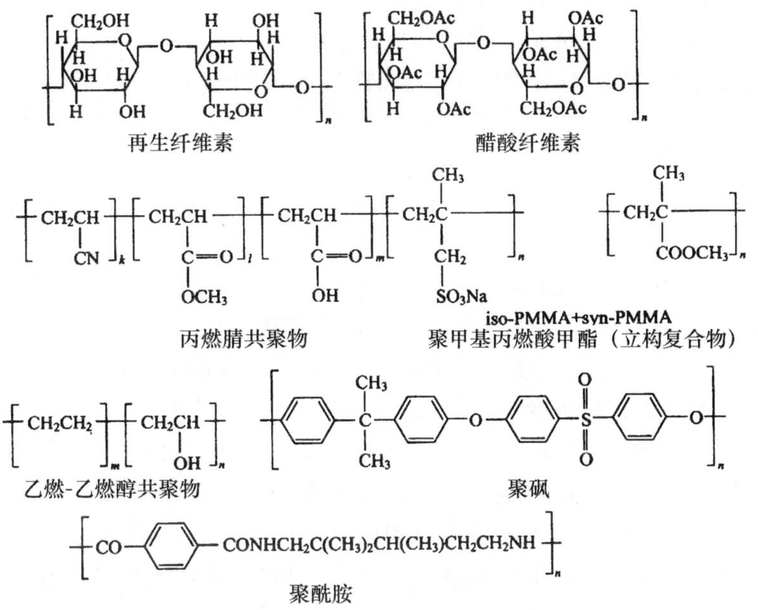

图 6-22　用于制造血液透析膜的高分子材料

100mm 的多孔支持层构成。通过改变溶剂蒸发工艺的介质组成和凝胶化技术,生产出的膜在水和中分子量物质的转运方面优于铜氨膜 150PT。

聚丙烯腈有良好的加工性,能制成强度很好的薄膜和中空纤维。同时,氰基为极性基团,具有亲水性,在共聚物中能够与其他基团形成氢键。因此,发展了一类聚丙烯腈基高分子膜,用于血液净化。为了改善溶质和水的通透性,往往采用共聚、化学修饰、膜拉伸或非对称膜等方法制膜。例如,一种聚丙烯腈基高分子膜是丙烯腈与 2-甲基烯丙基磺酸钠的共聚物,由此制作的透析器已用于临床。AN-69 对分子量在 1000～2000 之间的中分子物质的通透性优于铜氨膜150PT,较适于中分子物质的除去。

非对称聚砜中空纤维膜由 Amicon Corporation 开发出来,内层厚度小于 $1\mu m$,孔直径 2～4nm。通过改变膜的结构调节膜对溶质和水的通透性。

聚甲基丙烯酸甲酯具有较好的强度,能够制成内径 240mm、壁厚 50mm 的中空纤维膜。由此制作的透析器已试用于血液透析或同时的血液透析滤过。由于聚甲基丙烯酸甲酯膜的疏水性强,其透析或滤过作用主要在于膜中的孔度。为了改善膜的亲水性,便于水等极性分子的透膜传质,人们使甲基丙烯酸甲酯与丙烯酸、甲基丙烯酸羟乙酯、甲基丙烯酸缩水甘油醋共聚,或对膜进行亲水性的化学修饰(例如与环氧乙烷反应),得到了较好的结果。

(2)组织器官替代的高分子材料

皮肤、肌肉、韧带、软骨和血管都是软组织,主要由胶原组成。胶原是哺乳动物体内结缔组织的主要成分,构成人体约 30% 的蛋白质,共有 16 种类型,最丰富的是 I 型胶原。在肌腱和韧带中存在的是 I 型胶原,在透明软骨中存在的是 II 型胶原。I 和 II 型胶原都是以交错缠结排列的纤维网络的形式在体内连接组织。骨和齿都是硬组织。骨是由 60% 的磷酸钙、碳酸钙等无机物质和 40% 的有机物质所组成。其中在有机物质中,90%～96% 是胶原,其余是羟基磷灰石和钙磷灰石等矿物质。所有的组织结构都异常复杂。高分子材料作为软组织和硬组织替代材料是组织工程的重要任务。组织或器官替代的高分子材料需要从材料方面考虑的因素有力学性能、表面性能、孔度、降解速率和加工成型性。需要从生物和医学方面考虑的因素有生物活性和生物相容性、如何与血管连接、营养、生长因子、细胞黏合性和免疫性。

在软组织的修复和再生中，编织的聚酯纤维管是常用的人工血管(直径＞6mm)材料，当直径＜4mm时用嵌段聚氨酯。软骨仅由软骨细胞组成，没有血管，一旦损坏不易修复。聚氧化乙烯可制成凝胶作为人工软骨应用。人工皮肤的制备过程是将人体成纤维细胞种植在尼龙网上，铺在薄的硅橡胶膜上，尼龙网起三维支架作用，硅橡胶膜保持供给营养液。随着细胞的生长释放出蛋白和生长因子，长成皮组织。

骨是一种密实的具有特殊连通性的硬组织，由Ⅰ型胶原和以羟基磷灰石形式的磷酸钙组成。骨包括内层填充的骨松质和外层的长干骨。长干骨具有很高的力学性能，人工长干骨需要用连续纤维的复合材料制备。人工骨松质除了生物相容性(支持细胞黏合和生长和可生物降解)的要求外，也需要具有与骨松质有相近的力学性能。一些高分子替代骨松质的性能见表6-7。

神经细胞不能分裂但可以修复。受损神经的两个断端可用高分子材料制成的人工神经导管修复(表6-8)。在导管内植入许旺细胞和控制神经营养因子的装置应用于人工神经。电荷对神经细胞修复具有促进功能，驻极体聚偏氟乙烯和压电体聚四氟乙烯制成的人工神经导管对细胞修复也具有促进功能，但它们是非生物降解性的高分子材料，不能长期植入在体内。

表6-7 人工骨松质的性能

材　料	可降解性	压缩强度/MPa	压缩模量/MPa	孔径/μm	细胞黏合性	可成型性
骨	是	—	50	有	有	不
骨	是	—	50～100	有	有	不
PLA	是	—	—	100～500	有	是
PLGA	是	60±20	2.4	150～710	有	是
邻位聚酯	是	4～16	—	—	有	—
聚磷酸盐	是	—	—	160～200	有	—
聚酐	是	—	140～1400	—	有	是
PET	不	—	—	—	无	是
PET}HA	不	320±60	—	—	有	是
PLGA/磷酸钙	是	—	0.25	100～500	有	是
PLA/磷酸钙	是	—	5	100～500	有	是
PLA}HA	是	6～9	—	—	—	—

表6-8 人工神经导管的高分子材料种类

分　类	材　料
惰性材料导管	硅橡胶、聚乙烯、聚氯乙烯、聚四氟乙烯
选择性导管	硝化纤维素、丙烯腈-氯乙烯共聚物
可降解导管	聚羟基乙酸、聚乳酸、聚原酸酯
带电荷导管	聚偏氟乙烯、聚四氟乙烯
生长或营养素释放导管	乙烯-乙酸乙烯共聚物

6.6.2 药用高分子

按应用目的,可将药用高分子材料分为药用辅助材料、高分子药物、高分子药物缓释材料等。

1. 药用辅助材料

药用辅助高分子材料本身不具备药理和生理活性,仅在药品制剂加工中添加,以改善药物使用性能。例如填料、稀释剂、润滑剂、粘合剂、崩解剂、糖包衣、胶囊壳等,如表6-9。

表6-9 药用辅助高分子材料

填充材料	润湿剂	聚乙二醇、聚山梨醇酯、环氧乙烷和环氧丙烷共聚物、聚乙二醇油酸酯等
	稀释吸收剂	微晶纤维素、粉状纤维素、糊精、淀粉、预胶化淀粉、乳糖等
粘合剂和粘附材料	粘合剂	淀粉、预胶化淀粉、微晶纤维素、乙基纤维素、甲基纤维素、羟丙基纤维素、羧甲基纤维素钠、西黄蓍胶、琼脂、葡聚糖、海藻酸、聚丙烯酸、糊精、聚乙烯基吡咯烷酮、瓜尔胶等
	粘附材料	纤维素醚类、海藻酸钠、透明质酸、聚天冬氨酸、聚丙烯酸、聚谷氨酸、聚乙烯醇及其共聚物、瓜尔胶、聚乙烯基吡咯烷酮及其共聚物、羧甲基纤维素钠等
崩解性材料		交联羧甲基纤维素钠、微晶纤维素、海藻酸、明胶、羧甲基淀粉钠、淀粉、预胶化淀粉、交联聚乙烯基吡咯烷酮等
包衣膜材料	成膜材料	明胶、阿拉伯胶、虫胶、琼脂、淀粉、糊精、玉米朊、海藻酸及其盐、纤维素衍生物、聚丙烯酸、聚乙烯胺、聚乙烯基吡咯烷酮、乙烯—醋酸乙烯酯共聚物、聚乙烯氨基缩醛衍生物、聚乙烯醇等
	包衣材料	羟丙基甲基纤维素、乙基纤维素、羟丙基纤维素、羟乙基纤维素、羧甲基纤维素钠、甲基纤维素、醋酸纤维素钛酸酯、羟丙基甲基纤维素钛酸酯、玉米朊、聚乙二醇、聚乙烯基吡咯烷酮、聚丙烯酸酯树脂类(甲基丙烯酸酯、丙烯酸酯和甲基丙烯酸等的共聚物)、聚乙烯缩乙醛二乙胺醋酸酯等
保湿材料	凝胶剂	天然高分子(琼脂、黄原胶、海藻酸、果胶等),合成高分子(聚丙烯酸水凝胶、聚氧乙烯/聚氧丙烯嵌段共聚物等),纤维素类衍生物(甲基纤维素、羧甲基纤维素、羧乙基纤维素等)
	疏水油类	羊毛脂、胆固醇、低相对分子质量聚乙二醇、聚氧乙烯山梨醇等

与药用辅助高分子材料不同,高分子药物依靠连接在大分子链上的药理活性基团或高分子本身的药理作用,进入人体后,能与肌体组织发生生理反应,从而产生医疗或预防效果。高分子药物可分为高分子载体药物、微胶囊化药物和药理活性高分子药物。

2. 高分子药物

(1)高分子载体药物

低分子药物分子中常含有氨基、羧基、羟基、酯基等活性基团,这些基团可以与高分子反应,结合在一起,形成高分子载体药物。高分子载体药物中产生药效的仅仅是低分子药物部分,高分子部分只减慢药剂在体内的溶解和酶解速度,达到缓/控释放、长效、产生定点药效等目的。例如将普通青霉素与乙烯醇-乙烯胺(2%)共聚物以酰胺键结合,得到水溶性的青霉素,其药效可延长

30～40 倍,而成为长效青霉素(图 6-23)。四环素与聚丙烯酸络合、阿司匹林中的羧基与聚乙烯醇或醋酸纤维素中的羟基进行熔融酯化,均可成为长效制剂。

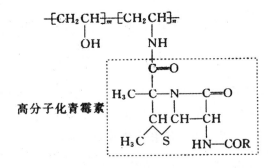

图 6-23 乙烯醇-乙烯胺共聚物载体青霉素

(2)微胶囊化药物

微胶囊是指以高分子膜为外壳来密封保护药物的微小包囊物。以鱼肝油丸为例,外面是明胶胶囊,里面是液态鱼肝油。经过这样处理,液体鱼肝油就转变成了固体粒子,便于服用。微胶囊药物的粒径要比传统鱼肝油丸小得多,一般为 5～200μm。

微胶囊内容物称为芯(core)、核(nucleus)或填充物(fill);外壁称为皮(skin)、壳(shell)或保护膜。囊中物可以是液体、固体粉末,也可以是气体。

按应用目的和制造工艺不同,微胶囊的大小和形状变化很大,包裹形式多样,如图 6-24。

图 6-24 微胶囊的类型

①药物微胶囊化后,有不少优点:药物经囊壁渗透或药膜被浸蚀溶解后才逐渐释放出来,延缓、控制药物释放速度,提高药物的疗效;微胶囊化的药物与空气隔绝,可以防止储存药物的氧化、吸潮、变色等,增加贮存稳定性;避免药物与人体的直接接触,并掩蔽或减弱了药物的毒性、刺激性、苦味等。

②药物微胶囊膜的高分子材料。用作微胶囊膜的材料有无机材料,也有有机材料,应用最普遍的是高分子材料。药物微胶囊膜要考虑芯材的物理、化学性质,如溶解比、亲油亲水性等。作为药物微胶囊的包裹材料,应满足无毒,不会引起人体组织的病变,不会致癌,不会与药物发生化学反应,而改变药物的性质,能使药物渗透,或能在人体中溶解或水解,使药物能以一定方式释放出来。

目前已实际应用的高分子材料中,天然的高聚物有骨胶、阿拉伯树胶、明胶、琼脂、鹿角菜胶、海藻酸钠、聚葡萄糖硫酸盐等。半合成的高聚物有乙基纤维素、羧甲基纤维素、硝基纤维素、醋酸纤维素等。应用较多的合成高聚物有聚葡萄糖酸、乳酸与氨基酸的共聚物、聚乳酸、甲基丙烯酸甲酯与甲基丙烯酸-β-羧乙酯的共聚物等。

③药物微胶囊的制备方法。药物的微胶囊化是低分子药物通过物理方式与高分子化结合的一种形式。药物微胶囊化的具体实施方法有以下几类。

物理方法。空气悬浮涂层法、喷雾干燥法、真空喷涂法、静电气溶胶法、多孔离心法等。

物理化学方法。包括水溶液中相分离法、有机溶剂中相分离法、溶液中干燥法、溶液蒸发法、粉末床法等。

化学方法。包括界面聚合法、原位聚合法、聚合物快速不溶解法等。

在上述三大类制备微胶囊的方法中,物理方法需要较复杂的设备,投资较大,而化学方法和物理化学方法一般通过反应釜即可进行,因此应用较多。

3.高分子药物释放材料

药物服用后通过与机体的相互作用而产生疗效。以口服药为例,药物服用经黏膜或肠道吸收进入血液,然后经肝脏代谢,再由血液输送到体内需药的部位。要使药物具有疗效,必须使血液的药物浓度高于临界有效浓度,而过量服用药物又会中毒,因此血液的药物浓度又要低于临界中毒浓度。为使血药浓度变化均匀,发展了释放控制的高分子药物,包括生物降解性高分子(聚羟基乙酸、聚乳酸)和亲水性高分子(聚乙二醇)作为药物载体(微胶囊化)和将药物接枝到高分子链上,通过相结合的基团性质来调节药物释放速率。

高分子药物缓释载体材料有以下几种:

①天然高分子载体。天然高分子一般具有较好的生物相容性和细胞亲和性,因此可选作高分子药物载体材料,目前应用的主要有壳聚糖、琼脂、纤维蛋白、胶原蛋白、海藻酸等。

②合成高分子载体。聚磷酸酯、聚氨酯和聚酸酐类不仅具有良好的生物相容性和生理性能,而且可以生物降解。

水凝胶是当前药物释放体系研究的热点材料之一。亲水凝胶为电中性或离子性高分子材料,其中含有亲水基—OH、—COOH、—CONH$_2$、—SO$_3$H,在生理条件下凝胶可吸水膨胀10%~98%,并在骨架中保留相当一部分水分,因此具有优良的理化性质和生物学性质。可以用于:大分子药物(如胰岛素、酶)、不溶于水的药物(如类固醇)、疫苗抗原等的控制释放。如将抗肿瘤药物博莱霉素混入用羟丙基纤维素(HPC)、并交联聚丙烯酸和粉状聚乙醚(PEO)制成的片剂,在人体内持续释放时间可达 23h 以上。

第7章　功能复合材料

7.1　电功能复合材料

7.1.1　电接触复合材料

电接触元件担负着传递电能和电信号以及接通或切断各种电路的重要功能,电接触元件所用的材料性能直接影响到仪表、电机、电器和电路的可靠性、稳定性、精度及使用寿命。

1. 滑动电接触复合材料

滑动电接触元件能可靠传递电能和电信号,要求耐磨、耐电、抗粘结、化学稳定性好、接触电阻小等性能。采用碳纤维增强高导电金属基复合材料,替代传统的钯、铂、钌、银、金等贵金属合金,接触电阻减小,且导热快可避免过热现象;同时能增加强度及过载电流,并具有优良的润滑性和耐磨性等优点。碳纤维增强铜复合材料还被用于制造导电刷。用于宇宙飞船的真空条件下工作的长寿命滑环及电刷材料,主要采用粉末冶金法制备,含有固体润滑剂二硫化钼或二硒化铌或石墨的银基复合材料,工作寿命可大大提高。

2. 开关电接触复合材料

开关电接触复合材料主要是以银作为基体的复合材料,它利用银的导电导热性好、化学稳定性高等优点,又通过添加一些材料来改善银的耐磨、耐蚀、抗电弧侵蚀能力,从而满足了断路器、开关、继电器中周期性切断或接通电路的触点对各项性能的要求。开关电接触材料使用最多的是用金属氧化物改性的银基复合材料,如银-氧化镉、银-氧化铝、银-氧化锌、银-氧化镍等材料。为进一步提高开关接触材料的性能,还开发了碳纤维银基复合材料、碳化硅晶须或颗粒增强银基复合材料。

7.1.2　导电复合材料

导电复合材料是在聚合物基体中,加入高导电的金属与碳素粒子、微细纤维,然后通过一定的成形方式而制备出的。加入聚合物基体中的这些添加材料为增强体和填料。

增强体是一种纤维质材料,或者是本身导电,或是通过表面处理来获得导电。用得较多的是碳纤维,其中用聚丙烯腈碳纤维制成的复合材料比沥青基碳纤维增强复合材料具有更加优良的导电性和更高的强度。在碳纤维上镀覆金属镍,可进一步增加导电率,但这种镀镍碳纤维与树脂基体的粘接性却被削弱。除碳纤维以外,铝纤维和铝化玻璃纤维亦用作导电增强体。不锈钢纤维是进入导电添加剂领域新型材料,其纤维直径细小,以较低的添加量即可获得好的导电率。

导电复合材料中使用较多的填料为炭黑,它具有小粒度、高石墨结构、高表面孔隙度和低挥发量等特点。金属粉末也可用作填料,加入量为质量分数 30%～40%。选择不同材质、不同含量的增强体和填料,可获得不同导电特性的复合材料。

1. 屏蔽复合材料

导电率大的树脂基复合材料,可有效地衰减电磁干扰。电磁干扰是由电压迅速变化而引起的电子污染,这种电子“噪声”分自然产生的和人造电子装置产生的。如让其穿透敏感电子元件,极像静电放电,会产生计算错误或抹去计算机存储等。导电复合材料的屏蔽效应是其反射能和内部吸收能的总和。一种良好的抗电磁干扰材料既可屏蔽入射干扰,也可容纳内部产生的电磁干扰,而且它可任意注塑各种复杂形状。采用镀覆金属镍的碳纤维作增强体时,其屏蔽效果更加显著,例如,25%镀镍碳纤维增强聚碳酸酯复合材料,屏蔽效应为 40～50dB。

2. 静电损耗复合材料

静电损耗复合材料是表面电阻率在 10^2～10^6 Ω/单位表面的导电复合材料,它能迅速地将表面聚积的静电荷耗散到空气中去,可以防止静电放电电压高(4000～15 000V)而损坏敏感元件。静电损耗复合材料可用传统的注塑、挤塑、热压或真空成形法进行加工。玻璃纤维增强聚丙烯复合材料常用于制造料斗、存储器、医用麻醉阀、滑动导架、地板和椅子面层等;玻璃纤维增强尼龙复合材料用来制造集成电路块托架、输送机滚柱轴承架、化工用泵扩散器板等。还有其他基体的以及碳纤维增强的静电损耗复合材料。

聚合物导电复合材料还具有某些无机半导体的开关效应的特性。因此,由这种导电复合材料所制成的器件在雷管点火电路、自动控制电路、脉冲发生电路、雷击保护装置等多方面有着广阔的应用前景。

7.1.3　压电复合材料

压电复合材料具有应力-电压转换特性,当材料受压时产生电压,而作用电压时产生相应的变形。在实现电声换能、激振、滤波等方面有极广泛的用途。

钛酸钡压电陶瓷、锆钛酸铅、改性锆钛酸铅和以锆钛酸铅为主要基元的多元系压电陶瓷、偏铌酸铅、改性钛酸铅等无机压电陶瓷材料压电性能良好但其硬而脆的特性给加工和使用带来困难。一种以有机压电薄膜材料聚偏氟乙烯为代表的有机压电薄膜,材质柔韧、低密度、低声阻抗和高压电电压常数,在水声、超声测量、压力传感、引燃引爆等方面得到应用。但其缺点在于压电应变常数偏低,使作为有源发射换能器受到很大的限制。如聚偏二氟乙烯经极化、拉伸成为驻极体后亦有压电性,但由于必须经拉伸、极化,材料刚度增大,难于制成复杂形状,并且具有较强的各向异性。这两类压电材料都是压电性能好、但综合性能差。如将钛酸锆与聚偏二氟乙烯或聚甲醛复合而得的具有一定压电性的压电复合材料,虽然压电性不十分突出,但其柔软、易成形,尤其是可制成膜状材料,大大拓宽了压电材料的用途。更重要的是压电性及其他性能的可设计性,因而可以同时实现多功能性。

1. 结构设计

最初是将压电陶瓷粉末和有机聚合物按一定比例进行机械混合,虽然可以制出具有一定性能水平的压电复合材料,但远未能发挥两组成各自的长处。因此,在材料设计中,不仅要考虑两组成机械混合所产生的性能改善,还要十分重视两组成性能之间的"耦合效应"。采用"连通性"的概念,在复合材料中,电流流量的流型和机械应力的分布以及由此而得到的物理和机电性能,均与"连通性"密切相关。在压电复合材料的两相复合物中,有 10 种"连通"的方式,即 0-0、0-1、0-2、0-3、1-1、1-2、1-3、2-1、2-2、2-3、3-3,第一个数码代表压电相,第二数码代表非压电相。对两相复合而言,其"连通"方法有串联连接和并联连接之分。串联连接相当于小的压电陶瓷颗粒悬浮于有机聚合物中。并联连接相当于压电陶瓷颗粒的尺寸与有机聚合物自厚度相近或相等。简单地计算表明,含有 50%(体积分数)PZT 的压电复合材料,其 d·g 均比 PZT 压电陶瓷这两个参数的乘积要高。

1976 年,美国海军研究实验室分别利用较小的 PZT 颗粒和大的颗粒填充到聚合物中制成压电复合材料。前者由于压电陶瓷微粒的直径小于复合物的厚度,妨碍了压电微粒极化的饱和,因此,压电响应小;而后者压电颗粒尺寸接近和等于复合物厚度,极化可以贯通,使压电颗粒极化达到饱和,压电常数得到提高。

2. 制备方法

(1)混合法

将压电陶瓷粉末与环氧树脂、PVDF 等有机聚合物按一定比例混合,经球磨或轧膜、浇铸成形或压延成形制成压电复合材料。此法使用的 PZT 压电陶瓷粉末,尺寸直径不小于 $10\mu m$。

(2)复型法

利用珊瑚复型,制成 PZT 的珊瑚结构,而后其中充填硅橡胶作成 3-3 连通型压电复合材料,此工艺复杂,不易批量生产。

(3)Burps 工艺

用 PZT 压电陶瓷粉末与聚甲基丙烯酯以 30/70 的体积比混合,并加入少量聚乙烯醇压成小球。烧结后,小球疏松多孔,可注入有机聚合物,如硅橡胶等。此法较珊瑚复型法制作简单,得到的压电复合材料性能亦有提高。

(4)切割法

把具有一定厚度、极化了的 PZT 压电陶瓷片粘在一平面基板上,然后在 PZT 平面上进行垂直切割,将 PZT 切成矩形,其边长 $250\mu m$,空间距离 $500\mu m$。切好后放进塑料圆管中,在真空条件下,向切好的沟槽内浇铸环氧树脂,经固化,将 PZT 与基体分离,处理后,制极、极化,制成 1-3 连通型压电复合材料。

(5)注入法

将 PZT 压电陶瓷粉末模压,烧成 PZT 蜂房结构,向蜂房结构中注入有机聚合物,制成 1-3 连通型压电复合材料。这种材料适用于厚度模式的高频应用。

(6)钻孔法

在烧成的一定厚度的 PZT 立方体上,用超声钻打孔,而后注入有机聚合物和环氧树脂,固化后,切片、制极、极化,制成压电复合材料。

在有机聚合物中加入孤立的第三相,制得三相复合的压电复合材料,以改善材料的压力,释放和降低其泊松比。制成 1-3-0 连通型压电复合材料,可提高其压电应变常数。

3. 性能和应用

表 7-1 列出了不同方法研制的适于水声应用的几种连通型的压电复合材料的介电和压电件能。

表 7-1　水声应用的几种连通型的压电复合材料

类型	性能	密度 /(g/cm³)	介电常数/ε	压电应变常数 g_h/(10^{-12}C/N)	压电电压常数 d_h/(10^{-3}Vm/N)	$d_h \cdot g_h$/ (10^{-13} m²/N²)
	单相 PZT	7.6	1800	40	2.5	100
	PVDF 薄膜	1.8	13	11.5	108	1246
3-3	珊瑚型-PZT	3.3	50	140	36	5040
	PZT-SPURRS 环氧树脂	4.5	620	20	110	2200
	PZT-硅橡胶	4.0	450	45	180	8100
1-3	PZT 棒-SPURRS 环氧树脂	1.4	54	56	27	1536
	PZT-聚氨酯	1.4	40	56	20	1100
1-3 -0	PZT-SPURRS 环氧树脂-玻璃球	1.3	78	60	41	2460
	PZT-泡沫聚氨酯	0.9	41	210	73	14600
0-3	PbTiO₃- 氯丁二烯橡胶	—	40	100	35	3500
	Bi₂O₃ 改性 PbTiO₃- 氯丁二烯橡胶	—	40	28	10	280
3-1	打孔 3-1 型复合	2.6	650	30	170	5100
3-2	打孔 3-2 型复合	2.5	375	60	300	12000

压电复合材料具有高静水压灵敏度,在水声、超声、电声以及其他方面得到了广泛应用。用其制作的水声换能器不仅有高的静水压响应,而且耐冲击,不易受损且可用于不同深度。用其研制的高频(3~10MHz)超声换能器已在生物医学工程和超声诊断等方面得到应用,如用 1-3 连通型成功地制作出了 7.5MHz 的医用超声探头。

由于压电复合材料密度可在较宽范围内改变,从而改善了换能器负载界面的声阻抗匹配,减少了反射损耗,而材料的低 QM 值,又可使换能器具有良好的宽带特性和脉冲响应。因此,压电复合材料已成为制作高频超声换能器的最佳材料之一。

用压电复合材料研制的中心频率为 4.5MHz 的线阵换能器已用于物体的声成像。用 2-2 连通型材料制作的直线相控阵换能器显示了其明显的优点。1-3 连通的蜂房型压电复合材料可用作变形反射镜的弯曲背衬材料,在天文领域用的光学器件中得到应用。用复合压电材料制作的平面扬声器也有产品面市。

7.1.4 超导复合材料

高临界转化温度的氧化物超导体脆性大,虽有一定的抵抗压缩变形的能力,但其拉伸性能极差,成形性不好,使得超导体的实用化受到了限制。用碳纤维增强锡基复合材料通过扩散粘接法将 $YBa_2Cu_3O_7$ 超导体包覆于其中,从而获得良好的力学性能、电性能和热性能的包覆材料。试验发现,随着碳纤维体积含量增加,碳纤维/锡-铱钡铜氧复合材料的拉伸强度不断提高。碳纤维基本上承担了全部的拉伸载荷,在断裂点之前碳纤维/锡材料包覆的超导体,一直都能保持超导特性。

7.2 光学功能复合材料

7.2.1 红外隐身复合材料

20 世纪 70 年代后期光电技术发展迅速,许多新型探测器相继问世,如激光测距、激光跟踪、激光警告、热像仪等,使光电对抗也加入到了现代战争的行列。由于探测器种类增多,工作频率加宽,探测方式向空间立体化方向发展,对隐身技术宽带化,兼容性等方面提出了许多新要求。隐身技术包括结构隐身、材料隐身、干扰抗干扰隐身。雷达、激光与热像仪的探测原理不同,对材料参数的要求是相反的,使材料隐身的宽带化和兼容性成为难度。

红外隐身材料是针对热像仪而研制的隐身材料。Maclean 等人用反差比辐射 C 的大小表示热像仪的可探测性,$C=E_O-E_B$,E_O 为目标比辐射率,E_B 为背景比辐射率。C 越大,热像仪分辨率越强,可探测性越大。当 $C=0$ 时,处于隐身最佳状态。对抗热像仪探测器,需要控制材料的比辐射率。目标与背景的温差越大要求材料的比辐射率越低。由于比辐射率 E 与吸收系数 γ 成正比,因此 E 小则 γ 小,对主动隐身不利。抗热像仪探测的隐身技术又称为被动隐身。可见主被动隐身技术对材料参数的要求是矛盾的。因此主被动隐身技术的兼容性就成为材料隐身的高难技术领域。材料的比辐射率主要取决于材质、温度及表面状态。

红外隐身材料主要集中于红外涂层材料,有两类涂料。一类是通过材料本身或某些结构和工艺使吸收的能量在涂层内部不断消耗或转换而不引起明显的温升。另一类涂料是在吸收红外能量后,使吸收后释放出来的红外辐射向长波长转移,并处于探测系统的效应波段以外,达到隐身目的。涂料中的胶粘剂、填料、涂层的厚度与结构都直接影响红外隐身效果。

随着红外和光电探测及制导系统的迅速发展,在要求飞行器具有雷达波隐身的能力的同时也要求飞行器必须具有红外隐身效果。研制红外、微波兼容的多功能隐身材料,必须从材料本体结构以及复合工艺等多方面予以综合考虑。许多半导体材料及导电材料都具有良好的微波吸收特性,若将这些材料与红外隐身涂料进行合理的复合就能获得宽频兼容的雷达波、红外多功能隐身材料。英国 SCRDE 实验室已制备了一种新型的热屏蔽材料,它是一种复合结构的涂层,其红外辐射率为 0.2,同时也具有良好的微波隐身效果。

7.2.2　导光和透光复合材料

减小反射的途径是增加吸收或增加透射。增加吸收不利于减小比辐射率,增加透射对反射、比辐射率均有益。在研究主被动兼容性隐身功能中,引进光的传输特性会收到事半功倍的效果。导光材料和透光材料就是在这种背景下而诞生的新材料。

纳米材料的光学性质与粗粉及块状材料差异极大。例如,当银的粒径为 50nm 以下时则由银白色变为浅粉色,铁红、铁黄、铁黑等颜料当粒径为 150nm 时是非常透明的颜料。纳米材料特殊的光学性质还体现在对于光的吸收、辐射、反射、透射等方面。粒径为 10nm 的四氧化三铁超微粒子的透射特性与粗粉不同,其传输特性已发生了很大变化。将传输特性引入隐身材料设计已成为可能,纳米材料的透射特性异常,为导光材料和透光材料问世奠定了基础。

美国维斯特·考阿斯特公司最早成功地研制了无碱玻璃纤维增强不饱和聚酯型透光复合材料,根据建筑采光、化工防腐等各种应用的需要,制成的透光复合材料有耐化学腐蚀的、自熄的、耐热的(120℃)、透红外光的、透紫外光的、透红橙光的以及特别耐老化的等种类。但总的说来,不饱和聚酯型透光复合材料透紫外光能力差、耐光老化性不好。为此,美国、日本等又先后开发研制出了碱玻璃纤维增强丙烯酸型透光复合材料,其光学特性、力学性能都比不饱和聚酯型的有明显改进。

以玻璃纤维增强聚合物基体的透光复合材料的性能取决于基体、增强体以及填料、纤维与树脂间界面的粘接性能以及光学参数的匹配。通常强度和刚度等力学性能主要由纤维所承担,纤维的光学性能一般较固定,而树脂的光学性能在相当程度上与材料的各种化学、物理性能有关。如何使熟知的光学性能与玻璃纤维相匹配又兼顾其力学性能、阻燃性、耐老化性、经济性、色泽等特性,目前这方面的工作已取得较大进展。

7.3　吸声和吸波功能复合材料

7.3.1　吸声材料

吸声材料就是可把声能转换成热能的材料。材料的吸声功能与材料的结构有关。不同的材料和结构,具有不同的吸声方式。目前的吸声材料主要有玻璃纤维、矿物纤维、陶瓷纤维等纤维类材料和泡沫玻璃、泡沫陶瓷等泡沫类材料。这些吸声材料可分为两类,即柔顺性的吸声材料和非柔顺性的吸声材料。对于柔顺性的吸声材料,主要是通过骨架内部摩擦、空气摩擦和热交换来达到吸声的效果。这类材料,为了提高柔顺性,内部要多孔。其表面膜层的面密度、韧度和骨架密度是重要的性能参量;为了避免吸收频带过窄,表面膜要轻,但表面可以无孔。非柔顺性多孔吸声材料,主要靠空气的粘滞性来达到吸声的功能。进入材料的声波迫使孔内的空气振动,而空气与固体骨架间的相对运动所引起的空气摩擦损耗使声能变为热能。

通常控制吸声性能的主要参量是吸声材料的厚度、频率、空气流阻、孔隙率和结构因子。结构因子是指材料中孔的形状和分布方向等。吸声材料层可不均匀,通常可直接固定在刚硬结构多孔材料层,形成广义上的复合材料。其对于高频($>500\text{Hz}$)的吸收比低频更有效。这类材料的特点是声波易于进入材料的孔内,因此不仅内部而且表面也是多孔的。

纤维类和泡沫吸声材料已广泛应用,但这些材料也存在着一些不足,比如在施工安装中,操作人员会有扎手的感觉;在遇水或附着粉尘后,吸声性能急剧下降,纤维脆断脱落,易造成二次污染等。因此,吸声材料向两个方向发展,一个是由松散材料的使用到成形的吸声材料,另一个是功能性与装饰性相结合,以满足人们对室内装饰的日益重视。

1. 材料制备

将原料 PVC、增塑剂、防老剂、无机物、发泡剂(事先用丙酮分散)等组分按一定的配比混合,将其放入模具,并在 $190\sim200℃$ 温度下进行发泡,待泡沫稳定后,取出模具,冷却脱模,即得到所需的产品。

2. 吸声性能的影响因素

(1)材料厚度

聚合物-无机物复合材料具有一般多孔性材料的吸声特性,即吸声系数随着厚度的增加而增大,而且吸声特性频率向低频移动。但对高频并无好处,这是因为高频声在材料表面就被吸收了。

(2)试样的容重

当厚度一定,其吸声特性曲线随容重改变而发生变化,即随容重的增加,其低频吸声系数有所提高,但对高频影响不大。然而,如果容重过大,内部孔隙率过小,声波透入的阻力太大,尤其是低频部分的透入量要受到影响,故该吸声材料存在最佳的容重范围为 $200\sim300\text{kg/cm}^3$。

同时,即使容重相同,吸声系数也会因体系中无机物含量以及粒径,或 PVC 泡沫体的泡孔结构不同而有所变化。通常厚度大的试样吸声系数也大。即明容重同厚度相比,对吸声系数的影响只是第二位的因素。但 PVC 与无机物之间存在最佳的配比。

(3)无机物的粒径

对于具有相同的 PVC 及无机物质量比,以及相同容重的复合材料,粒径小的无机物所占的体积小于粒径大的,加之其粒径同固体 PVC 颗粒粒径相近,所以容易混合分散均匀。经发泡后,无机物粒径小的复合材料内部孔隙较小,流阻较大,吸声效果好。粒径越小,PVC 泡沫塑料的共振吸收峰便越不明显,这是由于随着无机物粒径的减小,PVC 泡沫体的弹性减小,对特定频率的声波的共振减弱,在该频率也就不会发生大的吸收。这使吸声系数在整个频率范围内的变化平缓,对于全频带的吸声具有很大的价值。但当粒径小到影响了无机物本身的微孔结构的完整时,吸声性能反而会下降。

3. 吸声材料的其他性能

(1)力学性能

PVC-无机的复合材料料的主要力学性能均优于聚氨酯泡沫塑料吸声板,而且已达到了安装和施工的要求。

（2）阻燃性能

由于 PVC 本身分子链中含有氯原子，所以本身具有自熄性。同时加入大量耐热的无机物的，对易燃成分起到了稀释作用，也降低了该复合材料的燃烧性。但是成形加工时需要而加入的增塑剂是易燃的物质，又因为 PVC-无机物复合发泡体的单位体积质量相当小，而表面积大以及热导率低等因素都导致其容易燃烧。通过添加阻燃剂的方法可提高材料的阻燃性能。

这种中低频吸声性能优良的新型吸声材料，易加工成形。另外，还可通过改变配方的方法来满足特定频率吸声的要求，可适合不同的建筑施工以及不同吸声降噪场合的需求。

7.3.2　吸波材料

吸波材料最早是针对雷达而研制的隐身材料。雷达依靠捕捉目标反射信号发现目标。根据反射信号的强弱、方位、时间等可得知目标的距离、方位。当一束电磁波辐射到一介质表面时，遵循 $\alpha+\beta+\gamma=1$ 规律，α 为透射系数，β 为反射系数，γ 为吸收系数。反射信号越弱，雷达探测到目标就越困难。假设 $\alpha=0$，减小 β 唯一的途径是使 γ 值趋于 1，也就是使材料有大的吸收系数。对抗雷达探测的材料也称为吸波材料。凡是与雷达探测原理相同的探测器，都可用吸波材料达到隐身的目的；而对抗激光测距，吸波材料也是行之有效的手段，这类隐身技术被称为主动隐身技术。雷达波吸波材料和激光吸波材料都可分为谐振型、非谐振型两类。谐振型吸波效果与材料厚度有关。非谐振型与材料的介电常数、磁导率、电导率等参数有关，而且这些参数随材料厚度的变化是逐级或无级的，因此材料内部寄生反射较少，可不考虑材料厚度。

吸波材料可分为涂覆型和结构型两类。涂覆型吸波材料包括涂料和贴片。日本研制的一种宽频高效吸波涂料是由电阻抗变换层和低阻抗谐振层组成的双层结构。其中变换层是铁氧体和树脂的混合物，谐振层则是铁氧体、导电短纤维与树脂构成的复合材料。可吸收 1.2GHz 的雷达波，吸收带宽达 50%、吸收率达 20dB 以上。结构吸波材料是一种多功能复合材料，是由吸波材料与树脂基复合材料经合理的结构设计构成的，它既能承载作结构件，又能较好地吸收（或透过）电磁波，已成为当代隐身材料的重要发展方向。结构型吸波材料可制成蜂窝状、波纹状、层状、棱锥状、泡沫状。将吸波材料或吸波纤维复合到这些结构中去，用作飞机结构材料，尤其是用非金属结构材料做结构型骨架，可大大减轻机身质量。该类吸波材料通常有薄板型和杂质型两种，后者由于使得从表面透波层进入结构的电磁波可通过夹芯进行多次散射吸收，因而夹层结构更易于实现电磁波在结构中"透、吸、散"的作用。20 世纪 90 年代西欧联合研制的主力战斗机 EFA 也采用隐身技术，大量采用碳纤维、开费拉纤维以及其他纤维增强的热固性聚酰亚胺和热塑性复合材料；日本的 AMS-1 空对舰导弹尾翼就采用了含有铁氧体的玻璃钢。除了碳纤维复合材料用作结构吸波材料以外，由玻璃纤维、石英纤维、开费拉纤维和超高强度的聚乙烯纤维增强的高性能热塑性复合材料具有优异的透波性能，是制造雷达罩的理想材料。

1. 制备方法

采用超声分散将平均粒径 70～80nm 的金属镍微粒均匀分散到聚碳硅烷体系内。通过熔融纺丝、不熔化、烧成，制得掺混型碳化硅 SiC 纤维。经阻抗匹配设计，将具有一定强度和适宜电磁参数的掺混型碳化硅纤维正交铺排，刷上一定比例加有固化剂的环氧树脂，加压固化，制得单层树脂基结构吸波材料。

2. 阻抗匹配设计原理

通常设计层板型结构吸波材料,是在选定了树脂体系及增强材料并限制了厚度和密度的前提下,对材料的电学性能及配方进行优化设计。吸波材料对雷达波的吸收性能不仅取决于材料的介电损耗,还决定于雷达波能否从介质进入材料内部,这就要求材料表面的电阻抗与介质相同,即阻抗匹配。

3. 材料结构及吸波性能

单层雷达波吸波材料存在吸收频带较窄的缺点,采用单层材料难以达到雷达波吸波材料获得所希望的频宽。解决方法是将按电阻抗渐变的原则复合成多层材料。多层材料可以在厚度方向改变特性阻抗以获得最小的表面反射,是拓宽雷达波吸收材料吸波频带的常用方法。但层数越多,实际施工中的困难也越大,因此对于实际应用的吸波材料来说一般不超过三层。

结构吸波材料主要由树脂基体、增强体和吸收剂复合而成。一般采用环氧618树脂为基体,增强体和吸收剂都是含镍的掺混型碳化硅纤维。这种纤维具有较好的力学性能、连续可调的电阻率、合适的电磁参数和较大的电磁损耗角,在一定范围内,其基本电学性能可根据层料组成和制备工艺进行控制与调节。并对吸波材料的结构与厚度进行设计,使材料阻抗尽可能与自由空间匹配。所制备的三层结构吸波材料总厚度为4mm,从最外层到与金属板相接触的最里层分别为第一、二、三层,厚度分别为1.5mm、1.5mm、1.0mm每层选用的纤维分别为SiC/Ni-1、SiC/Ni-3和SiC/Ni-5(数字代表纤维内镍的质量分数)。双层结构吸波材料总厚度为4.5mm,所选用的吸收剂分别为三层结构吸波材料第一和第三层选用的碳化硅纤维,厚度分别为2.5mm和2.0mm。

7.4 结构功能复合材料

7.4.1 聚合物基复合材料

聚合物基复合材料是以有机聚合物为基体,纤维为增强材料组合而成的。纤维有高强度、高模量的特性。基体的粘接性能好,基体又能使载荷均匀分布,并传递到纤维上去,并允许纤维承受压缩和剪切载荷。纤维和基体之间的良好的复合可发挥各自的优点,实现最佳结构设计。

组成聚合物基复合材料的纤维和基体的种类很多,如玻璃纤维增强热固性塑料(俗称玻璃钢)、短切玻璃纤维增强热塑性塑料、碳纤维增强塑料、碳化硅纤维增强塑料、矿物纤维增强塑料、石墨纤维增强塑料、芳香族聚酰胺纤维增强塑料、木质纤维增强塑料等。

1. 聚合物基复合材料的性能

①具有较高的比强度和比模量。可与金属材料,如钢、铝、钛等进行比较。
②减振性能抗振、抗声性能好,纤维与基体界面具有吸振的能力,其振动阻尼很高。
③高温性能好。耐热性相当好,宜作烧蚀材料,在高温时,表面发生分解,引起汽化,与此同

时吸收热量,达到冷却的目的,随着材料的逐渐消耗,表面出现很高的吸热率。例如玻璃纤维增强酚醛树脂,就是一种烧蚀材料,烧蚀温度达 1650℃。原因是酚醛树脂受高热时,会立刻碳化,形成耐热性很高的碳原子骨架,而且纤维仍然被牢固地保持在其中。此外,玻璃纤维本身有部分汽化,而表面上残留下几乎是纯的二氧化硅,它的粘结性相当好,从而阻止了进一步的烧蚀。并且它的热导率仅为金属的 0%~0.3%,瞬时耐热性好。

④抗疲劳性能好。金属的疲劳极限是抗拉强度的 40%~50%,碳纤维复合材料为 70%~80%。

⑤可设计性强。通过改变纤维、基体的种类及相对含量、纤维集合形式及排列方式等可以满足对复合材料结构与性能的各种设计要求。制造多为整体成形,不需要二次加工。

⑥安全性好。聚合物基复合材料中有大量的独立纤维,每平方厘米的复合材料上有几千根,甚至上万根纤维分布着,当材料超载时,即使有少量纤维断裂,但其载荷会重新分配到未断裂的纤维上,在短期内不致使整个构件失去承载的能力。

⑦断裂伸长率小、抗冲击强度差、横向强度和层间剪切强度低。

2. 玻璃纤维增强热固性塑料(GFRP)

玻璃纤维增强热固性塑料的特点是密度比金属铝还要小,比强度比高级合金钢还高,因此,又被称为"玻璃钢"。有良好的耐蚀性和电绝缘,不受电磁作用的影响,不反射无线电波,微波透过性好,可用来制造扫雷艇和雷达罩。还具有保温、隔热、隔音、减振等性能。缺点是刚性差,基体易老化,在光和空气中产生氧化,在有机溶剂中也会老化。

玻璃纤维(长纤维、布、带、毡等)作为增强材料,热固性塑料(环氧树脂、酚醛树脂、不饱和聚酯树脂等)作为基体的纤维增强塑料,俗称玻璃钢。据基体种类分成三类,即玻璃纤维增强环氧树脂、玻璃纤维增强聚酯树脂、玻璃纤维增强酚醛树脂。

(1)玻璃纤维增强环氧树脂

玻璃纤维增强环氧树脂是 GFRP 中综合性能最好的一种,基体环氧树脂的粘结能力最强,与玻璃纤维复合时,界面剪切强度最高。环氧树脂固化时无小分子放出,因此尺寸稳定性最好,收缩率只有 1%~2%。其缺点时环氧树脂粘度大,加工不方便,而且成形时需要加热,在室温下成形会导致环氧树脂固化反应不完全,不能制造大型的制件。

(2)玻璃纤维增强聚酯树脂

树脂中加入引发剂和促进剂后,可以在室温下固化成形,由于树脂中的交联剂的稀释剂的作用,树脂的粘度大大降低,可制作大型构件材料。透光率达 60%~80%,透光性好,可作采光瓦。缺点是固化时收缩率大,约达 8%,耐酸、碱性差。

(3)玻璃纤维增强酚醛树脂

玻璃纤维增强酚醛树脂是 GFRP 中耐热性最好的一种,可在 200℃下长期使用,甚至可以在 1000℃以上的高温下短期使用。玻璃纤维增强酚醛树脂是一种耐烧蚀材料,可用它做宇宙飞船的外壳;因它的耐电弧性,可用于制作耐电弧的绝缘材料。但性能较脆,机械强度不如环氧树脂。固化时有小分子副产物放出,故尺寸不稳定。酚醛树脂对人体皮肤有刺激作用。

3. 玻璃纤维增强热塑性塑料(FR-TP)

玻璃纤维(长纤维或短切纤维)为增强材料,热塑性塑料(聚酰胺、聚丙烯、低压聚乙烯、ABS

树脂、聚甲醛、聚碳酸酯、聚苯醚等工程塑料)为基体的纤维增强塑料。比玻璃纤维增强热固性塑料密度更小,为钢材的 $1/6 \sim 1/5$,比强度高,蠕变性能大大改善。

(1)玻璃纤维增强聚丙烯(FR-PP)

玻璃纤维增强聚丙烯与纯聚丙烯相比机械强度大大提高了,当短切玻璃纤维质量分数达 $30\% \sim 40\%$ 时,其强度达到顶峰,抗拉强度达到 100MPa,远高于工程塑料聚碳酸酯、聚酰胺等。随着玻璃纤维含量提高,聚丙烯的低温脆性得到了很大改善。FR-PT 的吸水率很小,是聚甲醛和聚碳酸酯的十分之一。

耐沸水和水蒸气性能突出,含有质量分数 20% 短切纤维的 FR-PP 在水中煮 1500h,其抗拉强度只降低 10%,在室温水中浸泡时则强度不变。但在高温、高浓度的强酸、强碱、有机化合物中会使机械强度下降。聚丙烯中加入质量分数 30% 的玻璃纤维复合后,其热变形温度显著提高,可达 153℃(1.86MPa),已接近了纯聚丙烯的熔点,但是必须在复合时加入硅烷偶联剂。

(2)玻璃纤维聚酰胺(FR-PA)

聚酰胺本身的强度比一般塑料的强度高,耐磨性好。但它的吸水率大,因而尺寸稳定性差,另外它的耐热性也较低。用玻璃纤维增强的聚酰胺品种很多,如玻璃纤维增强尼龙 6(FR-PA6)、玻璃纤维增强尼龙 66(FR-PA66)、玻璃纤维增强尼龙 1010(FR-PA1010)等。

玻璃纤维增强聚酰胺中,玻璃纤维的质量分数达到 $30\% \sim 35\%$ 时,其增强效果最为理想,它的抗拉强度可提高 $2 \sim 3$ 倍,抗压强度提高 1.5 倍,最突出的是耐热性提高的幅度最大,例如尼龙 6 的使用温度为 120℃,而玻璃纤维增强尼龙 6 的使用温度可达到 $170 \sim 180$℃。在这样高的温度下,往往材料容易产生老化现象,因此应加入一些热稳定剂。FR-PA 的线膨胀系数比 PA 降低了 $1/5 \sim 1/4$,含质量分数 30% 玻璃纤维的 FR-PA6 的线膨胀系数为 0.22×10^4℃$^{-1}$,接近金属铝的线膨胀系数 $(0.17 \sim 0.19) \times 10^4$℃$^{-1}$。另一特点是耐水性得到了改善,聚酰胺的吸水直接影响其机械强度和尺寸稳定性和电绝缘性,随着玻璃纤维加入量的增加,其吸水率和吸湿速度则显著下降。如 PA6 在空气中饱和吸湿率为 4%,而 FR-PA6 则降到 2%,吸湿后的机械强度比 PA6 提高三倍。电绝缘性也比纯 PA 好,可以制成耐高温的电绝缘零件。

(3)玻璃纤维增强聚苯乙烯类塑料

聚苯乙烯类树脂多为橡胶改性树脂,如丁二烯-苯乙烯共聚物(BS)、丙烯腈-苯乙烯共聚物(AS)、丙烯腈-丁二烯-苯乙烯共聚物(ABS)等。这些聚合物在用长玻璃纤维或短切玻璃纤维增强后,其机械强度及耐高、低温性、尺寸稳定性均大有提高。例如含有质量分数 20% 玻璃纤维的 FR-AS 的抗拉强度比 AS 提高将近一倍,而且弹性模量提高几倍。FR-AS 比 AS 的热变形温度提高了 $10 \sim 15$℃,而且随着玻璃纤维含量的增加,热变形温度也随之提高,使其在较高的温度下仍具有较高的刚度。此外,随着玻璃纤维含量的增加,线膨胀系数减小,含有质量分数 20% 玻纤的 FR-AS 线膨胀系数与金属铝相接近。

脆性较大的 BS、AS,加入玻璃纤维后冲击强度提高了;韧性较好的 ABS,加入玻璃纤维后,会使韧性降低,抗冲击强度下降,直到玻璃纤维质量分数达到 30%,冲击强度才不再下降,而达到稳定阶段,接近 FR-AS 的水平。复合时要加入偶联剂。

(4)玻璃纤维增强聚酯

聚酯作为基体材料主要有两种,即是聚苯二甲酸乙二醇酯(PET)和聚苯二甲酸丁二醇酯(PBT)。

纯聚酯结晶性高,成形收缩率大,尺寸稳定性差、耐温性差,质脆。用玻璃纤维增强后,机械强度比其他玻璃纤维增强热塑性塑料均高,抗拉强度为 $135\sim145MPa$,抗弯强度为 $209\sim250MPa$,耐疲劳强度高达 52MPa。S-N 曲线与金属一样,具有平坦的坡度。耐热性提高的幅度最大,PET 的热变形温度为 85℃,而 FR-PET 为 240℃,并仍能保持它的机械强度,是玻璃纤维增强热塑性塑料中耐热温度最高的一种。它的耐低温性能超过 FR-PA6,在温度高低交替变化时,物理机械性能变化不大。其电绝缘性能好,可用它制造耐高温电器零件;它在高温下耐老化性能好,胜过玻璃钢,尤其是耐光老化性能好。但在高温下易水解,使机械强度下降,不适于在高温水蒸气下使用。

(5)玻璃纤维增强聚碳酸酯(FR-PC)

聚碳酸酯是一种透明度较高的工程塑料,它的刚韧相兼的特性是其他塑料无法相比的,不足之处是易产生应力开裂、耐疲劳性差。加入玻璃纤维以后,FR-PC 比 PC 的耐疲劳强度提高2~3倍,耐应力开裂性能可提高 6~8 倍,耐热性比 PC 提高 10~20℃,线膨胀系数缩小,可制成耐热零件。

(6)玻璃纤维增强聚苯醚(FR-PPO)

聚苯醚熔融后粘度大,流动性差,加工困难和容易发生应力开裂等缺点。加入质量分数 20%玻璃纤维的 FR-PPO 其抗弯弹性模量比纯 PPO 提高 2 倍,含质量分数 30%玻璃纤维的 FR-PPO,则提高 3 倍,因此可用它制成高温高载荷的零件。

FR-PPO 蠕变性很小,3/4 的变形量发生在 24h 之内,因此蠕变性的测定可在短期内得出估计数值。它耐疲劳强度很高,含质量分数 20%玻璃纤维的 FR-PPO,在 23℃往复次数为 2.5×10^6 次的条件下,弯曲疲劳极限强度保持 28MPa,玻璃纤维的质量分数为 30%时,则可达到 34MPa。

FR-PPO 的热膨胀系数接近金属的热膨胀系数,因此与金属配合不易产生应力开裂。它的电绝缘性在工程塑料中居首,且电绝缘性不受温度、湿度、频率等条件的影响。耐湿热性能良好,可在热水或有水蒸气的环境中工作,因此用它可制造耐热性的电绝缘零件。

(7)玻璃纤维增强聚甲醛(FR-POM)

玻璃纤维不但起到增强的作用,而且耐疲劳性和耐蠕变性有很大提高。25%玻璃纤维的 FR-POM 的抗拉强度为纯 POM 的 2 倍,弹性模量为纯 POM 的 3 倍,耐疲劳强度为纯 POM 强度的 2 倍,在高温下仍具有良好的耐蠕变性,耐老化性很好。缺点是不耐紫外线照射,因此在要加入紫外线吸收剂;其耐磨性降低,可用聚四氟乙烯粉末作为填料加入聚甲醛中,或加入碳纤维来改善其耐磨性。

4. 高强度、高模量纤维增强塑料

高强度、高模量纤维增强塑料是以环氧树脂为基体,以各种高强度、高模量的纤维(包括碳纤维、硼纤维、芳香族聚酰胺纤维、各种晶须等)为增强材料的高强度、高模量纤维增强塑料。该材料的优点是密度小、强度高、模量高和热膨胀系数低。可采用模压法、缠绕法、手糊法制作,但缺点是价格比较贵。

(1)碳纤维增强塑料

碳纤维增强环氧塑料是一种强度、刚度、耐热性均好的复合材料。碳纤维增强塑料密度小,比钢轻一半以上,比 GFRP 轻 1/4。从车顶的挠曲度比较,GFRP 车顶下沉近 10cm,钢车顶下沉 2~3cm,碳纤维增强塑料下沉小于 1cm。

抗冲击强度好,如用手枪在十步远的地方射向一块不到 1cm 厚的碳纤维增强塑料板时,不会将其射穿。它的疲劳强度很大,而摩擦因数却很小,这方面性能均超过了钢材。耐热性也特别好,它可在 12000℃ 高温下经受 10s,保持不变。

不足之处:①价格昂贵,因而虽然有上述一些优良性能,但还只是应用于宇航工业。②碳纤维与塑料的粘结性差,而且各向异性。目前使碳纤维和晶须氧化来提高其粘结性,用碳纤维编织法来解决各向异性的问题。

(2)硼纤维增强塑料

硼纤维增强塑料是硼纤维增强环氧树脂,突出的优点是刚度好,它的强度和弹性模量均高于碳纤维增强环氧树脂,是高强度、高模量纤维增强塑料。

(3)芳香族聚酰胺纤维增强塑料

芳香族聚酰胺纤维增强塑料的基体材料主要是环氧树脂,其次是热塑性塑料的聚乙烯、聚碳酸酯、聚酯等。其抗拉强度大于 GFRP,而与碳纤维增强环氧树脂相似。耐冲击性超过了碳纤维增强塑料;自由振动的衰减性为钢筋八倍,GFRP 的 4～5 倍;耐疲劳性比 GFRP 或金属铝还好。

(4)碳化硅纤维增强塑料

碳化硅纤维增强塑料是碳化硅纤维增强环氧树脂,碳化硅纤维与环氧树脂复合时不需要表面处理,粘结力就很强,材料层间剪切强度可达 1.2MPa;抗弯强度和抗冲击强度为碳纤维增强环氧树脂的两倍,如果与碳纤维混合叠层进行复合时,会弥补碳纤维的缺点。

5.其他纤维增强塑料

其他纤维增强塑料是指以石棉纤维、矿棉纤维、棉纤维、麻纤维、木质纤维、合成纤维等为增强材料,以各种热塑性塑料和热固性塑料为基体的复合材料,应用也比较广。其中热固性酚醛塑料与纸、布、石棉、木片等纤维的复合材料,在电器工业方面作绝缘材料使用,在机械工业中制成各种机械零件。其中两种比较新型是石棉纤维增强聚丙烯和矿物纤维增强塑料。

(1)矿物纤维增强塑料

目前应用较多的是矿物纤维(PMF)增强聚丙烯和增强聚酯。由于矿物纤维直径小,长和径之比平均为 40～60,与树脂的接触面大,因而定向性好,绕度扭曲小,其强度介于填料和玻璃纤维之间。,在聚丙烯中加入 50%(质量分数)的矿物纤维,就可使其抗冲击强度提高 50%,热变形温度提高 14%,弯曲强度提高 53%。在聚丙烯中加入矿物纤维与加入碎玻璃的效果相同,但其成本比碎玻璃降低 1/3。

(2)石棉纤维增强聚丙烯复合材料

石棉纤维与聚丙烯复合以后,使聚丙烯的性能大为改观。断后伸长率由原来的 200% 变成 10%;抗拉弹性模量是纯聚丙烯三倍;其次是耐热性提高,纯聚丙烯的热变形温度为(0.46MPa)110℃,而增强后为 140℃;线膨胀系数缩小,成形加工时尺寸稳定性更好。

6.聚合物基复合材料的应用

(1)在石油化工业中应用

聚酯和环氧 GFRP 均可做输油管和储油设备,以及天然气和汽油 GFRP 罐车和贮槽。海上采油平台上的配电房用钢制骨架和硬质聚氨酯泡沫塑料加 GFRP 蒙面组装而成,能合理利用平台的空间并减轻载荷,还有较好的热和电的绝缘性能。

在上世纪七十年代,英国设计并生产了聚酯 GFRP 潜水器,还制造了蓄电池盒、电源插头等 GFRP 潜水电气部件,均已在水下 120m 处工作了数十年。海上油田用的救生船、勘测船等,其船身、甲板和上层结构都是玻璃纤维方格布和间苯二甲酸聚酯成形的。海上油田的海水淡化及污水处理装置可用玻璃钢制造管道。

开采海底石油所需要的浮体。如灯标、停泊信标和驳船离岸的信标等,都可用 GFRP 制作。全部由 GFRP 制成的海上油污分离器,具有良好的耐海水和耐油性。

在化学工业生产中的冷却塔、大型冷却塔的导风机叶片,以及各种耐蚀性 GFRP 的贮槽、贮罐、反应设备泵、管道、阀门、管件等。

发电厂锅炉送风机,轴流式风机,装 GFRP 叶片的比装金属叶片的离心式风机,平均每台每天节电 2500kWh,一年可节电 91 万 kWh,并延长了其使用的寿命。

(2)在建筑业中的应用

GFRP 透明瓦是一种聚酯树脂浸渍玻璃布压制而成的。主要用于工厂采光,作顶篷,应用于货栈的屋顶、建筑物的墙板、太阳能集水器等,还可用 GFRP 制成饰面板、圆屋顶、卫生间、建筑模板、门、窗框、洗衣机的洗衣缸、储水槽、管内衬、收集贮罐和管道减阻器等。

(3)在铁路运输上的应用

可以用制造内燃机车的驾驶室、车门、车窗、行李架、座椅、车上的盥洗设备、整体厕所等。

(4)在造船业中的应用

GFRP 可制造各种船舶,如赛艇、游艇、救生艇、渔轮等。

(5)在冶金工业中的应用

冶金工业中常接触一些腐蚀性介质,因此要用耐蚀性的容器、管道、泵、阀门等设备,这些均可用聚酯 GFRP、环氧 GFRP 制造。此外,在有色金属的冶炼生产中,采用钢材或钢筋混凝土作外壳,内衬 GFRP,或者以钢材或钢筋混凝土做骨架的整体 GFRP 烟囱。这种烟囱耐温、耐腐蚀,且易于安装、检修。

(6)在汽车制造业中的应用

美国首先用 GFRP 制造汽车的外壳,此后,意大利、法国等许多著名的汽车公司也相继制造 GFRP 外壳的汽车。除制造汽车的外壳外,还可制造汽车上的许多零部件,如汽车底盘、车门、发动机罩以及驾驶室、仪表盘等。GFRP 制成的汽车外壳及其零部件。这种汽车制造方法简单、省工时、造价低、汽车自重轻、外观美、保温隔热效果好。

(7)GFRP 在航空工业中的应用

利用 GFRP 透波性好的特点,用它来制造飞机上的雷达罩,飞机的机身、机翼、螺旋桨、起落架、尾舵、门、窗等。

7.4.2　金属基复合材料

金属基复合材料与金属材料相比,具有较高的比强度与比刚度;与陶瓷材料相比,它又具有高韧性和高冲击性能;而与树脂基复合材料相比,它又具有优良的导电性与耐热性。

1. 金属基复合材料的种类

金属基复合材料是以金属为基体,以高强度的第二相为增强体而制得的复合材料。按基体来分类,可分为铝基复合材料、钛基复合材料、镍基复合材料等。按增强体来分类,则可分为颗粒增强复合材料、纤维增强复合材料、层状复合材料等。

(1)按基体分类

①铝基复合材料。

铝基复合材料基体通常是铝合金。铝合金具有良好的塑性和韧性,易加工性、工程可靠性及价格低廉等优点,比纯铝相铝合金具有更好的综合性能。

②钛基复合材料。

钛有很高的比强度,钛在中温时比铝合金能更好地保持其强度。因此,对飞机结构来说,当速度从亚音速提高到超音速时,钛比铝合金显示出了更大的优越性。随着速度的进一步加快,需采用更细长的机翼和其他翼型,需要更高刚度的材料,而纤维增强钛基可满足这种对材料刚度的要求。钛基复合材料中最常用的增强体是硼纤维,这是由于钛与硼的热膨胀系数比较接近。

③镍基复合材料。

镍基复合材料以镍及镍合金为基体制造的。其高温性能优良,主要是用于制造高温下工作的零部件。还用它来制造燃汽轮机的叶片,可进一步提高燃汽轮机的工作温度。

(2)按增强体分类

①颗粒增强复合材料。

弥散的硬质增强相的体积分数超过 20% 的复合材料,其颗粒直径和颗粒间距一般大于 $1\mu m$。在这种复合材料中,增强相是主要的承载相,而基体的作用在于传递载荷和便于加工,硬质增强相对基体的束缚作用能阻止基体屈服。

颗粒复合材料的强度除取决于颗粒的直径、间距和体积比外,基体性能也很重要。这种材料的性能还对界面性能及颗粒排列的几何形状十分敏感。

②纤维增强复合材料。

金属基复合材料中的纤维,根据其长度的不同可分为长纤维、短纤维和晶须,它们均属于一维增强体,均表现出明显的各向异性特征。基体的性能对复合材料横向性能和剪切性能的影响,比对纵向性能影响更大。

③层状复合材料。

层状复合材料是在韧性和成形性较好的金属基体材料中,含有重复排列的高强度、高模量片层状增强物的复合材料。片层的间距是微观的,在正常的比例下,材料按其结构组元看,可认为是各向异性的和均匀的。

层状复合材料的强度和大尺寸增强物的性能比较接近,而与晶须或纤维类小尺寸增强物的性能差别较大。由于薄片增强的强度不如纤维增强相高,因此层状结构复合材料的强度受到了限制。然而,在增强平面的各个方向上,薄片增强物对强度和模量都有增强效果,这与纤维单向增强的复合材料比,具有明显的优越性。

2. 金属基复合材料中增强体的要求

虽然各种复合材料中的增强体不同,但它们都具有许多共性。纤维状增强物能够最有效地增强金属基体,这里将对此进行讨论。

①高强度。首先是为了满足复合材料强度的需要,其次还可使加工制造过程简单。

②高模量。对于金属基复合材料而言,这种性能是非常重要的。这是为了使纤维承载时,基

体不致发生大的塑性流动。

③纤维的尺寸和形状。采用固相法制造的金属基复合材料,大直径的圆纤维更加合适。借助金属基体的塑性流动,纤维容易和基体结合,由于纤维的表面积小,化学反应程度也比较小。

④容易制造和价格低廉。这个条件对工业生产的要求是十分必要的。

⑤化学稳定性好。纤维的这种性能要求对所选择的基体合金往往是不同的,但对所有纤维来说,在空气中的稳定性和对基体材料的稳定性都是很重要的。

⑥抗损伤或抗磨损性。有些脆性纤维对暴露或表面磨损特别敏感,对复合工艺不利。

⑦性能再现性与一致性。这对于脆性材料或高强度材料是非常重要的。复合材料的强度取决于纤维的束强度,这种束强度与每个纤维的强度有关,因此需使各个纤维的强度趋于一致。

E-玻璃纤维和S-玻璃纤维具有优良的比强度和低成本,是树脂基的最重要的增强纤维。但这些纤维模量低且化学性质活泼,所以很少用来增强金属。钢丝、铝丝和钨丝等具有高强度和高韧性,还具有优良的高温蠕变性能,但比模量没有其他纤维高。

碳化硅纤维和碳化硼纤维的生产方法与硼纤维十分相似,都在钨或碳的底丝上用化学气相沉积法生产的。这些沉积物都是结晶体,对表面磨损十分敏感。碳化硼和碳化硅的结晶形结构比硼纤维具有更好的抗蠕变性能,因此这些纤维主要作为高温增强材料。

石墨纤维或丝有优良的比模量和比强度,其弹性模量通常与高温石墨化程度有关,通常可达240~250GPa。但这种纤维和熔融金属有反应,使复合材料加工困难,应用受限。

3. 铝基复合材料

航空航天工业中需要大型的、重量轻的结构材料,例如波音747大型运输机、远距离通信天线、巨型火箭及宇航飞行器等。

(1)硼-铝复合材料

硼-铝复合材料综合了硼纤维优越的强度、刚度和低密度,以及铝合金基体的易加工性。由于增强纤维的作用使比模量得到改善。金属键结合的材料的比模量约为有机树脂的10倍,硼纤维的比模量约为钢、铝、铜和镁等材料的5~6倍。铝基体有较高的模量,基体模量高对防止纤维基体发生微观曲折是很重要的。在纤维受压时,这种微观曲折问题由于纤维直径小而更为严重,故细石墨纤维增强复合材料抗压强度低。

与树脂基复合材料相比,硼铝的弹性模量更接近各向同性,而且其非轴向强度也较高。硼-铝复合材料的横向抗拉强度和剪切强度,大约与铝合金基体的强度相等,比树脂基材料高。此外,硼-铝复合材料有高的导电性和导热性、塑性和韧性、耐磨性、可涂覆性、连接性、成形性、可热处理性及不可燃性,高温性能和抗湿能力对于工程结构也是重要的。

(2)硼增强纤维

增强纤维的主要要求是比模量高、比强度高、性能重复性好、价格低以及易于制造。玻璃纤维强度较高、价格低廉,但它的比模量低、易与铝起反应。碳化硅纤维与铝的反应比硼小,并已作为硼纤维涂层使用;但其密度比硼高30%,且强度较低。

硼纤维是用化学气相沉积法在钨底丝上用氢还原三氯化硼制成的。将钨丝电阻加热到1100~1300℃,并连续拉过反应器以获得一定厚度的硼沉积层,这样便在钨丝上沉积了颗粒状的无定形硼。目前大量供应的纤维有140μm和100μm两种直径,为了改进纤维的抗氧化性能,有的纤维带有碳化硅涂层。

由于硼纤维的表面具有高的残余压缩应力,因此纤维易操作处理,并对表面磨损和腐蚀不敏感,这是硼纤维的一项很有意义的特性。此外,硼纤维还具有良好的高温性能,它在 600℃时仍保持 75％强度,在 600～700℃时的蠕变性能比钨还好。

(3)铝基体

硼纤维选择铝合金作为基体,是由于铝合金具有良好的综合性能,即较高的断裂韧度,较强的阻止在纤维断裂或劈裂处的裂纹扩展能力,较强的抗腐蚀性,较高的强度等。对于高温下使用的复合材料,还要求基体具有较好的抗蠕变性和抗氧化性。此外,基体应能熔焊或钎焊,而对于某些应用,还要求基体能采用复合蠕变成形技术。目前普遍使用的铝合金有变形铝、铸造铝、焊接铝及烧结铝等。某些合金已得到了成功的使用,其中,最普遍的是采用变形铝为基体、用固态热压法制得的复合材料。

4. 镍基复合材料

对于像燃气轮机零件这类用途,必须采用更加耐热的镍、钴、铁基材料。由于制造和使用温度较高,制造复合材料的难度及纤维与基体之间反应的可能性都增加了。同时,对这类用途还要求有在高温下具有足够强度和稳定性的增强纤维。符合这些要求的纤维有氧化物、碳化物、硼化物和难熔金属。

由于高温合金大多数都是镍基的,因此镍也是优先考虑的基体。而增强物则以单晶氧化铝为主。它的突出优点是高弹性模量、低密度、纤维形态的高强度、高熔点、良好的高温强度和抗氧化性。

(1)蓝宝石晶须和蓝宝石杆

蓝宝石晶须是迄今所发现的强度最高的固体形态。由于表面越小,表面缺陷越少,强度随尺寸减小而增加。在制造复合材料时,为了改善与金属的润湿性和便于制造,需用金属涂层。涂层厚度要小于 $0.5\mu m$,以便涂层材料不至占去太大的增强物体积比。这样薄的金属涂层,在液态镍或镍铬合金中几秒钟就熔解了,不仅使晶须表面不润湿,还造成纤维强度下降,因此难以在铝基复合材料中采用,液态渗透法来制造镍基复合材料。除此之外,蓝宝石晶须的制造成本太高,而且还很难把有缺陷的晶须同其他生长碎片淘汰掉。

蓝宝石杆的强度决定于其表面完整性。用火焰抛光法可制出几乎无表面缺陷的粗蓝宝石杆。这种蓝宝石杆具有同蓝宝石晶须相当的强度。但是每根蓝宝石杆杆都是单个制备的,且晶体生长、机械加工和抛光都很昂贵的,因此不实用;但所生产的高强度、大尺寸蓝宝石,有利于对蓝宝石和镍合金相互作用。

蓝宝石纤维和镍或镍铬合金,在使用温度下发生一定程度的反应,在表面上产生应力升高的缺陷,并使纤维强度降低,也使增强潜力减小。为了得到最高的纤维强度并在复合材料中充分利用它,就必须在纤维上涂覆防护层,来防止或阻滞纤维同基体合金的反应。

(2)镍基复合材料的制造和性能

制造镍基复合单晶蓝宝石纤维复合材料的主要方法,是将纤维夹在金属板之间进行加热。热压法成功地制造了 Al_2O_3-NiCr 复合材料。先在杆上涂一层 Y_2O_3,再涂一层钨厚,以进一步加强防护和赋予表面以导电性,可以电镀相当厚的镍镀层。此层镍可以防止在复合材料叠层和加压过程中,纤维与纤维的接触和最大限度地减少对涂层可能造成的损伤。经过这种电镀的杆放在镍铬合金薄板之间,有沟槽或者有焊上的镍铬合金丝或条带,以便使杆能很好地排列并保持一定的间距。在真空中,温度 1200℃,压力 41.4MPa 下进行热压。

5. 钛基复合材料

在一般的材料中,钛合金的比强度最高;但由于活性的钛与硼发生严重的反应,使得早期在这方面的研究没能取得成功。随着相容性问题的逐渐解决,钛基复合材料又逐渐受到重视。

(1)相容性问题

研究发现,当硼纤维的体积分数仅为 12％时,就获得了有效的强化,其抗压强度增加了 4％;但在进行拉伸实验时,发现其强度反而降低了。

由于钛基复合材料具有一定的应用前景,因此提出了六种方法解决相容性问题:①最大限度减小反应的高速工艺;②最大限度减少反应的低温工艺;③研制最大限度减少反应的涂层;④研制低活性的基体;⑤选择具有较大反应容限的系列;⑥设计上尽量减少强度降低的影响。

(2)钛基复合材料的发展前景

钛基复合材料的主要优点是工作温度较高,不需交叉叠层就可获得较高的非轴向强度,高的抗腐蚀性和抗损伤性;较小的残余应力,以及强度和模量的各向异性较小等。缺点是密度较大,制造困难和成本高是主要障碍。

研制能把所需要的钛合金基体均匀地涂复在纤维上,代替昂贵的钛箔的方法,能解决制造成本问题。同时也是一种固定纤维间距的实际方法。影响制造成本最重要的参数就是狭窄的热压温度"窗",相容性较好的系统可以提高这种温度"窗"的上限。如果复合材料能在较高的温度下压制,则使用压力就可降低。采用相容性较好的基体只是解决此问题的方法之一。另一种方法是发展连续制造法。其优点一是在压制温度下,保持的时间可以连续减少,所以可用较高的温度来压制;二是复合材料可以局部加工,从而减少固结压力,是一种很有前途的制造方法。

6. 石墨纤维增强金属基复合材料

由于碳纤维和石墨纤维的强度高,刚度高,弹性模量约为 380GPa,密度低,大规模生产时具有降低成本的潜力。现在石墨纤维增强金属基复合材料还处于实验室阶段。

石墨纤维与许多金属系缺乏化学相容性,同时在制备时还存在一些问题。就目前的情况看,铝、镁、镍和钴同石墨的相容性较好,而钛由于易形成碳化物,必须在基体和纤维之间加上一层稳定的扩散阻挡层隔开钛和石墨。

石墨增强的铜、铝和铅一类金属具有高的强度及导电性、低的摩擦系数和高的耐磨性相结合。石墨-铝、石墨-铅、石墨-锌复合材料有可能成为轴承材料。石墨-铜和石墨-铝复合材料可作为高强度的导电材料。

7.4.3　陶瓷基复合材料

1. 陶瓷基复合材料的基体与增强体

现代陶瓷材料具有耐高温、耐磨损、耐腐蚀及重量轻等许多优良的性能;但有致命的弱点——脆性。往陶瓷材料中加入起增韧作用的第二相而制成陶瓷基复合材料。

(1)陶瓷基复合材料的基体

复合材料的基体为陶瓷,属于无机化合物:陶瓷材料的化学键是介于离子键与共价键之间的混合键。

(2)陶瓷复合材料的增强体

陶瓷基复合材料中的增强体,通常也称为增韧体。按几何尺寸可分为纤维、颗粒和晶须三类。

①碳纤维。

碳纤维是用来制造陶瓷基复合材料最常用的纤维之一。碳纤维可用多种方法进行生产。其生产过程包括三个主要阶段:①在空气中于 200～400℃ 进行低温氧化;②在惰性气体中在 1000℃ 左右进行碳化处理;③在惰性气体中于 2000℃ 以上的温度作石墨化处理。

碳纤维常规的品种主要有两种,即高模量型,它的拉伸模量约为 400GPa,拉伸强度约为 1.7GPa;低模量型,拉伸模量约为 240GPa,拉伸强度约为 2.5GPa。碳纤维主要用在强度、刚度、重量和抗化学性作为设计参数的构件,在 1500℃ 的温度下,碳纤维仍能保持其性能不变,但必须进行有效的保护,以防止它在空气中或氧化性气氛中被腐蚀。

②硼纤维。

属于多相无定形的,是用化学沉积法将无定形硼沉积在钨丝或者碳纤维上形成的。实际结构的硼纤维中,由于缺少大晶体结构,使其强度仅为晶体硼纤维一半左右。

③玻璃纤维。

玻璃的组成可在一个很宽的范围内调整,因而可生产出具有较高弹性模量的品种。这些特殊品种的纤维通常需要在较高的温度下熔化后拉丝,成本较高,但可满足制造一些有特殊要求的复合材料。

④颗粒增强体。

从几何尺寸上看,颗粒增强体它在各个方向上的长度是大致相同的,一般为几个微米。通常用得较多的颗粒也是碳化硅、氧化铝及氮化硅等。增韧效果虽不如纤维和晶须,但如颗粒种类、粒径、含量及基体材料选择适当仍会有一定的韧化效果。

⑤晶须。

晶须为具有一定长径比的小单晶体。从结构上看,晶须没有微裂纹、位错、孔洞和表面损伤等缺陷,而这些缺陷正是大块晶体中大量存在,且促使强度下降的主要原因。在陶瓷基复合材料中使用得较为普遍的是碳化硅、氧化铝及氮化硅晶须。

2. 纤维增强陶瓷基复合材料

按纤维排布方式,可将其分为单向排布长纤维复合材料和多向排布纤维复合材料。

(1)单向排布长纤维复合材料

单向排布纤维增韧陶瓷基复合材料具有各向异性。由于在实际的构件中主要是使用其纵向性能,在这种材料中,当裂纹扩展遇到纤维时会受阻,这样要使裂纹进一步扩展就必须提高外加应力。外加应力进一步提高时,基体与纤维间的界面会离解,由于纤维的强度高于基体的强度,从而使纤维可以从基体中拔出。当拔出的长度达到某一临界值时,纤维发生断裂。即裂纹的扩展必须克服拔出功和断裂功,使材料的断裂更为困难,从而起到了增韧的作用

（2）多向排布纤维增韧复合材料

许多陶瓷构件要求在二维及三维方向上均具有优良的性能。二维多向排布纤维增韧复合材料中纤维的排布方式有两种：一种是纤维分层单个排布，层间纤维成一定角度，如图 7-1 所示。另一种是将纤维编织成纤维布，浸渍浆料后根据需要的厚度，将单层或若干层进行热压烧结成形，这种材料在纤维排布平面的二维方向上性能优越，而在垂直于纤维排布面方向上的性能较差，如图 7-2 所示；前一种复合材料可以根据构件的形状，用纤维浸浆缠绕的方法做成所需要形状的壳层状构件，而后一种材料成形板状构件曲率不宜太大。

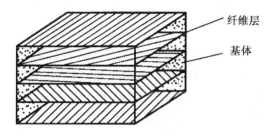

图 7-1　多层不同角度纤维布层压

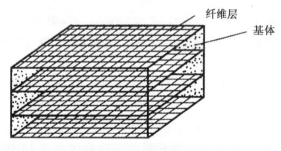

图 7-2　纤维布层压

三维多向排布纤维增韧陶瓷基复合材料。最初是从宇航用三向 C/C 复合材料开始的，如图 7-3 所示，它是按直角坐标将多束纤维分层交替编织而成，每束纤维呈直线伸展，不存在相互交缠和绕曲，使纤维可充分发挥最大的结构强度。这种编织结构还可以通过调节纤维束的根数和股数，相邻束间的间距，织物的体积密度，以及纤维的总体积分数等参数进行设计，以满足性能要求。

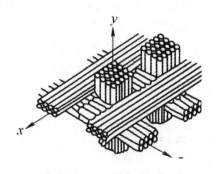

图 7-3　三维编制结构

3.晶须和颗粒增强陶瓷基复合材料

长纤维增韧陶瓷基复合材料虽然性能优越,但它的制备工艺复杂,而且纤维在基体中不易分布均匀。近年来又发展了短纤维、晶须及颗粒增韧陶瓷基复合材料。

(1)晶须

晶须的尺寸很小,客观上与粉末一样,因此在制备复合材料时,只需将晶须分散后与基体粉末混合均匀,然后对混好的粉末进行热压烧结,即可制得致密的晶须增韧陶瓷基复合材料。常用的是碳化硅、氧化铝及氮化硅晶须。

(2)颗粒

晶须具有长径比,当其含量较高时,因其桥架效应而使致密化变得困难,从而引起密度的下降并导致性能的下降。采用颗粒来代替晶须制成复合材料,这在原料的混合均匀化及烧结致密化方面,均比晶须增强陶瓷基复合材料要容易。当颗粒为碳化硅、碳化钛时,基体材料采用最多的是氧化铝、氮化硅。这些复合材料已广泛用来制造刀具。

4.陶瓷基复合材料的应用

陶瓷基复合材料在工业上得到广泛的应用,它的最高使用温度主要取决于基体特性,其工作温度按下列基体材料依次提高:玻璃、玻璃陶瓷、氧化物陶瓷、非氧化物陶瓷、碳素材料。

陶瓷基复合材料已实用化或即将实用化的领域包括:刀具、滑动构件、航空航天构件、发动机构件、能源构件等。法国将长纤维增强碳化硅复合材料应用于制作超高速列车的制动件。在航空航天领域,用陶瓷基复合材料制作的导弹的头锥、航天飞机的结构件等也收到了良好的效果。

热机的循环压力和循环气体的温度越高,其热效率也就越高。现在普遍使用的燃气轮机高温部件还是镍基合金或钴基合金,它可使汽轮机的进口温度高达1400℃,但这些合金的耐高温极限受到了其熔点的限制,因此采用陶瓷材料来代替高温合金已成了目前研究的一个重点内容。为此,美国、德国、瑞典等国进行了研究开发。

7.4.4 水泥基复合材料

水泥的种类很多,按其用途和性能分为通用水泥、专用水泥及特性水泥三大类。通用水泥用于大量土木建筑工程的一般水泥,如硅酸盐水泥,普通硅酸盐水泥、矿渣硅酸盐水泥、火山灰质硅酸盐水泥和粉煤灰硅酸盐水泥等。专用水泥则指有专门用途的水泥,如油井水泥、砌筑水泥等。特性水泥的某种性能比较突出,如快硬硅酸盐水泥、低热矿渣硅酸盐水泥、抗硫酸盐硅酸盐水泥、膨胀硫酸铝酸盐水泥、自应力铝酸盐水泥、铝酸盐水泥、硫铝盐水泥、氟铝酸盐水泥、铁铝酸盐水泥,以及少熟料或无熟料水泥等。目前水泥品种已达100余种。

1.水泥基复合材料的种类及基本性能

一般水泥由硅酸钙化合物:50%(质量分数,下同)硅酸三钙石、25%二钙硅酸盐,孔隙相物质:9%铝酸盐相、9%铁酸盐相,及3%~4%石膏组成。

水泥基复合材料是指以水泥为基体,与其他材料组合而得到的具有新性能的材料。按所掺材料的分子量来划分,可分为聚合物水泥基复合材料和小分子水泥基复合材料。

（1）混凝土

混凝土是由胶凝材料，水和粗、细集料按适当比例拌合均匀，经浇捣成形后硬化而成的。通常所说的混凝土，是指以水泥，水、砂和石子所组成的普通混凝土，是建筑工程中最主要的建筑材料之一。

在混凝土中，水和水泥拌成的水泥浆是起胶结作用的组成部分。在硬化前的混凝土中，也就是混凝土拌合物中，水泥浆填充砂、石空隙并包裹砂、石表面，起润滑作用，使混凝土获得施工时必要的和易性；在硬化后，则将砂石牢固地胶结成整体。砂、石集料在混凝土中起着骨架作用，一般称为骨料。

（2）纤维增强水泥基复合材料

水泥混凝土制品在压缩强度、热性能耗等方面具有优异的性能，但耐拉伸外力差。为了克服这一缺点，可掺入纤维材料。

另外，作为基体材料可用硅酸盐水泥，混凝水泥及高铝矿渣水泥等，用砂或粉煤灰之类的填料来代替部分水可很大程度地提高基体的体积稳定性，而且也有可能提高纤维增强水泥基复合材料的耐气候性。就玻璃而言，这种纤维对水化硅酸盐水泥的浸蚀十分敏感，而砂和粉煤灰却可以吸收释放出的氢氧化钙来生成水化硅酸钙，从而提高了复合材料的耐久性。

纤维与基体在弹性模量上的匹配，只有纤维的弹性模量大于基体的弹性模量时，纤维才可分担整个复合材料中更多的负荷水平。因此，要求所选用的纤维具有较高的弹性模量。纤维增强水泥基复合材料中，纤维的掺入可显著提高混凝土的极限变形能力和韧性，从而大大改善水泥浆体的抗裂性和抗冲击能力。使用分散短纤维的增强效果要比连续长纤维的效果差，但因施工方便，应用较多。

（3）聚合物改性混凝土

对混凝土最基本的力学性能（刚度大、柔性小，抗压强度远大于抗拉强度）的改善，降低混凝土的刚性，提高其柔性，降低抗压强度与抗折强度的比值，则要借助于向混凝土中掺加外掺剂，在大多数情况下是掺加聚合物。

聚合物应用于水泥混凝土主要有三种方式：聚合物混凝土、聚合物浸渍混凝土以及聚合物水泥混凝土。

①聚合物混凝土。

聚合物混凝土是以聚合物为结合料，与砂石等骨料形成混凝土。把聚合物单体与粗骨料拌和，通过单体聚合把粗骨料结合在一起，形成整体，这种聚合物混凝土可用预制或现浇的方法施工。聚合物混凝土有良好的力学性能，耐久性和普通混凝土无法比拟的某些特殊性质，如速凝等，可用于抢修等特殊用途，也可用于喷射混凝土。聚合物混凝土所用的聚合物有环氧树脂、脲醛树脂，糖醛树脂，聚合链上接有苯乙烯的聚酯等。

②聚合物浸渍混凝土。

聚合物浸渍混凝土是把成形的混凝土的构件，通过干燥及抽真空排除混凝土结构空隙中的水分及空气，然后把混凝土构件浸入聚合物单体溶液中，使得聚合物单体溶液进入结构孔隙中，通过加热或施加射线，使得单体在混凝土结构孔隙中聚合形成聚合物结构。这样聚合物就填充了混凝土的结构孔隙，并改善了混凝土的微观结构，从而使其性能得到了改善。

聚合物浸渍混凝土与普通混凝土相比，抗拉强度可提高近三倍，抗压强度可提高三倍，抗破裂模量可增加近三倍，弹性模量可提高一倍，抗折弹性模量增加近 50%，弹性变形减少 90%；硬度增加超过 70%，渗水性几乎变为零，吸水性大大降低。

聚合物浸渍混凝土具有良好的力学性能、耐久性及抗侵蚀能力，常用于受力的混凝土及钢筋混凝土结构构件，以及对耐久性和抗侵蚀要求较高的地方。但是聚合物浸渍工艺复杂，成本较高，混凝土构件需预制，且构件尺寸受到限制。

③聚合物水泥混凝土。

这是在水泥混凝土成形过程中掺入一定量的聚合物，从而改善混凝土的性能，提高混凝土的使用品质，使混凝土满足工程的特殊需要。因此聚合物水泥混凝土更确切地应称为聚合物改性水泥混凝土，或高聚物改性混凝土。聚合物改性水泥混凝土使水泥混凝土的力学性能得到了改善，尤其是抗折强度提高，而抗压强度降低，抗压强度/抗折强度的比值减小；混凝土的刚性或者说脆性降低，变形能力增大；混凝土的耐久性与抗侵蚀能力也有一定程度的提高。由于聚合物改性水泥混凝土良好的粘结性，特别适合于破损水泥混凝土的修补工程；完全适应现有的水泥混凝土制造工艺过程，成本相对较低。

用于水泥混凝土改性的聚合物的形态，可以是聚合物单体、聚合物乳液及聚合物粉末，但最常用，或者说使用最方便、改性效果最好的是聚合物乳液。所使用的聚合物乳液有聚氯乙烯乳液，聚苯乙烯乳液，聚乙烯乙酸酯乳液，聚丁烯酚酯乳液及乳液化的环氧树脂等。

用聚合物胶乳进行改性是在水泥砂浆或水泥混凝土拌和成形时拌入（大多情况下是胶乳与水先拌和然后再与集料拌和），聚合物胶乳在水泥混凝土凝结硬化过程中脱水，在混凝土中形成结构，并可能影响水泥的水化过程及水泥混凝土的结构，从而对水泥砂浆或水泥混凝土的性能起到改善作用。聚合物可是单聚体、双聚或多聚体。聚合物胶乳中包括聚合物、乳体剂、稳定剂等，固体含量一般在 40%～50% 之间。

粉末胶乳改性方法是在混凝土拌合过程中加入干乳胶粉末，在混合料与水拌和后，干乳胶粉末遇水后变为乳液。在水泥混凝土凝结硬化过程中，乳液可再一次脱水，聚合物颗粒在混凝土中形成聚合物体结构，从而与聚合物乳液的作用过程相似，对水泥混凝土起改性作用。

水溶性聚合物，诸如纤维素衍生物及聚乙烯等，在水泥混凝土拌和过程中少量加入。由于其属表面活性物质，可用来改善水泥混凝土的工作性。实际上起减水剂的作用，从而对混凝土的性能也有一定的改善作用。

液体树脂改性是在水泥混凝土拌和过程中，加入热固性的预聚物或半聚物液体。聚合物单体改性是在水泥砂浆或水泥混凝土拌和过程中加入聚合物单体，在水泥混凝土凝结硬化中进一步聚合，完成全部聚合过程，从而改善水泥混凝土的性能。

2. 水泥基复合材料的应用

（1）混凝土的应用

掺入粉煤灰的混凝土或用粉煤灰水泥为胶结料的混凝土，称为粉煤灰混凝土。粉煤灰混凝土广泛用于工业与民用建筑工程和桥梁、道路、水工等土木工程。

（2）纤维增强混凝土的应用

以耐碱玻璃纤维砂浆、碳素纤维砂浆等为主要研究对象。被公认为有前途的增强纤维，有钢纤维和玻璃纤维两种，耐碱玻璃纤维将来可能成为石棉的代用品。聚丙烯和尼龙等合成纤维对混凝土裂缝扩展的约束能力很差，对增加抗拉强度无效，但抗冲击性能十分优良。就抗弯强度而论，碳素纤维的增强效果介于钢纤维和耐碱玻璃纤维之间。在各种纤维材料中，钢纤维对混凝土裂缝扩展的约束能力最好，它对于抗弯、抗拉强度也最有效，钢纤维增强混凝土的韧性最好。用钢纤维增强同时用聚合物浸渍混凝土，既具备普通混凝土所没有的延伸变形随从性，又具备超高强度这两种特性。

　　纤维增强混凝土可作内外墙体，如隔断、窗间墙等，作模板，如楼板的底模、梁柱模、各种被覆层；作土木设施，如挡土墙、电线杆、排气塔、通风道、净化池、贮仓等；作海洋方面用途，如小型船舶、游艇、甲板等；作隧道内衬、表面喷涂、消波用砌体；以及其他用途，如耐火墙、隔热墙、遮音墙等。

　　(3)聚合物改性水泥混凝土的应用

　　聚合物改性水泥的性能优良，可用于制造船甲板铺面，缩短施工工期，可在工厂制成预制板，然后铺砌。

　　聚合物改性水泥混凝土具有良好的防水性质，在桥梁道路路面面层得到了大量的使用，可避免常规施工过程中为粘结及防水所必需的的工艺过程。聚合物改性水泥混凝土梁具有较强的抗折能力及较大的抗拉伸性。聚合物水泥混凝土预应力结构可应用于化学工业生产中的承重和防护建筑，也适用于水利、能源及交通行业中在干湿交替作用下的工程结构。

　　聚合物改性水泥砂浆及改性水泥混凝土有良好的粘结性能，被广泛地用于修补工程中，新拌聚合物水泥混凝土浆体中的聚合物会掺透进入旧有混凝土的孔隙中。聚合物改性水泥混凝土硬化收缩较小，刚度小，变形能力大，其硬化引起的收缩而产生的剪应力及破坏裂缝较少，对新旧混凝土之间的结合部位起到了一定的密封作用，提高了界面处的抗腐蚀能力。

7.4.5　碳/碳复合材料

　　碳/碳复合材料是由碳纤维或各种碳织物增强碳，或石墨化的树脂碳(或沥青)，以及化学气相沉积(CVD)碳所形成的复合材料，是具有特殊性能的新型材料，也称碳纤维增强碳复合材料。碳/碳复合材料由树脂碳、碳纤维和热解碳构成，能承受极高的温度和极大的加热速率。在机械加载时，碳/碳复合材料的变形与延伸都呈现出假塑性性质，最后以非脆性方式断裂。它抗热冲击和抗热诱导能力极强，且具有一定的化学惰性。

1. 坯体制作

　　在沉碳和浸渍树脂或沥青之前，增强碳纤维或其织物应预先成形为一种坯体。坯体可通过长纤维(或带)缠绕，碳毡、短纤维模压或喷射成形，石墨布叠层的 Z 向石墨纤维针刺增强以及多向织物等方法制得。

　　碳毡可由人造丝毡碳化或聚丙烯腈毡预氧化、碳化后制得。碳毡叠层后，可用碳纤维的方向三向增强，制得三向增强毡。碳纤维长丝或带缠绕法和 GFRP 缠绕方法一样，可根据不同的要求和用途选择缠绕方法。用碳布或石墨纤维布叠层后进行针刺，可用空心细径钢管针刺引纱，也可用细径金属棒穿孔引纱。碳纤维也可与石墨纤维混编。

　　碳/碳复合材料的碳基体可以从多种碳源采用不同的方法获得，典型的基体有树脂碳和热解碳，前者是合成树脂或沥青经碳化和石墨化而得，后者是由烃类气体的气相沉积而成。也可以是这两种碳的混合物。其加工工艺方法有：

　　①把来源于煤焦油和石油的熔融沥青在加热加压条件下浸渍到碳/石墨纤维结构中去，随后进行热解和再浸渍。

②有些树脂基体在热解后具有很高的焦化强度,如有几种牌号的酚醛树脂和醇树脂,热解后的产物能很有效地渗透进较厚的纤维结构,热解后需进行再浸渍、再热解,反复若干次。

③通过气相(通常是甲烷和氮气,有时还有少量氢气)化学沉积法,在热的基质材料上形成高强度热解石墨。也可以把气相化学沉积法和上述两种工艺结合起来,以提高碳/碳复合材料的物理性能。

④把由上述方法制备的但仍然是多孔状的碳/碳复合材料,在能够形成耐热结构的液态单体中浸渍,是又一种精制方法。可选用的这类单体很有限,由四乙烯基硅酸盐和强无机酸催化剂组成的渗透液将会产生具有良好耐热性的硅氧网络。硅树脂也可以起到同样的作用。

2. 碳/碳复合材料的特性

(1)力学性能

碳/碳复合材料不仅密度小,而且抗拉强度、弹性模量、挠曲强度也高于一般碳素材料,碳纤维的增强效果十分显著。在各类坯体形成的复合材料中,长丝缠绕和三向织物制品的强度高,其次是毡/化学气相沉积碳的复合材料。

碳/碳复合材料属于脆性材料,其断裂应变较小。但是,其应力应变曲线呈现出"假塑性效应",曲线在施加负荷初期呈现出线性关系,但后来变为双线性。去负荷后,可再加负荷至原来的水平,如图 7-4 所示。

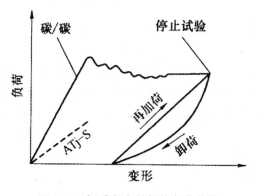

图 7-4 碳/碳复合材料的负荷曲线

假塑性效应使碳/碳复合材料在使用过程中可靠性更高,避免了目前宇航中常用的 ATI-S 石墨的脆性断裂。

(2)热物理性能

碳/碳复合材料在温度变化时具有良好的尺寸稳定性,其热膨胀系数小,高温热应力小。热导率比较高,室温时约为 $1.59\sim1.88\mathrm{W/(m\cdot K)}$,当温度为 1650℃时,则降到 $0.43\mathrm{W/(m\cdot K)}$。碳/碳复合材料的这一性能可以进行调节,形成具有内外密度梯度的制品。内层密度低,热导率低,外层密度大,抗烧蚀性能好。碳/碳复合材料的比热容高,其值随温度上升而增大,因而能储存大量热能。

在高温和高加热速率下,材料在厚度方向存在着很大的热梯度,使其内部产生巨大的热应力。当这一数值超过材料固有的强度时,材料会出现裂纹。材料对这种条件的适应性与其抗热震因子大小有关。碳/碳复合材料的抗热震因子相当大,为各类石墨制品的 1～40 倍。

（3）烧蚀性能

碳/碳复合材料暴露于高温和快速加热的环境中，由于蒸发升华和可能的热化学氧化，其部分表面可被烧蚀。但其表面的凹陷浅，良好的保留其外形，且烧蚀均匀而对称，常用作防热材料。

碳/碳复合材料的表面烧蚀温度高。在这样的高温度下，通过表面辐射除去了大量热能，使传递到材料内部的热量相应地减少。

碳/碳复合材料的有效烧蚀热比高硅氧/酚醛高 1～2 倍。线烧蚀率低，材料几乎是热化学烧蚀；但在过渡层附近，80% 左右的材料是因机械剥蚀而损耗，材料表面越粗糙，机械剥蚀越严重。三向正交细编的碳/碳复合材料的烧蚀率较低。

（4）化学稳定性

碳/碳复合材料除含有少量的氢、氮和恒量的金属元素外，几乎 99% 以上都是由元素碳组成。因此它具有和碳一样的化学稳定性。

碳/碳复合材料耐氧化性能差。为了提高其耐氧化性，可在浸渍树脂时加入抗氧化物质，或在气相沉碳时加入其他抗氧元素，或者用碳化硅涂层来提高其抗氧化能力。

碳/碳复合材料的力学性能比石墨高得多，热导率和膨胀系数却比较小，高温烧蚀率在同一数量级。已制成的 T-50-211-44 三向正交细编碳/碳复合材料，克服了各向异性的问题，膨胀系数也更小，是一种较为理想的热防护和耐烧蚀材料，已得到广泛的应用。

3. 碳/碳复合材料的应用

（1）航空航天中应用

洲际导弹，载人飞船等飞行器以高速返回地球通过大气层时，最苛刻的部位温度高达 2760℃。烧蚀防热是利用材料的分解、解聚、蒸发、汽化及离子化等化学和物理过程带走大量热能，并利用消耗材料本身来换取隔热效果。同时，也可利用在一系列的变化过程中形成隔热层，使物体内部温度不致升高。碳/碳复合材料的烧蚀性能极佳，由于物质相变吸收大量的热能，挥发产物又带走大量热能，残留的多孔碳化层也起到隔热作用，阻止热量向内部传递，从而起到隔热防热作用。

20 世纪 50 年代，火箭头锥就以高应变的 ATJ-S 石墨材料制成，但石墨属脆性材料，抗热震能力差。而碳/碳复合材料具有高比强度、高比模量、耐烧蚀。而且还具有传热、导电、自润滑性、本身无毒特点，具有极佳的低烧蚀率、高瓷蚀热、抗热震、优良的高温力学性能，是苛刻环境中有前途的高性能材料。

利用碳/碳复合材料摩擦因数小和热容大的特点可以制成高性能的飞机制动装置，速度可达每小时 250～350km，使用寿命长，减轻飞机重量。已用在 F-15、F-16 和 F-8 战斗机和协和民航机的制动盘上。

（2）化学工业

碳/碳复合材料主要用于耐腐蚀设备、压力容器和密封填料等。

（3）汽车工业

汽车工业是今后大量使用碳/碳复合材料的产业之一。由于汽车的轻量化要求，碳/碳复合材料是理想的材料。例如：发动机系统的推杆、油盘和水泵叶轮等；传动系统的传动轴、变速器、加速装置及其罩等；底盘系统的底盘和悬置件、横梁和散热器等；车体的车顶内外衬、侧门等，都可考虑使用。

（4）医疗方面

碳/碳复合材料对生物体的相容性好，可在医学方面作骨状插入物以及人工心脏瓣膜阀体。

（5）电子、电器工业

碳/碳复合材料是优良的导电材料，利用它的导电性能可制成电吸尘装置的电极板、电池的电极、电子管的栅极等。例如在制造碳电极时，加入少量碳纤维可使其力学性能和电性能都得到提高。用它作送话器的固定电极时，其敏感度特性比碳块制品要好得多，和镀金电极的特性接近。

7.4.6 混杂纤维复合材料

1. 混杂纤维复合材料的含义

混杂复合材料从广义上讲，包括的类型非常广。就增强剂而言，可以是两种连续纤维单向增强，也可以是两种纤维混杂编织，两种短纤维混杂增强、两种粒子混杂增强以及纤维与粒子混杂增强等。当前增强剂的混杂，主要还是指连续纤维的单向混杂增强与混杂编织物增强。从基体来说，可以是树脂基体，也可以是各种树脂聚合物混合基体、金属基体，以及各种陶瓷、玻璃等非金属基体。

目前我们主要研究的混杂纤维复合材料的含义，是指由两种或两种以上的连续增强纤维增强同一种树脂基体的复合材料。这种复合材料，由于两种纤维的协调匹配，取长补短，不仅有较高的模量、强度和韧性，而且可获得合适的热学性能，从而扩大结构设计的自由度及材料的适用范围，另外还可以减轻重量、降低成本、提高经济效益。

2. 混杂纤维复合材料的性能

混杂纤维复合材料的性能，不仅与材料的组分和含量有关，而且还与工艺设计及结构设计有关。

（1）提高并改善复合材料的某些性能

通过两种或多种纤维、两种或多种树脂基体混杂复合，依据组分的不同，含量的不同，复合结构类型的不同可得到不同的混杂复合材料，以提高或改善复合材料的某些性能。

①增强复合材料的韧性和强度。

混杂纤维复合材料可使韧性及强度提高。碳纤维复合材料冲击强度低，在冲击载荷下呈明显的脆性破坏模式。如在该复合材料中用15%玻璃纤维与碳纤维混杂，其冲击韧性可以得到改善，冲击强度可提高2～3倍。同时纤维混杂也可使拉伸强度及剪切强度都相应提高。其拉伸度提高的理论依据有两种：一种是裂纹理论，另一种理论是纤维束理论。

②提高混杂纤维复合材料的耐疲劳性能。

用具有高疲劳寿命的纤维来改进低疲劳寿命纤维的性能。例如，玻璃纤维复合材料疲劳寿命为非线性递减，若引入50%（质量分数，下同）的具有很强的耐疲劳性能的碳纤维，其循环应力会有较大提高。引入66%的碳纤维，其寿命接近单一的碳纤维复合材料。

③增大材料的弹性模量。

例如玻璃纤维复合材料的弹性模量一般较低，引入50%的碳纤维作为表层，复合成夹芯形式,其弹性模量可达到碳纤维复合材料的 90%。这对于制造不易失稳破坏的大型薄壳制件很有意义。

④使材料的热膨胀系数几乎为零。

例如碳纤维、凯芙拉纤维等沿轴向具有负的热膨胀系数,若与具有正的热膨胀系数纤维混杂,可能得到预定热膨胀系数的材料,甚至为零膨胀系数的材料。这种材料对飞机、卫星、高精密设备的构件非常重要。如探测卫星上的摄像机支架系统就是由零膨胀系数的混杂纤维复合材料制造的。

⑤混杂纤维复合材料能使破坏应变得到改善。

如碳纤维复合材料具有较低的破坏应变。为了提高这种破坏应变,可引入玻璃纤维。由于混杂效应的原因,碳纤维复合材料破坏应变可提高百分之四十。

⑥混杂纤维复合材料具有各向异性。

由于各种纤维结合的方式不同,因此,混杂纤维复合材料还具有各向异性。另外,异种材料复合的复合材料,振动衰减性要比原来均质材料大。两种纤维混杂的复合材料其衰减振动性增加更大。一种高精度的铣床若采用混杂复合材料,既可以减重,又可以吸收高频振动。

⑦其他性能。

混杂纤维复合材料也改善材料的其他性能,如耐老化性、耐蚀性和导电性。例如玻璃纤维复合材料虽属电绝缘材料,但它有产生静电而带电的性质,因此不适宜用来制造电子设备的外壳。碳纤维是导电、非磁性材料,用两种纤维混杂可有除电及防止带电的作用。而且玻璃纤维复合材料有电波的透过性,碳纤维有导电性可能反射波。两者混杂可用于电视天线,以解决电子设备的电波障碍及无线电工作室的屏蔽。

(2)使构件设计自由度扩大的性能

由于混杂复合材料构件工艺实现的可能性超过单一纤维复合材料,相应又进一步扩大了构件的设计自由度。如高速飞机机翼,由玻璃纤维复合材料制造,则刚度除翼尖外都能满足,为解决翼尖的刚度不足,可以求助于混杂纤维复合材料,即在翼尖处增加或换成部分碳纤维,较容易地达到设计要求。

(3)使结构设计与材料设计统一的性能

混杂纤维复合材料与单一纤维复合材料比较,更突出了材料与结构的统一性。混杂纤维复合材料可以根据结构的使用性能要求,通过不同类型纤维的相对含量,不同的混杂方式进行设计。

有时要求材料兼备力学性能与透电磁波性能、力学性能与水下透声的性能、力学性能与隐身性能等。航空航天飞行器,先进的远程导弹往往需要材料与结构同时具有承力、抗烧蚀、抗粒子云、抗激光、抗核能、吸波、隔热等性能。对材料与结构的这种要求,一般单一材料是不可能满足的,混杂纤维复合材料进行规律性的研究与开发,为结构设计与材料设计统一提供途径。

(4)降低材料的成本

碳纤维的价格比玻璃纤维的价格国内约高 20~30 倍,国外的价格约高 10~20 倍。因此,在性能允许的情况下,用价格低的纤维取代部分高价纤维是降低制品成本的有效途径。在选用混杂复合材料可以改进制品的结构、性能、工艺以及降低能耗、节约工时等,可获取更大的经济效益。

3. 混杂纤维复合材料的应用

混杂纤维复合材料是复合材料大家族中的优秀代表。它除了具有一般复合材料的特点外，还有其他复合材料不可与之相比的许多优点。

自开发以来，一直受到人们的普遍重视。混杂复合材料无论作为结构材料还是作为功能材料，不仅已广泛地应用于航空航天工业、汽车工业、船舶工业等领域，而且还作为优良的建筑材料、体育用品材料、医疗卫生材料等被广泛地采用。

事实证明，混杂复合材料在应用中，不仅可方便地满足设计性能上的要求，而且还可以降低产品成本、减轻产品质量、延长产品寿命、提高经济效益。

第8章 功能膜材料

8.1 膜材料的制备方法

8.1.1 无机膜的制备方法

无机膜的制备始于 20 世纪 40 年代,70 年代末开始进入工业应用,其市场销售额以 35% 的年增长率发展着。我国无机膜的研究始于 20 世纪 80 年代,到 90 年代已能制备出实验室用及工业应用的微滤膜、超滤膜及高通量的金属钯膜。由于有很多优点,无机膜在近十年发展极快。无机膜制备方法主要有以下几种。

1. 固态粒子烧结法

固态粒子烧结法又称为悬浮粒子法,它是将一定细度的无机黏结剂、无机粉粒、和塑化剂制成悬浮液,然后用浸涂法在多孔支撑体上将悬浮液涂制成一定厚度的膜层,经过干燥后进行高温焙烧,使粉粒接触部分烧结,而形成多孔结构的膜。此法可制备出适用于微滤和超滤的孔径范围在 $10nm \sim 10\mu m$ 之间的多孔膜。这种膜的结构主要受无机粉粒粒径大小及分布、悬浮液组成、涂膜的厚度及烧结工艺条件(如温度)等因素的影响。

2. 溶胶－凝胶法

制备溶胶的方法主要有聚合凝胶和胶体悬浮法两种。制成溶胶后通过浸涂法在多孔支撑体上形成凝胶层,再经过干燥及焙烧等热处理成膜。膜的结构与料浆的含量及组成、浸渍时间、粒子的粒径分布、多孔载体的孔结构以及热处理的工艺条件等因素有关。该法工艺设备简单,过程易于控制,可制备多种复合薄膜,具有广泛的应用价值,目前应用业中的氧化铝、氧化锆等膜多采用此方法。

3. 高温分解法

用高温分解法制备的膜又叫分子筛膜。它是将聚偏氯乙烯、聚糠醇、纤维素、酚醛树脂、聚酰亚胺以及氧化聚丙烯腈等热固性聚合物制成的膜,在惰性气体或真空中加热裂解,释放出小分子气体,形成多孔膜,然后在氧化气氛中进行活化或氧化燃烧,可制得贯通膜开孔的碳分子筛膜。这种膜具有孔致密均匀、热稳定性好选择性高、耐腐蚀等优点。

4. 学提取法(刻蚀法)

将固体材料进行某种处理后,使之产生相分离,然后用化学试剂将其中一相除去,形成多孔膜。不同的材料可用不同的方法。

①阳极氧化法。在室温下将高纯的金属薄片放入酸性介质中进行阳极氧化,然后用酸除去未被氧化的部分,即可制得多孔金属氧化膜。

②多孔玻璃膜将硼硅酸盐玻璃拉成中空细丝后,经热处理分相形成硅酸盐相和富硅相,然后用强酸除去硅酸盐相,可得富硅的多孔中空玻璃膜。

5. 其他制备法

制备无机膜还可用相分离法等。此外,正在进行研究和开发的方法有薄膜沉积法,包括物理气相沉积(PVD)、化学气相沉积(CVD)、电化学气相沉积(ECD)及脉冲激光沉乱电镀和化学镀制膜、熔模离心以及原位粒成膜法等。

8.1.2 高分子分离膜的制备方法

有许多方法可以用来制备高分子膜,不同的膜用不同的方法制备。主要的制膜方法包括溶液浇铸法、烧结法、拉伸法、径迹蚀刻法、相转法、溶胶－凝胶法、蒸镀法和涂覆法等。

1. 致密膜的制备方法

致密对称膜是结构最紧密的一类薄膜,其孔径小于 1nm,膜中高分子以分子状态排列,混合物在膜中主要通过溶解－扩散运动实现分离,其制备主要通过以下几种方法实现。

(1)熔融挤压法

熔融挤压成膜的制备过程是先将聚合物加热熔融,放置在两片模板间,并施以高压(10～40MPa),然后冷却固化成分离膜。

熔融拉伸制得的膜的性能取决于聚合物的组成和结构,包括分子链的刚性、聚合物的结构(如支化等)、分子量和分子量分布及分子间相互作用等。另外,成膜后的淬火和退火也会很大程度上影响膜的性质。快速淬火导致形成细小晶区;退火使晶区增大,结晶度提高。被分离分子是在无定形区域扩散的。所以,结晶度提高不利于渗透性的改进。

(2)溶液浇铸法

选取适当的溶剂溶解高分子膜材料制成铸液,并将其均匀刮涂在不锈钢或玻璃板上,然后移置烘箱或特定环境干燥。若制备厚度小于 $1\mu m$ 的薄膜,则可采用旋转平台法。更薄的可利用水面扩展法,待溶剂挥发,可在水面得到厚度在 20nm 左右的聚合物膜。

分离膜的物理机械性能和渗透性能受溶剂的影响。一般来说,溶剂的溶解能力越强,生成的聚合物的结晶度越低,膜的渗透性越好。另外,溶剂的挥发性速度、脱溶剂速度越快,高分子链聚集越快,分子来不及调整构象,易形成无定形聚合物。温度和溶剂的挥发性是决定脱溶剂速度的主要因素。在脱溶剂过程中,环境的湿度对膜的性质有影响。一般湿度大时,易形成孔隙率大的膜,提高了膜的渗透性。

（3）直接聚合成膜

它是直接采用单体溶液进行注模成型，属于聚合物合成与成膜过程同时完成的致密膜制备方法，典型例子是聚酰胺和聚酯膜的制备。

2. 多孔膜的制备方法

（1）溶出法

溶出法（template leaching）主要是将难溶高分子材料掺入某些可溶组分，制成均质膜后再将该组分溶解浸出制造孔洞。该法常用于多孔性玻璃膜的制备。

（2）相转换法

相转化法（phase inversion）是最常用的薄膜制备方法，是通过各种手段使均相的高分子溶液发生相分离，变成两相系统，一相的高分子浓度较高，最后形成膜结构的高分子固相，一相为高分子浓度较稀薄，形成孔洞的液相。相分离过程是相转化法的核心，其主要参数由热力学因素和动力学因素控制。热力学因素可由平衡状态下的相图预测相分离的发生，动力学因素能推测成膜速率。

相转化法主要用于制备带有多孔皮层或致密皮层的一体化非对称膜，即皮层和支撑层是同一种高分子材料，且是同时形成的。

相转化过程主要通过以下几种方法实现：溶剂蒸发沉淀法、浸没沉淀法、热沉淀法、蒸汽相沉淀法。

溶剂蒸发沉淀法（Precipitation By solvent Evaporation）是将聚合物膜材料和溶剂（由易挥发的良溶剂和不易挥发的非溶剂组成）配制成铸膜液，然后涂覆在玻璃或其他支撑板上，在一定的温度、气氛下良溶剂逐渐挥发，聚合物沉淀析出，最终形成薄膜。这种方法是相转化制膜工艺中最早开发的方法，又称作干法。

浸没沉淀法（L－S 法）即 Loeb－Sourlrajan 制膜过程，大部分工业用膜均采用浸没沉淀法制备。首先将配制好的制膜液浇铸在适当的载体平面（如金属或玻璃板）上，然后浸入含有非溶剂（多数情况是水）的凝固浴中，由于溶剂与非溶剂的交换而导致沉淀。膜的结构由传质和相分离两者共同决定的。聚合物的种类、制膜液的组成、溶剂和非溶剂的种类、凝固浴的组成、液－液分层区的位置、聚合物的凝胶化和结晶化特性、制膜液和凝固浴的温度、蒸发时间等因素对膜结构影响较大，改变其中一种或多种，可得到不同的膜结构。

热沉淀法（Thermal Induced Phase Separation，TIPS）是将室温下不溶的聚合物加热配制成均相铸膜液，并流延制成薄膜后，然后冷却，使聚合物溶液发生沉淀、分相，最终形成微孔膜。溶剂在高温下可溶解聚合物，室温下是非溶剂，起"致孔剂"的作用。铸膜后控制降温速率和温度变化，可调整相分离过程，最终影响不同膜结构的形成。该方法主要适用于聚烯烃材料的加工，特别是聚丙烯薄膜的制备。

蒸汽相沉淀法（Precipitation From The Vapour Phase）是首先把聚合物溶液在平板上刮涂成薄层，然后将其置于非溶剂的蒸气相或溶剂与非溶剂混合的饱和蒸汽气氛中，随着非溶剂的渗透，聚合物膜逐渐形成。可以通过调节非溶剂在气相中的蒸气压，控制非溶剂扩散进入刮涂层的速度。利用这种方法制得的薄膜表面大都没有致密皮层，而是多孔结构。

8.1.3 复合膜的制备方法

复合膜是另一种形式的非对称分离膜。它的制造方法一般是先制造多孔支撑膜,然后再设法在其表面形成一层非常薄的致密皮层。这两层的材料一般是不同的高聚物。

分离膜的发展从形态结构上来分,至今可分三个阶段。第一阶段是均质膜,上下左右都相同,其特点是透量较低。第二阶段 Loeb 和 Sourir ajan 发明了浸沉相转化,制造出皮层致密、很薄,支撑层多孔、比皮层厚得多的非对称反渗透膜,使其透量比均质膜提高了近一个数量级。1963 年 Riley 首先研制出支撑层与皮层分开制备的复合膜制造新技术。用这种制膜技术,皮层厚度一般为 50nm 左右,最薄可达到 30nm。这种膜的皮层和支撑层一般是两种材料。为了与一般的非对称膜(相转化膜)相区别,称之为复合膜。复合膜是第三代分离膜。

(1)浸涂法

此法常用不对称超滤膜作为底膜,将底膜浸入涂膜液中,把底膜从浸膜液中取出时,一薄层溶液附在其上,然后加热使溶剂挥发,溶质交联,从而形成复合膜。

(2)界面聚合法

此法是在基膜的表面上直接进行界面反应,形成超薄分离膜层。

(3)等离子体聚合法

此法是在辉光放电的情况下,有机和无机小分子进行等离子聚合直接沉积在多孔的基膜上,形成以等离子聚合物为超薄层的复合膜。

8.2 高分子分离膜

8.2.1 概述

高分子分离膜是具有分离功能,即具有特殊传质功能的高分子材料,又称为高分子功能膜。其形态有固态,也有液态。

1. 高分子分离膜的分类

高分子分离膜的种类和功能繁多,不可能用单一的方法来明确分类,现有的分类既可以从被分离物质的角度分,也可以从膜的形状、材料等角度分,目前主要有以下几种分类方式。

(1)按被分离物质性质分类

根据被分离物质的性质可以将分离膜分为气体分离膜、液体分离膜、固体分离膜、离子分离膜和微生物分离膜等。

(2)按膜形态分类

根据固态膜的形状,可分为平板膜(Flat Membrane)、管式膜(Tubular Membrane)、中空纤维膜(Hollow Fiber)、毛细管膜以及具有垂直于膜表面的圆柱形孔的核径蚀刻膜等。液膜是液体高分子在液体和气体或液体和液体相界面之间形成的膜。

（3）按膜的材料分类

分离膜从膜的材料来分，可以是天然的也可以是合成的，或者是天然物质改性或再生的。膜材料不同，具有成膜性能、化学稳定性、耐酸、耐碱、耐氧化剂和耐微生物侵蚀等也不同，膜材料对被分离介质具有一定的选择性。这类膜可以分为纤维素类、聚烯烃类、聚酰胺类、芳香杂环类、聚烯烃类、硅橡胶类、含氟高分子系列。

（4）按膜结构分类

按膜体结构主要分为致密膜（Dense Membrance）、多孔膜（Porous Membrance）、乳化膜（Emulsion-type Membrance）。致密膜又称为密度膜，通常是指孔径小于 1nm 的膜，多用于电渗析、反渗透、气体分离、渗透汽化等领域；多孔膜可分为微孔膜和大孔膜，主要用于混合物水溶液的分离，如渗透、微滤、超滤、纳滤和亲和膜等。

按膜的结构分类，可以分为对称膜（Symmetric Membrane）和非对称膜（Asymmetric Membrane）。

（5）按膜的分离过程分类

按膜的分离过程分类时，主要参照被分离物质的粒度大小及分离过程采用的附加条件，如压力、电场等。可将膜主要分为：微滤膜、超滤膜、纳滤膜、反渗透膜、透析膜、电渗析、气体分离膜、渗透汽化膜、液膜等。

2. 膜分离原理

分离膜的主要用途是通过膜对不同物质进行分离。在膜科学中，分离膜对某些物质可以透过，而对另外一些物质不能透过或透过性较差的性质称为膜的半透性。由于膜对不同物质的透过性不同以及不同膜对同一物质的透过性不同，可以使混合物中的某些组分选择性地透过膜，以达到分离、提纯、浓缩等目的。

在分离过程中，有的物质容易透过膜，有的物质则较难，其原因是它们与膜的相互作用机理不同，即膜分离原理不同。膜分离原理一般来说有下面三种，其中主要是筛分作用和溶解扩散机制。

（1）筛分机制

筛分（molecular sieve mechanism），类似于物理过筛过程，是指膜能够机械截留比它孔径大或孔径相当的物质。被分离物质能否通过筛网，取决于物质的粒径尺寸（包括长度、体积、形状）和膜孔大小。当被分离物质以分子状态聚集状态存在，则粒子的尺寸为聚集态颗粒的尺寸；以分子状态分散时，分子的大小就是粒子的尺寸。

物质颗粒与膜之间的吸附和电性能、物质颗粒自身之间的相互作用等因素对物质的截留也有一定影响。图 8-1 示意了微滤膜表面和网络内部对颗粒的各种截留：吸附截留是由于物质颗粒与膜之间的相互作用产生的；机械截留是由筛分过程决定的；架桥截留则是由物质颗粒间相互作用产生的，或是物质颗粒与膜之间以及物质颗粒间共同作用产生的。电镜观察证明了在膜孔的入口处微粒因为架桥作用被截留的情况。除物质分子大小以外，分子的结构形状、刚性等对截留性能也有影响。

一般认为，微滤膜和超滤膜的分离机理主要是依据膜孔的尺寸和被分离物质颗粒的大小进行选择性透过为筛分机制。微滤截留 $0.1 \sim 10 \mu m$ 颗粒，超滤截留分子量范围为 $1000 \sim 1000\,000$ 道尔顿（1 道尔顿＝1 原子质量单位）。

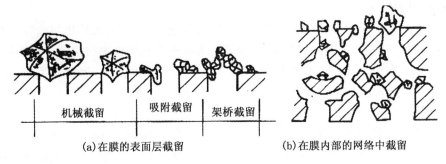

机械截留　　吸附截留　　架桥截留

(a)在膜的表面层截留　　　　　　　(b)在膜内部的网络中截留

图 8-1　微滤膜各种截留作用的原理

（2）溶解扩散机制

当采用致密膜进行分离时，其传质机理是溶解－扩散机理（Solution-Diffusion Theory），即渗透物质（溶质、溶剂）首先经吸附溶解进入聚合物膜的上游一侧，然后在浓度差或压力差造成的化学位差推动下以分子扩散方式通过膜层，再从膜下游一侧解吸脱落。

在溶解扩散机理中，分离过程的第一步是溶解，其速率取决于该温度下小分子物质在膜中的溶解度，服从 Herry 定律。影响溶解度的主要因素包括被分离物质的极性、结构相似性和酸碱性质等。分离过程的第二步为扩散，相对较慢，按照 Fick 扩散定律进行，是控制步骤。影响扩散过程的因素有被分离物质的尺寸、形状、膜材料的晶态结构和化学组成等。一般认为，小分子在聚合物中的扩散与高聚物分子链段热运动引起的自由体积变化有关，自由体积愈大扩散速率越快，升高温度可以加快高分子链段运动从而加速扩散，但不同小分子的选择透过性则随之降低。

反渗透、渗透汽化、气体分离主要按照这种机理进行膜分离，纳滤则介于筛分和溶解扩散之间，截留水和非水溶液中不同尺寸的溶质分子。

（3）选择性吸附——毛细管流动理论

当膜表面对被分离混合物中的某一组分的吸附能力较强，则该组分就在膜面上优先吸附，形成富集的吸附层，并在压力下通过膜中的毛细孔，进入到膜的另一侧。与此相反，不容易被吸附的组分将不容易透过分离膜，从而实现分离。

反渗透脱盐就是以这种选择性吸附机理实现盐和水分离。当水溶液与具有毛细孔的亲水膜相互接触，由于膜的化学性质，使它对水溶液中的溶质具有排斥作用，导致靠近膜表面的浓度梯度急剧下降，在膜的界面上形成一层被膜吸附的纯水层。当膜孔径为纯水膜厚的 2 倍时，这层水在外加压强的作用下进入膜表面的毛细孔，并通过毛细孔流出，如图 8-2 所示。

8.2.2　纤维素膜材料

纤维素是资源最为丰富的天然高分子。它的相对分子质量很大（50 万～200 万），在分解温度前没有熔点，又不溶于一般的溶剂。所以，一般都先进行化学改性，生成纤维素醚或酯。由于在反应时有分子链的断裂，纤维素醚或酯的分子量大大降低，所以纤维素衍生物能溶于一般的溶剂。纤维素是一种稳定的亲水天然高分子化合物。它具有规则的线型链结构，结晶度高，加之其羟基之间形成分子间氢键，故虽高度亲水却不溶于水。纤维素及其衍生物膜材料广泛用于微滤和超滤，也可以用于反渗透、气体分离和透析。因此是最重要的一类膜材料。

由纤维素与醋酸反应制成的醋酸纤维素（CA）是典型纤维膜，应用非常广泛，具有选择性高、

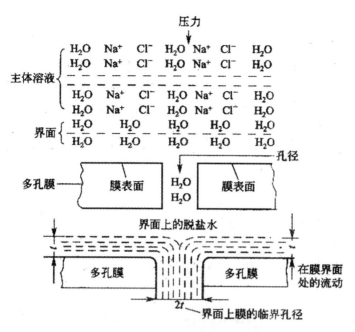

图 8-2　Sourirajan 的氯化钠分离模型

耐氯性好、透水量大、制膜工艺简单等优点。二取代醋酸纤维素含醋酸 51.8%，三取代醋酸纤维素含醋酸 61.85%，主要用作反渗透膜材料，也可用作超滤膜和微滤膜的制造材料。醋酸纤维素膜的是价格便宜，且分离和透过的性能良好。但是其 pH 使用范围窄（pH＝4～8），容易被微生物分解以及在高压下操作时间长了容易被压密，引起透量下降。醋酸纤维素是纤维素分子中的羟基被乙酰基所取代，削弱了氢键的作用力，使大分子间距离增大，利用具有良好血液相容性和生物相容性，可制得具有泡沫结构的中空纤维膜，用于气体分离、血液过滤等。硝酸纤维素（CN）是由纤维素和硝酸制成的。价格便宜，广泛用作透析膜和微滤膜材料。为了增加膜的强度，一般与醋酸纤维素混合使用。

　　醋酸纤维比三醋酸纤维素的耐热和耐酸等性能差，因此一般用三醋酸纤维素制成能分离分子量范围狭小的超滤膜，用于血液过滤。针对 CA 膜的化学和热稳定性不佳，压密性较差，易降解的缺点，开展了不同用途的改性醋酸纤维素膜的研制工作。例如，分离油水用的聚苯乙烯与三醋酸纤维素共混膜；在 CA 基质中加入适量的丙烯腈与衣康酸共聚物共混纺丝，制取具有较好的形态及结构稳定性的中空纤维血浆分离膜；制备耐高温的羟丙基醋酸纤维素膜和钛醋酸纤维素反渗透膜。三醋酸纤维素（CTA）分子结构类似于 CA，但在乙酰化程度以及分子链排列的规整性方面有一定的差异。CTA 不仅具有较好的机械强度，同时具有生物降解性、热稳定性能，将其与 CA 共混可改善 CA 的性能。CA 也可用来制备控制释放药物的胶囊和用来进行膜分离的纤维素胶囊。用亲油单体、亲水单体和两亲单体均相接枝纤维素制取甲基丙烯酸羟乙基酯接枝纤维素膜，具有优良的生物相容性、亲水性，适宜做血液透析膜。

8.2.3　有机硅膜材料

　　有机硅材料耐热，耐电弧性，分子间作用力小，空间自由体积大，内聚能密度低，结构疏松。这类高分子属于半无机半有机结构的高分子，兼具有机高分子和无机高分子的特性，其中聚二甲基硅氧烷(PDMS)是典型代表。PDMS 分子链为：

$$-\overset{\overset{\displaystyle CH_3}{|}}{\underset{\underset{\displaystyle CH_3}{|}}{Si}}-O-\overset{\overset{\displaystyle CH_3}{|}}{\underset{\underset{\displaystyle CH_3}{|}}{Si}}-O-$$

作为膜材料的 PDMS 具有螺旋形结构，分子间作用力非常微弱，它是目前工业化应用中透气性最高的气体分离膜材料，但其具有部分缺点：超薄化困难；强度很差，不能单独做膜；透气选择性低。

如与其他高分子共聚解决支撑问题，其选择系数亦可提高。Kiyotsukuri 使与 $HOOC(CH_2)$ $nCOOH(n=0\sim10)$ 于 $160\sim170℃$ 氮气中热缩合 $3\sim4h$，热压成膜。当共聚物中含硅量为 15.6% 时，在 $60℃$、20% 氢氧化溶液中 $4h$ 不降解，其中透过率 $P(O_2)$ 为 $2.04\times10^{-4}Pa$，选择系数 $\alpha(O_2/N_2)$ 为 2.73。在上述反应中加入一种三元酸，如苯间三羧酸为交联剂，也可做成透明柔软膜，在 $60℃$ 时氧气透过率最高可达 $3.2\times10^{-4}Pa$，选择系数 $\alpha(O_2/N_2)$ 为 6.8。

$$H_2N\overset{\overset{\displaystyle CH_3}{|}}{\underset{\underset{\displaystyle CH_3}{|}}{C'_3Si}}-O-\overset{\overset{\displaystyle CH_3}{|}}{\underset{\underset{\displaystyle CH_3}{|}}{SiC'_3}}NH_2$$

鉴于含氟化合物对氧之溶解性能高，而硅亚苯基又能使氧气/氮气分离选择性提高，合成了硅氧主链上有亚苯基，侧基上含氟的聚合物，结构为：

$$-\Big[(\overset{\overset{\displaystyle CH_3}{|}}{\underset{\underset{\displaystyle CH_3}{|}}{Si}})\overset{\displaystyle }{\underset{\displaystyle }{\bigcirc}}(\overset{\overset{\displaystyle CH_3}{|}}{\underset{\underset{\displaystyle CH_3}{|}}{SiO}})_x-(\overset{\overset{\displaystyle CH_3}{|}}{\underset{\underset{\displaystyle CH_3}{|}}{SiO}})_y-(\overset{\overset{\displaystyle CH_3}{|}}{\underset{\underset{\displaystyle R}{|}}{SiO}})_2\Big]_n$$

$$R=CH_2CH_2CF_3，(CH_2)_3OC(CF_3)_2F$$

其中亚苯基链段平均 x 为 100，熔点大于 $130℃$。结果表明，F 取代烷基或芳基以后都可提高选择系数 $\alpha(O_2/N_2)$ 之值，甚至达到 2.5。

聚硅氧乙烷和 PDMS 组成的膜，视两种高分子在组成中的多少可对药物有选择性的释放。如环氧端基的 PDMS 在 BF_3 催化下与聚乙二醇加成：

$$CH_2-CHCH_2OC'_3(\overset{\overset{\displaystyle CH_3}{|}}{\underset{\underset{\displaystyle CH_3}{|}}{Si}}-O)_n-\overset{\overset{\displaystyle CH_3}{|}}{\underset{\underset{\displaystyle CH_3}{|}}{SiC'_3}}OCH_2CH-CH_2+HO(CH_2CH_2O)_mH \xrightarrow[CH_2Cl_2，12h]{BF_3}$$

$$-\Big[CH_2-CHCH_2OC'_3(\overset{\overset{\displaystyle CH_3}{|}}{\underset{\underset{\displaystyle CH_3}{|}}{Si}}-O)_n-\overset{\overset{\displaystyle CH_3}{|}}{\underset{\underset{\displaystyle CH_3}{|}}{SiC'_3}}OCH_2CH-CH_2O(CH_2CH_2O)_m\Big]$$

生成的羟醚链节的羟基在三氟化硼的作用下可进一步与过量的环氧基作用产生交联，同时环氧端基在没有羟基的参与下借三氟化硼催化也会自聚生成另外一种交联。两种交联生成互穿网络，前者亲水，后者疏水。亲水网络对亲水药物如维生素 B_{12} 的扩散有利。疏水网络则对疏水药物如甾体类药物扩散有利,可以调节两种组分的配比对药物选择性释放。

可通过主链和侧链两种方法对 PDMS 改性。主链改性是通过共聚法在 PDMS 主链 Si—O 上增加较大的基团,或用 Si—CH₂ 刚性代替 Si—O 柔性主链。侧链改性是用较大或极性基团取代 PDMS 侧链上的 CH₃。侧链改性的热点是设法使 PDMS 侧链上接上羧乙基,如聚 2-羧乙基甲基硅氧烷(PCMC)与 PDMS 按(4∶1)~(1∶1)的比例熔融共混制膜,其透过率为 3×10^{-3} Pa,而选择系数 $\alpha(O_2/N_2)$ 将提高到 3.9。更主要的是它可制得超薄化的膜,从而大大提高了透过率。两种改性都将提高聚合物的玻璃化温度(T_g)和链段堆砌密度。渗透系数随侧基的增大而下降,但选择性有所提高。这是由于侧基增大后,高分子链的空间位阻增大,不利于分子链的运动。由 Si—O 构成的高分子主链其运动能力较由 Si—C 或 C—C 构成的高分子链要强,有利分子的扩散透过。另外,聚三甲基甲硅烷基丙炔、聚乙烯基三甲基硅烷也有较高的透气性。其中聚三甲基甲硅烷基丙炔的气体透过率比聚二甲基硅氧烷要高一个数量级,这是由于其自由体积大。

8.3　纳滤膜

纳滤(NF)是介于反渗透和超滤之间的新型膜分离技术。纳滤膜又称为超低压反渗透膜,是 20 世纪 80 年代后期研制开发的一种新型分离膜,其孔径范围介于反渗透膜和超滤膜之间约 1nm 左右。与其他膜分离过程相比,纳滤具有明显的特征:纳滤膜的表面分离层由聚电解质构成,对无机盐具有一定的截留率;可分离物质的分子量为 200~2000;操作压力低,分离膜的跨膜压差一般为 0.5~2.0MPa。

8.3.1　纳滤膜的分离机理与性能

纳滤膜对溶质分离的机理比较复杂,主要受膜电荷性和孔径大小这两个因素的影响,它们决定了纳滤对溶质分离的两个主要机制——即电荷作用和筛分作用。其中电荷作用主要由纳滤膜与溶液中带电离子之间发生静电相互作用形成的,又被称为 Donnan 效应。膜表面所带电荷越多,对离子尤其是多价离子的去除效果越好。但实际分离过程中其他运行参数也有一定的影响,目前常以非平衡热力学模型、电荷模型、Donnan—立体细孔模型、经典排斥和立体位阻模型等描述和预测纳滤过程对溶质分子的分离机制。

纳滤膜的分离机理遵循下列膜传递方程式:

$$J_w = A(\Delta P - \Delta \pi)$$
$$J_s = B\Delta c$$

式中,J_w,J_s 为溶剂和溶质的膜通量;A,B 为与膜材质有关的常数;ΔP,$\Delta \pi$,Δc 为膜的两侧外加压力差、渗透压差和溶质的浓度差。

由于无机盐能透过纳滤膜,使其渗透压远比反渗透膜的低,因此在通量一定时,纳滤过程所需的外加压力比反渗透的低得多;而在同等压力下,纳滤的通量则比反渗透大得多。此外纳滤能使浓缩与脱盐同步进行。所以用纳滤代替反渗透,浓缩过程可有效、快速地进行,并达到较大的浓缩倍数。

纳滤膜分有不同系列,如以色列 MPW 公司的纳滤膜件分有区号 10、20、30、40、50 和 60 六大系列,各膜件皆有特定的分子量截留区(截止相对分子质量为200~400不等),耐溶剂性能,操作的 pH 范围及使用温度。其中10和20系列膜具有敏锐的分子量截留区及大的通量,耐溶剂性能适中;30系列膜可耐强酸、强碱,耐热性好;40至60系列膜在各种溶剂中均保持良好的稳定性,其中40系列膜在成膜材料中引入某些极性基团,为亲水性膜,而50和60系列膜则为疏水性膜。表8-1、表8-2给出了某些 NF 膜的性能和分离特性。可以看出,不同的 NF 膜有其各自的性能。通常对单价离子脱除率低,对硫酸根和蔗糖的脱除率高;另外对单价离子的脱除率随浓度的增高而迅速下降。这些特性来源于膜材料、膜的结构和形态,以及膜的表面性质等。

表8-1 一些纳滤膜的性能

模型号	厂　商	性　能			试验条件
		脱盐率/%	通量/[L/(m²·h)]	压力/MPa	进料 NaCl/(mg/L)
Desal—5	Desal	47	46	1.0	1000
NF—40	Filmtec	45	43	1.0	2000
NF—70	Filmtec	80	43	0.6	2000
NTR—7450	Nitto	51	92	1.0	5000
NTR—7410	Nitto	15	500	1.0	5000
SU—600	Toray	55	28	0.35	500
SU—200NF	Toray	50	250	1.50	1500
ANM™	Trisep	40	40	0.70	1000
PVDI	Hydranautics	60	60	1.0	1500
MPT—10	Memb. Prod.	63	30	1.0	2000

表8-2 一些纳滤膜的分离特性

溶质	膜型号							
	NF—40	NF—70	NTR—7450	NTR—7410	NTR—7250	SU—600	SU—200	ANM™
NaCl	40	70	51	15	60	80	65	40
Na₂SO₄	—	—	92	55	99	—	99.7	—
MgCl₂	20	—	13	4	90	—	99.4	—
MgSO₄	95	98	32	9	99	99	99.7	98
乙醇	—	—	—	—	26	10	—	—
异丙醇	—	—	—	—	43	35	17	—
葡萄糖	90	98	—	—	94	—	—	—
蔗糖	98	99	36	5	98	99	99	97

试验条件

W（进料）/％	0.20	0.20	0.10	0.10
压力/MPa	0.40	1.00	0.75	0.70
温度/℃	25	25	25	25

8.3.2　纳滤膜的制备方法

　　纳滤膜的材料种类很多，可分为纤维素类、聚酰胺类、聚砜类、聚烯烃类等。纤维素类材料不仅在微滤、超滤、反渗透等膜分离过程有重要应用而且在某些纳滤膜中也有特殊用途。但是纤维素膜的高结晶度使其溶解性、可加工性、机械性能等较差，因此目前用于纳滤膜的主要是其衍生物，如在纤维素主链中引入共轭双键、环状键或其他基团，以提高其抗氧化能力、热稳定性或可塑性。聚芳醚砜膜对强酸强碱和常规溶剂具有很好的化学稳定性，并可承受高温灭菌处理。聚酰胺类纳滤膜常作为纳滤基膜材料，其具有耐高温、耐酸碱、耐有机溶剂的优点，通过界面聚合形成薄的皮层（主要是胺类和酰氯或哌嗪反应）制备复合膜。烯烃类聚合物也可作为纳滤基膜材料，经改性后制备表面荷电的纳滤膜。例如将聚丙烯腈超滤膜为基膜，在其表面涂覆季铵化后的壳聚糖，经过适度交联后可以得到表面带正电的纳滤膜。此外，还有聚苯并咪唑及其衍生物的纳滤中空纤维膜等。

　　纳滤膜为非对称结构的荷电膜，制膜关键是合理调节表层的疏松程度以形成纳米级的表层孔。纳滤膜的制备方法有转化法、L-S 相转化法和复合膜法。转化法是将超滤膜或反渗透膜经过一定处理后制备成纳滤膜。L-S 相转化法是使均相制膜液中的溶剂蒸发、或在制膜液中加入非溶剂、或使制膜液中的高分子热凝固，将制膜液由液相转变为固相，其关键在于选择合适的膜材料、调控制膜液组成及制膜工艺等。复合膜多以聚砜类高分子为基膜材料，在微孔基膜复合上一层具有纳米级孔径的超薄皮层，是目前应用最广、最有效的纳滤膜制备方法。

8.3.3　操作条件对纳滤膜分离性能的影响

1. 操作压力

　　在不同氯化钠和硫酸镁浓度时压力对 NF240 膜分离性能影响如图 8-3。从图中可知，浓度一定时随压力增大，水通量几乎直线上升，脱盐率也呈上升趋势。这可以从溶解－扩散模型得到解释。

2. 操作时间

　　由于 NF 膜制备大多采用复合法，故耐压密性较整体不对称膜好。从 LP2300HR 膜的分离性能随操作时间变化（图 8-4）可知，随着时间的增加，膜的水通量和脱盐率基本不变。

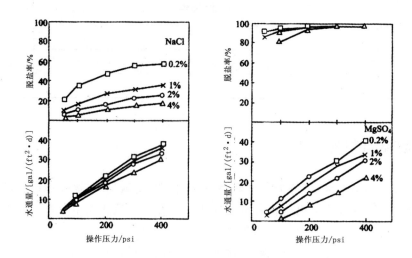

图 8-3 NF240 膜分离性能与操作压力及 NaCl 和 MgSO₄ 浓度关系

$1psi = 6894.76Pa$; $1gal = 3.78541dm^3$; $1ft^2 = 0.092903m^2$

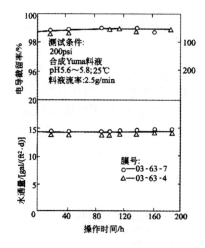

图 8-4 LP2300HR 膜分离性能－操作时间

$1psi = 6894.76Pa$; $1gal = 3.78541dm^3$; $1ft^2 = 0.092903m^2$

3. 料液回收率

LP2300HR 膜分离性能随回收率变化的关系(图 8-5)可知,随回收率的提高,水通量、脱盐率均下降。这主要是由于回收率增大使料液浓度增大,回收率为 50% 时,料液浓度将是原液的一倍,回收率为 90% 时,则增大为原液的十倍。主体料液浓度的提高也使得膜液界面处盐浓度提高,对于微溶性盐如 CaSO₄ 在高回收率时,该盐的溶解度极限就会被超过,导致盐在膜表面的沉积,引起水通量下降。料液盐浓度提高使得盐通量升高,从而脱盐率下降。

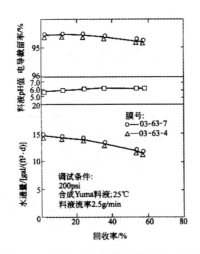

图 8-5　LP2300HR 膜分离性能－回收率

lpsi＝6894.76Pa；lgal＝3.78541dm³；lft²＝0.092903m²

4.料液流速

由图 8-6 可知,流速增大,脱盐率和水通量同时增大,并逐渐趋于稳定,这主要是流速增大,使主体料液浓度和膜液界面处料液浓度趋于一致,浓差极化减小,浓差极化因子降低趋于 1,水通量和脱盐率逐渐升高并趋于稳定。

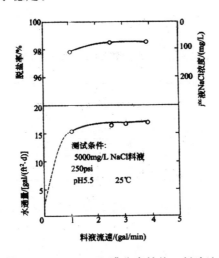

图 8-6　LP2300HR 膜分离性能－料液流速

lpsi＝6894.76Pa；lgal＝3.78541dm³；lft²＝0.092903m²

8.3.4　物料性质对 NF 膜分离性能的影响

有机物的分子量对 NF 膜截留率的影响(图 8-7)表明,RO 膜(图中 SU－700)的截留相对分子质量在 100 以下,而 NF 膜的截留相对分子质量则在 200 以上;截留分子量越小的 NF 膜,对同一分子量有机物的截留率则越高;在 NF 膜的截留分子量以下,分子量越小,截留率越低。

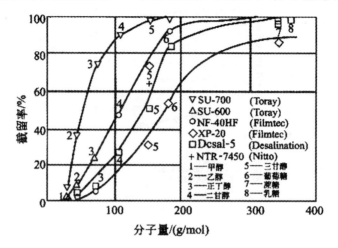

图 8-7　6 种膜对不同分子量有机物的分离效果

NF 膜对离子的截留率受到共离子的强烈影响(表 8-3)。对同一种膜而言,在分离同种离子并在该离子浓度恒定条件下,共离子价数相等,共离子半径越小,膜对该离子的截留率越小;共离子价数越高,膜对该离子的截留率越高。

表 8-3　3 种纳滤膜对不同无机离子的分离数据(25℃,1MPa)

组　分	浓度/(mol/L)	膜　号					
		Desal－5(Desalination)		NF－40HF(Filmtec)		SU－600(Toray)	
		$V_p/[L/(m^2 \cdot h)]$	$R/\%$	$V_p/[L/(m^2 \cdot h)]$	$R/\%$	$V_p/[L/(m^2 \cdot h)]$	$R/\%$
HCl	0.01	38	29	34	4	80	17
NaCl	0.01	34	57	35	64	73	57
KCl	0.01	44	61	38	72	75	55
Na_2SO_4	0.005	40	98	39	99	—	—
K_2SO_4	0.005	—	—	—	—	73	99

离子浓度对 NF 膜分离性能也有影响,表 8-3 数据说明,氯化钠、硫酸镁浓度的增大,膜的水通量和脱盐率均下降。

在制备 NF 膜时,为了提高膜的分离性能,往往使膜荷电化。因此,大多数 NF 膜表层总带有一定的电荷。在处理像氨基酸这样的物质时,pH 的不同就使得这些物质的荷电性不同,进而由于膜的荷电性相互作用的差异引起膜的截留率产生变化。NTR－7410 膜在不同 pH 时对三种氨基酸的截留率(图 8-8)表明,对任一氨基酸,随 pH 增大,开始截留率基本不变,但当 pH 增大到一定值时,膜的截留率突然增大,该 pH 就是膜与该物质的等电点。在该点由于物质的电性突变而具有与膜表层相同的电性,同性电荷相斥,而使得膜截留率突然增大。

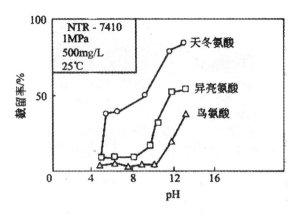

图 8-8　pH 对 NF 膜截留率的影响

8.4　超滤膜

8.4.1　超滤及超滤膜

超过滤简称超滤(Uhrafiltration UF),是以压力差为推动力的膜分离过程,膜的孔径范围为 $1\mu m\sim100\mu m$,孔积率 60% 左右,孔密度约为 10^{11} 个 $/cm^2$,操作压力在 $345kPa\sim689kPa$。用于脱除粒径更小的大体积溶质,包括胶体级的微粒大分子,适用于浓度更低的溶液分离。分离机理仍为机械过滤,选择性依据为膜孔径的大小。分离截留的机理为筛分,小于孔径的微粒随溶剂一起透过膜上的微孔,大于孔径的微粒被截留。膜上微孔的尺寸和形状决定膜的分离性质。

超滤所用的膜为不对称膜,它的特点是膜断面形态的不对称性,如图 8-9 所示。它是由表面活性层与大孔支撑层两层组成,表面活性层很薄,膜的分离性能主要取决于这一层,表面活性层有孔径 $1nm\sim20nm$ 的膜为超滤膜;支撑层的厚度为 $50\mu m\sim250\mu m$,起支撑作用,它决定膜的机械强度,呈多孔状,超滤膜的大孔支撑层为指状孔。

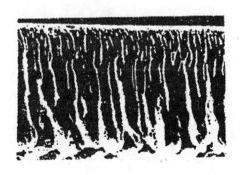

图 8-9　不对称膜

超滤膜的另一种形式是中空纤维膜,如图 8-10 所示。超滤所用的中空纤维膜的外径为 $0.5mm\sim2mm$,其直径小,强度高,管内外能承受一定的压差,使用时不需专门的支撑结构。其另一个特点是单位体积内膜具有非常大的表面积,能有效地提高渗透通量。

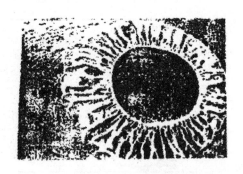

图 8-10　中空纤维膜

超滤膜的材料主要有聚砜、聚酸胺、聚丙烯腈和醋酸纤维素等,其工作条件取决于膜的材质,醋酸纤维素(CA)适用于 pH=3～8,因其 pH 适用范围小、抗氧化性能差、易水解、易密压、不耐高温等缺点明显限制其适用范围。随后研究大多集中在改性方面,如其转变为性能较好的三醋酸纤维素(CFA)膜适用于 pH=2～9,芳香聚酰胺适用于 pH=5～9,使用温度 0℃～40℃,聚醚砜(DUS－40)超滤膜的使用温度已超过 100℃;Upjohn 公司产的聚酰亚胺树脂超滤膜的耐溶剂性非常好,除硝基苯和二噁烷外,几乎耐所有溶剂。UdelP-1700 磺化聚砜超滤膜的荷电效果可以对那些从分子量来说几乎无法截留的各种无机电解质都能充分截留,利用氨基酸的荷电状态随 pH 的变化的事实,可采用这种荷电型超滤膜使氨基酸混合液得到分离。

8.4.2　超滤、反渗透和微滤的关系

超滤和反渗透是密切相关的两种分离技术,反渗透是从高浓度溶液中分离较小的溶质分子,超滤则是从溶剂中分离较大的溶质分子,这些粒子甚至可以大到能悬浮的程度。对小孔径的膜来说,超滤与反渗透相重叠,而对孔径较大的膜来说,超滤又与微孔过滤相重叠。也有把 $1\mu m$ 的颗粒定为超滤的上限,把 10nm 的颗粒定为反渗透的上限,当颗粒物大于 50nm 后,即属于一般的颗粒过滤,目前对划分的界限尚无一个绝对的标准。超滤与反渗透的主要区别在于:

①它们的分离范围不同,超滤能够分离的溶质相对分子质量大约为 100 万～500 万,分子大小为 300nm～$10\mu m$ 的高分子;而反渗透能够分离的是只有无机离子和有机分子。

②它们使用的压力也不同,超滤需要低压,一般为 0.1～1.0MPa。反渗透需要高压,一般为 1.0～10MPa。

另外,超滤中一般不考虑渗透压的作用,而反渗透由于分离的分子非常小,与推动压力相比,渗透压变得十分重要而不能忽略不计。超滤和反渗透大都用不对称膜,超滤膜的选则性皮层孔大小,分离的机理主要是筛分效应,故其分离特性与成膜聚合物的化学性质关系不大。而反渗透膜的选择性皮层是均质聚合物层组成的,这样膜聚合物的化学性质对透过特性影响很大。

8.4.3　超滤膜的应用

超滤主要用于溶液中相对分子质量 500～500 000 的高分子物质与溶剂或含小分子物质的溶液的分离,超滤是目前应用最广的膜分离过程,它的应用领域涉及化工、食品、医药、生化等领。

①纯水的制备,超滤广泛用于水中的细菌、病毒、热源和其他异物的除去,用于制备高纯饮用

水、电子工业超净水和医用无菌水等。

②应用超滤处理汽车、家具等制品电涂淋洗水,淋洗水中常含有 1%~2% 的涂料(高分子物质),用超滤装置可分离出清水,清水返回重复用于清洗,同时又使涂料得到浓缩重新用于电涂。

③纺织工业中含聚乙烯醇废水的处理。

④果汁、酒等饮料的消毒与澄清,应用超滤可使果汁保持原有的色、香、味,产品清澈,而且操作方便,费用低。

⑤食品工业中的废水处理,在牛奶加工厂中用超滤从乳清中分离蛋白和低分子量的乳糖。

⑥在医药和生化工业中用于处理热敏性物质,分离浓缩生物活性物质,从动、植物中提取药物等。

8.5 分子筛膜

分子筛膜是微孔无机膜中重要的一种,分子筛膜是将分子筛以膜的形式加以利用,也就是在陶瓷支撑体上制备一层连续、致密的分子筛而得到的。分子筛膜是新近发展起来的新型无机膜,它具有一般无机膜耐高温、抗化学侵蚀与生物侵蚀、机械强度高和通量大等优点。尤其是它利用了分子筛孔径均匀、孔道呈周期性排列的结构特点,具备分子筛分性能,比表面积大、吸附能力强。在优先吸附性、分子筛分双重机理的作用下,分子筛膜能够选择性地吸附、透过大小相近而极性(或可极化程度)不同的分子,进而达到分离的目的。这些特性使得分子筛膜拥有良好的分离性能,使之在许多膜过程(如渗透汽化、气体膜分离、膜反应等)中具有广泛的应用前景。

按合成时所提供能量方式的不同可分为原位水热合成膜和微波合成膜;按分子筛膜合成时所需的溶液状态不同分为溶胶合成膜、凝胶合成膜和气相合成膜;按是否在载体上预涂晶种可分为一次合成膜、二次合成膜和多次合成膜。根据分子筛膜形成过程中有无支撑体分为无支撑膜和支撑膜,无支撑膜又细分为填充膜和自支撑膜(独立膜)等。填充分子筛膜是将已制备好的分子筛晶体嵌入到非渗透性基质(如有机聚合物、二氧化硅、金属箔等)中。支撑分子筛膜是让分子筛在具有一定强度的多孔载体(如多孔陶瓷、多孔玻璃、多孔金属等)表面上生长并形成一层致密、连续的膜层,利用这一膜层进行物质的分离。还有一种自支撑分子筛膜,即没有支撑体,仅由分子筛晶体构成的膜片。

目前制备和研究的分子筛膜主要有 LTA 型(NaA)、FAU 型(NaX,NaY)、MFI 型、P 型、AlPO4-5型、SAPO-34 型和 UTD-1 型等。

(1)LTA 型分子筛膜

LTA 型分子筛膜是由 α 笼通过八元环相互连通构成的立方体晶体,具有三维立体孔道,晶孔数目为 8,孔径为 0.42nm,与小分子的动力学直径相当,硅铝比为 1,亲水性很强,因此在小分子/大分子的分离方面具有很好的选择性,可实现极性分子/非极性分子和水/有机物等的分离;有较好的催化作用和脱水性能,在渗透蒸发、有机物脱水等领域有很大的应用潜力。

(2)FAU(八面沸石型)分子筛膜

它包括 X 和 Y 型分子筛膜,类似于金刚石密堆立方晶系结构,晶孔的参数为 12,孔径为 0.74nm,这两种型号彼此间的差异主要是 Si/Al 比不同,X 型为 1~1.5;Y 型为 1.5~3。它们具有较大的孔径通道和较高的空隙率,适用于较大分子的分离和反应过程。Kusakabe 等在多孔

α-Al_2O_3 上合成了 NaY 型分子筛膜,对极性分子有较强的亲和力,可用于极性分子与非极性分子,如 CO_2/N_2 的选择渗透分离。

(3)MFI 分子筛膜

MFI 分子筛膜材料是美国 Mobil 公司 20 世纪 60 年代中期开发的新型高硅分子筛,属于正交晶系,Si/Al 值为 5~∞,晶胞组成为 $Na_nAl_nSi_{96-n} \cdot 16H_2O$($n$ 是晶胞中铝的原子数,可以从 0 到 27)。

MFI 型分子筛膜(包括 ZSM-5 和 Silicalite-1 分子筛膜)是一种具有二维孔道系统的分子筛。它有两种相互交联的孔道体系:b 轴方向的直线形孔道(孔径 0.53nm×0.56nm);a 轴方向的正弦形孔道(孔径 0.51nm~0.55nm)。图 8-11 和图 8-12 分别为 MFI 型分子筛膜的孔道结构和空间骨架示意图。MFI 型分子筛的孔径与许多重要工业原料的分子直径相当,因而其应用相当广泛。

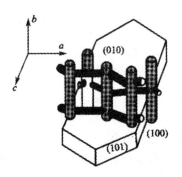

图 8-11　MFI 型分子筛膜的孔道结构

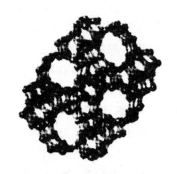

图 8-12　MFI 型分子筛膜的空间骨架(010 方向)示意图

ZSM-5 分子筛膜的硅铝比高,因而具有很高的热稳定性。即使在 1000℃的高温也能保持其晶型的稳定。不同于其他类型的分子筛膜,属于 MFI 型的中孔(0.55nm 左右)分子筛膜,具有较高的抗酸性、水热稳定性以及优良的催化性能。此外,ZSM-5 分子筛晶粒多为苯环形,对膜的形成有利,因此 ZSM-5 分子筛膜的合成备受关注,是目前合成和研究最为广泛、文献报道最多、最具有开发潜力的分子筛膜。

全硅型的 Silicalite-1 膜是另一类具有 MFI 结构的分子筛膜,结构于 ZSM-5 分子筛相同。由 Silicalite-1、ZSM-5 分子筛形成的分子筛膜具有高的 Si/Al 值,从而具有亲有机物憎水的特性,可广泛用于乙醇/水和烷烃的分离。

(4)P 型沸石分子筛膜

它在[100]和[010]方向上存在孔径为 0.31nm×0.44nm 和 0.26nm×0.49nm 的孔道。

Dong 等在孔隙率为 50％、半径孔径为 200nm 的 α-Al_2O_3 的支撑体上合成了 P 型沸石膜，H_2/Ar 和 CH_4/Ar 的理想分离系数分别为 5.29 和 2.36。

（5）AlPO4-5 分子筛膜

它是 20 世纪 80 年代开发的磷酸铝分子筛膜，孔径（0.7～0.8nm），其骨架结构中不出现硅氧四面体，属于六方棱柱，为电中性，有适中的亲水性和独特的表面选择性，可用作吸附剂和催化剂载体，是良好的膜催化反应器的膜材料。Mintova 等利用微波水热法制备了纳米 AlP04-5 超薄分子筛膜。

（6）SAPO-34 分子筛膜

它是一种磷酸硅铝分子筛膜，是甲醇、乙醇、二甲醚、二乙醚及其混合物转化为轻烯烃（乙烯、丙烯和丁烯）反应极优良的催化剂。

（7）UTD-1 分子筛膜

它是一种硅酸盐基质超大微孔分子筛材料，只含有四氧配位铝和硅的 14 元环孔道结构，热稳定性很好。Balkus 等利用脉冲激光烧蚀法制备了厚为 650nm 的定向 UTD-1 分子筛膜。

8.6　其他薄膜材料

8.6.1　导电薄膜

导电薄膜在半导体集成电路和混合集成电路中应用十分广泛，它可用作薄膜电阻器的接触端、薄膜电容器的上下电极、薄膜电感器的导电带和引出端头，也可用作薄膜微带线、元器件之间的互连线，外贴元器件和外引线的焊区，以及用于形成肖特基结和构成阻挡层等。在集成电路中，导电薄膜所占的面积比例与其他薄膜材料相比是很大的，而且随着集成度的不断提高、薄膜多层互连基板的应用，其所占面积比例将不断增大。因而导电薄膜的性能，对于提高集成度和提高电路性能均有很大影响。透明导电薄膜是目前研究的主要课题之一，它既具有高的导电性，又对可见光有很好的透光性，对红外光具有高反射特性，它包括金属透明导电薄膜和氧化物透明导电薄膜。

1.金属透明导电薄膜

所有的金属是不透明的，这是金属的特性。但当金属薄膜的厚度减小到一定程度时，呈现出透明状态，如厚度为 33nm 的 Pt 膜对 210～700nm 波长的光透光率为 92％。一般地说，当金属薄膜的厚度在约 20nm 以下时，对光的反射和吸收都很小，具有很好的透光性。薄膜的生长过程是先形成核，核长大后形成岛状结构相互连接起来，并且沉积的材料原子填充到岛与岛之间的空隙而形成膜，即膜的结构与其厚度有着密切的联系，如果膜比较薄，可能是岛状结构。膜的厚薄直接影响了它的导电性能，如 Au 膜在其厚度<7nm 时，它的方块电阻率随膜厚的减小急剧增大；而膜厚度>7nm 时，随着膜的厚度增大电阻率减小。因此，平滑的连续膜可成为低电阻膜。

常见的金属透明导电薄膜有 Au、Ag、Cu、Al、Cr 等。它们常采用溅射技术制备。但金属膜在较厚时，透光性不好；太薄时，电阻又会增大，而且常会形成岛状结构的不连续膜。为了制备平滑的连续膜,常需要先镀一层氧化物作为过渡层,再镀金属膜,金属膜的强度低,其上面再镀一层保护层如二氧化硅、氧化铝等。

2. 氧化物透明导电薄膜

自从 Badeker 将溅射的镉进行热氧化,制备出透明导电氧化镉薄膜以来,人们对透明导电氧化物薄膜的兴趣与日俱增。它以接近金属的电导率、可见光范围内高透射比、红外高反射比及其半导体特性,广泛应用于太阳能电池、显示器、气敏元件、抗静电涂层等方面。同时,越来越多的氧化物薄膜成为研究对象,包括 Sn、In、Cd、Zn 以及它们掺杂的氧化物。

在相当一段时间内,Sn 掺杂的 In_2O_3(ITO)薄膜得到了广泛的应用,这是由于它具有对可见光有高的透射率(90%),对红外光有较强的反射系数和低的电阻率,并且与玻璃有较强的附着力,以及良好的耐磨性和化学稳定性等。但 ITO 薄膜中的铟有毒,在制备和应用中对人体有害,并且 ITO 中的 In_2O_3 价格昂贵,成本较高,而且 ITO 薄膜易受氢等离子体的还原作用,这在很大程度上限制了 ITO 薄膜的研究和应用。新型透明导电 Al 掺杂的 ZnO(AZO)薄膜,原材料氧化锌资源丰富,价格便宜,并且无毒,有着与 ITO 可相比拟的光电性能,且容易制备。因此,AZO薄膜成为目前研究的热点,也是目前最具开发潜力的薄膜材料。另外,F 掺杂的 SnO_2 薄膜,由于其硬度高、化学性能稳定、成本低,也是广泛应用的一种透明导电薄膜。

8.6.2 光学薄膜

光学薄膜发展很早,应用广泛,几乎所有光学仪器都离不开各种性能的光学薄膜,光学薄膜材料种类繁多,下面按照不同的用途介绍一些常用的和最近新开发的光学薄膜材料以及它们的性能。

1. 反射膜

用做反射膜的薄膜材料多是金属。当金属薄膜的厚度减小到一定程度时,才呈现出透明状态;当金属膜较厚时,对光起反射作用。常见的金属反射膜有 Al、Ag 和 Au 膜。

Al 膜是唯一从紫外($0.2\mu m$)到红外($30\mu m$)都有很高反射率的材料,大约在波长为 $0.85\mu m$ 时,反射率出现极小值(86%)。Al 膜对衬底的附着力比较强,机械强度和化学稳定性也比较好,被广泛地用做反射膜。在可见光区域,作为反射膜的 Al 膜最佳厚度在 80~100nm,小于该厚度时,透过损失较大,大于该厚度时,由于 Al 膜内的晶粒较大,散射增加,反射率降低。

Ag 膜在可见光区域和红外区域内,有高于一切已知材料的反射率。在可见光区域,反射率达 95% 左右,红外区域反射率达 99% 以上。但 Ag 膜的附着力比较差,机械强度和化学稳定性也不太好。Ag 膜在紫外区的反射率很低,在波长为 400nm 时,反射率开始下降,到 320nm 附近下降到 4% 左右。Ag 膜暴露在空气中会逐渐变暗,这是由于其表面形成了 Ag_2O 和 Ag_2S 的缘故,使反射率降低。为增强 Ag 膜与衬底的附着力和对膜进行保护,一般采用氧化铝增强附着力,SiO_x 用来作为保护膜。

在红外区域 Au 膜有与 Ag 膜差不多的反射率,但相比较而言,它在大气中不易被污染,能够保持较高的反射率。新制备的 Au 膜比较软,很容易被划伤和剥落,但镀后不久膜会逐渐变硬,与衬底的附着力增强,约过一周后,膜的牢固度趋于稳定。由于 Au 膜的这些特点,常用做红外反射膜。Au 膜在波长小于 500nm 时,由于对光的强烈吸收,反射率降低,在长波端,反射率逐渐上升。Au 膜与玻璃的附着力比较差,可用铬膜或钛膜作为缓冲层,以提高附着力。

Al、Ag 和 Au 膜通常用高真空的快速蒸发来制备,另外,用溅射技术来制备 Au 膜的也比较多。

2. 防反射膜

折射率为 1.5 的玻璃对于垂直于入射光的反射率约为 4%,在具有大量光学元件的光学系统中,存在着许多空气/玻璃界面,这时反射损耗会累积起来,使得透射率明显降低。另外,在折射率大的半导体中,反射损耗也大。例如,在折射率约为 4 的 Ge 中,反射损耗约为 36%。为了减小反射损耗,增大光学元件的透射率,通常是采用在光学元件上沉积防反射镀层的办法,在透明物质上镀单层、双层或多层反射膜。表 8-4 给出典型的用于可见和红外波段防反射膜物质的透明波段以及折射率。在选择构成防反射膜的物质组合时,不仅考虑它的光学性质,还必须考虑其机械强度以及成膜的难易程度等因素。

表 8-4　用于防反射膜的物质的折射率和透明波段

物质		折射率	波长/nm	透明波段
$n<1.5$	氟化钙(CaF_2)	$1.23\sim1.26$	(546)	150nm$\sim$12μm
	氟化钠(NaF)	1.34	(550)	250nm$\sim$14μm
	冰晶石(Na_3AlF_6)	1.35	(550)	<200nm$\sim$12μm
	氟化锂(LiF)	$1.36\sim1.37$	(546)	110nm$\sim$7μm
	氟化镁(MgF_2)	1.38	(550)	210nm$\sim$10μm
	二氧化硅(SiO_2)	1.46	(500)	<200nm$\sim$8μm
$1.5<n<2$	氟化钕(NdF_3)	1.6	(550)	220nm$\sim$>2μm
	氟化铈(CeF_3)	1.63	(550)	300nm$\sim$>5μm
	硫化锌(ZnS)	2.35	(550)	380nm$\sim$25μm
	硫化镉(CdS)	2.6	(600)	600nm$\sim$7μm
$n>3$	硅(Si)	3.5		1.1$\sim$10μm
	锗(Ge)	4.0		1.7$\sim$100μm

当选择防反射膜时,必须考虑反射率与入射角的关系,一般膜的层数越多,反射率开始增大的入射角就越小。

许多物质的折射率受膜的制备条件(制备方法、气体成分、沉积速率等)的影响很大。一般在镀膜过程中直接监视并控制膜的反射率和透射率,最好在反射率达到最小时停止镀膜。

3. 吸收膜

吸收膜是一种对一定波长的光能够有效吸收的光学薄膜,即当吸收膜受到由不同波长组成的光波照射时,可以有选择性的吸收。

光学多层膜的应用实例之一是太阳光选择吸收膜。当需要有效地利用太阳能时,就要考虑采用对太阳光吸收较多,而由热辐射等引起的损耗较小的吸收面,从图 8-13 可以看出,太阳光谱的峰值约在 $0.5\mu m$ 处,全部能量的 95% 以上集中在 $0.3\sim2\mu m$ 之间。另一方面,由被加热的物体所产生的热辐射的光谱是普朗克公式揭示的黑体辐射光谱和该物体的辐射率之积。在几百摄氏度的温度下,黑体辐射光谱主要集中在 $2\sim20\mu m$ 的红外波段。由于太阳辐射光谱与热辐射光谱在波段上存在着这种差异,因此,为了有效地利用太阳热能,就必须考虑采用具有波长选择特性的吸收面。这种吸收面对太阳能吸收较多,同时由于热辐射所引起的能量损耗又比较小,即在太阳辐射光谱的波段(可见波段)中吸收率大,在热辐射光谱波段(红外波段)中辐射率小。采用在红外波中反射率高达 1、辐射率非常小的金属,可以在可见光波段中降低其反射率,增大其吸收。

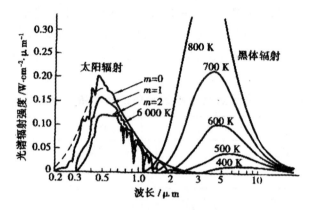

图 8-13　太阳辐射光谱与黑体辐射光谱
（m:光学空气质量）

利用半导体层中的带间跃迁吸收的方法,在金属表面沉积一层半导体薄膜,其吸收端波长在 $1\sim3\mu m$ 之间($E_g=1\sim0.4eV$)。当波长比吸收端波长短时,由于薄膜的吸收系数很大,可以吸收太阳光;当波长比吸收端波长长时,半导体层是透明的,可以得到由衬底金属所导致的高反射率。用于这一目的的半导体有 Si($E_g=1.1eV$)、Ge($E_g=0.7eV$)和 PbS($E_g=0.4eV$)。

它们在可见光波段的折射率较大,反射损耗较大。降低半导体反射的措施有:①适当地选取半导体层的膜厚,通过干涉效应来降低反射率;②在半导体层上再沉积一层防反射膜;③使半导体表面形成多孔结构,利用重反射的方法,使反射率降低。

4.紫外探测器用膜

目前,已投入商业和军事应用的紫外探测器主要有紫外真空二极管、紫外光电倍增管、紫外图像增强管和紫外摄像管、多阳极微道板阵列(MAMA)和固体宽禁带紫外探测器等。

硅基紫外探测器发展比较成熟,但存在许多缺点,例如:紫外与可见光的分辨率低,对紫外敏感性不高等,最重要的是监测高强度深紫外光时辐射硬度低,工作寿命短。以宽禁带材料为基础的新型固体紫外探测器,其成像范围正好处在太阳盲区。所谓"太阳盲区",即波长短于 291nm 的中紫外辐射,由于同温层的臭氧的吸收,基本上到达不了地球近地表面,这就会造成近地球表面附近太阳光的中紫外光辐射几乎消失。因此,对于这些宽禁带探测器而言,在不需要昂贵的滤光片的前提下,任何中紫外光辐射引起的响应都是有效信号,这有利于提高紫外/可见光的分辨率。这些宽带隙半导体紫外探测器主要包括:SiC($E_g=2.9eV$)、GaN($E_g=3.4\sim6.2eV$)、ZnO

$(E_g = 3.37\text{eV})$、金刚石$(E_g = 5.5\text{eV})$和硼氮磷(BNP)合金材料($200\sim400\text{nm}$)紫外探测器等。由于金刚石薄膜的性能与天然金刚石的性能非常接近,而化学气相沉积技术很容易制备出大面积、高质量、低成本的金刚石膜。因此,人们开始关注以化学气相沉积金刚石膜作为探测材料的紫外探测器研究,其中,PN 结结构的化学气相沉积金刚石膜紫外探测器的结构示意图如图 8-14 所示,它是在 Si 衬底上,用化学气相沉积技术连续沉积由硼和磷掺杂的金刚石膜,形成 P 型和 N型金刚石层,P 型和 N 型金刚石层形成 PN 结。然后,在金刚石层上做一电极就构成了 PN 结结构的化学气相沉积金刚石膜紫外探测器。

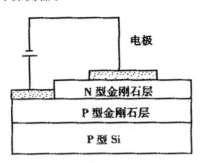

图 8-14　金刚石膜紫外探测器的结构

8.6.3　磁性薄膜

目前,磁性薄膜是一个十分活跃的研究领域,因为用它能够制造计算机快速存储元件。1955年发现在磁场中沉积的磁性薄膜沿该磁场方向呈矩形磁滞回线,这表明磁性薄膜可以作成双稳态元件;同时也发现元件从一个稳态转换到另一个稳态所需的时间极短(约 $10\sim9$ 秒),利用薄膜代替铁氧体磁芯的研究取得了成功。

1.磁性膜的基本性质

饱和磁化强度 M_s 是膜厚 L 和温度 T 的函数,在三维情况下,$M_s(T)$ 服从 $T^{3/2}$ 的关系,而当$L = 30\text{nm}$ 以下时,随 L 的减少,由于 $T^{3/2}$ 关系变为 T 的关系。由此可推断,随着膜厚 L 的减少,居里温度 T_c 也会降低。

铁磁性薄膜具有单轴磁各向异性,并由此产生矩形磁化曲线和磁滞回线。由于薄膜中所特有的内应力分布,认为磁滞伸缩是诱发产生垂直磁各向异性的原因。

2.巨磁电阻薄膜

磁性金属及合金一般都具有磁电阻效应。磁电阻效应是指材料在磁场作用下其电阻发生变化的现象。磁场作用下材料的电阻称为磁电阻(Magneloresistance,MR),表征 MR 效应大小的物理量为 MR 比,$MR = (R_H - R_0)/R_H$ 或 $MR = (\rho_H - \rho_0)/\rho_H$,其中,$R_H$、$\rho_H$ 分别为磁场为 H 时的电阻和电阻率,R_0、ρ_0 则分别为磁场为零时的电阻和电阻率。通常磁场作用下金属的电阻改变很小,而铁磁金属的磁电阻效应较明显,在室温下达到饱和时的磁电阻值比零磁场时的电阻值加大约 $1\%\sim5\%$,且沿磁场方向测得的电阻增加,呈正电磁阻效应。但在 1988 年发现,在 Fe/Cr周期性多层膜结构中,测得的磁电阻值比单弛的铁薄膜小的多,呈负磁电阻效应。当温度为

4.2K,磁场为 20kOe 时,对 Fe/Cr 多层膜结构测得的磁电阻变化率高达 50%,于是,产生了"巨磁电阻"一词作为描述这种现象的术语,即巨磁电阻效应是指在一定的磁场下电阻急剧减小的现象,一般减小的幅度比通常磁性金属及合金材料磁电阻的数值高一个数量级。磁电阻效应比较大的材料称为巨磁电阻材料,它包括多层膜、自旋阀、颗粒膜、磁性隧道结薄膜等。

(1)磁性金属多层膜

铁磁层(铁、镍、钴及其合金)和非磁层(包括 3d、4d 以及 5d 非磁金属)交替重叠构成的金属磁性多层膜常具有巨磁电阻效应,其中每层膜的厚度均在纳米量级。在多层膜系统中,较大的磁电阻变化往往伴随着较强的层间交换耦合作用,只有在强磁场的作用下才能改变磁矩的相对取向,而且电阻的变化灵敏度比较小,一般不能满足实用化的技术要求。

(2)自旋阀

目前,所谓的"自旋阀"是实用多层膜,典型的自旋阀结构主要由铁磁层(自由层)、隔离层(非磁性层)、铁磁层(钉扎层)、反铁磁层 4 层组成。通常磁性多层膜中由于存在较强的层间交换耦合,因此磁电阻的灵敏度非常小。当两铁磁层被非磁层隔开后,使相邻的铁磁层不存在或只有很小的交换耦合,在较小的磁场作用下,就可使相邻层从平行排列到反平行排列或从反平行排列到平行排列,从而引起磁电阻的变化,这就是自旋阀结构。一般自旋阀结构中被非磁性层隔开的一层是硬磁层,其矫顽力大,磁矩不易反转;另一层是软磁层,其矫顽力小,在较小的磁场作用下,就可以自由反转磁矩,使电阻有较大的变化。因自旋阀的高灵敏度特性,使它成为在应用上首先得到青睐的一类巨磁电阻材料。

(3)金属颗粒膜

金属颗粒膜是铁磁性金属(如钴、铁等)以颗粒的形式分散地镶嵌于非互熔的非磁性金属(如银、铜等)的母体中形成的。磁场的作用将改变磁性颗粒磁化强度的方向,从而改变自旋相关散射的强度。颗粒膜中的巨磁电阻效应目前以钴-银体系最高,室温可达 20%,在液氮温度可达 55%。与多层膜相比,颗粒膜的优点是制备方便,一致性、重复性高,成本低,热稳定性好。

(4)磁性隧道结

通过两个铁磁金属膜之间(如铬、钴、镍或 FeNi)的金属氧化物势垒(如氧化铝)的自旋极化隧穿过程,也可以产生巨磁电阻效应,这种非均匀磁系统,即铁磁金属/绝缘体/铁磁金属"三明治"结构通常称为磁隧道结。当上下两铁磁层的矫顽力不同(或其中一铁磁层被钉扎)时,它们的磁化方向随着外场的变化呈现出平行或反平行状态。由于磁性隧道结中两铁磁层间不存在或基本不存在层间耦合,因而只需一个很小的外场即可使其中一个铁磁层反转方向,实现隧道电阻的巨大变化,因此,隧道结较之金属多层膜具有高的磁场灵敏度。对于磁性隧道结多层膜体系,在垂直于膜面(即横跨绝缘体材料层)的电压作用下,电子可以隧穿极薄的绝缘层,保持其自旋方向不变,故称为隧道巨磁电阻效应。由于它的饱和磁场非常低,磁电阻灵敏度高,同时磁隧道结这种结构本身电阻率很高,能耗小,性能稳定,所以被认为有很大的应用价值。

(5)巨磁电阻的应用

巨磁电阻薄膜在磁记录中主要用于高密度的读出磁头,它大大地增加了磁头的灵敏度和可靠性,使高密度磁盘技术取得突破。目前,利用巨磁电阻效应制成的读出磁头主要是自旋阀结构。另外,巨磁电阻薄膜在汽车中的传感器也得到应用。实现汽车运动控制的关键之一是高可靠度、高性能、低成本的传感器。国内目前在汽车上应用较广的传感器是霍尔器件。虽然它结构简单,价格低廉,但其测量精度较低,对于需要高精度测量的场合,测量精度较低,不能满足需要。

由于其材料特性和结构特点,限制了其分辨率的继续提高和在较高温度场合的应用。随着汽车对分辨率要求不断提高,国际上采用巨磁电阻材料,使得车用传感技术正向着金属巨磁电阻磁编码传感器方向发展。

3. 磁泡

磁泡是 30 年来在磁学领域中发展起来的一个新概念。一般情况下,一个铁磁体总要分成很多小区域,在同一个小区域中磁化矢量方向是相同的,这样的小区域称为磁畴。相邻两个磁畴的磁化矢量方向总是不同的。1932 年 Bloch 建立畴壁概念,他指出在两个磁畴的分界面处,磁化矢量方向的变化不是突然由一个磁畴的方向变到另一个磁畴的方向,而是在一个小的范围内逐渐地变化过去的。磁畴和磁畴之间过渡区称为畴壁。磁泡材料主要用于制造磁泡存储器,这种存储器具有存储密度大、消耗功率低、信息无易失性等优点,是一种正在发展很有希望的存储器。

（1）磁泡的形成

磁泡是在磁性薄膜中形成的一种圆柱状的磁畴。在未加外磁场时,薄膜中的磁畴呈迷宫状,由一些明暗相间的条状畴构成,两者面积大体相等,见图 8-15(a) 所示。明畴中的磁化方向是垂直于膜面向下的,而暗畴中的磁化方向是垂直于膜面向上的。在垂直于膜面向下的方向加一外磁场 H_B,随 H_B 增大,明畴的面积逐渐增大,暗畴的面积逐渐减小,部分暗畴变成一段一段的段畴,见图 8-15(b)。当 H_B 增加到某一值时,段畴缩成圆形的磁畴,见图 8-15(c)。这些图形的磁畴看起来很像是一些泡泡,故被称为磁泡。

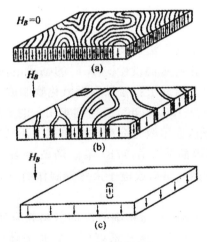

图 8-15　磁泡的形成

从垂直于膜面的方向来看,磁泡是圆形的,但实际上磁泡是圆柱形的,在磁泡区域中磁化方向和 H_B 相反。如增加 H_B,则磁泡的直径将随 H_B 的增大而减小。H_B 增加到某一数值时,磁泡会突然消失。

在形成磁泡以后,如果 H_B 保持不变,则磁泡是很稳定的,即已经形成的磁泡不会自发地消灭,没有磁泡的区域也不会自发地形成新的磁泡。在磁性薄膜的某一位置上"有磁泡"和"没有磁泡"是两个稳定的物理状态,可以用来存贮二进制的数字信息,用磁泡来存贮信息的技术称为磁泡技术。

（2）磁泡材料及制备技术

磁泡材料种类很多,但不是任何一种磁性材料都能形成磁泡。磁泡只能在自发磁化矢量方向垂直于膜面的材料中形成,而且要使缺陷尽量少,透明度尽量高,磁泡的迁移速度要快,材料的化学稳定性、机械性能要好。

以 $YFeO_3$ 为代表的钙钛矿型稀土正铁氧体是最早研究的磁泡材料,它们形成的泡径太大,温度稳定性差;磁铅石型铁氧体泡径很小（$0.3\mu m$ 左右）,但迁移速度小,因而这两类材料目前研究较少。

20 世纪 70 年代出现的稀土石榴石铁氧体具有泡径小、迁移速度快等特点,成为当前研究最多,并已制成实用器件的一种磁泡材料。这种材料属于高对称的立方晶系,具有单轴磁各向异性,稀土离子可增大各向异性磁场。

磁泡材料主要通过外延法生长出单晶薄膜。液相外延法是:使溶解有析晶物质的饱和熔液与保持稍低温度的基片相接触,以生长单晶薄膜。基片通常是无磁性的钆镓石榴石（$Gd_3Ga_5O_{12}$,GGG）单晶片。用液相外延法已生长出 $Eu_{2.0}Er_{1.0}Ga_{0.7}Fe_{4.3}O_{12}$ 和 $Eu_{1.0}Er_{2.0}Ga_{0.7}Fe_{4.3}O_{12}$ 等稀土石榴石薄膜单晶,质量较好,磁性缺陷密度仅为 2 个缺陷/cm^2。

生长磁泡薄膜较好的方法是气相外延法,其以稀土和铁的卤化物作原料,首先在高温下将其变为气体,然后通过氧化沉积到基片上,以长出单晶薄膜。目前用这种方法已生长出 $Y_3Fe_5O_{12}$,$Gd_3Fe_5O_{12}$,$Y_{1.5}Gd_{1.5}Fe_5O_{12}$ 等石榴石单晶薄膜。该方法工艺简单,沉积速度快。

8.6.4　高温超导薄膜

目前,高温超导材料研究最多的方法是制成薄膜。日本住友电气公司研制成钛钡铜氧化物的钛系高温超导薄膜,这种薄膜在绝对温度 77.3K 时的临界电流密度是 $2.54\times106A/cm^2$。该薄膜是应用高频喷溅法,在镁单晶衬底上积蓄钛钡铜氧化物制成的,膜厚约 $0.7\mu m$。在 1T 的磁场中,它的临界电流密度仍能维持 $150A/cm^2$,已达到实用化的要求。

美国加州大学的一个研究组,选用激光淀积法制作的 $YBa_2Cu_3O_7$ 薄膜,是在 650～750℃温度下,在 O_2 中生长得到的。制得的薄膜在 77K、零磁场条件下,可传输 $5\times106A/cm^2$ 的电流。这种薄膜的优点还在于,$1/f$ 噪声比溅射或电子束蒸发制作的要低两个数量级,并有进一步改进的潜力。

美国洛斯阿拉莫斯国家实验室直接将精细研磨的材料粉末送进反应室。临界温度达 85K,液氮温区的电流密度达 $4\times10^4A/cm^2$。该技术可用于在长方体的 MgO 单晶衬底上淀积薄膜,还可在几种柔性纤维体上沉积。

日本东京大学工学部用高频热等离子体法制成了超导陶瓷薄膜。用这种方法制出的超导薄膜。在 94K 下呈超导电性。高频热等离子法是将反应室加热到大约 1000℃,然后用氩气将钡、钇、铜的氧化物粉末送入反应室,各种粉末在高温蒸发并进行化学反应,而后被冷却在 MgO 的基板上,得到了钇系超导薄膜。

日本日立公司利用离化簇束蒸发方法,在银衬底上镀出了取向排列的高温超导薄膜。这一技术使得超导薄膜向实用化又迈出了一步。近几年的很多研究项目都集中于制作氧化物超导薄膜,目的之一是研制超导导线。目前大部分情况是薄膜的临界电流密度已达每平方厘米几百万安培（77K）。虽然电流密度已达到实用的要求,但是这些材料的衬底基本上是绝缘体,如果作为导线使用,在导体上不能保持超导状态时,就会引起导线损坏。为了防止这一现象的发生,有必要增加起旁路作用的金属作为导线的一部分。在金属带上蒸镀超导薄膜就可以解决这一问题。日立公司通过控制原子聚集状态和原子的动能大小,直接在银衬底上镀出钇钡铜氧薄膜,薄膜晶向排列整齐。转变温度为 76K,无磁场时的临界电流密度在 4.2K 时,为 $2 \times 10^5 \mathrm{A/cm^2}$;当施加 10T 的磁场时,临界电流密度为 $1.5 \times 10^4 \mathrm{A/cm^2}$。

美国新泽西州的研究人员确定了一种工艺,可用于高温超导体电路的大量生产。这种新工艺重复性好,且基础是半导体生产技术,采用脉冲准分子激光技术,依次淀积氧化亚铜钡钇薄膜层,非超导的氧化亚铜钡镨层以及另一层氧化亚铜钡钇,来构成器件,使低压超导电流从一个超导层流入另一个超导层。超导电流很弱,很容易控制。这种工艺的关键是各层材料的晶格结构十分相似,使每一层都能在另一层顶上有顺序地生长,如用镨代替钇,可以明显改变和控制该层的电学性质。现已制成包括几百层的器件。

日本京都大学使用钇系高温超导物质,试制成功了表面平滑性比过去提高约 500 倍的薄膜,这种薄膜可用于约瑟夫森器件和大规模集成电路的配线。900℃进行加热处理,会出现约0.1μm 的凹凸。现设法在 500℃以下进行蒸镀,无需再加热处理,膜的厚度为0.15μm,为以前的 1/5,在 90.15K 呈超导状态,有迈斯纳效应。

第9章　隐身材料

9.1　隐身技术

9.1.1　隐身技术概述

隐身技术是现代武器装备发展中出现的一项高新技术,是当今世界三大军事尖端技术之一,是一门跨学科的综合技术,涉及空气动力学、材料科学、光学、电子学等多种学科。它的成功应用标志着现代国防技术的重大进步,具有划时代的历史意义。对于现代武器装备的发展和未来战争将产生深远影响,是现代战争取胜的决定因素之一。近年来,隐身技术发展迅速,已在飞机、导弹、舰船、坦克装甲车辆以及军事设施中应用,并取得了明显的效果。

1. 概念

隐身技术又称为"低可探测技术",是指通过弱化呈现目标存在的雷达、红外、声波和光学等信号特征,最大限度地降低探测系统发现和识别目标能力的技术。通过有效地控制目标信号特征来提高现代武器装备的生存能力和突击能力,达到克敌制胜的效果。

2. 分类

根据探测器的种类不同,隐身技术可分为雷达隐身、红外隐身、声波隐身和可见光隐身等技术。图 9-1 示出隐身技术的分类。

3. 隐身技术可达到的目的与效果

（1）降低噪声

使用低噪声发动机,并运用消音隔音蜂窝状或泡沫夹层结构,控制信号特征,达到声波隐身之目的。

（2）减少雷达回波

通过精心设计武器装备外形,减少雷达波散射截面（RCS）,使结构吸波材料或贴片或涂层吸收掉部分雷达波或透过部分雷达波,以实现隐身之目的。

（3）减少红外辐射

适当改变发动机排气系统,减少发射热量。采用多频谱涂料和防热伪装材料,改变目标的红外特征,以实现红外隐身。

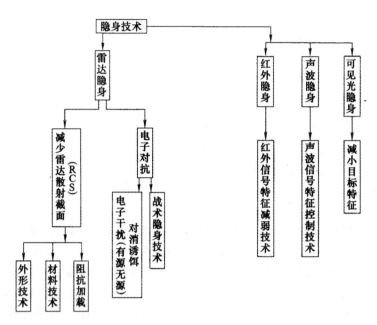

图 9-1　隐身术分类

（4）伪装遮障

涂覆迷彩涂料、视觉伪装网、施放遮蔽烟幕，降低目视特征达到可见光隐身之目的。

9.1.2　隐身材料技术的发展

隐身技术众多，如仿生学隐身技术、等离子体隐身技术、微波隐身技术、有源隐身技术、视频隐身技术和隐身材料技术等。目前隐身材料已在世界武器强国的武器装备上得到应用，其研制开发工作取得了重大进步。目前已被应用和尚在研制中的可供未来武器装备选用的新型隐身材料与技术如下。

1. 宽频带吸波材料

目前隐身吸波材料中多使用磁性吸波剂，这种吸收剂存在吸收频带窄、密度大、不易维护的缺点。各国竞相开发各种新型吸波剂：如美国开发的席夫碱基盐类吸收剂，在受到雷达波照射时，其分子结构会轻微而短暂地重新排列，从而吸收电磁能量，使雷达波衰减 80%，而且质量只有铁氧体材料的 10%；欧洲推出的多晶铁纤维吸收剂，是一种磁性雷达波吸收剂，质量较一般的雷达吸收涂层轻 40%～60%，可在很宽的频带内保持高吸收率，实现了雷达吸收材料薄、轻、宽频带的目标。该项技术已用于法军的战略导弹和载人飞行器。采用这种隐身吸波材料可有效地防止雷达探测，减少被发现概率。

2. 纳米隐身材料

当材料的尺寸达到纳米级时、会出现小尺寸效应、量子效应、隧道效应、表面和界面效应，从而呈现出奇特的电、磁、光、热特性，使一些纳米材料具有极好的吸波特性。如某些纳米金属粉对于雷达波不仅不反射，反而具有很强的吸收能力；纳米级的氧化铝、碳化硅材料可以宽频带吸收红外光。美国研制出的"超黑粉"纳米吸波材料,对雷达波的吸收率高达99%。可用这些纳米隐身材料制成吸波薄膜、涂层或复合材料用于武器装备隐身。

3. 高分子隐身材料

高分子隐身材料研制周期短、成本低、投资少、效益大,极具发展潜力。高分子隐身材料中的结构导电聚合物品种多、密度低、物理化学性能独特,能与无机磁损耗物质或超微粒子复合,可发展成为一种新型的轻质、宽带微波吸收材料。高分子的光功能材料能够透射、吸收、转换光线,以及在光的作用下可以变色,它们将在未来坦克红外和可见光隐身中有重要应用。

4. 结构吸波材料

吸波性能优良的结构材料主要有三种类型,即层板型、蜂窝型和复合型,一般以树脂基体与吸波剂混合,并用玻璃纤维、碳纤维、芳纶、碳化硅纤维进行增强而成。新研制的结构型吸波材料对雷达波、红外线有很高的吸收率,同时也具有较好的承载能力,容易维护,发展潜力很大。采用碳纤维增强的复合材料结构吸波材料作为武器系统的主承力结构,不仅具有良好的透波、吸波性能,而且强度高、韧性大、质量轻,可使武器减少自重、增强机动性能。美国计划大量使用结构型吸波材料,把"联合攻击战斗机"研制成一种表面不用任何涂层的隐身飞机。若用这种复合材料制成主战坦克车体,不仅可大幅度减轻车体质量(30%~50%),而且其隐身效果相当可观,还可有效地降低制造成本,是武器装备制造设计优先选材。

5. 智能隐身材料

智能隐身材料是一种具有感知功能和信息处理功能,可通过自我指令对信号做出最佳响应的功能材料。它具有自动适应环境变化的优点。如表面喷涂了智能材料薄膜层的坦克可自动检测并改变表面温度,控制红外辐射特征。智能隐身材料将广泛应用于武器平台,使其具有自检测、自监控、自校正、自适应功能,为实现智能型隐身提供技术上的可能。

6. 手征材料隐身技术

吸波涂层是在基体衬脂中掺和一种或多种具有不同特征参数的手征媒质构成。手征材料是一种双(对偶)各向同性(异性)的功能材料,其电场与磁场相互耦合。理论研究认为手征材料参数可调,对频率敏感性小,可达到宽频吸收与小反射要求。在二十世纪八十年代,开始重视手征材料对微波的吸收、反射特性的研究,在实际应用中主要有两类手征物体:本征手征和结构手征物体。本征手征物体本身的几何形状即具有手征,如螺旋线等,目前研究的雷达吸波型手征材料是在机体材料中掺杂手征结构物质形成的手征复合材料,由于只有与入射波长尺寸相近的手征材料才能与入射波相作用,因此基体中掺杂的手征物质应具有与微波波长同量级的特征尺寸,但从实际应用考虑特征尺寸的范围为0.01~5mm便于将手征掺杂物嵌入基体中。

9.2　雷达吸波隐身材料

9.2.1　雷达吸波隐身材料概述

1. 基本概念

吸波材料,是指能够通过自身的吸收作用来减少目标雷达散射截面的材料。其基本原理是将雷达波换成为其他形式的能量而消耗掉。经合理的结构设计、阻抗匹配设计及采用适当的成型工艺,吸波材料可近乎完全地衰减、吸收所入射的电磁波能量。

目前雷达吸波材料主要有吸收剂与高分子树脂组成,其中决定吸波性能的关键是吸收剂类型及其含量。根据吸收机理的不同,吸收剂可分为两大类,即电损耗型和磁损耗型。电损耗型包括各种碳化硅纤维、特种碳纤维、金属短纤维和各种导电性高聚物等;磁损耗型包括各种铁氧体粉、超细金属粉和纳米相材料等。

2. 隐身机理

当前雷达系统一般是在 1~18GHz 频率范围工作,但新的雷达系统在继续发展,吸收体有效工作带宽还将扩大。

Johnson 对材料的机制作了解释。雷达波体通过阻抗 Z_0 的自由空间传输,然后投射到阻抗为 Z_1 的介电或磁性介电表面,并产生部分反射,根据 Maxwell 方程,其反射系数 R 由下式得出:

$$R = \frac{1 - \dfrac{Z_1}{Z_0}}{1 + \dfrac{Z_1}{Z_0}}$$

式中,$Z_0 = \sqrt{\mu_0/\varepsilon_0}$;$Z_1 = \sqrt{\mu_1/\varepsilon_1}$;$\varepsilon$、$\mu$ 分别为介电常数和磁导率。

为达到无反射,R 必须为 0,即满足 $Z_1 = Z_0$ 或 $\mu_1/\varepsilon_1 = \mu_0/\varepsilon_0$,因此理想的吸波材料应该满足 $\mu_1 = \varepsilon_1$,为了用最薄的材料层达到最大吸收,因此 μ 值应尽可能大,通过控制材料类型(介电或磁性)和厚度,损耗因子和阻抗以及内部光学结构,可对单一窄频、多频和宽频 RAM 性能进行优化设计,获得质量轻、多功能、频带宽、厚度薄的高质量吸波材料。

从雷达吸波隐身材料的吸波机理来看,吸波材料与雷达波相互作用时可能发生的三种现象为:

①可能会发生电导损耗、高频介电损耗、磁滞损耗或者将其转变成热能,使电磁能量衰减。

②作用在材料表面的第一电磁反射波会与进入材料体内的第二毫磁反射波发生叠加作用致使其相互干扰,相互抵消。

③受吸波材料作用后,电磁波能量会由一定方向的能量转换为分散于所有可能方向上的电磁能量从而使其强度锐减回波量减少。

3. 类型与原理

根据上述机理，人们设计出以下三种应用类型：①谐振或干涉型；②吸波型：包括磁型吸波型和介电吸波型；③衰减型等。

（1）谐振型吸波隐身材料

谐振型吸波材料又称干涉型吸波材料，是通过对电磁波的干涉相消原理来实现回波的缩减。当雷达波入射到吸波材料表面时，一部分电磁波从表面直接反射，另一部分透过吸波材料从底部分反射。当入射波与反射波相位相反而振幅相同时，二者便相互干涉而抵消，从而衰减掉雷达回波的能量。

（2）吸波型

①磁性吸波材料。

磁性吸波剂主要由铁氧体和稀土元素等制成；基体聚合物材料由合成橡胶、聚氨酯或其他树脂基体组成，如聚异戊二烯、硅树脂、聚氯丁橡胶、氟树脂和其他热塑性或热固性树脂等。通常制成磁性塑料或磁性复合材料等。制备时，通过对磁性和材料厚度的有效控制和合理设计，使吸波材料具有较高的磁导率。当电磁波作用于磁性吸波材料时，可使其电子产生自旋运转，在特定的频率下发生铁磁共振，并强力吸入电磁能量。设计良好的磁性吸波隐身材料在一个或两个频率点上，可使入射电磁波衰减 $20\sim25dB$，也就是说，可吸收电磁能量高达 $99\%\sim99.7\%$；而在两个频率之间峰值处其吸收电磁波能量能力更大，即可衰减掉电磁能量 $10\sim15dB$，即吸收掉电磁能量的 $90\%\sim97\%$。典型的宽频吸波材料可将电磁波能量衰减 $12dB$，即吸收掉 95% 的电磁能量。

②介电吸波型材料。

介电吸波材料由吸波剂和基体材料组成，通过在基体树脂中添加损耗性吸波剂制成导电塑料，常用的吸波剂有碳纤维或石墨纤维、金属粒子或纤维等。在吸波材料设计和制造时，可通过改变不同电性能的吸波剂分布达到其介电性能随其厚度和深度变化的目的。而吸波剂具有良好的与自由空间相匹配的表面阻抗，其表面反射性较小，可耗散或吸收掉大部分进入吸波材料体内的雷达波。

（3）衰减型吸波隐身材料

材料的结构形式为把吸波材料蜂窝结构夹在非金属材料透放板材中间，这样既有衰减电磁波，使其发生散射的作用，又可承受一定载荷作用。在聚氨酯泡沫蜂窝状结构中，通常添加石墨、碳和羰基铁粉等吸波剂，这样可使入射的电磁能量部分被吸收，部分在蜂窝芯材中再经历多次反射干涉而衰减，最后达到相互抵消之目的。

上述三种形式基本上均为导电高分子材料体系。电磁波的作用基本上是由电场和磁场构成，两者在相互垂直区域内发射电磁波。电磁波在真空中以约 3×10^8 m/s 的速度发射，并以相同的速度穿过非导电材料。当遇到导电高分子材料时，就部分地被反射并部分地被吸收。电磁波在吸波材料中能量成涡流，从而对电磁波起到衰减作用。

4. 对吸波材料性能的测试表征技术

目前，隐身技术已广泛地应用于各种飞机、导弹、坦克、军舰、潜艇和地面军事设施。隐身技术的核心是减少雷达散射截面（RCS），从而产生低可视（LO）性，达到隐身目的最有效方法是采用吸波材料和选用适当的外形结构形式。

（1）RCS 的定义

目标的雷达散射截面在技术上可以定义为：与实际目标反射到雷达发射接收天线上的能量相同的假想的电磁波全反射体的面积。

目标的 RCS（σ）是一传递函数，它与入射功率密度和反射功率密度有关，可用简单的雷达方程加以描述：

$$P_r = \frac{P_t G^2 \lambda^2 \sigma}{(4\pi)^3 R^4}$$

式中，P_r 为接收功率；P_t 为发射功率；G 为天线增益；σ 为雷达散射截面；λ 为波长；R 为距离。

表 9-1 示出典型的空中目标的 RCS 与探测距离；表 9-2 示出 RCS 减小量与雷达探测距离的关系。

表 9-1　近似雷达散射截面积（RCS）

目标	RCS/m²	探测距离/km	目标	RCS/m²	探测距离/km
B−52	100	901	ALCM−B	0.1	161
B−1A	10	508	B−2	0.057	135
小型歼击机	2	340	ACM	0.027	108
B−1B	1	290	F−117A	0.017	90
Cessnal72	1	290	鸟	<0.017	<24

表 9-2　RCS 减小量与雷达探测距离的关系

RCS 减小量/dB	雷达探测距离减小系数	RCS 减小量/dB	雷达探测距离减小系数
10	0.56	25	0.24
15	0.42	30	0.18
20	0.32		

（2）外形对 RCS 的影响

要减小雷达反射面积，首先要减小舰的侧面投影响面积，简化上层建筑结构，避免大幅垂直面与水平面直角相交，所有转角处，结合部要尽量圆滑。外形设计技术对减小雷达的反射面积影响很大，可达总减小量的 30% 左右。如原苏联的"基洛夫"级巡洋舰是把上层建筑的外壁设计成许多面积较小的倾斜平面，航母装有很厚的吸波材料。英国的 23 型护卫舰则采用了综合性隐身措施。将来，随着隐身船体设计技术的进展，可能还会出现新型船体结构的舰艇。

（3）测试表征技术

RCS 是表征武器系统电磁散射波强度的物理量，测量这一物理量就是测量散射场，是在目标被平面波照射、雷达接收天线接收远场散射的球面波的条件下进行的，目标必须位于雷达发射天线远场中。采用该种测试技术旨在研究如何降低目标的 RCS。主要方法有：全尺寸室外静态测量、微波暗室内测量、紧缩场测量等。

室外静态测量场适用于测量大目标的 RCS，被测量的目标可以为全尺寸的飞机、导弹、坦克等，实物与模型均可。其主要缺点是受气候条件的制约，遇到恶劣天气时便无法测量，而且受周围地形的干扰。

微波暗室是室内测量场所,不受天气条件的限制,室内墙壁铺设有吸波材料以模拟自由空间的境况。微波暗室有矩形暗室和楔形暗室两种,二者预定的测量频率不同。

紧缩场,可缩短远场距离,可在有限距离内将辐射源输出的球面电磁波变成平面电磁波,既可使用微波频率,也可使用毫米波频率。在这些频率上尺寸适当的目标可以达到近场聚焦。

9.2.2 吸波剂

1. 概述

吸波材料一般由基本材料与损耗介质复合而成,其中损耗介质的性能、数量及匹配选择是吸波材料中的重要环节。根据吸波机理的不同,吸波材料中的损耗介质可以分为电损耗型和磁损耗型两大类。电损耗型的主要特点是具有较高的电损耗正切角、依靠介质的电子极化或界面极化衰减来吸收电磁波;磁损耗型具有较高的磁损耗正切角,依靠磁滞损耗、畴壁共振和后效损耗等磁极化机制衰减,吸收电磁波。

吸波材料按其成型工艺和承载能力,可以分为涂敷型和结构型吸波材料两大类。结构吸波材料具有承载和减小雷达反射双重功能,它既能减轻结构质量,又能提高有效载荷,已得到广泛应用。涂敷型吸波材料以其工艺简单,使用方便,容易调节而受到重视,隐身兵器几乎都使用了涂敷型吸波材料。

2. 涂敷型吸波材料的分类

(1)功能纤维吸波剂

功能纤维作为结构型吸波材料主要组成部分是吸收剂中重要的一支,通过使用各种特殊的纤维,在提高其力学性能的同时,又使材料具有一定的吸波功能,实现了隐形和承载的双功能,是目前吸波材料发展的重要方向。

①碳纤维。

碳纤维作为一种新型的工业材料,一直以其优异的力学性能而得到广泛应用,现在研究人员已发现碳纤维可以应用于其电磁功能复合材料,特别是雷达吸波材料。

另外,经特殊工艺处理(如特殊的纤维表面处理法,改变纤维的横截面形状和大小以及混杂编织等)可得到的某些特殊碳纤维具有吸收雷达波的恰当电阻值和适当的 ε、μ 值,可用作吸波材料。

碳纤维及其增强塑料正受到人们的高度重视,用它们制得的增强塑料可兼具隐身与承载的双功能,而成为当代吸波材料特别是结构吸波材料发展的主要方向。但是,人们对碳纤维及其增强塑料的电磁特性变化规律、特点等尚缺乏统一、清楚的认识。

②碳化硅纤维。

这种纤维具有良好的力学性能和高温抗氧化性能,是陶瓷基、金属基、树脂基复合材料常用的高性能增强纤维。现在人们通过调节其电阻率和电磁参数,可使它成为结构吸波材料的吸收剂。有研究表明,运用超声将平均粒径 30nm 的超细金属钴粉均匀分散到聚碳硅烷中,通过熔融纺丝、不熔化处理、烧结等处理,可制备出具有良好力学性能、电阻率连续可调的掺混型磁性碳化硅陶瓷纤维。将这种纤维正交铺排,与环氧树脂复合,制备的三层结构吸波材料具有良好的微波吸收特性。

碳化硅纤维中含硅,不仅吸波性能好,还能减弱红外信号,而且具有耐高温、相对密度小、韧性好、强度大、电阻率高等优点,是国外发展最快的吸波材料之一,但仍存在一些问题,如电阻率太高等。

③碳化硅-碳功能纤维。

SiC-C 纤维是新近研究的一类综合了 SiC 纤维耐高温氧化和碳纤维导电的优点新的陶瓷纤维。由于这种纤维是以 13-SiC 型微晶与自由状态的 X(X 可以是 C、N、Fe、Ni、Co、Ti、Zr 中的一种或多种元素)成混晶状态,所以它几乎综合了欧姆损耗、磁损耗和介质损耗于一体。据仅有的资料推测,13-SiC 微晶与目前所使用的频段的雷达波(厘米、分米和毫米波)能产生强烈的谐振损耗。

SiC-C 纤维的电阻率与先驱体沥青的掺入量有关,因而具有可控的优点。由于具备不同电阻率的 SiC-C 纤维,使材料设计多了一个自由度。该种无机纤维具有较好的力学性能,但其抗拉强度仍有待于进一步提高。另外铺层的方法造成材料内部有电性能界面,因而在层界间仍有明显的电磁波反射,不过可以通过增加层数和厚度加以解决。

(2)导电高分子吸波剂

导电高分子是近十几年发展起来的一类新的功能材料,这类材料兼具有金属和聚合物的优点,其微波性能既不同于金属对微波的全反射,也不同于普通高分子对微波的高透过无吸收。它们的密度与普通高分子相近,一般在 $1.0 \sim 1.5 g/cm^3$ 的范围内,仅为铁氧体的 $1/3 \sim 1/5$。它们还具有与金属或半导体相当的导电性能。可通过控制电导率来调节其吸波性能,其电导率可通过控制掺杂来调节。近几年合成成功的可溶性导电高分子加工应用十分方便,它们不但可以溶解涂膜,而且还可以与 PE 和 EVA 等高分子共混,通过调节配比来调节电导率,从而达到较好的吸波性能。

有研究表明,当导电高聚物处于半导体状态时对微波有较好的吸收,在一定导电率范围内最高反射率随电导率的增大而减小。美国宾夕法尼亚大学的 Marc Diarmid 报导,用聚乙烯做成的 2mm 厚的膜层对 35GHz 的微波吸收达 90%;法国的 Laurent Olmedo 的研究表明聚-3-辛基噻吩平均衰减 8dB,最大 36.5dB,频带宽为 3.0GHz。如将它们与其他无机微波吸收剂混合使用,则吸波效果会更佳。

(3)铁氧体吸波材料

铁氧体吸波材料是研究较多而且比较成熟的吸波材料,是雷达吸波材料中的主要成分之一。

按微观结构的不同,铁氧体可分为六角晶系磁铅石型、六方晶系尖晶石型和稀土石榴石型三个主要系列,均可作为吸波剂,其中应用最广泛的是尖晶石型铁氧体。由于尖晶石型铁氧体的介电常数 ε^1 和磁导率 μ^1 比较低,用纯铁氧体难以满足高性能吸波材料的要求,但是若将铁氧体粉末分散在非磁性体中制成复合铁氧体,则可通过铁氧体粉末的粒径铁氧体粉末和非磁性体的混合比以及铁氧体组成来控制其电磁参数。目前已研制并广泛应用的有 Ni-Zn,Li-Zn,Ni-Mg-Zn,Mn-Zn,Li-Cd,Mg-Co-Zn 等铁氧体。

铁氧体作为吸波剂应用时,主要存在着相对密度大的问题,而且传统的铁氧体涂料频带狭窄,实际效果差。近年来,美、俄、英、日等国正在研制开发新型的铁氧体粉末,它具有频带宽,质量轻、厚度薄及吸附能力强等特点。一是研究新型"铁球"吸波涂层,在空心的玻璃微球表面涂上铁氧体粉,或把铁氧体制成空心微球,这样制成的铁球吸波涂层,相对密度比铁氧体吸波涂层小得多,而吸波性能却优于铁氧体,这是因为铁球吸波涂层不仅吸波,还能偏转和散射雷达波;二是把铁氧体制成超细粉末,大大降低其相对密度.改变其磁、电、光等物理性能,从而提高铁氧体内加入少量放射性物质,在雷达波作用下,游离电子作急剧循环运动,大量消耗电磁能,使铁氧体吸波性能大大提高。除上述三个措施外,将立方晶系和反铁磁铁氧体通过改变铁氧体的化学成分、粒子形状、粒径、粒度分布、混合量和表面处理技术来提高铁氧体吸波性能的研究也取得较大发展。日本在研制铁氧体吸波剂方面处于世界领先地位,研制出一种由阻抗变换层和低阻抗谐振层组成的双层结构宽频高效吸波涂料,可吸收 $1\sim2GHz$ 的雷达波,吸收率约 20dB,是迄今为止最好的吸波涂料。

(4)细金属粉末吸波材料

细金属粉末吸波材料一般是由超细磁性金属粉末与高分子胶黏剂复合而成,可以通过多相超细磁性金属粉末的混合比例等调节电磁参数,达到较为理想的性能。

(5)瓷吸波材料

陶瓷吸波材料主要有碳化硅、硼硅酸铝、钛酸钙、黏土和炭黑等,这类材料的吸波性能好,还可以有效地减弱红外辐射信号,能有效损耗雷达波的能量。陶瓷由于相对密度小、耐高温、介电常数随烧结温度有大的变化范围,是制作多波段吸波材料的主要成分,有可能实现对显微结构和电磁参数的控制,从而有可能获得所希望的吸波效果。

(6)稀土元素吸波材料

稀土元素吸波材料是新开发研制的一类吸波涂料,以稀土磁性材料为吸收剂。或者将稀土元素添加到其他吸波材料中,用以调节吸波材料的电磁参数。

当前,吸波材料的研究已取得长足进展,正向着质地轻薄,宽频带吸波,可喷涂、空气动力学、热性能、稳定性良好的方向发展。纳米吸波材料是其主要研制趋势。

(7)手性材料

研究表明手性材料能有效衰减入射的电磁波,手性材料对电磁波的响应程度取决于手性材料的手性参数 β,通过调节 β 值可改变复合材料对电磁波的反应。手性材料的频率敏感性比介电参数和磁导率小,容易实现宽频吸收。在实际应用中主要有结构手性物体和本征手性物体两类,结构手性材料可由多层纤维增强材料构成,其中纤维可以是碳纤维、玻璃纤维、凯夫拉纤维等,可将每层的纤维方向看作是该层的轴线,将各层纤维材料以角度渐变的方式叠和时,就构成结构手性复合材料。本征手性物体本身的几何形状如螺旋线等使其成为手性物体,结构手性物体各向异性的不同部分与其他成分成一定角度关系而产生手性行为。但由于手性材料的研究缺乏足够的理论和实验数据证实其对电磁波吸收的必需性,所以近年来这一方面的研究似乎呈停滞状态。

(8)智能型隐身材料

智能材料是 20 世纪 80 年代逐渐形成并备受重视的新技术领域,智能型隐身材料是一种具有判断、感知和执行功能的自适应隐身材料。这种材料的某一部分在特定的条件下具有高度活性,在外界条件刺激下可改变其状态。利用这一特性,在这种材料的系统中配以适当的传感器和控制器,利用传感器来感知环境的电磁辐射,用控制器通过对传感器传来的信息进行处理,在预先设定程序下进行识别和数据处理后,发出控制指令以改变自身状态而达到与背景融合。智能材料集感知功能、信息处理功能、自我指令并对信号作出最佳响应的能力于一身,为实现隐身提供了极大的可能性。美国在这方面进行的研究较多,主要工作集中在潜艇蒙皮的改造,抑制噪声的智能发动机等方面。

(9)纳米吸波材料

纳米材料由"颗粒组元"和"界面组元"两种组元组成。近年来纳米材料的发展为吸波材料又提供了新的可能性。纳米材料独特结构具有许多奇特的性质,表现在力学、光学、磁学、热学以及化学等方面,纳米材料极高的电磁波吸收性能更是引起了人们的广泛关注,纳米材料在具备良好的吸波功能的同时,兼备了宽频带兼容性好,质量轻和厚度薄等特点。在微波场的辐射下,纳米材料中的原子电子运动加剧,促使磁化使电磁能转化为热能,从而增加了对电磁波的吸收性能。美国研制出的"超黑色"纳米吸波材料,对雷达波的吸收率可达99%。据称目前国外正在致力于研究可覆盖厘米波、毫米波、红外、可见光等波段的纳米复合材料,并提出了单个吸收粒子匹配设计机理,这样可以充分发挥单位质量损耗层的作用。

①纳米金属与合金吸波剂。

纳米金属与合金吸波剂主要是纳米金属与纳米合金的复合粉体,以 Fe、Co、Ni 等纳米金属与纳米合金粉体为主,采用多相复合的方式,其吸波性能优于单相纳米金属粉体,吸收率大于 10dB 的带宽可达 3.2GHz,谐振频率点的吸收率大于 20dB,复合体中各组元的比例、粒径、合金粉的显微结构是其吸波性能的主要影响因素。

②纳米金属氧化物磁性超细粉吸波剂。

纳米金属氧化物磁性超细粉吸波剂有单一氧化物和复合氧化物两类,前者主要有 Fe_2O_3、Fe_3O_4、ZnO、Co_3O_4、TiO_2、NiO、MoO_2、WO_3 等纳米磁性超细粉;后者主要有 $LaFeO_3$、$LaSrFeO_3$ 等纳米磁性超细粉。这些金属氧化物的纳米级超细粉在细化过程中处于表面的原子数目越来越多,增强了纳米材料的活性。在微波场的辐射下,原子和电子的运动加剧,促进磁化,使电能转化为热能,从而增加了对电磁波的吸收,并且兼具透波、衰减和偏振等多种功能。它不仅具有良好的电磁参数,而且可以通过调节粒度来调节电磁参数,这有利于达到匹配和展宽频带的目的。

③纳米碳化硅吸收剂。

碳化硅陶瓷材料具有良好的力学性能和热物理性能,特别是耐高温、耐腐蚀、电阻率高,而且它吸波性能好,能减弱发动机的红外信号,是应用广泛、发展很快的吸波剂之一。用这种吸波剂制出的吸波材料,在高温下电磁性能稳定,特别适合于工作温度高达 1000℃ 的发动机周围纳米碳化硅的吸收频带更宽,对毫米波段和厘米波段都有很好的吸收效果。纳米碳化硅与磁性纳米吸波剂复合后,吸波效果还能大幅度提高,纳米量级的碳化硅晶须加入到纳米碳化硅吸波剂中;其吸波效果也有很大提高。

④纳米石墨吸波剂。

纳米石墨常被用来与纳米碳化硅等吸波剂复合使用。纳米石墨作为吸波剂可用来制作石墨—热塑性复合材料和石墨—环氧树脂复合材料,这些材料在低温下仍保持韧性。

⑤纳米导电高聚物吸波剂。

导电高聚物结构多样化,具有密度低,物理和化学性能独特的特点,其导电率可在绝缘体、半导体和金属导体的范围内变化,其中聚乙炔、聚吡咯、聚噻吩和聚苯胺等就是具有导电结构的高聚物。这些导电聚合物的纳米微粉具有非常好的吸波性能,它与纳米金属吸波剂复合后吸波效果更好。与无机磁损物质或超微粒子复合能够制出新型轻质宽频的微波吸收材料。美国开发出一种易喷涂的雷达吸波材料,它可以对付在 5～200GHz 频带工作的雷达。这种吸波涂层以高聚物为基体,用氰酸酯晶须和导电高聚物聚苯胺的复合体作吸波体。其中氰酸酯晶须极易均匀地悬浮于聚合物基体中,而且也具有极好的吸波特性。

⑥纳米金属膜/绝缘介质膜吸波剂。

纳米金属膜/绝缘介质膜吸波剂是一种金属沉积到绝缘介质膜上制成的吸波剂,金属膜与绝缘介质膜的厚度均保持在纳米量级。法国最近研制成功一种宽频微波吸收涂层,该涂层由胶黏剂和纳米级微屑填充材料组成。填充微屑由超薄不定形磁性薄膜和绝缘层堆迭而成,磁性层厚度为 3nm,绝缘层厚度为 5nm,绝缘层可以是碳或无机材料。这种吸波涂层的具体制法是采用真空沉积法将钴镍合金与碳化硅沉积在基体上,形成超薄的电磁吸收夹层结构,再将这种超薄的夹星结构粉碎成碎屑与胶黏剂混合。这种由多层膜叠合而成的夹层结构具有很好的磁导率,在 50MHz 至 50GHz 的宽频范围内具有良好的吸波性能。

9.2.3 吸波剂的制备方法

1. 化学共沉淀法

化学共沉淀法可分为两类:一类是以二价金属盐和三价铁盐为原料的体系,另一类是以二价金属盐与二价铁盐为原料的体系。

第一类共沉淀法通常是将一定量的 M^{2+}($M=Mn,Zn,Co,Ni,Cu$ 等)盐溶液与 Fe^{3+} 盐溶液按化学计量比,加入一定量的可溶性无机碱为沉淀剂,将所得的沉淀过滤,洗涤干净后,将滤饼于高温下煅烧可得最后产物。此方法的优点是工艺简单,但用于生成的沉淀多呈胶体状态,因此不易过滤和洗涤,且实际生产中需要耐高温设备。

第二类化学共沉淀法是以二价金属(Mn,Zn,Co,Ni,Cu 等)盐和二价铁盐为原料。首先,将其溶液按化学计量比混合,加入一定量的无机碱,再通入空气,反应若干时间后可得产物。此方法中加入碱量的多少对生成的铁酸盐粒径大小、晶体状态及产物的纯度都有明显的影响,该方法具有操作方便,设备简单,易得到纯相和粒度可控等优点,但反应物料的配比,反应温度和氧化的时间对结果的好坏有较大的影响。

2. 溶胶—凝胶法

溶胶—凝胶法通常是将 M^{2+} 盐溶液和 Fe^{3+} 盐溶液按化学计量比混合,加入一定量的有机酸作配体,以无机酸或碱调节溶液的 pH 值。缓慢蒸发制得凝胶先驱物,经热处理除去有机残余物,再在高温下煅烧可得所需产物。该方法的产物分散均匀、粒径小、具有较高的磁学性能,且易于实现高纯化,但其成本也相应较高。

3. 水热合成法

水热合成法是对于具有特种结构和功能性质的固体化合物和新型材料的重要合成途径和有效方法。水热合成法是指在密闭体系中,以水为溶剂,在水的自身压力和一定温度下,反应混合物在耐腐蚀的不锈钢高压反应釜内进行的。相对于其他制备纳米材料的方法,水热合成法具有如下特点:

①水热法可直接得到结晶良好的粉体,无需作高温灼烧处理和球磨,从而避免了粉体的硬团聚、杂质和结构缺陷等。

②易得到合适的化学计量比和晶粒形。

③可使用较便宜的原料,工艺较为简单。

按照反应温度水热合成法又可分三类:

(1)低温水热合成法

工业上或实验室中,便于操作的温度范围是在 100℃ 以下,通常在 100℃ 以下进行的水热反应称为低温水热合成法。

(2)中温水热合成法

通常在 100～300℃ 的水热合成称为中温水热合成。分子筛的人工合成工作绝大部分工作都是在这一温度区间进行的。

(3)高温高压水热合成法

高温高压水热合成是一种重要的无机合成和晶体制备方法,它利用作为反应介质的水在超临界状态下的性质和反应物质在高温高压的特殊性质进行合成反应。

在高温高压水热体系中,水的性质将发生下列变化:蒸汽压升高,密度变低,表面张力变低,黏度变低,离子积变高。高温高压水热合成法具有三个特征,第一是复杂离子间反应加速;第二是使水解反应加剧;第三是使其氧化—还原电势发生明显变化。

国内报道水热法合成纳米材料多以综述类居多,具体的试验报道很少。水热合成法用途广泛,可用于无机物的造孔合成、晶体培养、超细粉末的合成、人造矿物的合成等。

以上是制备铁氧体粉料常用的一些方法。最近又出了一些新的合成方法。如微乳液法、低温燃烧合成法、共沉淀催化相转化法、机械化学合成法、冷冻干燥法和超临界干燥法等。

4. 超细镍粉吸波剂的制备

(1)制备方法

以 $NiSO_4 \cdot 6H_2O$、$N_2H_4 \cdot H_2O$ 和 $NaOH$ 为原料,配制溶液具体配方如下:

$NiSO_4 \cdot 6H_2O$　　　1mol/L

$NaOH$　　　　　　2mol/L

$N_2H_4 \cdot H_2O$　　　　2mol/L

将 $NiSO_4 \cdot 6H_2O$ 和 $NaOH$ 分别配制成溶液,加热到 85℃ 后混合,再加入 $N_2H_4 \cdot H_2O$,溶液开始剧烈反应,用机械搅拌方式连续快速搅拌直至反应结束为止。将所得的金属粉用去离子水洗涤数次,并在丙酮中清洗多次脱水,然后放到真空烘箱中干燥。

(2)性能

单独的超细镍粉吸波效果不好,若与碳化硅粉末混合制成复合吸波剂,然后,再采用超声波混合技术使其均匀混入树脂基体中便制得吸波性能优异的吸波隐身材料,常用的超细镍粉为 15～35 份,碳化硅粉末为 85～15 份,其效果如下(见表 9-3、图 9-2～图 9-4)。

表 9-3 吸波材料测试数据

吸波试样编号	吸收峰值/dB	峰值频率/GHz	厚度/mm
1	−29.53	15.28	0.43
2	−23.43	12.32	0.50
3	−8.76	17.83	0.12

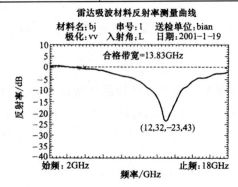

图 9-2 1 号吸波材料式样检测结果曲线

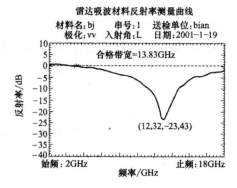

图 9-3 2 号吸波材料式样检测结果曲线

图 9-4 3 号吸波材料式样检测结果曲线

超细镍粉与碳化硅以不同比例混合后,可以有效地衰减电磁波,具有较好的吸波效果。最多可吸收大于 99％的电磁波。对于碳化硅,从吸收机理来看,它属于电损耗型吸波材料,与金属磁性超细镍粉混合作为复合涂层材料使用,可以使电损耗和磁损耗作用增强,从而提高材料的吸波性能。若能从材料的复合电磁参数方面加以考虑,一方面减小粉体的粒度,另一方面探讨材料复合比例、电磁参数、材料厚度与吸波性能之间的关系,必定能够获得最佳综合性能的吸波材料。

(3)效果

①超细镍粉添加到吸波材料当中,与碳化硅合理配比复合后具有很好的效果,在 $2\sim18GHz$ 频段范围内,最大吸收绝对值为 29.5dB。

②采用化学还原法能够制备出超细金属镍粉,粒度大小约在 $0.2\mu m$ 左右。如果能够控制镍粉形核量和形核后的长大过程,可获得更小粒度的镍粉。

5. 纳米 Fe_3O_4 吸波隐身材料的制备

(1)制备方法

采用同一方法制备的平均粒度约 10nm 和 100nm 两种粒径的 Fe_3O_4(分别编号 N1、N2),分别加入混合有偶联剂的有机溶剂中,用超声波充分搅拌分散,然后过滤、干燥。将处理后的两种 Fe_3O_4 纳米粉料分别用环氧树脂粘接成型,压制成所需的标准测试样品。

(2)性能

从图 9-5 可看出,在 $1\sim1000MHz$ 频率范围内,平均粒度约为 10nm 的 Fe_3O_4 磁损耗 μ'' 大于平均粒度约为 100nm 的 Fe_3O_4 的 μ''。从图 9-6 可见,在 $1\sim1000MHz$ 频率范围内,两种粒度的 Fe_3O_4 的吸波能力都是随频率的增大而逐渐增强。而且在整个频率的范围内,10nmFe_3O_4 的吸波能力比 100nmFe_3O_4 的吸波能力要高,即纳米粒度愈小,其吸波能力愈大。

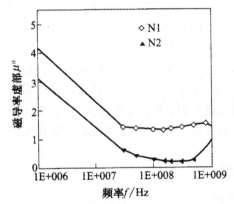

图 9-5　两种粒度的纳米 Fe_3O_4 的 μ'' 与 f 的关系

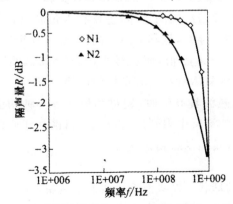

图 9-6　两种粒度的纳米 Fe_3O_4 的隔声量与 f 的关系

9.2.4 吸波隐身材料的设计

1. 设计原理

隐身的目的就是避免接收天线截获到此辐射能。首先应避免的是产生感应电流,这主要靠材料设计实现;其次是避免天线接收到电磁能的辐射,它主要靠外形设计实现。假设雷达发射的功率 P_t,接收的辐射功率为 P_r,则有关系式:

$$P_r = \frac{P_t G^2 \lambda^2 \sigma}{(4\pi)^3 R^4}$$

式中,G 为天线增益;λ 为电磁波波长;R 为目标距离;σ 为雷达散射截面。

这里取决于目标特性的只有雷达散射截面 σ,它与目标的大小、电磁特性参数(与形状、波长相关)及反射系数有关,反射系数取决于界面材料的电性能及雷达波的波长、入射角和入射极化。对于平面界面,当入射角垂直界面时,垂直极化与平行极化的反射系数相等,即有

$$R = \frac{Z_2 - Z_1}{Z_2 + Z_1}$$

式中,Z_1、Z_2 为两种介质的本征阻抗,$Z_1 = \sqrt{\mu_1/\varepsilon_1}$,$Z_2 = \sqrt{\mu_2/\varepsilon_2}$。

为达到不反射,$R=0$,既满足 $Z_1 = Z_2$ 或 $\mu_1/\varepsilon_1 = \mu_2/\varepsilon_2$。

由此可见,从目标结构选材方面缩减 RCS(σ)的途径为,避免两种介质阻抗的剧烈变化,确保阻抗渐变或匹配,它可通过材料的特殊设计实现。具体有两种方法:一种为采用具有上述电特征的板层结构;另一方法为,在主体材料中加入具有相反电特征的物质微粒。另外从能量守恒角度看,电磁波反射减小,折射必增大,如果不将其损耗掉,当其遇到其他界面时还将反射。损耗的方法为将其转变成其他形式的能,这也得通过特殊材料的特殊设计实现。目前常用的损耗电磁能的方法有以下三种:介电物或微粒型、磁化物或粒子型、反相干涉型。目前人们还在探讨其他途径,如利用异性同位素产生的等离子吸收电磁波从而获得高效能。

2. 涂覆型吸波材料种类

(1)高磁损耗(HP)吸波涂层

在各类吸波涂层中,发展最早、应用最广的是用各种金属或合金粉末、铁氧体等制成的涂料。目前铁氧体材料仍是研制薄层宽带涂层的主体,主要有六角晶系铁氧体和尖晶石型铁氧体。铁氧体材料在高频下具有较高的磁导率,且其电阻率高,电磁波易于进入并得到有效的衰减。作为匹配材料铁氧体在低频下具有较高 μ_r 值,而 ε_r 较小,具有较金属粉明显的优势。此外,从吸波涂层往低频拓宽吸波频带来看,铁氧体材料具有良好的应用前景。

磁性金属、金属粉末对电磁波具有吸收、透过和极化等多种功能。磁性金属粉温度稳定性好,介电常数较大等使其在吸波涂层中得到广泛应用。目前用于吸波涂层的主要有微米级的纯 Fe、Ni、Co 粉极其合金粉末,以及纳米级粉体两类。

(2)磁纤维吸波涂层

吸波涂层材料中所使用的球状磁性吸波剂很难满足装备对吸波涂层的苛刻要求。最近国外设计并研制的由 Fe、Ni、Co 及其合金制成的一种多层纤维吸波涂层,可在宽频带内实现高吸收,

而且质量可减轻 40%～60%。

多晶铁纤维在微波低频段的吸波性能尤为突出。纤维含量仅为 10%（体积分数）时，深层厚度为 3mm 的涂层在 1～2GHz 内吸收率大 7dB，当纤维含量增加到 20% 时，测其吸收率高达 50dB。在吸波涂层中也经常加入各种导电纤维作为一偶电极存在，通过与入射电磁场的相互作用，引起能量的吸收和辐射，从而可以"放大"吸波剂的功能，降低涂层厚度与质量，有利于拓宽吸收频带，但磁性纤维在涂层中的作用优于导电性纤维。

（3）手征吸波涂层

手征吸波涂层是在基体树脂掺和一种或多种具有不同特性参数的手征媒质构成。手征材料是一种双（对偶）各向同性（异性）的功能材料，其电场与磁场相互耦合。研究认为手征材料具有参数可调，对频率敏感性小，可达到宽频吸收与小反射要求。在二十世纪八十年代，开始重视手征材料对微波的吸收、反射特性的研究，在实际应用中主要有两类手征物体：本征手征和结构手征物体。本征手征物体本身的几何形状即具有手征。目前研究的雷达吸波型手征材料是在机体材料中掺杂手征结构物质形成的手征复合材料。

（4）导电高聚物涂层

导电高聚物具有结构多样化，密度低和独特的物理、化学特性；具有共轭π电子的线形或平面形构型与高分子电荷转移给络合物的作用；电导率可在绝缘体、半导体和金属态范围内变化；电磁参数依赖于高聚物的主链结构、掺杂剂性质、微观形貌、涂层厚度、涂层结构等因素。将导电高聚物与无机磁损耗物质复合可能发展出一种新型轻质宽带吸波涂层。

（5）多层介质匹配吸收型

多层介质匹配吸收型是由只含有损耗介质的阻抗变换层和导电纤维的损耗层相匹配，组成双层吸波复合材料。为展宽频带一般采用 3～5 层，由导电纤维在介质中的含量逐渐变化，形成层间阻抗渐变的多层结构，达到尽可能的阻抗匹配。但是其低频吸收率低，工艺性能差。

（6）谐振型

这类吸波材料的介质前侧和后侧表面，利用入射波和反射波的振幅相等相位相反而干涉抵消。介质的厚度等于 $(2n+1)\dfrac{\lambda}{4}$（$n=0,1,2\cdots$）。在原理上，这类吸波材料在特定频率下可达到零反射，但实际上只能有 30dB 以上的反射衰减。缺点是有效的频宽很窄而且低频段吸收率低，单纯依此原理的吸波材料应用到飞行器上有困难。

（7）电路模拟栅格型

利用涂层表面粘贴电阻片，或复合材料内部埋入导电高分子材料形成电阻网络，实现阻抗匹配及损耗。这类吸波材料运用等效电路或用二维周期介质理论进行匹配设计，但是设计计算比较麻烦，应用到飞行器上有困难。

（8）等离子体吸收型

利用放射元素放出的高能射线可使其附近的局部空间电离，形成含有大量自由电子，和与自由空间相匹配的等离子体区，这些自由电子是主要的"吸波剂"。由于这类吸波材料的吸收层是涂层表面的自由空间，所以对质量轻、体积薄、频带宽的飞行器要求的吸波涂层是理想的材料，但工艺上如何实施，尚有很大难度。

（9）纳米隐身材料

纳米材料由于其结构尺寸在纳米量级，物质的量子尺寸效应和界面效应等对材料性能产生重要影响。如纳米材料的电导率很低,随着纳米材料颗粒尺寸的减小,材料的比饱和磁化强度下降,但磁化率和矫顽力却急剧上升。在电磁场辐射下原子、电子运动加剧,促使磁化,使电磁能转化为热能,从而增加了对电磁波的吸收性能,纳米材料的研究已成为目前国内外材料科学研究的一个热点。研究的领域集中在磁性纳米微粒、颗粒膜和多层膜。

(10)视黄基席夫碱聚合物型

这类高极化盐类材料结构中的双联离子位移具有吸波功能,工艺的粘接性不佳。

因为受到厚度、质量和带宽的严格限制,多层介质匹配吸收型系利用了层间干涉和介电性能递变两种作用,而干涉型吸波材料也可采用添加磁性材料来实现。构成了目前研究新型吸波材料的主要动向。

3. 涂覆型吸波材料的结构型式设计

合理的结构型式是达到理想吸波效果的关键因素之一,主要经历了单层、双层和多层涂覆结构的发展过程。

(1)单层涂覆结构

单层涂覆结构一般利用导电纤维、树脂及损耗介质混合均匀后直接热压成型,或喷涂成型。在单层涂覆结构中,纤维含量和排列方向对复合层板介电性能产生影响:纤维与施加电场方向的夹角越大层板电击穿强度越高;纤维含量增加,其单向纤维复合层板的介电性能下降。投入研制开发的有铁氧体、酚醛树脂、钢丝制成的单层吸波涂层。

最早出现的吸波材料 RAM 是单层的。吸波材料不仅在突防技术中应用,在高层建筑、桥梁、铁塔、船舶等上都涂覆有吸波材料。一般利用导电纤维、树脂及损耗介质混合均匀后直接热压成型,或喷涂成型。如用铁氧体 $10\%\sim80\%$,酚醛树脂 $5\%\sim80\%$,钢丝直径 $10\sim100\mu m$,长为 $1\sim5mm$,组成单层吸波涂层。

用铁氧体粉末 56%(质量),聚乙烯树脂粉末 24%(质量),短钢丝 20%(质量),经混炼后,在有机溶剂二甲苯中分散,制成宽 200mm、厚 3mm 毛坯板,在 250℃ 滚筒上加热,压力为 1.96MPa,可制成 200mm×200mm×2.8mm 的吸波材料。国内学者对复合材料中的纤维含量和排列方向对单向玻璃纤维/环氧复合层板介电性能的影响开展了研究。结果表明:纤维与施加电场方向改变,将导致复合层板电击穿强度发生很大变化,其夹角越大层板承受电击穿强度越高;纤维含量增加,其单向纤维复合层板的介电性能下降。

单层 RAM 的一般解析解法是以在某一频率下 R=0 为设计目标。由于所面对的是 5 维参数空间的问题,所以完成设计要进行大量计算和测试。为了满足各种不同设计的要求,提高效率,因此采用了计算机辅助设计(CAD)方法。

在国内,首先开展了涂料型 RAM 的 CAD 工作,其软件可以做到:在已知电磁参数和涂层厚度的情况下计算反射率和满足一定反射率阈值的带宽;分析涂层厚度及参数变化对吸收性能的影响。但展宽频带受到限制,促使其向双层和多层的模式发展。

(2)双层和多层涂覆结构

为了降低面密度、展宽频带,目前研究较多的是电损耗和磁损耗材料相结合的双层和三层吸波涂层,这种电损耗材料的密度只有磁损耗材料的 1/3~1/4。对于由变换层和损耗层构成的双层结构,其损耗层能很好地吸收和衰减经由变换层入射来的电磁波,而变换层作为 1/4 波长变换器和损耗层之间进行阻抗匹配。研究表明,采用双层涂层比单层涂层带宽大大增加。

为了进一步减重和展宽频带,研究了多层涂覆结构,如由导电纤维含量逐渐变化形成层板间阻抗渐变结构,或者发泡树脂中掺混损耗介质,以及通过控制发泡率来调整空隙含量,用导电纤维增强的多层泡沫夹层吸收结构。还设计了几何渐变结构、角锥结构,目的都是沿吸收体的厚度方向缓慢改变有效阻抗以获得最小反射。

不含导电纤维、只含损耗介质的阻抗变换层与含导电纤维的损耗层相结合的双层结构,广泛应用于建筑、桥梁和铁塔。

多层 RAM 的反射率计算具有参数多(72 层 RAM 具有 5n 个参数)、计算公式复杂(无解析形式,计算要通过迭代)的特点,所以采用电子计算机进行设计是非常必要的。由于多层 RAM 的参数优化计算机软件具有很强的针对性,所以软件在优化方法和目标函数的选择上,以及计算的繁简程度和所具有的功能上各不相同。如美国海军研究生院所介绍的就是利用简便直接的网格法,并以在一定厚度限制下的吸波带宽最大为目标函数。而欧洲航天局的这篇题名为"多层吸波涂层的决策系统"的文章所介绍的一个多目标优化软件则复杂得多,质量、力学性能等多种因素都是考虑的对象,采用的是较复杂但速度快的简约梯度法。

飞行器的 RAM 研究的努力方向始终是寻求薄层、轻型、宽频的吸收体。磁性 RAM 在低频时能提供非常显著的损耗,因此可将渐变电介质和磁性吸波体相结合形成混合 RAM。混合 RAM 还包括磁性和电路模拟吸收体、渐变介质和电路模拟吸收体、渐变介质和电路模拟吸收体的组合。当然,混合并非总是有利的,它同时要带来结构完整性和温度容限方面的限制和设计工艺复杂、成本高等缺点。

(3)吸收型涂层结构

吸收型涂层的基本原理是利用介电物在电磁场作用下产生传导电流或位移电流,受到有限电导率限制,使进入涂层中的电磁能转换为热能损耗掉,或是借助磁化物内部偶极子在电磁场作用下运动,受限定磁导率限制而把电磁能转变成热能损耗掉。这种涂层结构必须保证涂层的表面和自由空间匹配,使入射的电磁波不产生反射而全部进入涂层,进入涂层的电磁波应被完全衰减和吸收掉,否则遇到反射界面时还将发生反射。

吸收型涂层可以是单层、双层或多层。单层吸波涂层对米波、分米波的吸收是有效的,对于厘米波,应采用双层或多层结构。日本研制的宽频高效吸波涂层是由"变换层"和"吸收层"组成的双层结构。要达到宽频吸波,可设计多层涂层。

为进一步提高涂层吸波性能,还可设计几何渐变结构,采用角锥(方锥或圆锥形)结构,使入射波斜向投到锥面,从涂层表面反射的少量电磁波可经锥面多次反射而全部吸收。

(4)干涉型吸波涂层结构

干涉型吸波涂层的原理是利用进入涂层经由目标表面反射回来的反射波和直接由涂层表面反射的反射波相互干涉而抵消,使总的回波为零(图 9-7)。涂层厚度 L 应为 $\lambda/4$ 的奇数倍。采用多层结构的干涉型涂层可以实现宽频带吸波,而且吸波效果很好。

(5)谐振型吸波涂层结构

谐振型吸波涂层包括多个吸收单元,调整各单元的电磁参数及尺寸,使其对入射的电磁波的频率谐振,进而使入射的电磁波得到最大的衰减。如果把吸收单元分别调谐在不同频率上,可以比较方便地设计成宽频带吸波涂层。图 9-8 为谐振单元为矩形的谐据型吸波涂层结构,各谐振单元的宽度、长度、间隔都相同,只是厚度不同,谐振单元的厚度 h 满足:

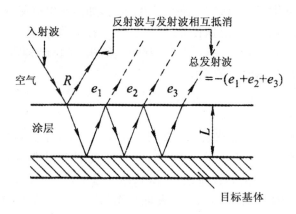

图 9-7 干涉型吸波涂层结构

$$h = \frac{(2n+1)\lambda_0}{\sqrt[4]{\mu_r \varepsilon_r}}$$

式中，λ_0 为空气中的波长；μ_r、ε_r 分别为相对磁导率及相对介电常数；n 为正整数。

如果谐振单元取相同厚度，则谐振单元 BⅠ 和 BⅡ可采用不同材料。

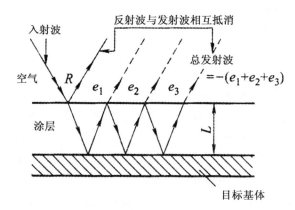

图 9-8 谐振单元呈矩形的谐振涂层结构

为矩形结构的吸波涂层对圆极化波的吸收还有困难，因而可设计出各谐振单元呈圆形的结构，如图 9-9 所示。

图 9-9 中有各圆柱形的谐振单元可以大小相等也可以不相等，间隔相等，各部分均为谐振型吸收层，谐振单元 BⅣ 充填于其他谐振单元之间，BⅣ 的谐振波长相当于 $\lambda/4$。谐振型涂层结构由于各单元的高低不平，既不牢固，使用也不方便，为了使涂层牢固和使用方便，可将其高低不同的部分用介电常数低、损耗角正切值小的树脂进行充填。

4. 结构吸波材料的种类

结构型吸波材料是一种多功能增强塑料，现在已成为当代隐身材料重要的发展方向，受到国内外研究者的高度重视。

（1）碳-碳增强塑料

碳-碳增强塑料适用于高温部位，能很好地抑制红外辐射并吸收雷达波。在发动机部位用致密炭泡沫层来吸收发动机排气的热辐射，还可制成机翼前缘、机头及机尾。

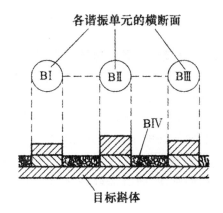

各谐振单元的横断面

图 9-9 谐振单元呈圆形的写真谐振涂层结构

（2）填充石墨的增强塑料

美国在石墨-热塑性增强塑料和石墨-环氧树脂增强塑料的研制方面取得很大进展，这些材料在低温下仍保持韧性。

（3）含铁氧体的玻璃纤维增强塑料

这种材料质轻、强度和刚度高，日本已将它装备在空对舰导弹（ASM-1）的尾翼上，其弹翼也将使用这种材料改装，使其隐身性能大为提高。

（4）碳纤维增强塑料

美国空军材料实验室研制的纤维增强塑料能吸收辐射热，而不反射辐射热，既能降低雷达波特性，又能降低红外线特征，用它可制作发动机舱蒙皮、机翼前缘以及机身前段。

（5）玻璃纤维增强塑料

这种由美国道尔化学公司研制的材料型号为 Fibalog，是在塑料加入玻璃纤维而制成的，这种材料较坚硬，可作为飞机蒙皮和一些内部构件，而无需加金属加强筋，并具有较好的吸收雷达波特性。

（6）碳化硅纤维、碳化硅-碳纤维增强塑料

碳化硅纤维中含硅，不仅吸波特性好，能减弱发动机红外信号而且具有耐高温、相对密度小、韧性好、电阻率高等优点，但仍存在一些问题，如电阻率太高等。将碳、碳化硅以不同比例，通过人工设计的方法，控制其电阻率，便可制成耐高温、抗氧化、具有优异力学性能和良好吸波性能的 SiC-C 复合纤维。SiC-C 复合纤维与环氧树脂制成的增强塑料，由 SiC-C 纤维和接枝酰亚胺基团与环氧树脂共聚改性为基体组成的结构材料，吸波性能都很优异。

（7）混杂纤维增强塑料

混杂纤维增强塑料是通过增强纤维之间一定的混杂比例和结构设计形式制造成的、满足特殊性能要求或综合性能较好的增强塑料。目前已能制造出吸波性能很好的混杂纤维增强塑料，广泛用于飞机制造中。

（8）导电增强塑料

导电增强塑料是由在非金属聚合物或树脂类物质中加入导电性纤维、薄皮或纳米级金属粉末制成的。当雷达波透过时，由于部分能量被吸收，而使反射的雷达波能量大大衰减，因而成为有效的吸波材料，其吸收频带可通过加入物质的种类和多少来调节，混入的物质有聚丙烯腈纤维、镀镍的碳纤维、不锈钢纤维、薄的铝片和铁氧体、镍、钴粉末等，这种复合材料可作为飞机或导

弹的结构材料。

(9)结构手征增强塑料

手征材料的研究是当前吸波材料的一个热门领域,它与普通材料相比,有两个优势:一是调整手征参数比调节介电参数和磁导率容易,大多数材料的介电参数和磁导率很难在较宽的频带上满足反射要求;二是手征材料的频率敏感性比介电参数和磁导率小,容易实现宽频吸波。在实际应用中主要有本征手征物体及结构手征物体两类,本征手征物体本身的几何形状螺旋线等,使其成为手征物体,结构手征物体各向异性的不同部分与其他成分成一角度关系,从而产生手征行为,结构手征材料可由多层纤维增强材料构成,其中纤维可以是碳纤维、玻璃纤维、凯夫拉纤维等,可将每层的纤维方向看作该层的轴线,将各层纤维材料以角度渐变的方式叠合时,构成结构手征增强塑料。

5.结构吸波材料的结构设计

结构吸波材料虽然有很好的吸波性能,但应设计多层结构的吸波材料。洛克希德跨国公司研制的一种复杂的蜂窝结构由七层组成,层间用环氧树脂进行粘接,这种多层材料不仅有足够的刚性、强度和耐高温性能,而且质量轻,适合于作飞机的隐身蒙皮。下面就结构吸波材料可能的结构型式设计进行探讨。

(1)波纹板夹层结构

如图 9-10 所示,波纹板可用结构吸波材料制作,也可以在波纹板上涂吸波涂料。波纹板为两个斜面相交的结构形式,有利于多次吸波。

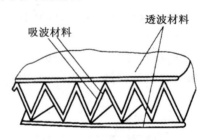

图 9-10　波纹板夹层结构

(2)角锥夹层结构

如图 9-11 所示,作为夹层的角锥是结构吸波材料,也可以涂吸波涂料,角锥四个斜面相交,角锥高度不同,有效吸收范围不同。角锥夹层结构的顶角,在 40°左右为好。

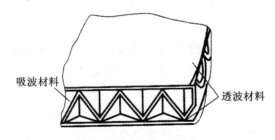

图 9-11　角锥夹层结构

(3)蜂窝夹芯结构

蜂窝制造已经比较成熟,可以考虑在夹芯上涂吸波涂料,或用结构吸渡材料制造蜂窝,蜂窝形状有多种,应选择对吸波有利的形状。

(4)吸波材料充填结构

如图 9-12 所示,在透波材料的蜂窝夹层结构中充填吸波材料,吸波材料可以是絮状、泡沫状、球状或纤维状,空心球作为吸收体效果更佳。

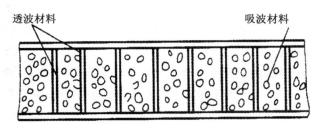

图 9-12　吸波材料充填结构

(5)多层吸波结构

多层吸波结构采用上面是蜂窝,下面是吸波材料,如图 9-13 所示,蜂窝由透波材料制作,吸波材料采用多层结构。

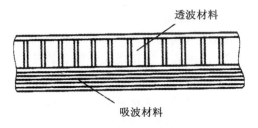

图 9-13　多层吸波材料

(6)铺层中加吸波层结构

在复合材料铺层中夹进吸收层而制成结构吸波材料,如图 9-14 所示。

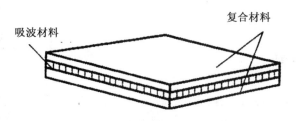

图 9-14　铺层中夹进吸波层

(7)粘接或机械连接结构

用粘接或机械方式把事先制备的结构吸波材料和增强塑料结合成层状体,总厚度控制在雷达波长的一半。

在结构吸波材料的结构型式设计中,一种结构型式很难达到完全隐身,可采用多种结构型式综合设计的方法来达到最佳吸波效果,如的洛克希德公司研制的七层结构吸波材料。

(8)结构设计应注意事项

①当吸波层应用于飞行器时。其质量和体积将受到严格的限制,在这种条件下达到宽频段吸波性能要求是很困难的。雷达吸波结构(RAS)是一种多功能复合材料,它不仅能够吸收雷达波而且用做结构件具备增强塑料质轻高强的优点。RAS 在厚度上为阻抗匹配设计提供了一定

的余地,是一种有前途的吸波材料。

用导电纤维编制成网状,恰当地埋在吸波材料的不同位置上,制成导电纤维编制网增强的吸波增强塑料,既起结构作用又能吸波。新型蜂窝结构夹芯,与六边形蜂窝性能相比,新型蜂窝结构夹芯(正方形、长方形、菱形……)有更高的力学性能。这些新型蜂窝夹芯可以在一个格子上同时利用八种不同材料(金属和非金属的),制作事先给定的物理力学性能的蜂窝部件,组成导电通道、加热区、透波或吸波窗口。这样的新型蜂窝结构的密度比六角型蜂窝要大些,工艺上有很大的困难,但在性能上有突出的优点。

②频散效应的影响。材料的磁导率和介电常数都有随频率变化而改变的特性,称之为电磁参数的频散效应。磁导率与介电常数相比,其频散效应更为明显。频散效应是材料本身固有的特性,研究频散效应,对于展宽频带和提高设计的准确性,是有实际意义的。磁性吸波材料的微波磁导率的频散关系表示为下式:

$$\mu_r = 1 + \left(\frac{2}{3}\right) F_m \frac{F_a + jaf}{(F_a + jaf)^2 - f^2}$$

式中,a 为阻尼系数;f 为微波频率。

上式中的物理参数 F_m、F_a、a 可以根据在三个或三个以上频率点的微波复数磁导率的实部和虚部的测量值由迭代法和最小二乘法确定。

③斜入射波的吸收特性。RAM 在实际应用中很少有严格垂直入射方向的情况,有些 RAM 在垂直于入射方向有很好的吸收,而随着入射角增大性能急剧变坏,所以必须计算和测试 RAM 在斜入射下的吸收特性,并且将它作为评价和测试 RAM 的指标之一。

根据电磁场理论,对于任意层涂覆型吸波材料的斜入射波可以看作垂直极化波和水平极化波叠加,可以用传输线等效,并与垂直入射统一起来。

9.3 红外与激光隐身材料

9.3.1 红外隐身材料

实现红外隐身的基本原则有三条:

①设法降低辐射源的温度,尽量减少向外辐射的能量。

②改变目标的红外辐射频率或频谱特性,使其产生最大辐射强度时的波长偏离红外探测系统最敏感的工作区间。

③降低目标的黑度,使其具有较低的辐射能力,以降低红外探测系统的分辨能力。

1. 红外隐身材料的设计原理

任何物体都存在着热辐射,红外作战武器正是利用这些目标的辐射特性来探测和识别目标的。红外探测主要有两种探测方法:一是点源探测;二是成像探测。

对于点源探测,红外系统能探测目标的最大距离与目标辐射特性的平方根成正比,与大气透过率的平方根成正比,另外还与红外探测器本身的一些特性有关,因此要实现目标红外隐身,应从降低目标的红外辐射和大气的红外透过率着手。

对于成像探测,它主要是利用目标与背景的红外辐射差别通过成像来识别目标,因此,应设法使目标势图与背景势图相似,以实现目标红外隐身。也就是说,通过调整目标的红外辐射,使目标在红外热图像上看与背景相融合。

通过以上分析可以看出,利用涂料实现红外隐身,对于点源探测,就是降低目标涂层的红外发射系数;对于成像探测,就是调整目标涂层的红外发射系数,使其与背景辐射一致。由于高发射系数的涂料是比较容易获得的,因此不论是点源探测还是成像探测。对涂料的研究主要是寻找低红外发射系数的涂料。

对于红外隐身涂料的研究,应从两个方面进行,一是研究优良的红外透明胶黏剂,如国外的 KRA-TON 树。在研究红外透明胶黏剂时,可依据材料基团的红外谱图,从无机和有机材料两个方面寻找。二是研究填料,红外隐身低发射系数的获得在很大程度上取决于填料,填料主要有着色填料、金属填料和半导体填料。着色填料主要是为了调色,以便与可见光伪装兼容,对红外发射系数的降低不起作用。金属填料用得较多,如铝粉等,但由于金属填料在对激光、雷达隐身方面存在着许多缺陷,因而在应用中受到许多限制。

2. 红外隐身材料的研制

目前红外隐身材料大致可分为:热隐身涂料、低发射率薄膜、宽频谱兼容的热隐身材料等。

(1)红外隐身涂料

红外隐身涂料是表面用热红外隐身材料最重要的品种之一。在中、远红外波段,目标与背景的差别就是红外辐射亮度的差别,影响目标红外辐射亮度有表面温度和发射率两个因素。只需改变其中一个因素即可减小其辐射亮度,降低目标的可探测性。一个简单可行的办法就是使用红外隐身涂料来改变目标的表面发射率。

红外隐身涂料一般由胶黏剂和掺入的金属颜料、着色颜料或半导体颜料微粒组成。选择适当的胶黏剂是研制这种涂料的关键。作为热隐身材料的胶黏剂有热红外透明聚合物,导电聚合物和具有相应特性的无机胶黏剂。热红外透明聚合物具有较低的热红外吸收率和较好的物理力学性能,已成为热隐身涂料用胶黏剂研究的重点。胶黏剂通常采用烯基聚合物,丙烯酸和氨基甲酸乙酯等。从发展趋势看,最有可能实用化的胶黏剂是以聚乙烯为基本结构的改性聚合物。一种聚苯乙烯和聚烯烃的共聚物 Kraton 在热红外波段的吸收作用明显地低于醇酸树脂和聚氨酯等传统的涂料胶黏剂。它的红外透明度随苯乙烯含量的减少而增加,在 $8\sim14\mu m$ 远红外波段,透明度可达 0.8,且对可见光隐身无不良影响,有希望成为实用红外隐身涂料的胶黏剂。此外,还有氯化聚丙烯,丁基橡胶也是热红外透明度较好的胶黏剂。一种高反射的导电聚合物或半导体聚合物将是较好的胶黏剂,因为它不仅是胶黏剂,而且自身还具有热隐身效果。

美国研制的一种发动机排气装置用热抑制涂层,它是用黑镍和黑铬氧化物喷涂在坦克发动机排气管上的。试验证明,它可大大降低车辆排气系统热辐射强度。此外,在坦克发动机内壁和一些金属部件上还可以采用等离子技术涂覆氧化锆隔热陶瓷涂层,以降低金属热壁的温度。

美国 20 世纪 70 年代推出了"热红外涂层",可用来降低目标的热辐射强度和改变目标的热特征和热成像。20 世纪 80 年代美国又研制出具有较高水平的混合型涂料和其他红外隐身涂料,已用于坦克隐身,提高其生存能力。美国洛克希德公司已研制出一些红外吸收涂层,可使任何目标的红外辐射减少到 1/10,而又不会降低雷达吸波涂层的有效性。

（2）低发射率薄膜

低发射率薄膜是一类极有潜力的热隐身材料，适用于中远红外波段，可弥补目标与环境的辐射温差。按其结构组成可分为类金刚石碳膜、半导体薄膜和电介质/金属多层复合膜等。

①类金刚石碳膜，可用作坦克车辆等表面的热隐身材料，抑制一些局部高温区的强烈热辐射，其厚度约为 $1\mu m$。发射率为 $0.1\sim0.2$。英国的 RSRE 公司曾采用气相沉积法在薄铝板上制成碳膜（DHC），硬度与金刚石相不分伯仲。

②B 半导体薄膜是以金属氨化物为主体，加入载流子给予体掺杂剂，其厚度一般在 $0.5\mu m$ 左右，发射率小于 0.05，只要掺杂剂控制得当，载流子具有足够大的数量和活性，可望得到满意的隐身效果。现已应用的半导体膜有 SnO_2 和 In_2O_3 两种。

③电介质/金属多层复合膜的典型结构为半透明氧化物面层/金属层/半透明氧化物底层，总厚度范围在 $30\sim100\mu m$ 之间，发射率一般在 0.1 左右，其缺点在雷达波段反射率高，不利于雷达隐身。

（3）宽频带兼容热隐身材料

雷达吸波材料已在美国 B－2 型和 F－117A 型隐身飞机上的成功应用，军事专家已把注意力转移到频率更高的红外波段，因此未来的隐身材料必须具有宽频带特性，能够对付厘米波至微米波的主动式或被动式探测器。

要实现以上目的，可以采用的技术途径两种：一种是分别研制高性能的雷达吸波材料和低比辐射率的材料，热后再把二者复合成一体，使材料同时兼顾红外隐身和雷达隐身。这类材料以涂料型为最适合。研究结果表明，这两种材料复合后，在一定厚度范围内能同时兼顾两种性能，且雷达波吸收性能基本保持不变，这种叠加复合结构固然也能满足兼容的要求，然而，它仍然受到涂层厚度的限制。另一种一体化的多波段兼容的隐身材料则更为理想。它们吸收频带宽，反射衰减率高，具有吸收雷达波能，还具有吸收红外辐射和声波及消除静电等作用，有很大的发展潜力。这种兼容材料通常为薄膜型和半导体材料，美、俄两国就正在研制含有放射性同位素的等离子体涂料和半导体涂料。

9.3.2　激光隐身材料

1. 激光隐身原理

激光隐身涂料的隐身原理，就是在目标表面涂覆一层对激光具有强烈吸收和散射的涂料，使军用激光装置接收不到反射回来的激光，从而实现激光隐身。从这里可以看出，涂层激光反射率是激光隐身涂料的一个重要指标。

目前坦克装备的 YAG 激光测距机其测程为 4000m，在作战时，发现和跟踪目标是在 $1500\sim3000$m 以上，开始攻击距离一般在 $1200\sim1500$m 左右。要实现目标激光隐身，需测距机在 1200m 以上探测失灵才可达到。对于大目标来说，激光测距机的最大测程与漫反射大目标反射率的平方根成正比，所以只有使目标表面反射率降低一个数量级以上，才能使最大测程减少到原来的 $1/2\sim1/3$，从而实现激光隐身。

2. 激光隐身材料

激光隐身涂料的作用正是减小坦克表面对入射激光的反射率，降低激光探测器的探测准确率,好的激光隐身涂料应对常用红外激光具有高的摩尔吸收率。在实际操作中常选用某些金属氧化物,有机金属络合物或有机高分子材料,有时在涂料中加入多种吸收剂,以提高吸收率。

国内的激光隐身涂料对 $1.06\mu m$ 的激光吸收率已高达 95% 以上,可以使激光测距仪的测距能力降低 31%。

美国和西欧国家研究成功的隔热泡沫涂料和泡沫塑料具有优越的隔热吸波功能,可以吸收 $1.06\mu m$ 波段的激光光波,另外,还采用透明塑料进行反射吸收激光波。这种泡沫塑料防激光隐身材料已用于美国主战坦克 M1Al。另外,美、英两国还研制出玻璃纤维增强树脂基复合材料装甲车车体和炮塔,同样,具有优越的隐身功能。

3. 红外与激光复合隐身材料技术

红外隐身要求表面涂料对红外光具有较低的发射率,而激光隐身则要求涂料对激光有较大的吸收率,也就是说红外隐身材料是以降低目标表面红外发射率为目的,而激光隐身材料则应在尤其是 CO_2 激光入射的情况下具有低的激光反射率,二者截然相反,两种要求相互矛盾,无法对同一波段内的被动红外探测和主动激光测距同时具有隐身功能,二者对坦克的威胁都很大,不能偏废,因此,相互协调十分重要。对于坦克需要材料同时具备红外隐身和激光隐身两种功能才可能得以广泛应用。理论研究认为,利用材料的非平衡辐射性能可以获得红外低发射率和低瞬态红外激光反射率材料,满足红外与激光复合隐身的需要。

9.3.3 红外/激光隐身材料

1. 红外/激光隐身材料的设计原理

激光隐身要求材料具有低反射率,红外隐身的关键寻找低发射率材料。从复合隐身角度考虑,原激光隐身涂料在具有低反射率的同时,一般具有高的发射率,可用于红外迷彩设计时的高发射率材料部分。问题是如何使材料在具有对红外隐身的低发射率要求的同时,还具有对激光隐身的低反射率要求。

不透明物体,由能量守恒定律可知,在一定温度下,物体的吸收率 α 与反射率 R 之和为 1,即
$$\alpha(\lambda,T)+R(\lambda,T)=1$$

根据热平衡理论,在平衡热辐射状态下,物体的发射率 ε 等于它的吸收率 α,即
$$\varepsilon(\lambda,T)=\alpha(\lambda,T)$$

涂料一般均为不透明的材料,对激光隐身涂料而言,要求反射率低,则发射率必高;对红外隐身而言,如要求发射率低,则反射率必高。二者相互矛盾。

对于同一波段的激光与红外隐身,如 $10.6\mu m$ 激光和 $8\sim14\mu m$ 红外复合隐身,可采用光谱挖孔等方法来实现;对于同一波段的激光与红外隐身不存在矛盾,如 $1.06\mu m$ 激光和 $8\sim14\mu m$ 红外复合隐身。如果材料具有如图 9-15 所示的理想 $R-\lambda$ 曲线或使某些材料经过掺杂改性以后具有如图 9-15 所示的 $R-\lambda$ 曲线,则均有可能解决 $1.06\mu m$ 激光隐身材料低反射率与 $8\sim14\mu m$ 波段红外隐身材料低发射率之间的矛盾,从而实现激光、红外隐身兼容。还必须了解等离子共振原理。

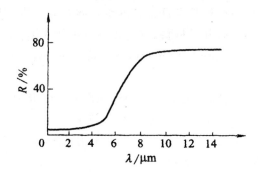

图 9-15　理想 1.06μm 激光和 8～14μm 红外复合隐身材料的 R－λ 曲线

2.等离子共振原理

某些杂质半导体具有图 9-15 所示的 R-λ 曲线,并且可以控制,因为杂质半导体的反射率与光的波长有关。波长比较短时,其反射率几乎不变,与载流子浓度无关,接近本征半导体的反射率。随着波长增加,反射率减小。在 λ_p 处出现极小点,此种现象被称为等离子共振。当波长超过 λ_p 时,反射率很快增加。等离子共振波长 λ_p 的位置与半导体中自由载流子浓度有关。

$$\lambda_p^2 = \frac{(2\pi C)^2 m^* \varepsilon}{Nq^2}$$

式中,C 为光速;m^* 为自由载流子有效质量;ε 为低频介电常数;N 为自由载流子浓度;q 为电子电荷。

改变掺杂浓度以控制自由载流子浓度,即可控制等离子共振波长,使杂质半导体的 R-λ 曲线与要求相一致。图 9-16 为 n 型 InSb 半导体材料的理论反射率曲线,由图可以看出,在 $\lambda=\lambda_p$ 处,反射率最小,之后迅速趋近于 1。自由载流子浓度不同,等离子共振波长 λ_p 也不同,随着自由载流子浓度的增大,等离子共振波长 P 也不同,随着自由载流子浓度的增大,等离子共振波长 λ_p 向短波方向移动。因此,通过对半导体材料的掺杂研究,完全可以找到符合激光和红外隐身兼容的材料。

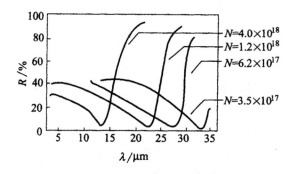

图 9-16　InSb 半导体材料的等离子反射

3.激光红外隐身材料

许多半导体在掺杂情况下,其等离子波长都在红外区域。如随着掺杂浓度的不同,锗的等离子波长为 8～10μm,硅的等离子波长为 3～5μm,掺锡的三氧化二铟等离子波长为 1～3μm 等。对于掺杂半导体,通过对掺锡氧化铟半导体的研究取得了很好的结果。

目前已研制出多种 $1.06\mu m$ 激光隐身涂料。对于 $10.6\mu m$ 激光而言,由于它处于热红外波段,因此高热辐射率的热红外涂料,也会反射入射的 $10.6\mu m$ 激光。热红外隐身与 $10.6\mu m$ 激光隐身是相互矛盾的,因此,必须通过其他途径解决激光隐身问题。

9.4　可见光隐身材料

9.4.1　概述

可见光是人的眼睛可以看见的光线,其波长范围是 $0.4\sim0.75\mu m$。要实现可见光伪装,必须消除目标与背景的颜色差别。只要伪装目标的颜色与背景色彩协调一致,就能实现伪装,这就是可见光伪装的原理。可见光伪装采用的方法主要是迷彩伪装,有保护迷彩、变形迷彩和仿造迷彩等。当前应用最多的可见光伪装方法是变形迷彩和仿造迷彩。

尽管可见光隐身在各种隐身技术中发展最早,许多技术已经比较成熟,但可见光隐身仍有很大的发展潜力。降低目标可见光探测信号特征的新方法有很多,如特殊照明系统:适宜颜色、奇异蒙皮、电致变色薄膜以及烟幕遮蔽等方法。其中利用适宜颜色,就是一种涂料方法。

9.4.2　伪装涂料

对地面目标实施迷彩伪装是最早采用的伪装技术之一。采用迷彩伪装涂料将目标的外表面涂敷成各种大小不一的斑块和条带等图案,可防可见光探测和紫外光及近红外雷达的探测。这是一种最基本的伪装措施。其目的是改变目标的外形轮廓,使之与背景相融合,减小军事目标与地形背景之间的光学反差。以降低被发现概率。

自坦克出现开始,就应用了伪装涂料。其图案主要由多块棕、绿、黑色斑组成坦克的迷彩伪装,涂料的颜色、形状和亮度等随地形地貌、季节和环境的气候条件而变化,以使坦克与周围环境的色彩一致,减小了车辆的目视特征。德国研制出了一种三色迷彩图案,这种涂料是由聚氨酯和丙烯酸盐为基料,添加棕、绿、黑三色配制而成,非常适于对付作用距离大的光学侦察器材。它涂敷方便、成本低,已成为美国与德国的标准伪装迷彩涂料,已广泛采用。

伪装迷彩分为三种:

①适用于草原、沙漠、雪地等单色背景上目标的保护迷彩。

②适用于斑驳背景上活动目标的变形迷彩。

③适用于固定目标的仿造迷彩。

德国的涂敷型多波段隐身材料是一种在可见光、热红外、微波、毫米波都可起作用的涂料,它可使目标特征尽可能地接近背景以减小目标的可侦察性,在可见光区的颜色和亮度适宜、光泽度小,在热红外区使目标的辐射温度与背景的辐射温度相适应,在微波和毫米波段尽可能宽的波段内吸收辐射。

国外已研制出一种多用途的伪装迷彩,它由塑料溶液添加 $5\%\sim25\%$(质量分数)的金属粉料制成外壳和用酚醛树脂加 $10\%\sim15\%$(质量分数)的石墨或烟黑制成的导电纤维所组成,使用这种迷彩涂料的坦克车辆可防止可见光、红外和射频的探测。

9.4.3 伪装遮障

伪装遮障是一种设置在目标附近或外加在目标之上的防探测器材，主要包括各种伪装网和伪装覆盖物等，通过采用不同的伪装技术分别对抗可见光、近红外、中远红外和雷达波段的侦察与探测。

瑞典的 Barracuda 公司是专门研制和生产伪装器材的企业，该公司生产的热伪装网系统实为双层式热伪装遮障，它由具有防光学和防热红外探测性能的伪装网和隔热毯组成，其中隔热毯的作用是将有源热目标变为无源"冷"目标，热毯上有眼睑式通风孔，可散逸发动机产生的热量，使坦克在热成像仪上仅显示出一个不完整的热图形。隔热毯实际上很薄很轻，其质量每平方米不足 180g。热网之上附装有电阻膜，可起防毫米波、厘米波雷达的作用。这是一种多功能伪装网，能对付可见光、近红外光、雷达和热红外波段的探测。该公司还推出一种伪装罩，用于覆盖军事目标，如坦克的热表面。此伪装罩有一聚酯纤维底层，其上为一层聚酯薄膜，两表面用铝层覆盖，还有超吸收纤维，如丙烯酸纤维、人造纤维和聚丙烯纤维制成的薄条以及结合在一起的两层绿色聚丙烯纤维层，绿色层应预先浸透水分，以便在使用中保持冷态。此伪装罩可在可见光、红外和雷达范围内起伪装效果。

Barracuda Technology 公司推出一种热伪装系统。它由一种可拼成各种伪装图形的不规则材料件和掩蔽材料构成，两种材料间的发射系数之差至少要在 0.3 以上。掩蔽材料一般为覆盖有软质 PVC 膜的网状结构，而不规则材料件则一般是内层为低发射率的铝层，表层为可透热辐射的有色聚乙烯伪装层的迭层结构，其中含有增强层。将这种不规则材料拼成树叶状或眼睑状，覆盖在掩蔽材料之上，覆盖面为 30%～40%。这种热伪装网在可见光、近红外和热辐射范围内具有良好的伪装效果。

美国研制出一种由多层薄膜组成的多功能伪装材料（图 9-17），可以对付不同波段的探测威胁。其组成为：一是基层，二是金属反射层，三是油漆伪装层。以基层和金属层为基体，吸收雷达波，其表面则是防可见光及红外探测的伪装层。其基层材料以尼龙敷以塑化聚氯乙烯为好，金属层可选用铝、铜、锌及其合金，以气相沉积法形成此反射层。伪装漆以氧化铬绿为颜料，聚丙烯－乙烯基乙酸纤维素共聚物为胶黏剂，这种颜料在可见光及近红外波段有类似于自然背景的反射性，所用胶黏剂在远红外区透明，因此在 $3\sim5\mu m$ 和 $8\sim14\mu m$ 的大气窗口，伪装漆的辐射率在材料表面发生变化，可达到模拟自然背景的目的，适用于军用车辆及装备的防护。

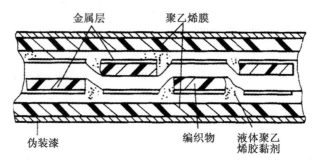

图 9-17　薄膜型多功能伪装材料结构图

美国 Teledyne Brown 工程公司研制的超轻型伪装网系统。质量很轻. 每平米只有 88g,它是在筛网的网基上连接一薄膜材料,并按所需伪装图案着色,以一定间隔的连接线与网基连接,在连接网基的两相邻连线之间切花。以模拟自然物(如树叶或簇叶)的外貌。该网需适当地涂上所需的伪装图案。一般来说,支撑连续薄膜的网状基层可染成黑色或自然背景的色调,而连续薄膜可用绿、棕、黑三色图案,使它与伪装网使用地域相吻合。如需要,伪装结构可做成正反两面,使用不同的伪装色型,即一面为林地图案,一面为沙漠图案。它适用于目标和装备的战术隐身。

德国 Sponeta 公司推出了一种复合薄膜伪装网,适用于可见光和雷达范围内军事目标的伪装。该公司在德国专利中介绍其中的层压导电薄膜的制法,即将聚氨酯粒料加到由乙炔炭黑,聚氨酯溶液,阻燃增塑剂和表面活性剂组成的分散剂中,使各组分混合均匀,用得到的膏状物制成薄膜,厚度 0.08～0.1mm,这种导电薄膜在热合时可作为热熔胶,同覆盖层牢牢地结合在一起,形成复合薄膜。其中的导电层具有良好的电磁波吸收功能。

随着侦察与制导技术的发展,现代侦察广度与深度的增大,对于军事目标的伪装越来越重要,任务越来越艰巨。笨重复杂的伪装器材逐步被淘汰,使用便捷的超轻型伪装网已经出现。伪装网所能对付的电磁波段越来越宽,同时向着多频谱兼容的方向发展。已经研制出多频谱兼容型伪装网,它将逐步取代性能单一的伪装网,它是战场上较为理想的伪装器材,主要用于重要军事目标,如坦克的伪装。

用于静止目标的传统伪装属于被动防御型,远远不能满足现代化战场的需要,必须变被动为主动,向积极的方向发展,动目标也需要伪装。目前已研制成功的有瑞典 Barracuda 公司 1990 年推出的名叫 ADDCAM 的热伪装器材,用于运动中的坦克车辆。这种新型伪装器材的使用明显地提高了战场上运动车辆的生存能力。不过,实现动目标伪装的关键在于各种军事目标本身,即在现代武器装备的研制过程中就必须考虑到伪装要求,一种全新概念的"内在式"伪装。

第 10 章　形状记忆材料

10.1　形状记忆原理

形状记忆材料是指具有一定起始形状,经形变并固定成另一种形状后,通过热、光、电等物理刺激或者化学刺激处理又可以恢复初始形状的材料。这类材料包括晶体和高分子,前者与马氏体相变有关,后者借玻璃态转变或其他物理条件的激发呈现形状记忆效应。形状记忆材料包括形状记忆合金、形状记忆陶瓷和形状记忆高分子。形状记忆合金(Shape Memory Alloys,SMA)是目前形状记忆材料中形状记忆性能最好的材料。

10.1.1　形状记忆效应与类型

金属中发现形状记忆效应可追溯到 1938 年。当时美国的 Greningerh 和 Mooradian 在 Cu-Zn 合金中发现了马氏体的热弹性转变。随后,前苏联的 Kurdjumov 对这种行为进行了研究。1951 年美国的 Chang 和 Read 在 Au47.5Cd(at%)合金中发现了形状记忆效应。直至 1962 年,美国海军军械研究所的 Buehler 发现了 TiNi 合金中的形状记忆效应,才开创了"形状记忆"的实用阶段。

1. 形状记忆效应

一般金属受到外力作用后,首先发生弹性变形,当外力足够大时,材料变形达到或超过其屈服极限时,金属将产生塑性变形,当应力去除后留下永久变形。对于形状记忆合金(SMA)而言,当合金处于低温马氏体相时,卸载后同样发生的很大变形,但将其加热到某临界温度(逆相变点)以上时,能够通过逆相变完全恢复其原始形状,这种现象就称之为形状记忆效应(shape memory effect,简称 SME)。

图 10-1(a)是一般金属材料的应力应变曲线,当应力超过弹性极限,卸除应力后,留下永久变形,不会回复原状;图 10-1(b)是超弹性材料的应力应变曲线线,超过弹性极限后应力诱发母相形成马氏体,当应力继续增加时,马氏体相变也继续进行,当应力降低时,相变按逆向进行,即从马氏体转向母相,永久变形消失,这种现象叫做超弹性记忆效应(PME);图 10-1(c)是合金母相在应力作用下诱发马氏体,并发生形状变化,卸除应力后,除弹性部分外,形状并不会复原,但通过加热产生逆变,便能恢复原形,这种现象叫做形状记忆效应(SME)。

合金材料中出现形状记忆效应与热弹性马氏体相变或应力诱发马氏体相变有关,当这类材料在马氏体状态下进行一定限度的变形后,在随后的加热并超过马氏体相消失温度时,材料能完全恢复到变形前的形状和体积。合金可恢复的应变量达到 7%～8%,比一般材料要高得多。对

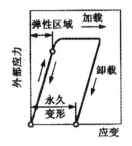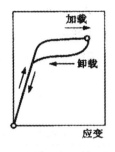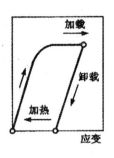

(a)一般金属材料；(b)超弹性材料；(c)形状记忆合金

图 10-1　超弹性记忆与形状记忆现象

一般材料来说，这样的大变形量早就发生永久变形了，而形状记忆合金的变形可以通过孪晶界面的移动实现，马氏体的屈服强度又比母相奥氏体要低得多，合金在马氏体状态比较软，这点与一般的材料很不同。一个比较典型的例子是 1969 年阿波罗-11 号登月舱所使用的无线通讯天线，该天线即用形状记忆合金制造。首先将 Ni-Ti 合金丝加热到 65℃，使其转变为奥氏体物相，然后将合金丝冷却到 65℃ 以下，合金丝转变为马氏体物相。在室温下将马氏体合金丝切成许多小段，再把这些合金丝弯成天线形状，并将各小段合金丝焊接固定成工作状态[图 10-2(a)]，将天线压成小团状，体积减小到原来十分之一[图 10-2(b)]，便于升空携带。太空舱登月后，利用太阳能加热到 77℃，合金转变成奥氏体，团状压缩天线便自动装开，恢复到压缩前的工作状态[图 10-2(c)]。

(a) 原始形状　　　　(b) 折成球形装入登月舱　　　　(c) 太阳能加热后

图 10-2　月球上使用的形状记忆合金天线

2. 形状记忆类型

形状记忆根据不同材料有不同的记忆特点，可分为三类。

(1)一次记忆

材料加热恢复原形状后，再改变温度，物体不再改变形状，此为一次记忆能力[图 10-3(a)]。

(2)可逆记忆

物体不但能记忆高温的形状，而且能记忆低温的形状，当温度在高低温之间反复变化时，物体的形状也自动反应在两种形间变化[图 10-3(b)]。

(3)全方位记忆

除具有可逆记忆特点外，当温度比较低时，物体的形状向与高温形状相反的方向变化。一般加热时的回复力比冷却时回复力大很多[图 10-3(c)]。

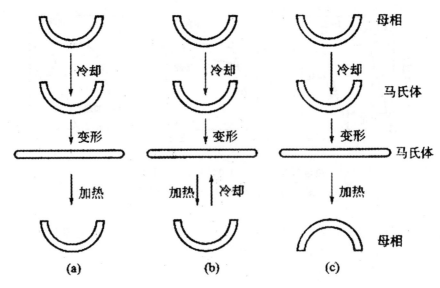

图 10-3　形状记忆合金的三种工作作模式

10.1.2　形状记忆效应的机理

1.热弹性马氏体和应力弹性马氏体

大部分合金和陶瓷记忆材料是通过马氏体相变而呈现形状记忆效应。马氏体相变往往具有可逆性,即把马氏体(低温相)以足够快的速度加热,可以不经分解直接转变为母相(高温相)。母相转变为马氏体相的开始温度和终了温度分别称为 M_s 和 M_f,马氏体经加热时逆转变为母相的开始温度和终了温度分别称为 A_s 和 A_f。图 10-4 为马氏体与母相平衡的热力学条件。具有马氏体逆转变,且 M_s 与 A_s 温度相差(称为转变的热滞后)很小的合金,将其冷却到 M_s 点以下,马氏体晶

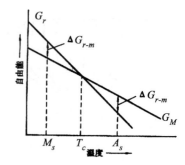

图 10-4　马氏体与母相的平衡温度

核随着温度下降逐渐长大,温度上升时,马氏体相又反过来同步地随温度升高而缩小,马氏体相的数量随温度的变化而发生变化,这种马氏体称为热弹性马氏体。

在 M_s 以上某一温度对合金施加外力也可引起马氏体转变,形成的马氏体称为应力诱发马氏体。有些应力诱发马氏体也属弹性马氏体,应力增加时马氏体长大,反之,马氏体缩小,应力消除后马氏体消失,这种马氏体称为应力弹性马氏体。应力弹性马氏体形成时会使合金产生附加应变,当除去应力时,这种附加应变也随之消失,这种现象称为超弹性或伪弹性(PSeudoelasticity,PE)[①]。

将母相淬火得到马氏体,然后使马氏体发生塑性变形,变形后的合金受热(温度高于 A_s 时,

---

　　① 陈玉安,王必本,廖其龙.现代功能材料(第 2 版).重庆:重庆大学出版社,2012.

马氏体发生逆转变,开始回复母相原始状态,温度升高至 A_f 时,马氏体消失,合金完全恢复到母相原来的形状,呈现形状记忆效应。如果对母相施加应力,诱发其马氏体形成并发生形变,随后逐渐减小应力直至除去时,马氏体最终消失,合金恢复至母相的原始形状,呈现伪弹性。上述两种使应变回复为零的现象均起因于马氏体的逆相变,只不过是诱发逆相变的方法不同而已。在伪弹性中,卸载使产生塑性应变的马氏体相完全逆转变成母相,而形状记忆效应中,通过加热使马氏体产生逆相变导致应变完全复原。它们都是由于晶体学上相变的可逆性引起的,因此,事实上,具有热弹性马氏体相变的合金不仅有形状记忆效应,也都呈现伪弹性特征。但是,需要指出的是,具有热弹性马氏体相变的材料并不都具有形状记忆效应。通常具有 SME 合金具备下列条件:马氏体相变是热弹性的;母相和马氏体是有序结构;母相⇔马氏体相变,在晶体学上是可逆的。这样,由于马氏体晶内孪晶界移动或晶间界面移动造成可逆变形,合金有序结构和晶体上对称性的制约,使相变过程中的点阵重组只能通过单一的途径返回到母相的晶体结构,达到 SME。

2. 形状记忆效应的微观机理

马氏体相变是一种典型的非扩散型相变,母相向马氏体转变可理解为原子排列面的切应变。由于剪切形变方向不同,而产生结构相同、位向不同的马氏体,即马氏体变体。对于 Cu-Zn 合金的马氏变体,其马氏体沿母相的一个特定位向常常形成 4 种变体,变体的惯习面以母相的特定方向对称排列,这 4 种变体合称为一个马氏体片群,如图 10-5 所示。通常的形状记忆合金根据马氏体与母相的晶体学关系,共有 6 个这样的片群,形成 24 种马氏体变体。每个马氏体片群中的各个变体的位相不同,有各自不同的应变方向。每个马氏体形成时,在周围基体中造成了一定方向的应力场,使沿这个方向上变体长大越来越困难,如果有另一个马氏体变体在此应力场中形成,它当然取阻力小、能量低的方向,以降低总应变能。由 4 种变体组成的片群总应变几乎为零,这就是马氏体相变的自适应现象。

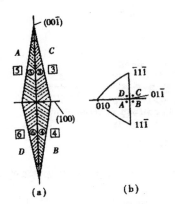

图 10-5　一个马氏体片群

(a)孪晶界及变体之间界面为实线,基准面为虚线;

(b)在$(01\bar{1})$标准投影图中,4 个变体的惯习面法线的位置

形状记忆合金的 24 个变体组成 6 个片群及其晶体学关系(图 10-6 所示),惯习面绕 6 个(110)分布,形成 6 个片群。每片马氏体形成时都伴有形状的变化。这种合金在单向外力作用下,其中马氏体顺应力方向发生再取向,即造成马氏体的择优取向。当大部分或全部的马氏体都

采取一个取向时,整个材料在宏观上表现为形变。对于应力诱发马氏体,生成的马氏体沿外力方向择优取向,在相变同时,材料发生明显变形,上述的 24 个马氏体变体可以变成同一取向的单晶马氏体。将变形马氏体加热到 A_s 以上,马氏体发生逆转变,因为马氏体晶体的对称性低,转变为母相时,只形成几个位向,甚至 1 个位向,即母相原来的位向。尤其当母相为长程有序时,更是如此。当自适应马氏体片群中不同变体存在强的力学偶时,形成单一位向的母相倾向更大,逆转变完成后,便完全回复了原来母相的晶体,宏观变形也完全恢复,从而实现形状记忆效应。

形状记忆合金在形状记忆过程中发生的晶体结构变化如图 10-7 所示。由于有序点阵结构的母相与马氏体相变的孪生结构具有共格性,在"母相→马氏体→母相"的转变循环中,母相完全可以恢复原状。借助图 10-7 能够更好地说明形状记忆效应的简单过程。在图 10-8 中,(a)将母相冷却到 M_f 点以下进行马氏体相变,形成 24 种马氏体变体,由于相邻变体可协调地生成,微观上相变应变相互抵消,无宏观变形;(b)马氏体受外力作用时(加载),变体界面移动,相互吞食,形成马氏体单晶,出现宏观变形 ε;(c)由于变形前后马氏体结构没有发生变化,当去除外应力时(卸载)无形状改变;(d)当加热到高于 A_f 点的温度时,马氏体通过逆转变恢复到母相形状。

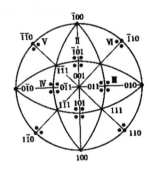

图 10-6 24 个自适应马氏体

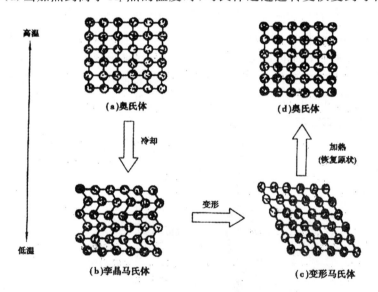

图 10-7 形状记忆过程中晶体结构的变化

产生形状记忆效应的必要条件是相变在晶体学上具有可逆性,而有序合金的点阵由于异类原子排列受有序性严格控制,因此,马氏体相变在晶体学上的可逆性完全得以保证。以具有氯化铯立方晶体结构(又称 B2 结构)的母相 γ 转变为 B19 型马氏体(γ_2)为例(图 10-9)。γ_2 马氏体是以 2H 方式周期性堆垛的结构。图 10-9(a)是 γ_2 马氏体晶体沿[001]的投影图,其中,黑白点分别代表两种原子,大、小点代表原子处于相邻不同层。由投影图可见,如果不考虑原子品种差异,则晶体属于密排六方结构。根据其对称性,等价点阵的取法可以有 A、B、C 三种,用箭头代表马氏体逆相变时,阵点(或原子)的切变方向。由 A 方式而产生母相结构如图 10-9(b)所示,与 B2 结构的[101]方向的投影图相吻合。若以 B 或 C 的方式进行逆相变,则母相的晶体结构如图 10-

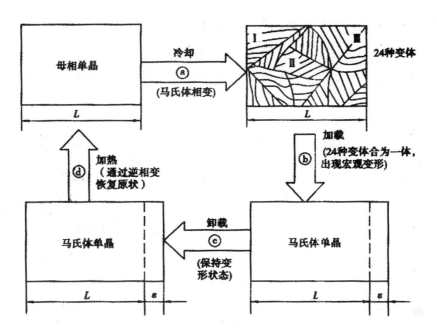

图 10-8　形状记忆机制示意图(拉应力状态)

9(c)所示,明显区别于母相。可见,有序合金中逆相变的途径是唯一的受严格限制的。有序点阵结构使母相的晶体位向自动得以保存,这也是热弹性相变多半在有序合金中出现的原因。因此,大部分形状记忆效应出现在母相有序的合金中。

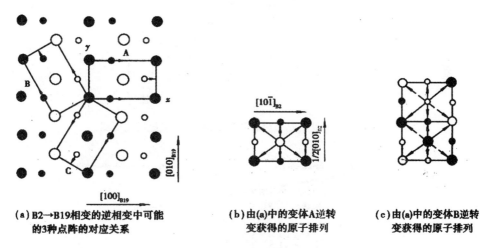

(a) B2→B19相变的逆相变中可能　　　(b)由(a)中的变体A逆转　　　(c)由(a)中的变体B逆转
　　的3种点阵的对应关系　　　　　　　变获得的原子排列　　　　　变获得的原子排列

图 10-9　有序结构同晶体学可逆性的关系

　　热弹性马氏体并不是具有形状记忆效应的必要条件,如正在开发中的铁系等少数合金通过非热弹性马氏体相变也可显示形状记忆效应。马氏体的自协作是马氏体减少应变的普遍现象,只是不同金属中协同程度不同,自协调好的合金在形变时容易再取向,形成单变体或近似单变体的马氏体,并且在形状改变和相变中不产生不利于形状回复的位错。在加热时,由于晶体学上的可逆性,转变为原始位向的母相,使形状回复。

3. 形状记忆效应与相变伪弹性

形状记忆合金处在高于 A_f 点、低于 M_d 点母相(P)稳定温度区内,在外力作用下呈现出超乎寻常非线性的弹性应变,是普通金属材料弹性应变的几十倍以至上百倍,称之为伪弹性或超弹性。这是由于合金在母相(P)状态下施加外力时,应力诱发了马氏体相变,当应力继续增加时,马氏体相变也继续进行,卸除外应力时,随即发生逆相变,应变完全消失,回到母相状态。这种现象叫做超弹性记忆效应(PME)。而 SME 则是在马氏体态形变后发生。可以看出,PME 和 SME 本质是相同的,不同的是 PME 是合金在母相态形变时出现。图 10-10 显示出形状记忆合金不同温度下的 $\sigma-\varepsilon$ 曲线特征。当试验温度 $T_d > T_{M_d}$(即 SME 形成最高温度)时,$\sigma-\varepsilon$ 曲线特征与普通合金一样,如图 10-10(a)所示;当 $T_{A_f} < T_d < T_{M_d}$ 时,合金的 $\sigma-\varepsilon$ 曲线出现超弹性行为,如图 10-10(b);当 $T_d < T_{M_f}$ 时,合金的 $\sigma-\varepsilon$ 曲线呈现 SME 的特征;只有当 $T_d > T_{A_s}$、T_{M_s},$T_d < T_{A_f}$、T_{M_d} 时,才同时出现部分 SME 和 PME 现象。图 10-11 给出形状记忆效应与相变伪弹性的条件。

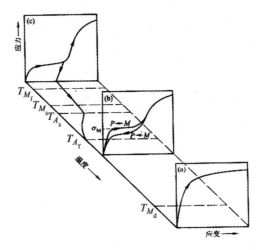

图 10-10　形状记忆合金在不同温度下 $\sigma-\varepsilon$ 曲线特征图

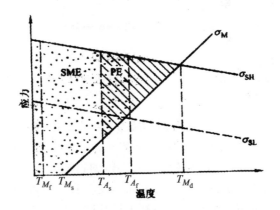

图 10-11　形状记忆效应与相变伪弹性的条件

σ_M—诱发马氏体相变临界应力;σ_{SL}—低变

形临界应力;σ_{SH}—高变形临界应力

10.2　形状记忆合金材料

10.2.1　形状记忆合金的晶体结构

1.母相的晶体结构

形状记忆合金母相的晶体结构,一般为具有较高对称性的立方点阵,并且大都是有序的。例如,Ag-Cd、Au-Cd、Cu-Zn、Ni-Al、Ni-Ti 和 Cu-Zn-X(X＝Si、Sn、Al)等合金母相是 B2 结构,如图 10-12 所示;而 Cu-Al-Ni、Cu-Sn、Cu-Zn(Ga 或 Al)等合金母相是 DO_3 结构,如图 10-13 所示。

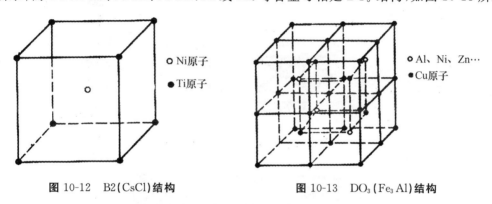

图 10-12　B2(CsCl)结构　　　　　图 10-13　DO_3(Fe₃Al)结构

2.马氏体的晶体结构

相对于母相,马氏体的晶体结构更复杂一些,而且对称性低,大多为长周期堆垛,同一母相可以有几种马氏体结构。各种长周期堆垛的马氏体基面都是母相的一个[110]面畸变而成。对母相 B2、DO_3 等结构,如考虑到原子种类不同,那么从不同母相的[110]得出的马氏体堆垛面各不相同。图 10-14 和图 10-15 分别表明了由 DO_3 和 B2 母相得出的马氏体堆垛面。图中的各小方块是基面上一个单元面积,分别有 A、B、C、几种。用它们堆垛可以得到马氏体的结构单元。按不同堆垛青可堆成不同马氏体结构。

马氏体和母相间位向关系为 3R、6R、9R、18R 和 2H 等,马氏体的[100]面平行于母相的[011]密排面,通常用[110]ₚ 来描述相变时的晶体学特征。

如考虑内部亚结构,则马氏体结构显得更为复杂,9R、18R 马氏体的亚结构为层错,3R、2H 马氏体的亚结构为孪晶。3R 中的孪晶面与 9R、18R 中的层错面相同,是上述堆垛基面。但 2H 马氏体中的孪品面并不是堆垛基面,而是出自母相的另一[110]面。9R 和 18R 在晶体学上是相同的,但 9R 马氏体是从 B2 母相转变而来,18R 则来自 DO_3。

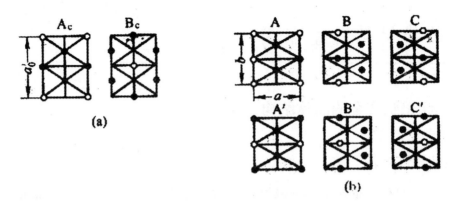

图 10-14 DO₃ 母相转变 18R,6R 和 2H 马氏体的堆垛结构单元
(a)DO₃(0$\bar{1}$):A$_c$B$_c$;(b)马氏体(001)18R、6R 和 2H 中 A、B、C 和 A′、B′、C′

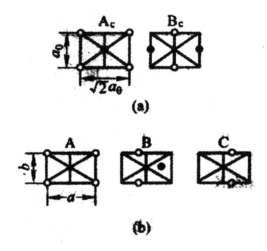

图 10-15 B2 母相转变为 9R、3R 和 2H 马氏体的堆垛结构单元
(a)B2(0$\bar{1}$):A$_c$B$_c$;(b)马氏体(001)9R、3R 和 2H 中 A、B、C

10.2.2 形状记忆合金材料

至今为止,已发现有十几种记忆合金体系,可以分为 Ti—Ni 系、铜系、铁系合金三大类,包括 Au-Cd、Ag-Cd、Cu-Zn、Cu-Zn-Al、Cu-Zn-Sn、Cu-Zn-Si、Cu-Sn、In-Ti、Au-Cu-Zn、Ni-Al、Fe-Pt、Ti-Ni、Ti-Ni-Pd、Ti-Nb、U-Nb 和 Fe-Mn-Si 等。它们有两个共同特点:

①弯曲量大,塑性高。

②在记忆温度以上恢复以前形状。

最早发现的记忆合金可能是 50%Ti+50%Ni。一些比较典型的形状记忆合金材料及其特性列于表 10-1。

表 10-1　具有形状记忆效应的合金

合金	组成/%	相变性质	T_{M_s}/℃	热滞后/℃	体积变化/%	有序无序	记忆功能
Ag-Cd	44～49Cd(原子分数)	热弹性	−190～−50	≈15	−0.16	有	S
Au-Cd	46.5～50Cd(原子分数)	热弹性	−30～100	≈15	−0.41	有	S
Cu-Zn	38.5～41.5Zn(原子分数)	热弹性	−180～−10	≈10	−0.5	有	S
Cu-Zn-X	X=Si,Sn,Al,Ga(质量分数)	热弹性	−180～100	≈10	—	有	S,T
Cu-Al-Ni	14～14.5Al−3～4.5Ni(质量分数)	热弹性	−140～100	≈35	−0.30	有	S,T
Cu-Sn	约15Sn(原子分数)	热弹性	−120～−30	—	—	有	S
Cu-Au-Sn	23～28Au-45～47Zn(原子分数)	—	−190～−50	≈6	−0.15	有	S
Fe-Ni-Co-Ti	33Ni-10Co-4Ti(质量分数)	热弹性	约−140	≈20	0.4～2.0	部分有	S
Fe-Pd	30Pd(原子分数)	热弹性	约−100	—	—	无	
Fe-Pt	25Pt(原子分数)	热弹性	约−130	≈3	0.5～0.8	无	
In-Tl	18～23Tl(原子分数)	热弹性	60～100	≈4	−0.2	无	S,T
Mn-Cu	5～35Cu(原子分数)	热弹性	−250～185	≈25	—	无	S
Ni-Al	36～38Ai(原子分数)	热弹性	−180～100	≈10	−0.42	有	S
Ti-Ni	49～51Ni(原子分数)	热弹性	−50～100	≈30	−0.34	有	S,T,A

注:S—单向记忆效应;T—双向记忆效应;A—全方位记忆效应。

1. 钛镍系形状记忆合金

(1)钛镍系合金的记忆效应

Ti-Ni 形状记忆合金具有丰富的相变现象、优异的形状记忆和超弹性性能、良好的力学性能、耐腐蚀性和生物相容性以及高阻尼特性,因而受到材料科学和工程界的普遍重视。Ti-Ni 合金是目前应用最为广泛的形状记忆材料,其应用范围已涉及航天、航空、机械、电子、交通、建筑、能源、生物医学及日常生活等领域,特别在医学与生物上的应用是其他形状记忆合金所不能替代的

人们发现,经过一定的热处理训练,Ti-Ni 形状记忆合金不仅在马氏体逆相变过程中能完全回复到变形前的母相形状,而且在马氏体相变过程中也会自发地产生形状变化,回复到马氏体状态时的形状,而且反复加热、冷却都会重复出现上述现象。现在把这样的现象称为双程形状记忆效应,把仅仅在马氏体逆相变中能回复到母相形状的现象称为单程形状记忆效应。除了双程和单程形状记忆效应外,在 Ti-51(at%)Ni 合金中发现了一种独特的记忆现象,它不仅具有双程可逆形状记忆效应,而且在高温和低温时,记忆的形状恰好是完全逆转的形状,称为全方位记忆效应。至今为止,全方位形状记忆效应只在 Ti-Ni 合金中发现。实验表明:Ti-51(at%)Ni 合金试件的形状变化和相变行为受时效温度的影响。

(2)钛镍系合金形状记忆效应的获得

Ti-Ni 合金的记忆功能必须通过形状记忆处理实现。形状记忆处理过程首先是在一定的条

件下(通常$>M_d$)热成形,随后进行热处理,以达到所需温度条件下的形状记忆功能。同样,也可以在低温下变形,并约束其变形后的形状在一定温度下($\geqslant M_d$)热处理,同样获得所需温度条件下的形状记忆功能。

单程记忆效应:为了获得记忆效应,一般将加工后的合金材料在室温加工成所需要的形状并加以固定:随后在400℃到500℃加热保温数分钟到数小时(定型处理)后空冷,就可获得较好综合性能。

对于冷加工成型困难的材料,可以在800℃以上进行高温退火,这样在室温极容易成形;随后于200℃到300℃保温使之定形。这种在较低温度处理的记忆元件其形状恢复特性较差。

富镍的Ti-Ni合金需要进行时效处理,一是为了调节材料的相变温度,二是可以获得综合的记忆性能。处理工艺基本上是在800℃到1000℃固溶处理后淬入冰水,再经400℃到500℃时效处理若干时间(一般为500℃、1h)。随着时效温度的提高或时效时间的延长,相变温度M_s相应下降。此时的时效处理就是定形记忆过程。

双程记忆效应:通常通过记忆训练的方法来获得双程记忆效应。首先如同单程记忆处理那样获得记忆效应,但此时只能记忆高温相的形状。随后在低于M_s温度,根据所需的形状将试件进行一定限度的可以回复的变形。加热到A_f以上温度,试件回复到高温态形状后,降温到M_s以下,再变形试件使之成为前述的低温所需形状,如此反复多次后,就可获得双程记忆效应,在温度升、降过程中,试件均可自动地反复记忆高、低温时的两种形状。这种记忆训练实际上就是强制变形。

全程记忆效应:全程记忆效应只在富Ni的Ti-Ni合金中出现,例如,Ti-51at%Ni合金。这种记忆效应的获得是由于与基体共格的$Ti_{11}Ni_{14}$相析出而产生的某种固定的内应力所致。应力场控制了R相变和马氏体相变的"路径",使马氏体相变与逆转变按固定"路径"进行。因此,全程记忆处理的关键是通过限制性时效,根据需要选择合适的约束时效工艺。图10-16所示为500℃时效不同时间的全程记忆处理元件在变温过程中自发变形情况。纵坐标为形状变化率,它是约束记忆薄片的曲率半径r_i和任意温度下的曲率半径r_T的比值。由图可知,时效时间越长,自发形变就越难以发生。因此,全程记忆处理的最佳工艺为:将Ti-51at%Ni合金在500℃(小于1h)或400℃(大于100h)进行约束时效,要求约束预应变量小于1.3%。

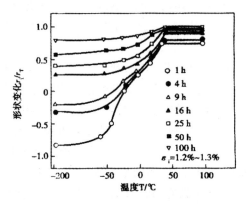

图10-16　Ti-51at%Ni合金500℃时效时间对全程记忆的影响

为了保持良好的形状记忆特性,其变形的应变量不得超过一定值。该值与元件的形状、尺寸、热处理条件、循环使用次数等有关,一般为6%(不包括全程记忆处理)。同时,在使用中,在形状记忆合金受约束状态下,要避免过热,也即记忆高温态的温度只需稍高于 A_f 温度即可。

2. 铜基形状记忆合金

(1)铜基形状记忆合金的种类

铜基形状记忆合金最早发现于 20 世纪 30 年代,可是许多铜基合金材料的形状记忆效应的发现,铜基合金作为智能性实用材料受到重视还是在 20 世纪 70 年代以后。在所有发现的形状记忆合金材料中,铜基合金的记忆特性等虽然比不上 Ti-Ni 合金,但是 Ti-Ni 合金的生产成本约为铜基合金的 10 倍,加上铜基合金加工性能好,使铜基形状记忆合金材料的研究受到了很大的关注。对铜基合金的研究是从单晶开始的,因为铜基合金的单晶比较容易制作。之后对多晶材料也进行了系统研究。铜基合金的形状记忆效应及相变伪弹性效应的机理已经基本搞清楚,可是作为一种实用性材料,至今仍存在有许多有待改善的问题。其中大部分是围绕材料学问题。例如,铜基合金在高温相与低温相均会产生时效效应。如高温时效会析出平衡相,改变相变温度时,使形状回复率下降,而低温时效又会使 A 点上升,出现马氏体稳定化现象。又例如,铜基合金的晶界容易产生破裂,疲劳强度较差,需要采取一些有效方法,诸如晶粒细化等技术加以改善。已经发现的、具有完全形状记忆效应的铜基合金种类、成分组成及部分记忆特性、晶体结构等列于表 10-2。在发现的形状记忆合金材料中,铜基合金材料占的比例最大。在铜基合金中最有实用意义的材料是 Cu-Zn 基和 Cu-Al 基三元合金,且主要是 Cu-Zn-Al 合金和 Cu-Al-Ni 合金。

表 10-2　具有完全形状记忆效应的铜基合金种类及特性

合金	成分	M_s 点/℃	温度滞后/℃	弹性各向异性因子	母相的晶体结构
Cu-Al-Ni	14%～14.5%Al 3%～4.5%Ni	−140～100	≈35	～13	DO_3
Cu-Al-Be	9%～12%Al 0.6%～1.0%Be	−30～40	≈6	—	—
Cu-Au-Zn	23～28(at%)Au 45～47(at%)Zn	−90～40	≈6	～19	Heusler
Cu—Sn	～15(at%)Sn	−120～30		～8	DO_3
Cu-Zn-X(X=Si,Sn,Al)	<10(at%)X	−180～100	≈10	～15	B2
Cu-Zn-Y (Y=Ga,Al)	<10(at%)Y	−180～100	≈10	～15	DO_2
Cu-Zn	38.5%～41.5%Zn	−180～10	≈10	～9	B2

(2)铜基形状记忆合金的性能及影响因素

铜基形状记忆合金的相变温度对合金成分和处理条件极敏感。例如,Cu-14.1Al-4.0Ni 合金在 1000℃ 固溶后分别淬入温度为 15℃ 和 100℃ 介质中,合金的 M_s 对应为 −11℃ 与 60℃。因此,实际应用中,可以利用淬火速度来控制相变温度。Cu-Zn-Al 和 Cu-Al-Ni 合金中的 Al 含量对相变温度影响也很大。

铜基合金的热弹性马氏体相变是完全可逆的,但在热循环中,随着马氏体正、逆相变的反复进行,必定不断地引入位错,导致母相的硬化,从而提高滑移变形的屈服应力,使相变温度和温度滞后等发生变化。对于不同合金,位错形成的地点以及位错对母相及马氏体相的影响的差异,使热循环对材料相变温度等的影响趋势不尽相同。如 Cu-21.3Zn-6.0Al 合金的 M_s 和 A_f,随着循环次数的增加而下降,经过一定周期,才趋于稳定。

Cu-Zn-Sn 与 Cu-Al-Ni 合金在反复变形不同周期后的应力—应变曲线如图 10-17 所示。Cu-Zn-Sn 合金在首次变形时,母相的弹性变形较大,一旦应力诱发马氏体后,变形就可在几乎恒定的应力下进行。卸载后应变未能全部消除,说明材料内部已发生滑移变形。由于这种位错应力场的存在促使随后变形过程中马氏体的诱发,故在以后的周期中较低的外应力就可诱发马氏体,使母相弹性变形区变窄。由图可见,这类合金在 5 个周期后,性能基本稳定。与此不同的是 Cu-Al-Ni 合金在 M_s 以上温度反复循环变形中应力-应变曲线无明显变化,具有稳定性,但在第 9 次变形时材料断裂。这是由于在反复的应力诱发相变过程中在晶界处所产生的应力集中导致试样沿晶断裂。

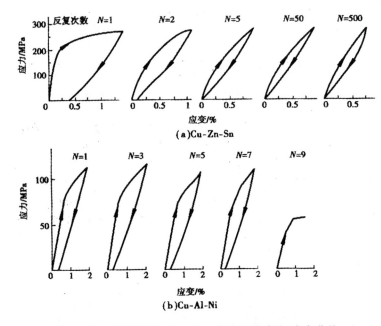

图 10-17　铜系形状记忆合金反复变形的应力-应变曲线

合金在使用过程中的时效也是导致材料性能波动的重要原因之一。根据材料在记忆元器件动作温度时的状态,存在着两种不同的时效过程:一是母相状态下的时效,这是由于快冷中有些有序化相变进行得不够充分,在使用中,这一过程将继续进行,从而影响马氏体相变温度。此外,时效中母相的共析分解使合金硬度提高,从而使形状记忆效应明显下降;二是马氏体状态时效,由于淬火引入的空位,在时效过程中,钉扎了母相与马氏体相的界面以及马氏体之间的界面,引起马氏体相稳定,导致逆相变温度提高。

铜基合金中 Cu-Al-Ni 等在反复使用中,较易出现试样断裂现象,其疲劳寿命比 Ti-Ni 系合金低 2~3 个数量级。其原因是 Cu 系合金具有明显的各向异性。在晶体取向发生变化的晶界面上,为了保持应变的连续性,必会产生应力集中,而且晶粒越粗大,晶面上的位移越大,极易造成沿晶开裂。目前,在生产中已通过添加 Ti、Zr、V、B 等微量元素,或者采用急冷凝固法或粉末烧结等方法使合金晶粒细化,达到改善合金性能的目的。

3. 铁基形状记忆合金

（1）铁基形状记忆合金的种类

到现在为止,发现的铁基形状记忆合金已有多种。最早发现 Fe-Pt,Fe-Pd 合金具有形状记忆效应,而且马氏体相变为热弹性型。但是,Pt 和 Pd 都是贵金属,在实际应用中非常不利。之后,又发现了其他铁基形状记忆合金。这几年对铁基形状记忆合金的研究主要放在不锈钢为基体的合金上,近年来又主要在 Fe-Mn-Si 合金为基体的开发中获得了很大的进展。

已经发现的铁基形状记忆合金的成分组成、马氏体相的晶体结构、马氏体形态等归纳于表10-3。由表可知,具有形状记忆效应的马氏体相晶体结构有 bct,fct,hcp 三种。

表 10-3　铁基形状记忆合金的种类

合金	成　分	M 结构	相变特性
Fe-Pt	≈25(at%)Pt	bct(a')	T. R.
	≈25(at%)Pt	fct	T. B.
Fe-Pd	≈30(at%)Pd	fct	T. R.
Fe-Ni-C0-Ti	23%Ni-10%Co-10%Ti	bct(a')	——
	33%Ni-10%Co-4%Ti	bct(a')	T. R.
Fe-Ni-C	31%Ni-0.4%C	bct(a')	非 T. R.
Fe-Mn-Si	30%Mn-1%Si	hcp(t)	非 T. B.
	28%~33%Mn-4%~6%Si	hcp(t)	非 T. R.

注:T. R. 为热弹性马氏体相变;T. B. 为半热弹性马氏体相变。

铁基合金中,Fe-Mn-Si 合金是迄今为止应用前景最好的一种合金。Fe-Mn-Si 合金是利用应力诱发马氏体相变而成的一种形状记忆合金。

（2）铁基形状记忆合金的性能及影响因素

Fe 系合金的最大回复应变量为 2%,超过此形变量将产生滑移变形,导致 ε-马氏体与奥氏体界面的移动困难,在大应变时,不同位向的 ε-马氏体变体交叉处会形成少量具有体心立方结构的马氏体,后者将会使逆相变温度提高 400℃ 左右,明显影响形状记忆效应。

为了增加回复应变量,一般在试样经过百分之几的变形后,在高于 A_f 的温度下进行加热,再冷却到室温附近（小于 M_s）,如此反复多次（称为热处理训练）就可以使回复应变量提高 1 倍左右。图 10-18 为 Fe-32%Mn-6%Si 合金在 600℃ 进行热处理训练后的形状记忆效应。训练处理前的变形量为 2.5%。随着训练次数的增加,回复应变量大幅度提高,5 次训练后,已达到完全记忆的效果。实验证明,热训练可以提高奥氏体母相的屈服强度,因而抑制了滑移变形的发生。图10-19 为 Fe-24Mn-6Si 合金经热训练后屈服强度与训练次数的关系。随着循环次数增加,母相屈服强度增加,不同温度热处理的效果不同,873K 热处理的效果不及 573K。由此可见,要获得好的记忆性能,必须选择合适的训练温度及训练周期。

ε-马氏体与层错有关,凡是降低层错能的元素（如 Cr、Si、Ni 等）均有利于 ε-马氏体的形成,而

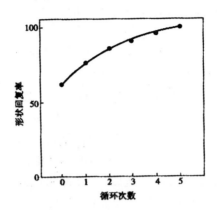

图 10-18　Fe-32Mn-6Si 合金热训练后的形状记忆效应

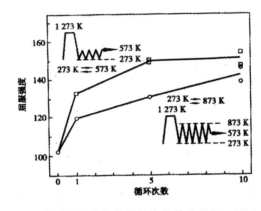

图 10-19　奥氏体强度与热训练次数的关系(Fe-24Mn-6Si)

Fe 系合金的形状记忆效应依赖于 ε-马氏体的可逆性,也即对记忆效应有贡献。Cr 的加入可改善 Fe 系合金的耐腐蚀性。如果适当调节 Mn 含量,可使相变温度在室温附近,而且具有更佳的形状记忆性能。但是,Cr 的存在会产生 σ 相而造成合金脆性。加入适当的 Ni,可避免 σ 相的形成。故目前研究最多的 Fe-Mn-Si 系合金是 Fe-Mn-Si-Cr-Ni 合金。Co 能明显降低层错能,它既可保证合金能够含较高的 Cr,又可调节 M_s,使其在室温附近,便于加工、使用。Fe-Cr-Ni 系合金中的 Fe-13Cr-6Ni-8Mn-6Si-12Co 合金经热训练后,在室温下变形,形状记忆效应可达 80%。

目前,铁基形状记忆合金原材料丰富,且可以采用现有的钢铁工艺进行冶炼和加工,成本低廉,因而是一种很有发展潜力的形状记忆合金材料。

具有形状记忆效应的合金系已达 20 多种,但其中得到实际应用的仅集中在 Ti-Ni 系合金和 Cu-Zn-Al 合金,Cu-Al-Ni 及 Fe-Mn-Si 系等合金正在开发应用中。这些合金由于成分不同,生产和处理工艺存在差异,其性能有较大的差别。即使同一合金系,成分的微小差异也会导致使用温度的较大起伏。在记忆元件的设计、制造及使用中,不仅关心材料的相变温度,还必须考虑其回复力、最大回复应变、使用中的疲劳寿命及耐腐蚀性能等。一般来说,Ti-Ni 系合金记忆特性好,但价格昂贵。Cu 系合金成本低,有较好的记忆性能,但稳定性较差。而 Fe-Mn-Si 系合金虽然价格便宜、加工容易,但记忆特性稍差,特别是可回复应变量小。

10.3　形状记忆合金材料的应用

作为一类新型功能材料,形状记忆合金从 20 世纪 70 年代开始得到真正的应用。经过 30 多年的发展,从精密复杂的机器到较为简单的连接件、紧固件,从节约能源的形状记忆合金发动机到过电流保护器等,处处都可反映出形状记忆合金的奇异功能及简便、小巧、灵活等特点,其应用领域已遍及航空航天、仪器仪表、自动控制、能源、医学等领域。

1. 在军事和航天工业方面的应用

最早报道的应用实例之一是美国国家航空和宇航航行局用形状记忆合金做成大型月面天线,有效地解决了体态庞大的天线运输问题。

2. 在工程方面的应用

用做连接件是形状记忆合金用量最大的一项用途。图 10-20 为 Ti-Ni 记忆合金在紧固销上的一种最简单的应用,从外部不能接触到的地方可以利用这种方法,这是其他材料不能代替的。它可应用于原子能工业、真空装置、海底工程和宇宙空间等方面。

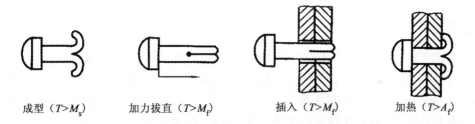

成型($T > M_s$)　　加力拔直($T > M_f$)　　插入($T > M_f$)　　加热($T > A_f$)

图 10-20　Ti-Ni 合金在紧固销上的应用实例

选用记忆合金做管接头可以防止用传统焊接所引起的组织变化,更适合于严禁明火的管道连接,而且具有操作简便、性能可靠等优点。Ti-Ni 合金的第一个工业应用是作为自动紧固管接头,它是于 1968 年由美国加州的 Raychem 公司生产的,取名为"Cryofit",意思是低温下的紧固。管接头的使用如图 10-21 所示,待接管外径为 φ(图 10-21(a)),将内径为 $\varphi(1-4\%)$ 的 Ti-Ni 合金管经过单向记忆处理后(图 10-21(b)),在低温下(小于 M_f)用锥形模具扩孔,使其直径变为 φ($1+4\%$)(图 10-21(c)),扩径用润滑剂可采用聚乙烯薄膜。在低温下,将待接管从管接头两头插入(图 10-21(d)),去掉保温材料,当管接头温度上升到室温时,由于形状记忆效应,其内径恢复到扩管前尺寸,从而起到连接紧固作用。如果这类管子在室温或室温以下工作,它们的结合极为牢固。美国海军军用飞机采用这种高效 Ti-Ni 接头已超过 30 万个,至今无一例失败。我国也研制出 Ti-Ni-5Co、Ti-Ni-2.5Fe 形状记忆合金管接头,它们具有双程记忆效应,密封性好,耐压强度高,抗腐蚀,安装方便。

形状记忆合金作紧固件、连接件较其他材料有许多优势:

①夹紧力大,接触密封可靠,避免了由于焊接而产生的冶金缺陷。

②适于不易焊接的接头。

③金属与塑料等不同材料可以通过这种连接件连成一体。

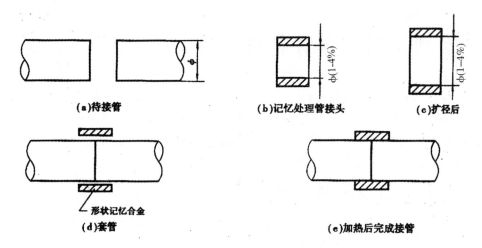

图 10-21　形状记忆管接头使用示意图

④安装时不需要熟练的技术。

把形状记忆合金制成的弹簧与普通弹簧安装在一起,可以制成自控元件。在高温和低温时,形状记忆合金弹簧由于发生相变,母相与马氏体强度不同,使元件向左、右不同方向运动。这种构件可以作为暖气阀门,温室门窗自动开启的控制,描笔式记录器的驱动,温度的检测、驱动。形状记忆合金对温度比双金属片敏感得多,可代替双金属片用于控制和报警装置中。

3. 在医疗方面的应用

Ti-Ni 形状记忆合金对生物体有较好的相容性,可以埋入人体作为移植材料,医学上应用较多。在生物体内部作固定折断骨架的销、进行内固定接骨的接骨板,由于体内温度使 Ti-Ni 合金发生相变,形状改变,不但能将两段骨固定住,而且能在相变过程中产生压力,迫使断骨很快愈合。另外,假肢的连接、矫正脊柱弯曲的矫正板,都是利用形状记忆合金治疗的实例。

在内科方面,形状记忆合金可作为消除凝固血栓用的过滤器(如图 10-22)。将细的 Ti-Ni 丝插入血管,由于体温使其恢复到母相的网状,阻止 95% 的凝血块不流向心脏。用记忆合金制成的肌纤维与弹性体薄膜心室相配合,可以模仿心室收缩运动,制造人工心脏。

4. 形状记忆式热发动机

如图 10-23 所示,在 T_{M_s} 以下以质量 m_1 使得 Ti-Ni 合金线圈收缩之后,加大质量至 m_2,再把线圈加热到 T_{A_f} 以上,使合金发生相转变而伸长到原来长度,返走距离为 $(l_0 - l)$,所以完成上述一个循环所做的功为 $(m_2 - m_1)(l_0 - l)$。借助热水和冷水的温差实现循环,使形状记忆合金产生机械运动而做功。

形状回复功能利用的方法有:

①弯曲成 U 形的丝在加热时回复成直线。

②拉伸丝加热时收缩。

③螺旋圈室温下拉伸,然后加热收缩产生力。

热力发动机的类型有以下三种:

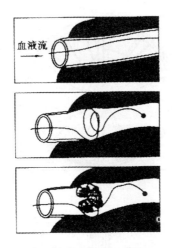

图 10-22　形状记忆合金制成的血凝过滤器

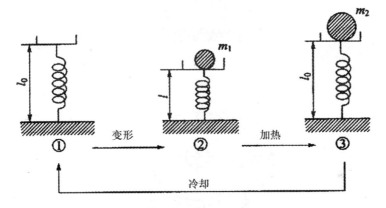

图 10-23　形状记忆用于热发动机的原理

(1)偏心曲柄发动机

偏心曲柄发动机的工作原理与往复式热机相同。形状记忆合金元件安装在相互错开、位于由中心轴支持的机轮与曲柄之间,记忆合金元件随温度变化而伸缩,驱使活塞往复运动。最早开发的形状记忆热力发动机是美国 Bamks 发动机,其发动机概貌如图 10-24 所示。它是用 20 根 $\varphi1.2 \times 150$ 的 Ni-Ti 合金丝弯曲成 U 形,安装在旋转的曲柄和旋转的驱动轮之间。当 U 形合金丝通过热水槽时,变成直线而伸长,推动驱动轮旋转。当合金丝转到冷水槽时又弯曲成 U 形,如此反复转动输出机械能。这种发动机的输出功率和旋转速度小,冷热水槽间的绝热是一个大问题。

(2)涡轮发动机

涡轮发动机是形状记忆合金元件通过差动滑轮的转矩差输出机械能。图 10-25 示出这类装置示意图。在大小两个滑轮上,装上具有螺圈形 Ni-Ti 合金丝。一侧通热水,另一侧通冷水。通热水的部分,Ni-Ti 合金丝螺圈紧缩而产生大的收缩力,在滑轮上产生力矩,因滑轮直径不同,力矩各异。因力矩之差滑轮开始转动。在 45℃热水下,用 $\varphi0.5\text{mm}$Ni-Ti 丝做成螺圈形的元件,可使滑轮开始旋转,当水温 70℃时,滑轮转速可达 500r/min,水温达 90℃时,转速达750r/min,有 0.4～0.5W 的功率输出。

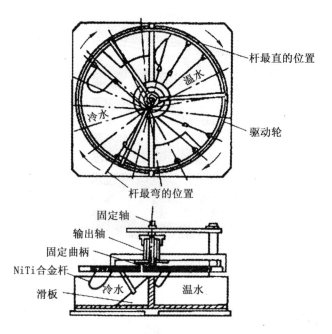

图 10-24　Banks 发动机示意图

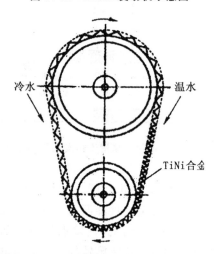

图 10-25　形状记忆合金元件通过差动滑轮的力矩差输出机械能示意图

（3）场致发动机

场致发动机是利用 Ni-Ti 记忆合金元件与磁场、电场、重力场等的作用，使场交替地向元件输送并吸收能量来产生动力。利用记忆合金特有的功能研究设计发动机已有不少报导，并取得不少成果。高效适用的发动机有待继续研究。

第 11 章 智能材料

11.1 智能材料概述

现代航天、航空、电子、机械等高技术领域的飞速发展,使得人们对所使用的材料提出了越来越高的要求,传统的结构材料或功能材料已不能满足这些技术的要求。科学家们受到自然界生物具备的某些能力的启发,提出了智能材料系统与结构的概念,即以最恰当的方式响应环境变化,并根据环境变化自我调节,显示自己功能的材料称之为智能材料。而具有智能和生命特点的各种材料系统集成到一个总材料系统中以减少总体质量和能量,并产生自调功能的系统叫智能材料系统。把敏感器、制动器、控制逻辑、信号处理和功率放大线路高度集中到一起的结构,并且制动器和敏感器除有功能的作用外,还起结构材料的作用的结构,叫智能结构。智能材料系统与结构除具备通常的使用功能外,还可以实现如下几个功能:自诊断、自修复、损伤抑制、寿命预报等,表现出动态的自适应性。它们是高度自治的工程体系,能够达到最佳的使用状态,具备自适应的功能,并降低使用周期中的维护费用。

智能材料来自于功能材料。功能材料有两类,一类是对外界(或内部)的刺激强度(如应力、应变、热、光、电、磁、化学和辐射等)具有感知的材料,通称感知材料,用它可做成各种传感器;另一类是对外界环境条件(或内部状态)发生变化作出响应或驱动的材料,这种材料可以做成各种驱动(或执行)器。智能材料是利用上述材料做成传感器和驱动器,借助现代信息技术对感知的信息进行处理并把指令反馈给驱动器,从而作出灵敏、恰当的反应,当外部刺激消除后又能迅速恢复到原始状态。这种集传感器、驱动器和控制系统于一体的智能材料,体现了生物的特有属性。

智能材料与结构具有敏感特性、传输特性、智能特性和自适应特性这四种最主要的特性以及材料相容性等。在基础构件中埋入具有传感功能的材料或器件,可使无生命的复合材料具备敏感特性;在基础材料中建立类似于人的神经系统的信息传输体系,可使结构系统具备信息传输特性。智能特性是智能材料与结构的核心,也是智能材料与普通功能材料的主要区别。要在材料与结构系统中实现智能特性,可以在材料中埋入超小型电脑芯片,也可以埋入与普通计算机相连的人工神经网络,从而使系统具备高度的并行性、容差性以及自学习、自组织等功能,并且在"训练"后能模仿生物体,表现出智慧。智能材料与结构的自适应特性可置入各种微型驱动系统来实现。微型驱动系统由超小型芯片控制并可作系统能自动适应环境中的应力、振动、温度等变化或自行修复构件的损伤。

1. 智能材料系统的组成

一般说来,智能材料系统由基体材料、敏感材料、驱动材料和信息处理器 4 部分构成,如图

11-1 所示。

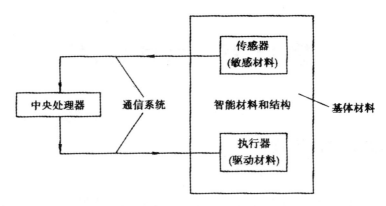

图 11-1　智能材料的基本构成和工作原理

（1）基体材料

担负着承载的作用，一般宜选择轻质材料，如高分子材料，具有重量轻、耐腐蚀等优点，尤其是具有黏弹性的非线性特征。另外，也可以选择强度较高的轻质有色合金。

（2）敏感材料

担负着传感的任务，其主要作用是感知环境变化（包括压力、应力、温度、电磁场、pH 等）。常用敏感材料如形状记忆材料、压电材料、光纤材料、磁致伸缩材料、电致变色材料、电流变体、磁流变体和液晶材料等。

（3）驱动材料

因为在一定条件下驱动材料可产生较大的应变和应力，所以它担负着响应和控制的任务。常用有效驱动材料如形状记忆材料、压电材料、电流变体和磁致伸缩材料等。可以看出，这些材料既是驱动材料，又是敏感材料，显然起到了身兼二职的作用，这也是智能材料设计时可采用的一种思路。

（4）信息处理器

信息处理器是在敏感材料、驱动材料间传递信息的部件，是敏感材料和驱动材料二者联系的桥梁。

2. 智能材料系统的智能功能和生命特征

因为设计智能材料的两个指导思想是材料的多功能复合和材料的仿生设计，所以智能材料系统具有或部分具有如下的智能功能和生命特征。

①传感功能（sensor）　能够感知外界或自身所处的环境条件，如热、光、电、磁、化学、核辐射、负载、应力、振动等的强度及其变化。

②反馈功能（feedback）　可以通过传感网络，对系统输入与输出信息进行对比，并将其结果提供给控制系统。

③信息识别与积累功能（discernment and accumulation）　能够识别传感网络得到的各类信息并将其积累起来。

④响应功能（responsive）　能够适当地、动态地做出相应的反应，并采取必要行动。

⑤自诊断能力（self-diagnosis）　能通过分析比较，系统地了解目前的状况与过去的情况，对

诸如系统故障与判断失误等问题进行自诊断并予以校正。

⑥自修复能力(self-recovery)　能通过自繁殖、自生长、原位复合等再生机制,来修补某些局部损伤或破坏。

⑦自调节能力(self-adjusting)　对不断变化的外部环境和条件,能及时地自动调整自身结构和功能,并相应地改变自己的状态和行为,从而使材料系统始终以一种优化方式对外界变化做出恰如其分的响应。

11.2　智能无机材料

11.2.1　电流变体

电流变体或称电流变液(Electro-rheological Fluid)是一种悬浮液,在电场作用下呈现电流变现象。1947 年 W. Winslow 最早开始研究这一新型功能材料,因此,电流变现象又称为 Winslow 现象。起初,人们将因电场的作用使体系流动阻力的增加归之于其黏度的增加,便将这种物质称为电黏度液(Electroviscous Fluid)。随着研究的深入,人们逐渐看到了电流变体有许多可供发展技术和工程应用的奇异性能。这些可被利用的主要特性表现在:

①在电场作用下,液体的表观粘度或剪切应力有明显的突变,可在毫秒瞬间产生相当于从液态属性到固态属性间的显著变化。

②这种变化是可逆的,即一旦去掉电场,可恢复到原来的液态。

③这种变化是连续和可逆的,即在液—固、固—变化过程中,表观黏度或剪切应力是无机连续变化的。

④这种变化是可控制的,并且控制变化的方法简单,只需加一个电场,所需的控制能耗也很低。因此运用微机进行自动控制有广阔前途。

由于以上奇异特性,人们将电流变液称为"智能材料",或"机敏流体"。

1. 电流变效应的机理

关于电流变体的转变机理,已提出的理论有微粒极化成纤机理、水桥机理、双电层变形机理、电泳机理等。

(1)微粒极化成纤机理

微粒极化成纤机理首先是由 Winslow 提出的,现在正逐步发展和完善。该机理将电流变效应归因于分散相微粒相对于分散介质发生极化。极化所产生的偶极矩由极化率 χ 和外加电场 E 所决定。

只有当分散介质与颗粒的介电常数有差异时,在电场作用下,颗粒才能积累电荷,产生偶极矩。而具有偶极矩的颗粒之间必然产生相互作用偶极力。偶极作用力具有各向异性,可分为 3 个方向上的作用力,如图 11-2 所示。当两颗粒中心连线平行于电场方向时,偶极作用力为吸引力[图 11-2(a)];当两颗粒中心连线垂直于电场方向时,表现为排斥力[图 11-2(b)];当两颗粒中心连线既不平行又不垂直于电场方向时,颗粒同时受到吸引力与排斥力的作用,结果产生使颗粒沿电场方向排列的扭转力[图 11-2(c)]。

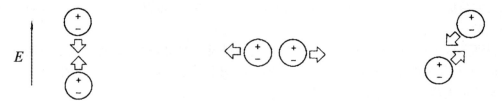

(a)颗粒中心连线平行于电场方向　　(b)颗粒中心连线垂直于电场方向　　(c)颗粒中心连线既不平行又不垂直于电场方向

图 11-2　极化颗粒间相互作用力示意图

　　由此可见,极化力最终会使颗粒沿电场方向排列成链状结构,这一链状结构使得体系黏度增大,当颗粒链长长至横跨电极间时,在剪切作用下则能观察到屈服应力,当施加应力小于屈服应力时,颗粒链结构发生形变,此形变具有黏弹性;当施加应力大于屈服应力时,颗粒链结构破裂,体系开始流动,如图 11-3 所示。因此,用电流变材料传递剪切力时,其所受应力应小于屈服应力。为了使电流变材料能传递较大的应力,其本身应具有较大的屈服应力,而屈服应力随颗粒链结构强度的增大而增大,颗粒链结构强度则随颗粒间极化力的增大而增大,因此,颗粒间极化力除了使体系具有电流变效应外,还决定了电流变体的屈服应力的大小,即电流变效应的大小。

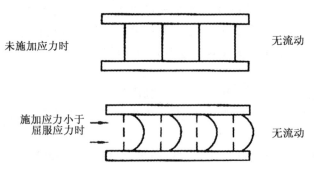

未施加应力时　　　　　　　　　　　　　　　　　　　　无流动

施加应力小于　→
屈服应力时　→　　　　　　　　　　　　　　　　　　　无流动

图 11-3　电场作用下电流变体对施加应力的响应示意图

（2）水桥机理

　　早期的电流变体分散相中都含有水,水的含量对电流变效应有显著的影响,当它低于某一定值时,体系不再发生电流变效应;在该值以上,电流变效应随水含量的增加而增强,达到某一最大值以后又呈下降趋势。对于水活化电流变体,水是引发电流变效应不可缺少的条件。

　　Strangroom 提出了电流变效应的水桥机理。他认为,体系具有电流变效应的基本条件为:分散相为亲水性且多孔的微粒;分散介质为憎水性液体;分散相必须含吸附水且其含量显著影响电流变体的性质。在电流变体中,分散相微粒孔中存在可移动的离子,并且这些离子与周围的水相结合。在外加电场作用下,离子携带着水向微粒的一端移动,产生诱导偶极子。聚集在微粒一端的水在微粒间形成水桥,若要使电流变体流动,必须破坏水桥做功,导致剪切应力和黏度增大。撤去外电场,诱导偶极消失。Strangroom 用该机理定性地解释了水的含量、固体微粒的多孔性和电子结构等对电流变效应的影响。

　　水的存在限制了电流变体的使用温度,并且会引起介电击穿、高能耗、设备腐蚀等问题,因而出现了无水电流变体。正确地理解水在电流变效应中所起的作用,对于无水电流变体的研究具有重要意义。

（3）双电层变形机理

双电层由两部分组成：一是紧密吸附在微粒表面的单层离子，二是延伸到液体中的扩散层。Kass 和 Maninck 认为，电流变体的响应时间极短，不足以使微粒排列成纤维状结构。他们提出了双电层变形机理解释电流变效应。

在电场作用下，双电层诱导极化导致扩散层电荷不平衡分布；即双电层发生形变。变形双电层间的静电相互作用，使流体发生剪切流动时耗散的能量增加，因而黏度增大。当双电层交叠时，静电相互作用更大。双电层变形和交叠引起的悬浮液黏度增大分别称为第一电黏效应和第二电黏效应。这一机理定性地解释了一些实验现象，例如，电流变效应对电场频率和温度的依赖性。但是，由电黏效应引起的黏度增大幅度都不太大，一般在 2 倍以内，它与电流变效应引起的黏度增大有本质的区别。

这一机理只是定性地解释了一些实验现象，并没有发展为定量的理论。

（4）电泳机理

悬浮液中的微粒带有静电荷就会向着带异号电荷的电极移动，即发生电泳现象。在稀悬浮液中，微粒电泳到达电极后，由于离子迁移出微粒或者发生电化学反应，微粒改变电性并向着另一个电极移动，就这样在电极间往复运动。微粒的运动速度与介质的流动速度不同，介质对微粒施加力的作用使其产生额外的加速度，消耗的能量增加，导致电流变体黏度增大。

然而，当体系浓度增大或外加交流电场的频率足够高时，微粒的这种往复运动消失，在这些条件下，仍然会产生电流变效应。因此，微粒电泳并不是产生电流变效应的主要原因。

2. 电流变体的组成

电流变液一般由悬浮粒子、分散介质和添加剂三部分组成。按悬浮粒子是否具有本征可极化的特性，它又可分为含水电流变液和无水电流变液两类。含水电流变液是指必须需要水或其他极性液体作为活化剂的协助才能产生电流变效应的悬浮液，无水电流变液是指不需要活化剂就能产生电流变效应的悬浮液。由于含水电流变液不可克服的一些缺点，目前对电流变液材料的研究已转向寻找合适的无水电流变液体系。近几年来，无水粒子材料大致有以下几种类型：

（1）复合材料

设法使电流变液的电诱导屈服应力提高和电导率降低，始终是对电流变材料的一个挑战。为了降低电流变液的电导率，研究人员作了很多努力，其中之一就是试图在悬浮粒子表面涂上绝缘层以避免粒子的直接接触，从而阻碍电荷的粒子间跃迁，达到降低电导率的目的。H. Conrad 等人利用不同方式包裹的双层复合结构分散相，验证了电导和介电常数在电流变中的作用，并从理论上预言了由高介电常数的绝缘外层包裹高电导核心结构在高频或宽频下更有应用前景，剪切屈服应力的理论值有望达到 20～100kPa。其结构特点为：在 Ac 电场下，外层材料的介电常数与基液介电常数的比值越大，电流变效应越大；高电导核心可以提高颗粒的介电常数，增加颗粒的表面电荷提供适宜的电导率；高介电常数的绝缘外层可以提高材料的耐电场击穿能力并有效限制表面电荷的运动，提高链结构的稳定性，厚度越小，电流变效应越大。多层复合结构设计模型的出现为进一步研究电流变转变机理提供了一条新的途径，并可较好地与材料的众多参数匹配，实现无机与有机的有效复合。

（2）无机非金属材料

无机非金属材料如沸石、$BaTiO_3$、$PbTiO_3$、$SrTiO_3$、TiO_2、PbS 等。无机化合物如氧化物、盐

类是一类重要的电流变材料,其特点是具有较高的介电常数。目前,无机电流变体材料的主要缺点是:质地硬,对器件磨损大;密度大,颗粒的悬浮稳定性差;力学值仍需进一步提高。但无机化合物 $BaTiO_3$、TiO_2 等具有高的介电常数,为制备高性能电流变液提供了基础。

(3)有机半导体粒子

有机半导体粒子如聚苯胺、取代聚苯胺、聚乙烯醇等。聚合物半导体电流变材料干态下所具有的强的电流变活性被认为是来自于电子或空穴载流子的迁徙引起的界面极化。聚合物半导体电流变体材料的优点在于有较高的力学值、较小的密度、优良的疏水性,可以通过控制掺杂量和后处理程度有效控制电导率的大小。同时由于非离子极化,电导并非由离子产生,故电流变效应受温度的影响较小。它的缺点在于材料基体的热稳定性较差,颗粒只能在低温下干燥处理,聚合物半导体电流变材料由于是电子或空穴导电,在高电场作用下因电子跃迁造成的漏电流较大。

聚合物基电流变材料的研制主要集中在两个方面:一是合成聚合物半导体材料,再通过掺杂或后处理如温度、pH 等对其进行介电常数和电导率等的调整;二是合成具有高极性基团的长链或网状高聚物,再对其进行改性处理。

(4)液晶材料

目前,以液晶材料为基础的均相电流变液的开发是电流变液材料研究的另一热点。据报道,液晶本身的 ER 效应非常弱,但用侧链型液晶聚硅氧烷组成的均相电流变液在电场下显示很强的电流变效应。这一材料的主要特点是没有颗粒沉降、聚集或磨损等普通两相电流变液遇到的问题。但是,液晶电流变液由液态向固态转变所需的响应时间太长,而且在高温和低温下材料的电流变性能都较差。目前,人们正在从事两相都具有电流变性能的电流变体的研究。

3.电流变体的应用

由于电流变体的快速电场响应性,它可用于振动控制、自动控制、扭转传输、冲击控制等方面。其主要应用之一就是用做汽车制造业中的传动装置和悬挂装置(如离合器、制动器、发动机悬挂装置等)。用电流变体制备的离合器,通过电压控制离合程度,可实现无级可调,易于用计算机控制。如图 11-4 所示,未施加电场时,电流变体为液态,而且黏性低,不能传递力矩;当施加电场后,电流变体的黏度随电场强度的增大而增大,能传递的力矩也相应地增大,当电流变体变成固态时,主动轴与滑轮结合成为一个整体。

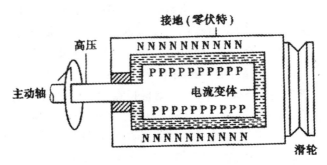

图 11-4　电流变离合器示意图

电流变体还可用于阻尼装置、防震装置,如车用防震器、精密定位阻尼器等。

电流变体也可看作液体阀,用于机器人手臂等的控制中。用电流变体制得的装置有着传统机械无法比拟的优点,如响应速度快、阻尼设备精确可调、结构简单等。随着电流变体的不断开发研究,它将取代传统机电机械元件,作为电子控制部分和机械执行机构的连接纽带,使设备更趋简单、灵活,实现动力的高速传输和准确控制的目的。但要使电流变体实现工程应用,还有很多基础理论和应用技术问题需要解决,其原因主要表现在如下几个方面:

①电流变流体在非电场下的黏度过高,有电场下的屈服强度不够,不能够传输足够的力矩。

②在离合器和减振器中,都存在由于磨损、吸收冲击热量,导致电流变体温度升高的问题。为了保证电流变体正常的工作温度,必须设计一个适当的散热系统。

③电流变流体的稳定性不是很理想。电流变流体的悬浮颗粒易发生凝聚、沉降、分层,放置一段时间后,屈服应力会大幅下降。

④支持电流变器件的辅助装置(如信号传感器,体积小、重量轻的可调高压电源等)达不到要求。

总之,要使电流变技术实用于工程实际,研究还有待深入。但可以肯定地说,电流变技术是当代一门有巨大发展前途和潜在市场的高新技术,而且对学科发展或工程技术的变革,都具有难以估计的重大的学术价值和经济价值。

11.2.2　磁流变体

尽管电流变体在许多方面显示了广泛的应用前景,但由于需要几千伏的工作电压,因而安全性和密封是电流变体存在的严重问题。磁流变体由于剪切应力比电流变体大一个数量级,且具有良好的动力学和温度稳定性,因而磁流变体近年来更受关注。

1. 磁流变体的概念

磁流变体又称磁流变液,由磁性颗粒、载液和稳定剂组成,是具有随外加磁场变化而有可控流变特性的特定的非胶体性质的悬浮状液体。磁流变体的黏度可以由磁场控制,无级变化,当受到一中等强度的磁场作用时,其表观黏度系数增加两个数量级以上;当受到一强磁场作用时,就会变成类似"固体"的状态,流动性消失。一旦去掉磁场后,又立即恢复成可以流动的液体。

在 20 世纪 50 年代到 80 年代期间,由于没有认识到它的剪切应力的潜在性,以及存在悬浮性、腐蚀性等问题,磁流变体发展一直非常缓慢。进入 90 年代,磁流变体研究重新焕发了生机。寻找具有强流变学效应、快速响应以及稳定性和耐久性好、低能量输入的磁流变材料成为材料学的重点课题。近几年,国内先后有复旦大学、中国科技大学、重庆大学、西北工业大学等开展磁流变体及应用研究。

2. 磁流变体的转变机理

磁流变体在外磁场作用下的行为与电流变体有许多类似之处,即它的黏滞性可以随外场的改变在毫秒级时间内变化,并且这种变化是可逆的。图 11-5 所示为电、磁流变体的转变过程。颗粒被当作一些刚性微球,它们可分别代表介电颗粒和磁性颗粒,在外加电场或磁场情况下,可表征电流变效应和磁流变效应。可以看出,两者有许多相同的地方。图 11-6 所示为两者的不同之处。在电流变体情况,外电场通过导体极板施加。由于镜像作用,链可以无限长,对电荷偶极矩的限制是介质的电击穿。但是,对于磁流变体,外加磁场由螺线管提供,它没有镜像极子和磁饱和限制磁矩。

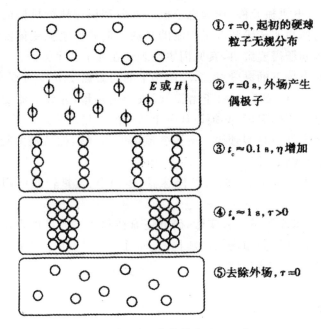

① $\tau=0$, 起初的硬球粒子无规分布

② $\tau=0\ \text{s}$, 外场产生偶极子 E 或 H

③ $t_c\approx0.1\ \text{s}$, η 增加

④ $t_s\approx1\ \text{s}$, $\tau>0$

⑤ 去除外场, $\tau=0$

图 11-5　电、磁流变体转变过程示意图

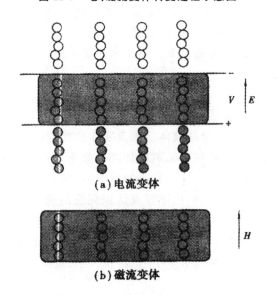

(a) 电流变体 $V\Big| E$

(b) 磁流变体 H

图 11-6　电、磁流变体行为比较

在磁流变体中,每一个小颗粒都可当作一个小的磁体,在这种磁体中,相邻原子间存在着强交换耦合作用,它促使相邻原子的磁矩平行排列,形成自发磁化饱和区域即磁畴。在外磁场作用下,磁矩与外磁场同方向排列时的磁能低于磁矩与外磁场反方向排列时的磁能,结果是自发磁化磁矩成较大角度的磁畴体积逐渐缩小。这时颗粒的平均磁矩不等于零,颗粒对外显示磁性,按序排列相接成链。当外磁场强度较弱时,链数量少、长度短、直径也较细,剪断它们所需外力也较小。随外磁场不断增大,取向与外场成较大角度的磁畴全部消失,留存的磁畴开始向外磁场方向旋转,磁流变体中链的数量增加,长度加长,直径变粗,磁流变体对外所表现的剪切应力增强;再继续增加磁场,所有磁畴沿外磁场方向整齐排列,磁化达到饱和,磁流变体的剪切应力也达到饱

和。没有外磁场作用时,每个磁畴中各个原子的磁矩排列取向一致,而不同磁畴磁矩的取向不同,磁畴的这种排列方式使每一颗粒处于能量最小的稳定状态。因此,所有颗粒平均磁矩为零,颗粒不显示磁性。

与电流变体相比,由于磁性颗粒具有一定的固有磁矩,因此磁流变体的流变学性质的变化较电流变体更显著。

3. 磁流变体的组成

磁流变体由表面活性剂(又称稳定剂)、离散的可极化的分散粒子、载液组成。

(1)表面活性剂(稳定剂)

表面活性剂的用途是稳定磁流变体的化学、物理性能,确保颗粒悬浮于液体中,并使其活化易于产生磁黏性。稳定剂具有特殊的分子结构:一端有一个对磁性颗粒界面产生高度亲和力的钉扎功能团,另一端还需有一个极易分散于载液中去的适当长度的弹性基团。

(2)离散的可极化的分散粒子

离散的可极化的分散粒子是磁流变体中最重要的部分,能够使磁流变体获得明显的磁流变效应。这种分散粒子一般为球形金属(如 Fe、Co、Ni)及铁氧体磁性材料等多畴材料,其平均尺寸在 $1\sim10\mu m$ 范围内。无磁场作用时,粒子自由分散在载液中,当有磁场作用时,这些粒子在磁场力作用下相互吸引,沿着 N 极和 S 极之间的磁力线在二者之间形成粒子桥而产生抗剪应力的作用(外观表现为黏稠的特性,液体的黏度随磁场变化而无级变化),液体对磁场的响应时间在 $0.1\sim1ms$ 之间,磁场越强,粒子桥越稳定,抗剪切能力越强。当磁场移去之后。磁流变体又立即恢复到像水或液压油的自由流动状态;当外加的剪切力低于其传递能力时,凝稠的磁流变体相当于韧性的固体;当外力超过其抗剪能力时,韧性体则被剪断。

(3)载液

载液通常是油、水或其他复杂的混合液体,如煤油、硅油、合成油等。载液一般要求挥发性低,热稳定性好,适用温差宽,非易燃且不会造成污染,用来提供磁流变体的基体。

典型的磁流变体的配方:选用粒径为 $1\mu m$ 的球形羰基铁粉(松装 80mL)作为磁性颗粒,硅油(160mL)作为载液,油酸(5mL)作为表面活性剂。磁性颗粒体积分数为 32.7%,以 200r/min 转速球磨 60h,所得磁流变体静置长时间后,无沉降分层。

4. 磁流变体的性能特点

一般地说,良好的磁流变体具有如下的性能特点:

(1)稳定性好

磁流变体不易为制造或应用过程中通常存在的化学杂质所影响,而且原材料无毒,环保安全,与多数设备兼容。

(2)工作温度范围宽

磁流变体能在 $-40\sim150℃$ 范围内进行工作,在这样宽的温度范围内仅仅由于载液体积的膨胀与收缩引起体积百分比的变化,而使场强有微小的变化。

(3)对现有液压系统的兼容性好

由于磁流变体中固体颗粒的尺寸很小,无磁场作用时,其流动特性和工作特性等与传统液压油没有多大区别,磁流变体可以代替普通液压油而直接在现有液压系统中应用。

（4）应力场强

磁流变体存在塑性行为，普通的磁流变体只要作用一个磁场就很容易获得几十个 kPa 以上的应力场。

（5）无场时的黏度低

可控制液体的磁流变效应越好，则要求无场强时的黏度越小，磁流变体的黏度不超过 1.0Pa·s。

（6）器件的结构简单，可靠性高

多数可控制磁流变体装置不要求特殊加工，装置中没有运动部件，更没有金属之间的碰撞和冲击，工作平衡可靠。磁流变体装置只需要普通的低电压，利用基本的电磁感应回路就可以产生用来激活和控制磁流变体的磁场，这样的回路由于成本低、使用安全，可以广泛应用。

5. 磁流变体的应用

工程上已经设计和制造了许多种磁流变体器件。图 11-7 所示为磁流变体器件的三种基本工况。其中阀式器件有液压控制伺服阀、阻尼器、振动吸收器和驱动器；剪切式器件有离合器和制动器、夹（销）装置、散脱装置等；挤压式器件有小运动大力式振动阻尼器、振动悬架等。

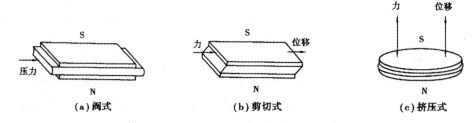

（a）阀式　　　　　　（b）剪切式　　　　　　（c）挤压式

图 11-7　磁流变体器件的三种基本工况示意图

图 11-8 所示为轻负载阻尼器 SD-1000-2 的结构，它具有一个可控制的液体阀。其特点是：机械结构简单，没有运动部件，仅由低电压控制（输入功率小于 5W），控制力大且不受相对速度的影响，连续可控，并有环境适用性。

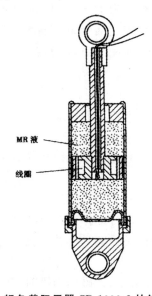

图 11-8　轻负载阻尼器 SD-1000-2 的结构示意图

11.2.3　电致变色材料

电致变色(electrochromism,EC)是通过电化学氧化还原反应使物质的颜色发生可逆性变化的现象。无机 EC 材料为一般过渡金属氧化物、氮化物和配位化合物。

过渡金属易变价,许多过渡金属氧化物可在氧化还原时变色。电致变色可分为还原变色和氧化变色两类。在周期表上从 3d 到 5d 的过渡金属及其氧化物有电致变色活性。如图 11-9 左侧为还原变色型过渡金属;右侧为氧化变色型过渡金属。还原变色型材料为 n 型半导体,如 WO_3、MnO_3、TiO_2、V_2O_5、Nb_2O_5 等。以 WO_3 为例,其电致变色反应如下:

$$x M^+ + WO_3 + x e \leftrightarrow M_x WO_3$$

$$\text{漂白态} \qquad\qquad \text{蓝色}$$

即将 WO_3 置于适当的电解质中,使其保持负电位,将电子(e)注入 WO_3 的传导带,且同时注入碱金属离子 M^+ 以保持电中性,则生成蓝色的钨酸盐 $M_x WO_3$。向相反方向改变电位,则发生氧化反应,蓝色消失而变为透明。

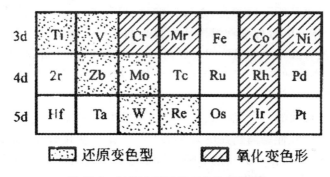

图 11-9　过渡金属及其氧化物 EC 活性

11.2.4　灵巧陶瓷材料

某些陶瓷材料亦具有形状记忆效应,特别是那些同时为铁电体又具有铁弹性的材料。此类材料在一定温度范围内在外电场作用下可自发极化(所谓自发极化是指铁电体材料在某些温度范围内,再不加外电场时本身具有自发极化机制,即材料在外电场作用下所产生的极化并不随外场的撤除而消失从而产生剩余极化,并且自发极化的取向能随外加电场方向的改变而改变),而极化强度和电场之间的关系则是类似于磁滞回线的滞后曲线。再者,材料在一定温度范围内,其应力—变曲线与铁电体的电滞回线相似。铁弹性的可恢复自发应变使材料具有形状记忆效应;而铁电性则使材料的自发应变不仅能用机械力来调控,也可用电场调控。锆钛酸铅镧(PLZT)陶瓷就是一例,它具有形状记忆效应,并在居里点温度下能形成尺寸小于光波长的微畴。如将6.5/6 5/35PLZT 螺旋丝加热至 200℃(此温度远高于机械荷载恢复温度 $T_F = T_C$ 以上),再将螺旋丝冷却 38℃(比 T_F 低得多),卸载后,此螺旋丝变形达 30%。而一旦将该螺旋丝加热至 180℃(高于 T_F),它就能恢复原来的形状,说明脆性陶瓷具有形状记忆效应。

压电材料是具有压电效应的电介质。压电效应分为正、逆两种。若对电介质施加外力使其变形时,它就发生极化,引起表面带电,这种现象称为正压电效应。此时表面电荷密度与应力成正比,利用这种效应可制成执行元件。反之,若对电介质施加激励电场使其极化时,它就发生弹性形变,这种现象称为逆压电效应,此时应变与电场强度成正比,利用这种效应可制成传感器。

图 11-10 所示的双层结构压电材料外接电阻,能将振动能转变成电阻的热能,使热量逸出,即可抑制振动。当压电材料和外加电阻的阻抗一致时,得最大振动阻尼,放能内电阻的变化调控系统的阻尼特性。

弛豫铁电陶瓷又称为电致伸缩陶瓷,在弛豫铁电体中,单个晶粒不具有自发极化,不存在铁电畴。但是在外电场的作用下,晶体能够被感应极化成强的铁电形;当外电场移去时。它又回复到微电畴的杂乱排列,失去压电性,没有净的剩余极化。在外电场循环下微电畴经历了生长—取向—消衰,造成了与时间有关而与外场方向无关的弥散型介电响应。这种完全由外电场诱生的感应极化所致的应变量很大,宏观上表现为电致伸缩效应,电场—变曲线呈抛物线形。

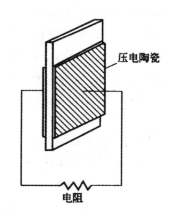
压电陶瓷

电阻

图 11-10 利用压电陶瓷的阻尼

与压电陶瓷和压电单品所不同的是,电致伸缩材料不存在自发极化,这也意味着电致伸缩材料即使在很高的工作频率下仍可表现为没有或很小的迟滞损失。而压电陶瓷因为自极化的微晶畴的影响,叠消了部分电致伸缩的效果,在施加静态电压时可表现为内电场,当作用动态驱动电压时,可明显表现为电压—移的迟滞回线。

同时电致伸缩陶瓷最大的一个优点表现为在同样的电压驱动下,电致伸缩陶瓷可以获得更大的位移伸长量。同时电致伸缩陶瓷在压力作用下特性参数变化较小,而压电陶瓷由于在大应力作用下会出现退极化现象,作动器性能下降。但是电致伸缩陶瓷还有一个比较大的缺点就是受温度影响较大,通常在室温下工作。

11.3 智能高分子材料

11.3.1 概述

在受到物理和化学刺激时,生物组织的形状和物理性质可能发生变化,此时感应外界刺激的顺序是分子—组装体—细胞,即由分子构象到组装体的结构变化诱发生物化学反应,并激发细胞独特功能。此类过程通常可在温和条件下高效进行。20 世纪 90 年代,人们模仿生物组织所具有的传感、处理和执行功能,将功能高分子材料发展成为智能高分子材料。

现在智能高分子材料正在飞速发展中。有人预计 21 世纪它将向模糊高分子材料发展。所谓模糊材料,指的是刺激响应性不限于一一对应,材料自身能进行判断,并依次发挥调节功能,就像动物大脑那样能记忆和判断。开发模糊高分子材料的最终目标是开发分子计算机。智能高分子材料的潜在用途如下:

传感器:光、热、pH 和离子选择传感器,免疫检测,生物传感器,断裂传感器。

显示器：可由任意角度观察的热、盐或红外敏感显示器。

驱动器：人工肌肉，微机械。

光通信：温度和电场敏感光栅，用于光滤波器和光控制。

大小选择分离：稀浆脱水，大分子溶液增浓，膜渗透控制。

药物载体：信号控制释放，定位释放。

智能催化剂：温敏反应"开"和"关"催化系统。

生物催化：活细胞固定，可逆溶胶生物催化剂，反馈控制生物催化剂，传质强化。

生物技术：亲和沉淀，两相体系分配，制备色谱，细胞脱附。

智能织物：热适应性织物和可逆收缩织物。

智能调光材料：室温下透明，强阳光下变混浊的调光材料，阳光部分散射材料。

智能黏合剂：表面基团富集随环境变化的黏合剂。

目前开发成功的智能高分子材料主要有形状记忆树脂、智能凝胶、智能包装膜等，下面主要研究智能高分子凝胶。

11.3.2　智能凝胶的特性

能随溶剂的组成、温度、pH、光、电场强度等外界环境产生变化，体积发生突变或某些物理性能变化的凝胶就称作为智能凝胶（intelligent gels）。

智能凝胶是 20 世纪 70 年代，田中丰一等在研究聚丙烯酰胺凝胶时发现的。他们观察到聚丙烯酰胺凝胶冷却时可以从清晰变成不透明状态，升温后恢复原貌。进一步的研究表明，溶剂浓度和温度的微小差异都可使得凝胶体积较之原来发生了突跃性变化，从此展开了智能凝胶研究的新篇章。

高分子凝胶受到外界环境条件（如 pH、溶剂组成、温度、光强度或电场等）刺激后，其体积会发生变化，在某些情况下会发生非连续的体积收缩，即体积相转变，而且是可逆的。体积相转变产生的内因是由于凝胶体系中存在几种相互作用的次级价键力：范德华力、氢键、疏水相互作用力和静电作用力，这些次级价键力的相互作用和竞争，使凝胶收缩和溶胀。

体积相转变是研究大尺寸凝胶时所观察到的现象，但实际上微观的小尺寸凝胶的体积变化是连续的。在一定条件下能产生体积变化达数十倍到数千倍的不连续转变。这种相转变行为相当于物质的也起转变。用激光散射技术研究聚 N-异丙基丙烯酰胺类（PNIPAAm）球形微凝胶，当平均直径为 $0.1 \sim 0.2\,\mu m$，凝胶微球显示在不同温度下发生连续的体积相转变。对这种差异的解释是，在高分子凝胶中，存在分子量分布很宽的亚链，凝胶可看做由不同亚网络组成，每一个亚网络具有不同的交联点间分子量。当温度发生变化时，由长亚链组成的亚网络最先发生相转变，而不同长度亚链的亚网络将在不同温度下发生相转变，相转变的宽分布导致凝胶发生连续的体积相转变。由于大尺寸凝胶具有较高的剪切模量，少量长亚链的收缩并不能立即使凝胶尺寸发生变化，而随着温度的升高，当不同亚链收缩产生应力积累到一定程度，剪切模量不能维持凝胶宏观尺寸时，凝胶体积就会突然坍塌，导致大尺寸凝胶产生非连续相转变。而微凝胶的剪切模量较小，无法抗拒初始亚链收缩应力，所以会发生连续的体积相变化。

11.3.3 智能凝胶的分类

智能凝胶通常是高分子水凝胶，在水中可溶胀到平衡体积而仍能保持其形状。在外界环境条件刺激下，它可以发生溶胀或收缩。依据外界刺激的不同，智能凝胶可分为 pH 敏感凝胶、温敏凝胶、光敏凝胶、电场敏感性凝胶和压敏凝胶等。

根据环境变化影响因素的多少，又可将智能凝胶分为单一响应性凝胶、双重响应性凝胶或多重响应性凝胶，比如温度—pH 敏感凝胶、热—光感凝胶、磁性—热感凝胶等。

1. pH 敏感性凝胶

pH 敏感性凝胶是除温敏水凝胶外研究最多的一类水凝胶，最早是由 Tanaka 在测定陈化的聚丙烯酰胺凝胶溶胀比时发现的。具有 pH 响应性的水凝胶网络中大多含可以水解或质子化的酸性或碱性基团，如—O^-、—O^{3-}、—NH_3^+、—NRH_2^+、—NR_3^+ 等。外界 pH 和离子强度变化时，这些基团能够发生不同程度的电离和结合的可逆过程，改变凝胶内外的离子浓度；另一方面，基团的电离和结合使网络内大分子链段间的氢键形成和解离，引起不连续的体积溶胀或收缩变化。

pH 响应水凝胶的主要有轻度交联的甲基丙烯酸甲酯和甲基丙烯酸-N,N'-二甲氨基乙酯共聚物、聚丙烯酸/聚醚互穿网络、聚(环氧乙烷/环氧丙烷)-星型嵌段-聚丙烯酰胺/交联聚丙烯酸互穿网络以及交联壳聚糖/聚醚半互穿网络等。

水凝胶发生体积变化的 pH 范围取决于其骨架上的基团，当水凝胶含弱碱基团，溶胀比随 pH 升高而减小；若含弱酸基团时，溶胀比随 pH 升高而增大。根据 pH 敏感基团的不同，可分为阳离子型、阴离子型和两性型 pH 响应水凝胶。

(1)阳离子型

敏感基团一般是氨基，如 N,N-二甲基氨乙基甲基丙烯酸酯、乙烯基吡啶等，其敏感性来自于氨基质子化。氨基含量越多，凝胶水合作用越强，体积相转变随 pH 的变化越显著。

(2)阴离子型

敏感基团一般是—COOH，常用丙烯酸及衍生物作单体，并加入疏水性单体甲基丙烯酸甲酯/甲基丙烯酸乙酯/甲基丙烯酸丁酯(MMA/EMA/BMA)共聚，来改善其溶胀性能和机械强度。

(3)两性型

大分子链上同时含有酸、碱基团，其敏感性来自高分子网络上两种基团的离子化。如由壳聚糖和聚丙烯酸制成的聚电解质 *semi*-IPN 水凝胶。在高 pH 与阴离子性凝胶类似，在低 pH 与阳离子性凝胶类似，都有较大溶胀比，在中间 pH 范围内溶胀比较小，但仍有一定的溶胀比。

pH 敏感性凝胶还可以根据是否含有聚丙烯酸分为下面两类。

①不含丙烯酸链节的 pH 敏感凝胶。

一些对 pH 敏感的凝胶分子中不含丙烯酸链节。如分子链中含有聚脲链段和聚氧化乙烯链段的凝胶是物理交联的非极性结构与柔韧的极性结构组成的嵌段聚合物。用戊二醛交联壳聚糖(Cs)和聚氧化丙烯聚醚(POE)制成半互穿聚合物网络凝胶，在 pH＝3.19 时溶胀比最大，pH＝13 时趋于最小。这种水凝胶的 pH 敏感性是由于壳聚糖(Cs)氨基和聚醚(POE)的氧之间氢键可以随 pH 变化可逆地形成和离解，从而使凝胶可逆地溶胀和收缩。

②与丙烯酸类共聚的 pH 敏感凝胶。

这类 pH 敏感性凝胶含有聚丙烯酸或聚甲基丙烯酸链节,溶胀受到凝胶内聚丙烯酸或聚甲基丙烯酸的离解平衡、网链上离子的静电排斥作用以及胶内外 Donnan 平衡的影响,尤其静电排斥作用使得凝胶的溶胀作用增强。改变交联剂含量、类型、单体浓度会直接影响网络结构,从而影响网络中非高斯短链及勾结链产生的概率,导致溶胀曲线最大溶胀比的变化。

用甲基丙烯酸(MMA)、含 2-甲基丙烯酸基团的葡萄糖为单体,加入交联剂可以合成含有葡萄糖侧基的新型 pH 响应性凝胶。该凝胶在 pH＝5 时发生体积的收缩和膨胀。溶胀比在 pH 小于 5 时减小,高于 5 时增加。凝胶网络的尺寸在 pH 为 2.2 时仅有 18～35,而 pH 为 7 时,凝胶处于膨胀状态,网络尺寸达到 70～111,体积加大了 2～6 倍。凝胶共聚物中 MMA 含量增大时,凝胶网络尺寸在 pH＝2.2 时减小,pH＝7 时增大;而将交联密度提高后,凝胶网络尺寸在 pH＝2.2 或 7 时均减小。该凝胶有望作为口服蛋白质的输送材料。

乙烯基吡咯烷酮与丙烯酸-β-羟基丙酯的共聚物和聚丙烯酸组成的互穿网络水凝胶具有温度和 pH 双重敏感性。在酸性环境中,由于 P(NVP)与 PAA 间络合作用,凝胶的溶胀比随温度升高而迅速降低;在碱性环境中,凝胶的溶胀比远大于酸性条件下溶胀比,且随温度升高而逐渐增大。

含丙烯酸和聚四氢呋喃的 pH 响应性凝胶,当凝胶中聚四氢呋喃含量低时,凝胶的 pH 响应性和常规的聚丙烯酸凝胶一致;当四氢呋喃含量增加,凝胶行为反之。当凝胶溶液 pH 由 2 升至 10 时,聚四氢呋喃状态改变,导致凝胶收缩,较传统聚丙烯酸凝胶行为反常。

2. 温敏水凝胶

在 Tanaka 提出"智能凝胶"这一概念后几十年,许多相关研究都集中在随温度改变而发生体积变化的温敏凝胶上。当环境温度发生微小改变时,就可能使某些凝胶在体积上发生数百倍的膨胀或收缩(可以释放出 90％的溶剂),而有些凝胶虽然不发生体积膨胀,但他们的物理性质会发生相应变化。其中用 N,N-亚甲基双丙烯酰胺交联的聚丙烯酰胺体系是一种温敏水凝胶,它的独特性能得到了很大的发展。

N-异丙基丙烯酰胺的聚合物(PNIPA)经 N,N-亚甲基双丙烯酰胺微交联后,其水溶液在高于某一温度时发生收缩,而低于这一温度时,又迅速溶胀,此温度称为水凝胶的转变温度、浊点,对应着不交联的 PNIPA 的较低临界溶解温度(Lower Critical Solution Temperature,LCST)。一般解释为,当温度升高时,疏水相相互作用增强,使凝胶收缩,而降低温度,疏水相间作用减弱,使凝胶溶胀,即热缩凝胶。

轻微交联的 N-异丙基丙烯酰胺(NIPA)与丙烯酸钠共聚体是比较典型的例子。其中丙烯酸钠是阴离子单体,其加量对凝胶溶胀比和热收缩敏感温度有明显影响。一般的规律是阴离子单体含量增加,溶胀比增加,热收缩温度提高,因此,可以从阴离子单体的加量来调节溶胀比和热收缩敏感温度。NIPA 与甲基丙烯酸钠共聚交联体也是一种性能优良的阴离子型热缩温敏水凝胶。

阳离子的水凝胶研究相对较少,最近用乙烯基吡啶盐与 NIPA 共聚,用 N,N-亚甲基双丙烯酰胺作交联剂,发现随着阳离子单体含量增加,溶胀比增加,LCST 提高。

由 NIPA、乙烯基苯磺酸钠及甲基丙烯酰胺三甲胺基氯化物共聚制得的水凝胶,因其共聚单体由含阴、阳两种离子单体组成,故称两性水凝胶。在测定其组成与溶胀比的关系时,发现其收缩过程是不对称的。即改变相同物质的量的阴离子或阳离子单体时,阳离子引起的体积收缩要比阴离子的大。最近报道的以 NIPA、丙烯酰胺-2-甲基丙磺酸钠、N-(3-二甲基胺)丙基丙烯酰胺制得的两性水凝胶,其敏感温度随组成的变化在等物质的量比时最低,约为 35℃,而只要正离子或负离子的物质的量比增加,均会使敏感温度上升,

鉴于温敏水凝胶及 pH 敏水凝胶的各自不同特点,Hoffman 等研究了同时具有温度和 pH 双重敏感特性的水凝胶,所得水凝胶与传统温度敏感水凝胶的"热缩型"溶胀性能恰好相反,属"热胀型"水凝胶。这种特性对于水凝胶的应用,尤其是在药物的控制释放领域中的应用具有较重要的意义。以 pH 敏感的聚丙烯酸网络为基础,与另一具有温度敏感的聚合物 PNIPA 构成 IPA 网络。先将丙烯酸及交联剂进行均聚得 PAAC 水凝胶,干燥后,浸入 5wt% 的 NIPA 水溶液中,加入交联剂、引发剂等后,复聚得 IPN。实验结果表明,在酸性条件下,随着温度升高,IPN 水凝胶的溶胀率 SR 也逐渐上升,形成"热胀型"温度敏感特性。

3. 光敏性凝胶

光敏性凝胶是指经光辐照(光刺激)而发生体积变化的凝胶。紫外光辐照时,凝胶网络中的光敏感基团发生光异构化或光解离,因基团构象和偶极矩变化而使凝胶溶胀或收缩。例如,光敏分子(敏变色分子)三苯基甲烷衍生物经光辐照转变成异构体——解离的三苯基甲烷衍生物。解离的异构体可以因热或光化学作用再回到基态。这种反应称为光异构化反应。

若将光敏分子引入聚合物分子链上,则可通过发色基团改变聚合物的某些性质。以少量的无色三苯基甲烷氢氧化物与丙烯酰胺(或 N,N-亚甲基双丙烯酰胺)共聚,可得到光刺激响应聚合物凝胶。

含无色三苯基甲烷氰基的聚异丙基丙烯酰胺凝胶的溶胀体积变化与温度关系的研究表明:无紫外线辐照时,该凝胶在 30℃ 出现连续的体积变化,用紫外线辐照后,氰基发生光解离;温度升至 32.6℃ 时,体积发生突变。在此温度以上,凝胶体积变化不明显。温度升至 35℃ 后再降温时,在 35℃ 处发生不连续溶胀,体积增加 10 倍左右。如果在 32℃ 条件下对凝胶进行交替紫外线辐照与去辐照,凝胶发生不连续的溶胀—收缩,其作用类似于开关。这个例子反映了光敏基团与热敏凝胶的复合效应。

除了对紫外线敏感的凝胶以外,有的凝胶在可见光能发生变化。

凝胶吸收光子,使热敏大分子网络局部升温。达到体积相转变温度时,凝胶响应光辐照,发生不连续的相转变。例如,可将能吸收光的分子(如叶绿酸)与温度响应性 PIPAm 以共价键结合形成凝胶。当叶绿酸吸收光时温度上升,诱发 PIPAm 出现相转变。这类光响应凝胶能反复进行溶胀—收缩,应用于光能转变为机械能的执行元件和流量控制阀等方面。

4. 电场敏感性凝胶

电场敏感性凝胶一般由高分子电解质网络组成。由于高分子电解质网络中存在大量的自由离子可以在电场作用下定向迁移,造成凝胶内外渗透压变化和 pH 不同,从而使得该类凝胶具有独特的性能,比如电场下能收缩变形、直流电场下发生电流振动等。

电场敏感凝胶主要有聚(甲基丙烯酸甲酯/甲基丙烯酸/N,N'-二甲氨基乙酯)和甲基丙烯酸和二甲基丙烯酸的共聚物等。在缓冲液中,它们的溶胀速度可提高百倍以上。这是因为,未电离的酸性缓冲剂增加了溶液中弱碱基团的质子化,从而加快了凝胶的离子化,而未电离的中性缓冲

剂促进了氢离子在溶胀了的荷电凝胶中的传递速率。

聚[(环氧乙烷-共-环氧丙烷)星形嵌段-聚丙烯酰胺]交联聚丙烯酸互穿网络聚合物凝胶,在碱性溶液(碳酸钠和氢氧化钠)中经非接触电极施加直流电场时,试样弯向负极(见图 11-11),这与反离子的迁移有关。

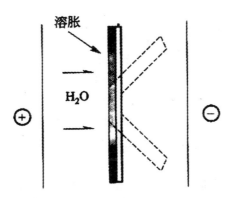

图 11-11　弯曲示意

电场下,电解质水凝胶的收缩现象是由水分子的电渗透效果引起的。外电场作用下,高分子链段上的离子由于被固定无法移动,而相对应的反离子可以在电场作用下泳动,附近的水分子也随之移动。到达电极附近后,反离子发生电化学反应变成中性,而水分子从凝胶中释放,使凝胶脱水收缩,如图 11-12 所示。

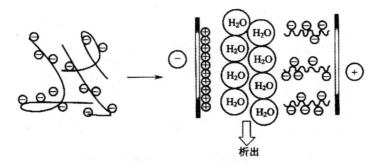

图 11-12　水凝胶收缩机理

水凝胶常在电场作用下因水解产生氢气和氧气,降低化学机械效率,并且由于气体的释放缩短了凝胶的使用期限。电荷转移络合物凝胶则没有这样的问题,但凝胶网络中需要含挥发性低的有机溶剂。聚-N-[3-(二甲基)丙基]丙烯酰胺(PDMA-PAA)作为电子给体,7,7,8,8-四氰基醌基二甲烷作为电子受体掺杂,溶于 N,N-二甲基甲酰胺中形成聚合物网络。这种凝胶体积膨胀,颜色改变。当施加电场后,凝胶在阴极处收缩;并扩展出去,在阳极处释放 DMF,整个过程没有气体放出。

一般来说,自由离子的水合数很小,仅有几个;而电泳发生时,平均一个可动离子可以带动的水分子数正比于凝胶的含水量。例如,凝胶膨胀度为 8000 时,1000 个水分子司以跟着一个离子泳动。另外,在一定电场强度下,高分子链段在不同膨胀度情况下对水分子的摩擦力是导致凝胶电收缩快慢的原因。凝胶的电收缩速率与电场强度成正比,与水黏度成反比;单位电流引起的收缩量则与凝胶网络中的电荷密度成正比,而与电场强度无关。

另一大类电场敏感性凝胶是由电子导电型聚合物组成，大都具有共轭结构，导电性能可通过掺杂等手段得以提高。将聚(3-丁基噻吩)凝胶浸于0.02mol/L的Bu_4NClO_4(高氯酸四丁基铵)的四氢呋喃溶液中，施加10V电压，数秒后凝胶体积收缩至原来的70%，颜色由橘黄色变成蓝色，没有气体放出。当施加−10V电压后，凝胶开始膨胀，颜色恢复成橘黄色。红外及电流测试结果显示，聚噻吩链上的正电荷与ClO_4^-掺杂剂上的负电荷载库仑力作用下形成络合物。外加电场作用下，由于氧化还原反应和离子对的流入引起凝胶体积和颜色的变化。有研究者认为是电场使聚噻吩环间发生键的扭转，引起有效共轭链长度变化导致上述现象的发生。

5. 化学物质响应凝胶

有些凝胶的溶胀行为会因特定物质的刺激(如糖类)而发生突变。例如药物释放凝胶体系可依据病灶引起的化学物质(或物理信号)的变化进行自反馈，通过凝胶的溶胀与收缩控制药物释放的通道。

胰岛素释放体系的响应性是借助于多价烯基与硼酸基的可逆键合。对葡萄糖敏感的传感部分是含苯基硼酸的乙烯基吡咯烷酮共聚物。其中硼酸与聚乙烯醇(PVA)的顺式二醇键合，形成结构紧密的高分子配合物，如图11-13所示。这种高分子配合物可作为胰岛素的载体负载胰岛素，形成半透膜包覆药物控制释放体系。系统中聚合物配合物形成平衡解离随葡萄糖浓度而变化。也就是说，它能传感葡萄糖浓度信息，从而执行了药物释放功能。聚合物胰岛素载体释放药物示意如图11-14所示。

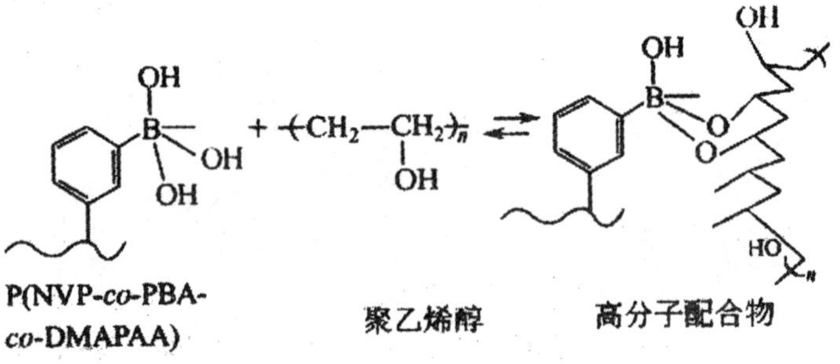

P(NVP-co-PBA-co-DMAPAA)
聚乙烯醇
高分子配合物

图11-13　苯基硼酸的乙烯基吡咯烷酮共聚物

聚合物膜
PVA/P(NVP-co-PBA-co-DMAPAA
凝胶状态
胰岛素葡萄糖
溶胀状态

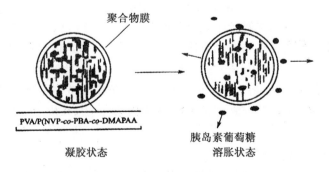

图11-14　聚合物胰岛素载体释放药物示意

动物体内注射抗原时能产生抗体物质，抗体是一种球蛋白能够专一性地与抗原结合。抗原为能刺激动物体产生抗体并能专一地与抗体结合的蛋白质。日本科学家利用抗原抗体的特性设计了能专一性地响应抗原的水凝胶。将山羊抗体兔抗体(GAG IgG)连接到琥珀酰亚胺丙烯酸酯(NSA)上,同样将兔抗原连接到 NSA 分别形成改性抗体和改性抗原。改性抗体与丙烯酰胺(AAm)在氧化还原引发剂过硫酸铵(APS)和四甲基乙二胺(TEMED)作用下形成高分子,然后加入改性抗原 APS、TEMED 和交联亚甲基双丙烯酰胺(MBAA),形成互穿网络聚合物。这样抗体和抗原处于同一网络不同的分子链上。反应机理如下。

更有趣的是,抗原抗体网络凝胶只对兔抗原具有响应性,加入山羊抗原后体积没有发生变化。由于山羊抗原不能识别山羊抗体,它的加入不能离解兔抗原-山羊抗体间的结合键。通过在聚合物链上结合不同的抗体和抗原,可设计出具有专一抗原敏感性的水凝胶。科学家们认为这种水凝胶如果包裹药物,可利用特定的抗原的敏感性来控制药物的释放。

6. 磁场敏感性凝胶

借超声波使磁性粒子在水溶液中分散,由此制备的包埋有磁性微粒子的高吸水性凝胶称为磁场响应凝胶。磁场感应的智能高分子凝胶由高分子三维网络和磁流体构成。利用磁流体的磁性以及其与高分子链的相互作用,使高分子凝胶在外加磁场的作用下发生膨胀和收缩。通过调节磁流体的含量、交联密度等因素,可得到对磁刺激十分灵敏的智能高分子凝胶。

例如,用聚乙烯醇(PVA)和 Fe_3O_4 制备的具有磁响应特性的智能高分子凝胶,在非均一磁场中通过适当地调整磁场的梯度,可以使凝胶作出伸长、收缩、弯曲等动作。磁溶胶中磁性微球的大小、浓度和 PVA 凝胶的交联度对其性能有很大的影响。

7. 压敏凝胶

压敏性凝胶是体积相转变温度随压力改变的凝胶。水凝胶的压力依赖性最早是由 Marchetti 通过理论计算提出的,其计算结果表明:凝胶在低压下出现坍塌,在高压下出现膨胀。

温敏性凝胶聚 N-丙基丙烯酰胺(PNNPAAm)和聚 N-异丙基丙烯酰胺(PNIPAAm)在实验中确实表现出体积随压力的变化改变的性质。压敏性的根本原因是其相转变温度能随压力改变,并且在某些条件下,压力与温敏胶体积相转变温度还可以进行关联。

8. 生物分子敏感凝胶

有些凝胶的溶胀行为会因某些特定生物分子的刺激而突变。目前研究较多的是葡萄糖敏感凝胶。例如,利用苯硼酸及其衍生物能与多羟基化合物结合的性质制备葡萄糖传感器,控制释放葡萄糖。N-乙烯基-2-吡咯烷酮和3-丙烯酰胺苯硼酸共聚后与聚乙烯醇(PVA)混合得到复合凝胶,复合表面带有电荷,对葡萄糖敏感。其中硼酸与聚乙烯醇(PVA)的顺式二醇键合,形成结构紧密的高分子络合物。当葡萄糖分子渗入时,苯基硼酸和PVA间的配价键被葡萄糖取代,络合物解离,凝胶溶胀。该聚合物凝胶可作为载体用于胰岛素控制释放。体系中聚合物络合物的形成、平衡与解离随葡萄糖浓度而变化,因此能传感葡萄糖浓度信息,从而执行药物释放功能。

抗原敏感性水凝胶是利用抗原抗体结合的高度特异性,将抗体结合在凝胶的高分子网络内,可识别特定的抗原,传送生物信息,在生物医药领域有较大的应用价值。

11.4 智能药物释放体

11.4.1 概述

药学研究在近几十年的巨大发展,一方面通过有机合成或生物技术研究出许多令人注目的生理活性物质;另一方面不断研究改进给药方式,即把生理活性物质制成合适的剂型,如片剂、溶液、胶囊、针剂等,使所用的药物能充分发挥潜在的作用。"药物治疗"包括药物本身及给药方式两个方面,二者缺一不可。只有把生理活性物质制成合理的剂型才能发挥其疗效。如果利用智能型凝胶来自动感知体内的状态而控制药的投入速度,可期望保持血液中的药剂量为一定浓度。

通常研究剂型主要是为了使药物能立即释放发挥药效。然而,人们逐渐认识到药物释放要受药物疗效和毒、副作用的限制。一般的给药方式,使人体内的药物浓度只能维持较短时间,血液中或体内组织中的药物浓度上下波动较大,时常超过药物最高耐受剂量或低于最低有效剂量,见图 11-15(a)。这样不但起不到应有的疗效,而且还可能产生副作用,在某些情况下甚至会导致医原性疾病或损害,这就促使人们对控速给药或程序化给药进行研究。用药物释放体系(drug delivery system,简称DDS)来替代常规药物制剂,能够在固定时间内,按照预定方向向全身或某一特定器官连续

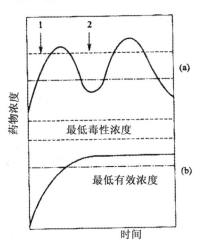

图 11-15 常规(a)和控样药物(b)制剂的药物水平

释放一种或多种药物,并且在一段固定时间内,使药物在血浆和组织中的浓度能稳定在某一适当水平。该浓度是使治疗作用尽可能大而副作用尽可能小的最佳水平,见图 11-15(b)。药物释放

体系是药学发展的一个新领域,能使血液中的药物浓度保持在有效治疗指数范围内,具有安全、有效、治疗方便的特点。

一般的药物释放体系(DDS)的原理框架由四个结构单元构成如图 11-16 所示,即药物储存、释放程序、能源相控制单元四部分。所使用的材料大部分是具有响应功能的生物相容性高分子材料,包括天然和合成聚合物。根据控释药物和疗效的需要,改变 DDS 的四个结构单元就能设计出理想的药物释放体系。按药物在体系中的存放形式,通常可将药物释放体系分为储存器型和基材型。

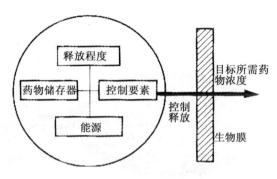

图 11-16　DDS 的结构单元

11.4.2　药物释放体系中的高分子材料

许多的高分子材料用于药物释放体系当中,其详细内容列于表 11-1 中。

表 11-1　药物释放体系中的高分子材料

类型		举例	说明
水凝胶		聚甲基丙烯酸甲酯、聚乙烯醇、聚环氧乙烷、聚乙二醇、明胶、纤维素衍生物和海藻酸盐等	水凝胶的孔隙较大,适于高分子量药物如生长激素、催产素干扰素、胰岛素等多肽或蛋白质的控制和释放
生物降解聚合物	脂肪族聚酯类	聚乙交酯、聚 3-羟基丁酸酯等	生物降解聚合物包括合成和天然的聚合物。天然高分子可为酶或微生物降解,合成高分子的降解是由可水解键的断裂而进行的。这些不稳定化学键可按键降解速率递减顺序排列为:酐、酯、脲、原酸酯和酰胺。在脂质体内部,脂质分子的亲水基富集,可内包,各面的极性很高,而膜内部疏水性很强,限制了膜两侧间物质的传递。利用脂质双分子膜的外层和内层性质不同,可用来控制各种生理活性物质
	聚磷氮烯类	氨基酸酯磷氮烯聚合物、芳氧基磷氮烯聚合物	
	聚酐类	聚丙酸酐、聚羧基苯氧基乙酸酐、聚羧基苯氧基戊酸酐	
	聚原酸酯类	3,p-双-(2 叉-2,4,8,10-四噁螺(5,5))十一烷和 1,6-己二醇共缩聚物	
	聚氨基酸	谷氨酸和谷氨酸乙酯共聚物	
	天然高分子	胶原和壳聚糖	
	脂质体	卵磷脂	

11.4.3　药物释放载体的控制机制

在药物释放体系中,很重要的一部分就是药物被聚合物膜包埋,做成胶囊或微胶囊;或者药物均匀地分散在聚合物体系中,此时药物的释放需经过网络密度涨落的间隙扩散、渗出。扩散物的扩散系数按照玻璃态、橡胶、增塑橡胶顺序增大。

对于一些大剂量和高水溶性药物释放体系,主要运用渗透控制的释放系统,原理如图 11-17 所示。

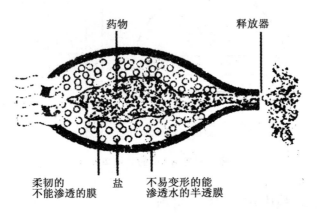

图 11-17　渗透控制 DDS

药物不仅能通过扩散从药物体系中释放,对于聚合物还可以通过控制化学键的断裂来控制药物释放,如图 11-18 所示,聚合物的降解可以分为化学降解和物理降解两种机理,化学降解主要有三种类型,见图 11-19。物理降解有本体和表面之分。例如,对于聚酯水解在整个体系发生;而聚原酸酯类水解速度比水进入聚合物的扩散速度快,降解主要出现在材料表面。

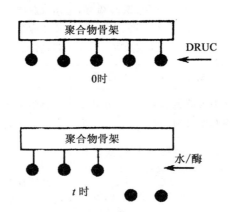

图 11-18　化学键断裂控制药物释放示意图

溶胀控制药物释放机制是通过并无药物从固态聚合物中扩散出来,而是随着溶液中的渗透物质不断进入体系中,聚合物发生溶胀,转变为橡胶态(图 11-20)。

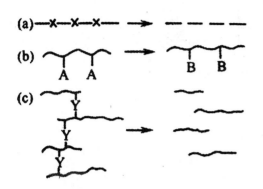

图 11-19　聚合物化学降解示意图

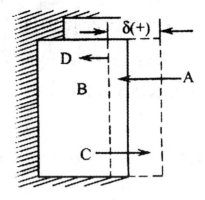

图 11-20　溶胀控制的药物释放体系

11.4.4　智能药物释放体系

智能式药物释放体系是:根据生理和治疗需要,随时间、空间来调节释放程序,它不仅具有一般控制释放体系的优点,而且最重要的是能根据病灶信号而自反馈控制药物脉冲释放,即需药时药物释出,无必要时,药物停止释放,从而达到药物控制释放的智能化目的。高分子材料作为药物释放体系的载体材料,集传感、处理及执行功能于一体,在药物释放体系中起着关键的作用。

1. 外部调节式药物脉冲释放体系

在外部调节式药物脉冲释放体系中,外部刺激的信号主要有光、热、pH、电、磁、超声波等,下面就各种信号的刺激具体说明。

Kitano 等合成了一种光降解的聚合物,结构如图 11-21 所示。当紫外光照射时偶氮键断裂,交联聚合物变为水溶性聚合物,进而降解为小分子。用此材料制得的微胶囊,药物包埋于其中,当紫外光照射时聚合物降解或溶解,药物得以释放。Mathiowitz 等制备了一种光照引发膜破裂的微胶囊,微胶囊由对苯二甲酰乙二胺通过界面聚合制得,在微胶囊中包含有 AIBN 及药物,当光照时 AIBN 分解产生氮气,氮气产生的压力将膜胀破,药物得以释放。以上两例药物均只能一次释放,Ishihara 等则制备了一种能可逆光敏释药的系统,所采用的聚合物结构如图 11-22 所示。

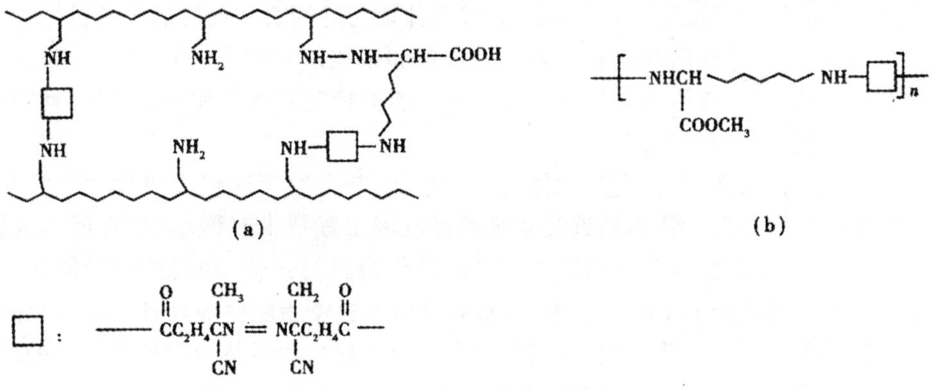

图 11-21　光敏聚合物的结构图

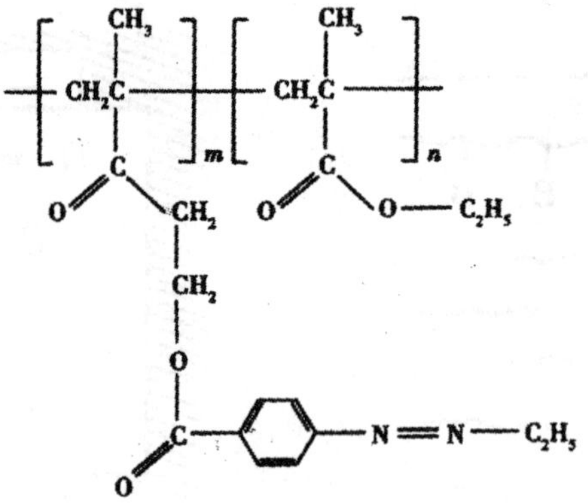

图 11-22　可逆光敏聚合物的结构图

当用紫外光照时，聚合物侧基上的偶氮异构化，使聚合物的极性增大，亲水性增加并发生溶胀，包埋在其中的药物释放速度加快，改用可见光照，释药速率下降到与在黑暗中的情况相同。

温度敏感药物释放体系常用聚烯丙胺接枝异丙基丙烯酰胺（PAA-g-PNIPA）微囊化阿霉素，研究表明，当温度低于 35℃时，接枝在 PAA 表面的 PNIPA 溶胀，使微球表面无缝隙，将药物包在球内，不能释放；温度高于 35℃时，接枝在 PAA 表面的 PNIPA 收缩，使 PAA 表面露出缝隙，药物从药球里释放出来，实现了温敏控制释放的目的。

有些聚合物（如聚电解质、由氢键作用的高分子复合物等），在电场作用下，发生解离或者使其解体为两个单独的水溶性高分子而溶解，实现药物的释放。此外，磁响应、pH 响应、超声波作用等均易引起药物的有控释放，由于在智能凝胶中另有描述，在此不再赘述。

2. 靶向药物释放体系

有些药物的毒性太大且选择性不高，在抑制和杀伤病毒组织时，也损伤了正常组织和细胞，特别是在抗癌药物方面。因此，降低化学和放射药物对正常组织的毒性，延缓机体耐药性的产生，提高生物工程药物的稳定性和疗效是智能药物需要解决的问题之一。对药物靶向制导，实现药物定向释放，是一种理想的方法。

靶向药物释放体系不仅可利用药物对目标组织部位的亲和性进行设计，而且能够利用患者某些组织性能的改变达到导向目的。

根据载体的靶向机理可以分为：主动靶向，即载体能与肿瘤表面的肿瘤相关抗原或特定的受体发生特异性结合，这样的导向载体多为单克隆抗体和某些细胞因子；被动靶向，即具有特定粒径范围和表面性质的微粒，在体内吸收与运输过程中能被特定的器官和组织吸收，此类体系主要有脂质体、聚合物微粒、纳米粒等。

自 20 世纪 80 年代以来，以单克隆抗体为导向载体，与药物等连接而成化学免疫偶联物，结果显示在体内呈特异性分布。特别是近几年来通过基因工程技术改性单抗，降低单抗偶联物的免疫原性，提高了偶联物在肿瘤部位的浓度。脂质体作为药物载体，利用体内局部环境的酸性、温度及受体的差异而构造的 pH 敏脂质体、温敏脂质体及免疫脂质体等具有较好的靶向作用。

以上所说的是载体型靶向药物制剂，此外，Ringsdrof 提出用于结合型药物载体的聚合物，是根据药物在体内的代谢动力学以及导向药物的思想进行设计的。该聚合物主链至少含有 3 个功能单元，即增溶单元、药物连接单元和定向传输单元。增溶单元使整个药物制剂可溶且无毒；药物连接单元必须考虑将药物连接在高分子主链上的反应条件温和,在蛋白质合成领域里普遍采用的一些络合方法,可应用于聚合物连接药物分子,同时,为了屏蔽或减弱高分子化合物与抗肿瘤药物间的相互作用,通常引入间隔臂;而定向传输系统是通过各种生理及化学作用,使整个高分子药物能定向地进入病变部位。

经常选用磺胺类单元作为定向传输系统制备高分子靶向药物,是根据肿瘤组织能选择吸收磺胺类药物。黄骏廉等用稳定的磺胺钠盐引发环氧乙烷开环聚合,然后接上与放射性同位素 ^{153}Sm 螯合的二正乙基五己酸(DTPA),制备高分子药物制剂。实验结果表明,高分子药物能在昆明小白鼠的肉瘤组织中富集,6h 后在小白鼠肿瘤组织与肝、肌肉、血液等组织的放射剂量之比为(2～4):1。

聚膦腈是一族由交替的氮磷原子以交替的单、双键构成主链的高分子,通过侧链衍生化引入性能各异的基团可以得到理化性质变化范围很广的高分子材料。其生物相容性好且能够生物降解,是一个很有前景的智能药物体系。

通过侧链的修饰可以得到亲水性相差很大的、不同降解速率的聚膦腈,以满足不同的药物控制释放系统。例如,已合成侧链分别为氨基酸-2-羟基丙酸酯、甘氨酸乙酯、羟基乙酸乙酯的聚膦腈。通过侧基的微交联也能得到聚膦腈水凝胶等,也应用于药物的控释体系。

顺铂[cis-Pt(NH$_3$)$_2$Cl$_2$]是临床常用且有效的癌症化疗药物,但副作用大。Allcock 小组选用生物相容性好、水溶性的氨基(—NHCH$_3$)聚膦腈为载体,将顺铂结合在聚膦腈主链的氮原子上,形成顺铂-聚膦腈衍生物,的确具有抗癌效果。

高分子在智能药物的应用已经显示了巨大的潜力和优势,通过分子设计,理论上可以得到满足各种不同需要的高分子材料,实现药物控制释放的要求。

智能材料的出现将使人类文明进入一个新的高度,但目前距离实用阶段还有一定的距离。今后的研究重点包括以下六个方面:

①智能材料概念设计的仿生学理论研究。

②材料智能内禀特性及智商评价体系的研究。

③耗散结构理论应用于智能材料的研究。

④机敏材料的复合—集成原理及设计理论。

⑤智能结构集成的非线性理论。

⑥仿人智能控制理论。

智能材料的研究才刚刚起步。现有的智能材料仅仅才具有初级智能,距生物体功能还差之甚远。如生物体医治伤残的自我修复等高级功能在目前水平上还很难达到。但是任何事物的发展都有一个过程,智能材料本身也有其发展过程。目前,科学工作者正在智能材料结构的构思新制法(分子和原子控制、粒子束技术、中间相和分子聚集等)、自适应材料和结构、智能超分子和膜、智能凝胶、智能药物释放体系、神经网络、微机械、智能光电子材料等方面积极开展研究。可以预见,随着研究的深入,其他相关技术和理论的发展,智能材料必将朝着更加智能化、系统化,更加接近生物体功能的方向发展。

第 12 章 纳米功能材料

12.1 纳米材料的特殊效应

纳米是英文 nanometer 的译音,是一个物理学上的度量单位,1 纳米是 1 米的十亿分之一,相当于 45 个原子排列起来的长度。通俗一点说,相当于万分之一头发丝粗细。就像毫米、微米一样,纳米是一个尺度概念,并没有物理内涵。当物质到纳米尺度以后,大约是在 1~100nm 这个范围空间,物质的性能就会发生突变,出现特殊性能。这种既具不同于原来组成的原子、分子,也不同于宏观的物质的特殊性能构成的材料,即为纳米材料。

纳米材料的特点就是粒子尺寸小(纳米级)、有效表面积大(相同质量下,材料粒子表面积大),这些特点使纳米材料具有特殊的小尺寸效应、表面效应、量子尺寸效应和宏观量子隧道效应。而这些效应的宏观体现就是纳米材料的成数量级变化的各种性能指标。

1. 表面效应

纳米粒子的表面原子数与总原子数之比,随着纳米粒子尺寸的减小而大幅度地增加,粒子的表面能及表面张力也随之增加,从而引起纳米粒子性质的变化。纳米粒子的表面原子所处的晶体场环境及结合能,与内部原子有所不同,存在许多悬空键,并具有不饱和性质,因而极易与其他原子相结合而趋于稳定,所以具有很高的化学活性。

球形颗粒的表面积与直径平方成比例,其体积与直径的立方成正比,故其比表面(表面积/体积)与直径成反比,即随着颗粒直径变小,比表面积会显著增大。假设原子间距为 0.3nm,表面原子仅占一层,粗略估算表面原子百分比见表 12-1。由表可见,对直径大于 100nm 的颗粒,表面效应可忽略不计;当直径小于 10nm 时,其表面原子数激增。

表 12-1 粒子的大小与表面原子数的关系

直径/nm	1	5	10	100
原子总数 N	30	4000	30000	3000000
表面原子百分比(%)	100	40	20	2

金属纳米微粒在空气中会自燃。纳米粒子的表面吸附特性引起了人们极大的兴趣,尤其是一些特殊的制备工艺,例如氢电弧等离子体方法,在纳米粒子的常备过程中就有氢存在的环境。纳米过渡金属有储存氢的能力。氢可以分为在表面上吸附的氢和作为氢与过渡金属原子结合而形成的固溶体形式的氢。随着氢的含量的增加,纳米金属粒子的比表面积或活性中心的数目也大大增加。

2. 特殊的光学性质

光按其波长大致可分为以下几个区域。

γ、α 射线	＜100nm
UV 线	100～340nm
可见光	340～760nm
红外线	760nm～20μm
微波(雷达波)	＞20μm

粒径小于 300nm 的纳米材料具有可见光反射和散射能力,它们在可见光范围内是透明的,但对紫外光具有很强的吸引和散射能力(当然吸收能力还与纳米材料的结构有关)。与纳米材料的表面催化氧化特性相结合,以纳米二氧化硅、二氧化钛、氧化锌填充的涂料具有消毒杀菌和自清洁功能。除了熔点降低之外,纳米材料的开始烧结温度和晶化温度也有不同程度的降低。纳米材料显示出独特的电磁性能,它们对不同波长的雷达波和红外线具有很强的吸收作用,在军事隐身涂层中具有良好的应用前景。不同粒径的纳米填料对光的反射和散射效应是不同的,可产生随入射光角度不同而变色的效应。将胶体金应用于高级轿车罩面漆,可产生极华贵透明红灯彩效果。

3. 特殊的力学性质

由于纳米超微粒制成的固体材料分为两个组元:微粒组元和界面组元。具有大的界面,界面原子排列相当混乱。图 12-1 为纳米块体的结构示意图。陶瓷材料在通常情况下呈现脆性,而由纳米超微粒制成的纳米陶瓷材料却具有良好的韧性,使陶瓷材料具有新奇的力学性能。这就是目前的一些展销会上推出的所谓"摔不碎的陶瓷碗"。

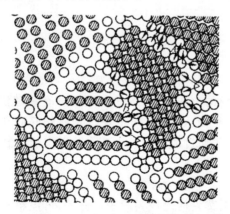

图 12-1　纳米块体的结构示意图

氟化铯纳米材料在室温下可大幅度弯曲而不断裂。人的牙齿之所以有很高的强度,是因为它是由磷酸钙等纳米材料构成的。纳米金属固体的硬度是传统的粗晶材料硬度的 3～5 倍。至于金属—陶瓷复合材料,则可在更大的范围内改变材料的力学性质,应用前景十分广阔。

4. 量子尺寸效应

当量子尺寸下降到一定值时,费米能级附近的电子能级由准连续变为离散能级现象。宏观物体包含无限个原子,能级间距趋于零,即大粒子或宏观物体的能级间距几乎为零。而纳米粒子包含的原子数有限,能级间距发生分裂。块状金属的电子能谱为准连续带,而当能级间距大于热能、磁能、静磁能、静电能、光子能量或超导的凝聚态能时,必须考虑量子效应,这就导致纳米微粒磁、光、声、热、电以及超导电性与宏观特性的显著不同,这称为量子尺寸效应。

5. 量子隧道效应

量子隧道效应是从量子力学观点出发,解释粒子能够穿越比总能量高的一种微观现象。近年来发现,微粒子的磁化强度和量子相干器的磁通量等一些宏观量也具有隧道效应,即宏观量子隧道效应。研究纳米微粒的这种特性,对发展微电子学器件将有重要的理论和实践意义。

6. 特殊的热学性质

在纳米尺寸状态材料的另一种特性是相的稳定性。当足够地减少组成相的尺寸的时候,由于在限制的原子系统中的各种弹性和热力学参数的变化,平衡相的关系将被改变。例如,被小尺寸限制的金属原子簇熔点的温度,被大大降低到同种固体材料的熔点之下。平均粒径为 40nm 的纳米铜粒子的熔点由 1053℃ 下降到 750℃,降低 300℃ 左右。这是由 Gibbs-Thomson 效应而引起的。该效应在所限定的系统中引起较高的有效的压强的作用。

超微粒的熔点下降,对粉末冶金工业具有一定的吸引力。例如,在钨颗粒中加入 0.1%~0.5% 的质量分数的纳米镍粉,烧结温度可从 3000℃ 降为 1200~1300℃。

超微粒子的小尺寸效应还表现在导电性、介电性、声学性质以及化学性能等方面。

12.2 纳米材料的制备方法

12.2.1 按学科类型分

目前世界上制备纳米材料的方法很多,按学科类型分有物理法和化学法两种。物理法主要指粉碎法,其基本思路是将材料由大化小,即将块状物质粉碎而获得超微粉。化学法又叫构筑法,由下极限的原子、离子、分子通过成核和长大两个阶段来加以制备。

1. 物理法

物理法一般是将原料加热蒸发使之成为原子或分子,再控制原子和分子的凝聚,生成纳米超微粒子。

(1)激光加热蒸发法

以激光为热源,使气相反应物内部很快地吸收和传递能量,在瞬间完成气相反应的成核、长大和终止。采用二氧化碳激光器加热可制得 BN、SiO_2、MgO、Fe_2O_3、$LaTiO_3$ 等纳米材料。

(2)惰性气体法

在低压的惰性气体中,加热金属使其蒸发后形成纳米微粒。纳米微粒的粒径分布受真空室内惰性气体的种类、气体分压及蒸发速度的影响。通过改变这些因素,可以控制微粒的粒径大小及其分布。

（3）高压气体雾化法

要采用高压气体雾化器，在 $-40 \sim -20℃$ 将氮气和氩气以 3 倍于音速的速度射入熔融材料的液流内，熔体被粉碎成极细颗粒的射流，然后骤冷得到超细微粒。此法可生产粒度分布窄的纳米材料。

（4）氢电弧等离子体法

使用混入一定比例氢气的等离子体，加热熔融金属。电离的氢气溶入熔融金属，然后释放出来，在气体中形成了金属的超微粒子。此法的特征是混入等离子体中的氢气浓度增加，使超微粒子的生成量增加。

（5）机械合金法

此法是一种很可能成为批量生产纳米颗粒材料的方法。将合金粉末在保护气氛中，在一个能产生高能压缩冲击力的设备中进行研磨，它在三个互相垂直方向上运动，但只在一个方向上有最大的运动幅度。金属组分在很细的尺寸上达到均匀混合。此法可将金属粉末、金属间化合物粉末或难混溶粉末研磨成纳米颗粒。在大多数情况下，只需研磨几个小时或十几个小时就足以形成要求的纳米颗粒。钛合金和钛金属间化合物采用机械合金化法可得到 10nm 左右的颗粒。通过高能球磨已制备出纯元素（碳、硅、锗）、金属间化合物（$NiTi$、Al_2Fe、Ni_3Al、Ti_3Al 等）、过饱和固溶体（Ti-Mg、Fe-Al、Cu-Ag 等）、三组元合金系（Fe/SiC、Al/SiC、Cu/Fe_3O_4）等各种类型的纳米材料。

2. 化学法

制备纳米粒子和纳米材料的方法主要是化学合成法。化学法一般是通过物质之间的化学反应来实现的。

（1）水解法

以无机盐和金属醇盐与水反应得到氢氧化物和水化物的沉淀，再加热分解的方法。

（2）沉淀法

在溶液状态下，将各成分原子混合，然后加入适当的沉淀剂来制备前驱体，再将此沉淀物进行煅烧，分解成为纳米级氧化物粉体。沉淀物的粒径取决于沉淀时核形成与核成长的相对速率。

另外，喷雾分解法、喷雾焙烧法、水热氧化法等也都是制备纳米微粒的常用方法。

12.2.2　按物质状态分

纳米材料的制备方法按物质状态分有气相法、液相法和固相法三种。

1. 气相法制备纳米微粒

（1）低压气体蒸发法（气体冷凝法）

在低压的氩、氦等惰性气体中加热金属，使其蒸发后形成超微粒（$1 \sim 1000nm$）或纳米微粒。可用电阻加热法、等离子喷射法、高额感应法、电子束法、激光法加热。不同的加热方法制备出的超微粒的量、品种、粒径大小及分布等存在一些差别。

气体冷凝法整个过程在超高真空室内进行，达到 $0.1Pa$ 以上的真空度后，充入低压（约

2kPa)的纯净惰性气体(氦或氩,纯度约为99.9996％)。置于坩埚内物质,通过加热逐渐蒸发,产生元物质烟雾。由于惰性气体的对流,烟雾向上移动,并接近液氮温度的冷却棒(77K 冷阱)。在蒸发过程中,由于物质原子与惰性气体原子碰撞而迅速损失能量而冷却,导致均匀的成核,形成单个纳米微粒,最后在冷却棒表面上积聚起来,获得纳米粉。

(2)溅射法

用两块金属板分别作为阳极和阴极,阴极为蒸发用材料,在两电极间充入氩气(40～250Pa),两电极间施加0.3～1.5kV电压。由于两电极间的辉光放电形成氩离子,在电场的作用下,氩离子冲击阴极靶材表面,使靶材原子从其表面蒸发出来,形成超微子,并在附着面上沉积下来。溅射法可制备高熔点和低熔点金属(常规的热蒸发法只能适用于低熔点金属);能制备多组元的化合物纳米微粒,如 $Al_{52}Ti_{48}$,$Cu_{91}Mn_{9}$,及 ZrO_2 等。

(3)通电加热蒸发法

碳棒与金属接触,通电加热使金属熔化,金属与高温碳素反应并蒸发形成碳化物超微粒子。在蒸发室内有氩或氦气,压力为 1～10kPa 在制备碳化硅超微粒子时,在碳棒与硅板间通交流电(几百安),硅板被其下面的加热器加热,当碳棒温度高于2473K时,在它的周围形成了碳化硅超微粒的"烟",然后将它们收集起来。

惰性气体种类不同,超微粒的大小也不同,氦气中形成的碳化硅为小球形,氩气中为大颗粒。用此种方法还可以制备铬、钛、钒、锆、铪、钼、铌、钽和钨等碳化物超微粒子。

2. 液相法制备纳米微粒

(1)沉淀法

沉淀法通常是在溶液状态下将不同化学成分的物质混合,在混合溶液中加入适当沉淀剂(如 OH^-、$C_2O_4^{2-}$、CO_3^{2-} 等)制备超微颗粒的前驱体沉淀物,再将此沉淀物进行干燥或焙烧,从而制得相应的超微颗粒。一般颗粒在微米左右时就可发生沉淀,从而生成沉淀物。所生成颗粒的粒径取决于沉淀物的溶解度,沉淀物的溶解度越小,相应颗粒的粒径也越小,而颗粒的粒径随溶液的过饱和度减小呈增大趋势。沉淀法包括共沉淀法、直接沉淀法和均匀沉淀法。

共沉淀法是最早采用的液相化学反应合成金属氧化物纳米颗粒的方法。此法把沉淀剂加入混合后的金属盐溶液中,促使各组分均匀混合,然后加热分解以获得超微粒。采用该法制备超微粒时,沉淀剂的过滤、洗涤及溶液 pH、浓度、水解速度、干燥方式、热处理等都影响微粒的大小。目前此法已被广泛应用于制备钙钛型材料、尖晶石型材料、敏感材料、铁氧体及荧光材料的超微细粉。

直接沉淀法是仅用沉淀操作从溶液中制备氧化物纳米微晶的方法,即溶液中的某一种金属阳离子发生化学反应而形成沉淀物,其优点是容易制取高纯度的氧化物超微粉。

在沉淀法中,为避免直接添加沉淀产生局部浓度不均匀,可在溶液中加入某种物质,使之通过溶液中的化学反应,缓慢地生成沉淀剂。通过控制生成沉淀的速度,就可避免沉淀剂浓度不均匀的现象,使过饱和度控制在适当的范围内,从而控制粒子的生长速度,减小晶粒凝聚,制得纯度高的纳米材料。这就是均匀沉淀法。

利用一些金属有机醇盐能溶于有机溶剂发生水解,生成氧化物或氢氧化物沉淀的特性,制备超微细粉的一种方法。由于有机试剂纯度高,因此氧化物物体出度高。可制备化学计量的复合金属氧化物粉末。

金属离子与氨气、EDTA 等配体形成常温稳定的螯（络）合物，在适宜的温度和 pH 时，螯（络）合物被破坏，金属离子重新被释放出来，与溶液中的氢氧根及外加沉淀剂、氧化剂（过氧化氢、氧气等）作用生成不同价态、不溶性的金属氧化物、氢氧化物或盐等沉淀物，进一步处理可得一定粒径、甚至一定形态的纳米微粒。

沉淀法制备超微粒子过程中的每一个环节，如沉淀反应、晶粒长大、湿粉体的洗涤、干燥、焙烧等，都有可能导致颗粒长大和团聚。所以要得到颗粒粒度分布均匀的体系，要尽量满足以下两个条件：

①抑制颗粒的团聚。

②成核过程与生长过程相分离，促进成核控制生长。

采用沉淀法制备纳米颗粒的实例如下。

将无水碳酸钠和等摩尔浓度的双水乙酸锌分别溶解在蒸馏水中，过滤后两溶液逐渐混合，并同时加热搅拌至一定温度，恒温反应后冷却至室温，经抽滤、洗涤得到前驱体碱式碳酸锌。将其置于马福炉中于 350～950℃不同的温度下煅烧，得到纳米 ZnO 粉体。通过改变反应物的浓度，可以得到不同尺寸的纳米 ZnO 颗粒。而对同一浓度得到的 ZnO 进行不同温度的热处理，可以在不改变颗粒形状的条件下，使微晶离子粗化，得到的纳米 ZnO 粉体平均粒径 20nm 左右。

把 $(NH_4)_6Mo_7O_{24} \cdot 4H_2O$ 固体放入干净的反应器中，先加入适量的水和氨水使其完全溶解，然后加加少量的冰乙酸后滴加 36% 乙酸溶液，使溶液的 pH 等于 3.5，静置 24h，即有白色沉淀生成。若沉淀不明显，可在 60℃ 干燥箱中放置 12h，得到大量白色晶体。用 KY2800 型扫描电子显微镜观察，可看到明显的纤维状晶体，即 $(NH_4)_3H_3Mo_7O_{24} \cdot 4H_2O$ 和 $(NH_4)_4H_2Mo_7O_{24} \cdot 4H_2O$。将其用无水乙醇洗涤，在 150℃ 干燥、分解，即可得到纳米级 MoO_3 微粉。

在搅拌下将计量的浓度一定的反应物按预定的方式混合，边搅拌边加入表面活性剂和助剂，反应约 30min 得到前驱体碱式碳酸锌。经洗涤至无硫酸根离子，分离，干燥，在预定的温度下焙烧，即可得到纳米 ZnO 颗粒。搅拌速度愈快，愈有利于反应物混合均匀，生成粒径均匀的粒子，否则将造成粒径分布范围变宽。用表面活性剂对粉体材料做处理是解决粒子团聚的最常用、最简单的方法之一。但表面活性剂加入量过多或过少，其效果都不理想。改进的直接沉淀法制备出的纳米 ZnO 呈六方晶型，粒子外形为球形或椭球形，粒径在 15～25nm 之间。

（2）溶胶—凝胶法

溶胶—凝胶法是以无机盐或金属盐为前驱体，经水解缩聚逐渐凝胶化及相应的后处理而得到所需的材料。几个低温化学手段在相当小的尺寸范围内剪裁和控制材料的显微结构，使均匀性达到亚微米级、纳米级甚至分子级水平。影响溶胶—凝胶法材料结构的因素很多，主要包括前驱体、溶胶—凝胶法过程参数、结构膜板剂和后处理过程参数等。在众多的影响参数中，前驱物或醇盐的形态是控制交替行为及纳米材料结构与性能的决定性因素。利用有机大分子做膜板剂控制纳米材料的结构是近年来溶胶—凝胶法化学发展的新动向。通过调变聚合物的大小和修饰胶体颗粒表面能够有效地控制材料的结构性能。

溶胶—凝胶法包括溶胶的制备和溶胶—凝胶转化两个过程。凝胶指的是含有亚微米孔和聚合链的相互连接的网络。这种网络为有机网络、无机网络和无机有机交互网络。溶胶—凝胶的转化又可分为有机和无机两种途径。

溶胶—凝胶法具有制品粒度均匀性好，粒径分布窄，化学纯度高，过程简单易操作，成本低，低温制备化学活性大的单组分或多组分分子级混合物，并且可以制备传统方法不能或难以制备的纳米微粒,反应物种多等特点。溶胶—凝胶法适用于氧化物和过渡金属族化合物的制备,其应用范围比较广。目前已经采用溶胶—凝胶法来制备莫来石、尖晶石、氧化锆、氧化铝等纳米微粒。

将 $Al(NO_3)_3 Al \cdot 9H_2O$ 溶于蒸馏水中。得到透明溶液,再加入适量的表面活性剂及分散剂,并高速搅拌均匀,然后逐滴加入 $Ba(OH)_2 \cdot 8H_2O$ 水溶液,搅拌均匀后放在干燥箱内浓缩。先得到透明溶胶,在 60℃ 干燥 8h 后得到干凝胶。用玛瑙研钵研细,置于马弗炉中煅烧 6h,得到纳米级 $BaAl_2O_4$ 超细粉末。SEM 研究发现,煅烧温度对产物有很大影响。温度过低如 400℃ 煅烧时,反应不完全,产物不纯净,得到非晶体的 $BaAl_2O_4$。600℃ 煅烧得到的样品粒径较小(50～60nm),分散度好。煅烧温度过高如 700℃ 时,粒度明显增大。另外,反应物以离子形式存在于溶液中,增加了各物质的分散度和均匀性,这样既有利于提高反应物扩散速率,又有利于提高反应速率。表面活性剂吸附在固液相界面上,形成了一层分子膜,有效地阻隔了颗粒之间的碰撞和颗粒的团聚,从而使产物颗粒变小,分散度得以好转。

以 Fe(Ⅲ)氧化物为主体的铁酸盐具有优良的磁谱效应,在二氧化碳分解成碳,费托反应和烃类氧化脱氢反应中也表现出良好的催化特性。以柠檬酸为络合剂,采用溶胶—凝胶法制备尖晶石型铁酸盐纳米微粒催化剂的方法如下:先将 10mL、2mol/L M(NO_3)_2 溶液(M=Zn、Co、Ni)和 40mL、1mol/L 的 Fe(NO_3)_3 溶液充分混合,再以 $n(金属):n(柠檬酸)=1:1.5$ 的比例,向混合溶液中加入柠檬酸络合剂,以形成络合物溶胶。控制 pH=2～3,在 80℃ 水浴中加热并蒸发水分,使络合物聚合成黏稠凝胶后,在 120℃ 烘干得到干凝胶,碾磨后于 500℃ 焙烧 2h,得到铁酸盐纳米微粒催化剂。这种催化剂对乙苯氧化反应有优良的催化活性和苯乙烯选择性。

采用五氧化二钒晶体为原料,以无机溶胶—凝胶法水淬五氧化二钒制取含纳米颗粒的五氧化二钒溶胶,其中五氧化二钒颗粒呈针状,其径向尺寸 50～60nm。适宜的制胶参数为:熔化温度 800～900℃,保温时间 5～10min。控制胶体中五氧化二钒浓度在 20g/L 以上时,可以使五氧化二钒溶胶很快形成凝胶。随着放置时间的延长,溶胶黏度增大,约 10 天后失去流动性而成为凝胶,其 pH 也同时发生类似的变化。

溶胶—凝胶法是制备纳米氧化钛的重要方法之一,而形成溶胶的过程(如水醇比)对氧化钛的粒径有重要的影响。一定量的钛酸丁酯按不同的体积比溶于无水乙醇中,搅拌均匀,加入少量硝酸以抑制强烈的水解。将乙醇加水混合液缓慢加入钛酸丁酯溶液中,以水酯摩尔比 4:1 的量边加水边搅拌,直至反应物完全混合。通过水解与缩聚反应而制得溶胶,进一步缩聚而制得凝胶,化学反应式如下。

水解:$Ti(OR)_4 + nH_2O \longrightarrow Ti(OR)_{4-n}(OH)_n + nHOR$

缩聚:$Ti(OR)_{4-n}(OH)_n \longrightarrow [Ti(OR)_{4-n}(OH)_{n-1}]_2O + H_2O$

在 50℃ 干燥得到干凝胶,再经充分研磨后,置于电炉以 4℃/min 的速率缓慢升温至 500℃,保温 2h,得到二氧化钛粉末。

研究表明,随着乙醇加入量的增加,凝胶时间变长,二氧化钛纳米颗粒的平均晶粒呈下降趋势,并提高对油酸光催化氧化的催化效果。

3.固相法制备纳米微粒

(1)高能球磨法

利用球磨机的转动或振动,使硬球对原料进行强烈的撞击、研磨和搅拌,把金属或合金粉末粉碎为纳米级微粒的方法。如果将两种或两种以上金属粉末同时放入球磨机的球磨罐中进行高能球磨,粉末颗粒经压延、压合,又碾碎,再压合的反复过程(冷焊—粉碎—冷焊的反复进行),最后获得组织和成分分布均匀的合金粉末。由于这种方法是利用机械能达到合金化,而不是用热能或电能,因此称为机械合金化。

可将相图上几乎不互溶的几种元素制成固溶体,这是用常规熔炼方法无法实现的。机械合金化方法成功地制备多种纳米固溶体,如 Fe-Cu、Ag-Cu、Al-Fe、Cu-Ta、Cu-W 等。制备金属间化合物,如在 Fe-B、Ti-B、Ti-Al(-B)、Ni-Si、V-C、W-C、Si-C、Pd-Si、Ni-Mo、Nb-Al、Ni-Zr 等十多个合金系中,制备了不同晶粒尺寸的纳米金属间化合物。

(2)非晶晶化法

晶化法制备的纳米结构材料的塑性对晶粒的粒径十分敏感,只有晶粒直径很小时,塑性较好,否则材料变得很脆。因此,对于某些成核激活能小,晶粒长大激活能大的非晶合金,采用非晶化法才能获得塑性较好的纳米晶合金。

4. 模板法

所谓模板合成(template synthesis)就是将具有纳米结构、价廉易得、形状容易控制的物质作为模子(template),通过物理或化学的方法将相关材料沉积到模板的孔中或表面,而后移去模板,得到具有模板规范形貌与尺寸的纳米材料的过程。模板法是合成纳米线和纳米管等一维纳米材料的一项有效技术,具有良好的可控制性,可利用其空间限制作用和模板剂的调试作用对合成材料的大小、形貌、结构和排布等进行控制。模板合成法制备纳米结构材料具有下列特点。

①多数模板性质可在广泛范围内精确调控。

②能合成直径很小的管状材料,形成的纳米管和纳米纤维容易从模板分离出来。

③可同时解决纳米材料的尺寸与形状控制及分散稳定性问题。

④特别适合一维纳米材料,如纳米线(nanowires,NW)、纳米管(nanotubes,NT)和纳米带(nanobelts)的合成。模板合成是公认的合成纳米材料及纳米阵列(nanoarrays)的最理想方法。

⑤所用模板容易制备,合成方法简单,很多方法适合批量生产。

模板法的类型大致可分为硬模板和软模板两大类。硬模板包括多孔氧化铝、二氧化硅、碳纳米管、分子筛以及经过特殊处理的多孔高分子薄膜等。软模板则包括表面活性剂、聚合物、生物分子及其他有机物质等。

(1)碳纳米管模板法

自从 1991 年发现碳纳米管以来,碳纳米管合成方法的优化、结构表征以及性能方面已有很多研究。碳纳米管(carbon nanotubes)是一层或若干层石墨碳原子卷曲形成的笼状纤维,可由直流电弧放电、激光烧蚀、化学气相沉积等方法合成,直径一般为 0.4~20nm,管间距 0.34nm 左右,长度可从几十纳米到毫米级甚至厘米级,分为单壁碳纳米管(single-walled carbon nanotubes)和多壁碳纳米管(multi-walled carbon nanotubes)两种(见图 12-2)。

以碳纳米管为模板可以制得多种物质的纳米管、纳米棒和纳米线。以碳纳米管作为模板制备的纳米材料既可覆盖在碳纳米管的表面也可填充在纳米管的管芯中。将熔融的五氧化二钒、氧化铅、铅等组装到多层碳纳米管中可形成纳米复合纤维。通过液相方法将氯化银—溴化银填充到单壁碳纳米管的空腔中,经光解形成银纳米线。将 C_{60} 引入碳纳米管可制备 C_{60}-碳纳米管复合材料。

首次成功制备的钒氧化物纳米管就是由碳纳米管作模板得到的。除了钒的氧化物纳米管

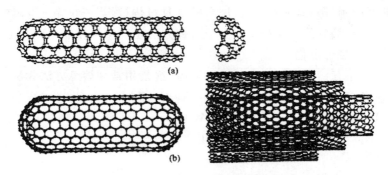

图 12-2　单壁(a)和多壁(b)碳纳米管示意图

外,用碳纳米管作模板也可以得到二氧化硅纳米管、氧化铝、氧化钼、氧化铷纳米管等。排列整齐的碳纳米管与氧化硅在 1400℃下反应可以得到高度有序的碳化硅纳米棒。采用碳纳米管模板法可以制备多种金属、非金属氧化物的纳米棒,例如 GeO_2、IrO_2、MoO_2、MoO_3、RuO_2、V_2O_5、WO_3 以及 Sb_2O_5 纳米棒。

(2)多孔氧化铝模板法

多孔氧化铝(AAO)模板是高纯铝片经过除脂、电抛光、阳极氧化、二次阳极氧化、脱膜、扩孔而得到的,表面膜孔为六方形孔洞,分布均匀有序,孔径大小一致,具有良好的取向性,孔隙率一般为 $(1\sim1.2)\times10^{11}$ 个/cm,孔径为 $4\sim200$nm,厚度为 $10\sim100\mu$m。氧化膜断面中膜孔道平直且垂直于铝基体,氧化铝膜背呈清晰的六方形网格(图 12-3)。

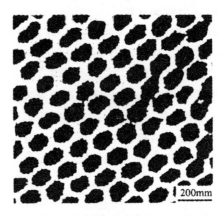

图 12-3　多孔氧化铝模板 AFM 照片

制备多孔氧化铝时,电解液的成分、阳极氧化的电压、铝的纯度和反应时间对模板性质都有重要影响。制备阳极氧化铝膜的电解液一般采用硫酸、草酸、磷酸以及它们的混合液。这三种电解液所生成的膜孔大小与孔间距不同,顺序为磷酸>草酸>硫酸(表 12-2)。因此,考虑规定大小的纳米线性材料的制备时,可采用不同的电解液。

表 12-2　不同条件下多孔氧化铝膜孔径的典型值

电介质类型	电介质温度/℃	氧化电压/V	孔径/nm
$1.2mol/LH_2SO_4$	1	19	15
$0.3mol/LH_2SO_4$	14	26	20
$0.3mol/LH_2C_2O_4$	14	40	40
$0.3mol/LH_2C_2O_4$	14	60	60
$0.3mol/LH_3PO_4$	3	90	90

利用多孔氧化铝膜作模板可制备多种化合物的纳米结构材料,如通过溶胶—凝胶涂层技术可以合成 SiO_2 纳米管,通过电沉积法可以制备 Bi_2Te_3 纳米线。这些多孔的氧化铝膜还可以被用作模板来制备各种材料的纳米管或纳米棒的有序阵列,包括半导体(CdS、GaN、Bi_2Te_3、TiO_2、In_2O_3、$CdSe$、MoS_2 等)、金属(Au、Cu、Ni、Bi 等)、合金(Fe_xAg_{1-x})以及 $BaTiO_3$、$PbTiO_3$ 和 $Bi_{1-x}Sb_x$ 纳米线有序阵列等线形纳米材料。用 AAO 模板采用电沉积法制备金纳米线阵列的过程参见图 12-4。

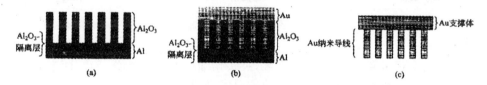

图 12-4　采用多孔氧化铝模板制备金纳米线阵列示意图

将多孔氧化铝膜制备工艺移植到硅衬底上,以硅基集成为目的,研制硅衬底多孔氧化铝模板复合结构成为一个新的研究方向。利用铝箔在酸溶液中的两次阳极氧化制备出模板,调整工艺条件可得到有序孔阵列模板,孔的尺寸可在 $10\sim200nm$ 之间变化,锗通过在硅衬底上的模板蒸发到纳米点,这种纳米点的直径为 80nm,所研制的金属—绝缘体—半导体结构有存储效应。

5. 纳米薄膜的制备

纳米薄膜分两类:一类是由纳米粒子组成的(或堆砌而成的)薄膜;另一类是在纳米粒子间有较多的孔隙或无序原子或另一种材料,即纳米复合薄膜,其实指由特征维度尺寸为纳米数量级($1\sim100nm$)的组元镶嵌于不同的基体里所形成的复合薄膜材料。

纳米薄膜的制备方法主要包括:自组装技术、物理气相沉积、LB 膜技术、MBE 技术、化学气相沉积等。

(1)自组装技术

自组装技术可如图 12-5 所示。

(2)物理气象沉积法

其基本过程如图 12-6 所示。

(3)LB 膜技术

LB 膜是一种分子有序排列的有机超薄膜。这种膜不仅是薄膜学研究的重要内容,也是物理学、电子学、化学、生物学等多种学科相互交叉渗透的新的研究领域。

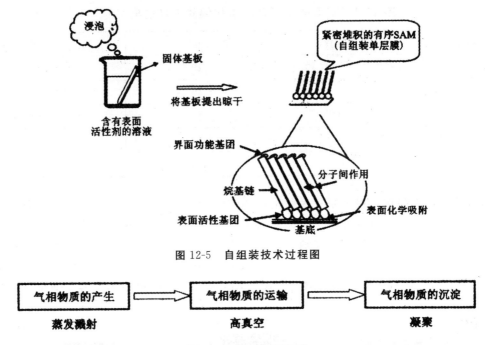

图 12-5　自组装技术过程图

图 12-6　物理气相沉淀

LB 膜技术是一种精确控制薄膜厚度和分子结构的制膜技术。具体的制备过程是：

①在气液界面上铺展两亲分子(一头亲水,一头亲油的表面活性分子)。两亲分子通常被溶在氯仿等易挥发的有机溶剂中,配成较稀的溶液(10^{-3}M 以下)。

②待几分钟溶剂挥发后,控制滑障两边向中间压膜,速度 5～10mm/min,分子逐渐立起。

③进一步压缩,压至某个膜压下,分子尾链朝上紧密排在水面上时,认为形成了稳定的 Langmuir 膜。

④静置几分钟后,一次或重复多次转移到固体基板上便是 LB 膜了。

(4)化学气相沉积法

化学气相沉积法指在一个加热的衬底上,通过一种或几种气态元素或化合物产生的化学,反应形成纳米材料的过程,该方法主要可分成分解反应沉积和化学反应沉积。随着其他相关。技术发展,由此衍生出来的许多新技术,如金属有机化学缺陷相沉积、等离子体辅助化学气沉积、热丝化学气相沉积、等离子体增强化学气相沉积及激光诱导化学相沉积等技术。

12.3　纳米功能材料及其应用

由于纳米材料具有表面效应、量子尺寸效应、小尺寸效应和宏观量子隧道效应等特性,使纳米微粒的热、磁、光、敏感特性、表面稳定性、扩散和烧结性能,以及力学性能明显优于普通微粒。纳米材料的这些特性使它的应用领域十分广阔。它能改良传统材料,能源源不断地产生出新材料。例如纳米材料的力学性能和电学性能可以使它成为高强、超硬、高韧性、超塑性材料以及绝缘材料、电极材料和超导材料等。它的热学稳定性使它成为低温烧结材料、热交换材料和耐热材料等;它的磁学性能可用于永磁、磁流体、磁记录、磁储存、磁探测器、磁制冷材料等;它的光学性能又可用于光反射、光通信、光储存、光开关、光过滤、光折射、红外传感器等；它的燃烧性能还可用于火箭燃料添加剂、阻燃剂等。纳米材料在材料科学领域将大放异彩，在新材料、能源、信息等高新技术领域和在纺织、军事、医学和生物工程、化工、环保等方面都将会发挥举足轻重的作用。

12.3.1　在纺织工业中的应用

纳米材料在纺织上的用途非常广泛。在化纤纺丝过程中加入少量纳米材料可生产出具有特殊功能的新型纺织材料。如果化纤纺丝过程中加入金属纳米材料或碳纳米材料，可以纺出具有抗静电防微波性能的长丝纤维。纳米材料本身具有超强、高硬、高韧特性，把它和化学纤维融为一体，将使化纤成为超强、高硬和高韧的纺织材料。将纳米材料加入纺织纤维中，利用纳米材料对光波的宽频带、强吸收，反射率低的特点，使纤维不反射光，外界看不到，达到隐身的目的。如把纳米 Al_2O_3、纳米 TiO_2 等加入到纤维中，可以制成抗氧化耐日晒的纤维。利用氧化锆吸收人体热能发射远红外线，可以制备远红外长丝。纳米级 Cu、Mg、TiO_2 等具有杀菌、抗红外、抗紫外的特点，利用它们制成的具有该功能的服装将大受欢迎。

科技发展到今天，人们对材料的认识和要求已不满足于其固有的结构与性能，而希望材料多功能化。利用纳米材料的特性开发多功能、高附加值的纺织品成为纺织行业的研究开发热点。纳米材料的应用方法主要有共接枝法、后整理法和混纺丝法三种。

①接枝法。对纳米微粒进行表面改性处理，同时利用低温等离子技术、电晕放电技术，激活纤维上某些基团而使其发生结合，或者利用某些化合物的"桥基"作用，把纳米微粒结合到纤维上，从而使天然纤维也获得具有耐久功能的效果。

②后整理法天然纤维可借助于分散剂、稳定剂和黏合剂等助剂，通过吸浸法、浸轧法和涂层法把纳米粉体加到织物上，使纺织品具有特殊功能，而其色泽、染色牢度、白度和手感等方面几乎不改变。此法工艺简单，适于小批量生产，但功能的耐久性差。

③共混纺丝法。在化纤的聚合、熔融或纺丝阶段，加入功能性纳米粉体，纺丝后得到的合成纤维具有新的功能。例如在芯鞘型复合纤维的皮、芯层原液各自加入不同的粉体材料，可生产出具有两种以上功能的纤维。由于纳米粒子的表面效应，活性高，易与化纤材料相结合而共融混纺，而且粒子小，对纺织过程没有不良影响。此法的优点是纳米粉体可以均匀地分散到纤维内部，耐久性好，所赋予的功能可以稳定存在。

纳米材料的应用主要表现在高性能纤维，抗紫外、抗静电、抗电磁辐射，远红外功能，抗菌除臭等方面。

1.高性能纤维

纳米纤维按其来源可以分为天然纳米纤维、有机纳米纤维、金属纳米纤维、陶瓷纳米纤维等。

（1）紫外线防护纤维

能将紫外线反射的化学品叫紫外线屏蔽剂，对紫外线有强烈选择性吸收，并能进行能量转换而减少它的透过量的化学品叫紫外线吸收剂。

常用紫外线屏蔽剂大多是金属、金属氧化物及其盐类。如二氧化钛、氧化锌、氧化铝、高岭土和碳酸钙等，都为无机物，具有无毒、无味、无刺激性、热稳定性好、不分解、不挥发、紫外线屏蔽性好，以及自身为白色等性能，是高效安全的紫外线防护剂。这些材料做成纳米粉体，微粒的尺寸与光波波长相当或更小时，小尺寸效应导致光屏蔽显著增强。纳米粉体的比表面积大，表面能高,在与高分子材料共混时,容易相互结合,是纺制功能化纤维的优选材料。

(2)远红外纤维

当红外辐射源的辐射波长与被辐射物体的吸收波长相一致时,该物体分子便产生共振,并加剧其分子运动,达到发热升温作用。把发射远红外线的陶瓷微粒引入纺织品中,利用太阳光能并把它转换成远红外线发射出来,达到积极的保暖作用,称为积极保温材料。用远红外织物做服装,一般可使人的体感温度升高 2～5℃。

2. 抗菌除臭

紫外线有灭菌消毒和促进人体内合成维生素 D 的作用而使人类获益,但同时也会加速人体皮肤老化和发生癌变的可能。不同波长紫外线对人体皮肤的影响如表 12-3 所示。

表 12-3　不同波长紫外线对人体皮肤的影响

符号	波长/nm	对皮肤的影响
UV-A	406～320	生成黑色素和褐斑,使皮肤老化、干燥,皱纹增加产生红斑和色素沉着,长时间辐射有致癌的可能穿透力强并对白细胞有影响
UV-B	320～280	
UV-C	280～200	

各种纳米微粒对光线的屏蔽和反射能力不同。以纳米二氧化钛和纳米氧化锌为例,当波长小于 350nm 时,二氧化钛和氧化锌的屏蔽率接近。当波长在 350～400nm 时,二氧化钛的分光反射率比氧化锌屏蔽率低。紫外线对皮肤的穿透能力前者比后者大,而且对皮肤的损伤有累积性和不可逆性。因为氧化锌的折射率比氧化钛的小,对光的漫反射也低,所以氧化锌使纤维的透明度较高,有利于织物的印染整理。图 12-7 表示超微粒氧化锌和二氧化钛的分光反射率。超微粒粒度大小也影响其对紫外线的吸收效果。图 12-8 为二氧化钛粒径和极薄薄膜(50nm)中紫外线照射的透过度,即采用计算机模拟设计得到的氧化钛粒径与紫外线透过度的关系。波长在 300～400nm 光波范围内,微粒粒径在 50～120nm 时其吸收效率最大。

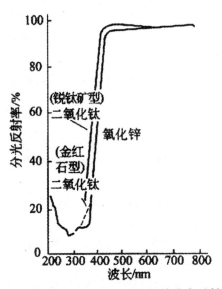

图 12-7　超微粒氧化锌和二氧化钛的分光反射率

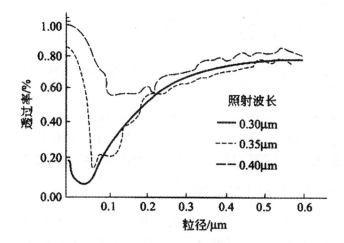

图 12-8　二氧化钛粒径和极薄薄膜(50nm)中紫外线照射的透过度

根据杀菌机理,无机抗菌剂可分为两种类型。

光催化抗菌剂,如纳米二氧化钛、纳米氧化锌和纳米硅基氧化物等。

元素及其离子和官能团的接触性抗菌剂,如 Ag、Ag^+、Cu、Cu^{2+}、Zn、SO_4^{2-} 等。

多种金属离子杀灭或抑制病原体的强度次序为:

$$Ag > Hg > Cu > Cd > Cr > Ni > Pb > Co > Zn > Fe$$

由于镍、钴、铜离子对织物有染色,汞、镉、铅和铬对人体有害而不宜使用,所以常用的金属抗菌剂只有银和锌及其化合物。银离子的杀菌作用与其价态有关,杀菌能力 $Ag^{3+} > Ag^{2+} > Ag^+$。高价态银离子具有高还原电势,使周围空间产生氧原子,而具杀菌作用。低价态银离子则强烈吸引细菌体内酶蛋白中的巯基,进而结合使酶失去活性并导致细菌死亡。当菌体死亡后,Ag^+ 又游离出来得以周而复始地起杀菌作用。

纳米二氧化钛和纳米氧化锌等光催化杀菌剂不但能杀灭细菌本身,而且也能分解细菌分泌的毒素。对于纳米半导体,光生电子和空穴的氧化还原能力增强,受阳光或紫外线照射时,它们在水分和空气存在的体系中自行分解出自由电子(e^-),同时留下带正电的空穴,逐步产生下列反应:

$$ZnO/TiO_2 + h\upsilon \longrightarrow e^- + h^+$$
$$e^- + O_2 \longrightarrow O_2^-$$
$$h^+ + H_2O \longrightarrow OH + H^+$$

反应生成的化学物质,具有较强的化学活性,能够把细菌、残骸和毒素一起消灭。对于人体汗液等代谢物滋生繁殖的表皮葡萄球菌、棒状菌和杆菌孢子等"臭味菌",纳米半导体也有杀灭作用。譬如·OH 会进攻细菌体细胞中的不饱和键:

$$\begin{array}{c} R \quad\quad R \\ \backslash \quad\quad / \\ C = C \\ / \quad\quad \backslash \\ R \quad\quad R \end{array} \quad + \cdot OH \longrightarrow \begin{array}{c} R \quad\quad \cdot \quad R \\ \backslash \quad\quad | \quad / \\ C - C \\ / \quad | \quad \backslash \\ R \quad OH \quad R \end{array}$$

所产生的新自由基会激发链式反应,导致细菌蛋白质的多肽链断裂和糖类分解,从而达到除臭的目的。

12.3.2 在建筑材料中的应用

纳米材料以其特有的光、电、热、磁等性能为建筑材料的发展带来一次前所未有的革命。利用纳米材料的随角异色现象开发的新型涂料,利用纳米材料的自洁功能开发的抗菌防霉涂料、PPR供水管,利用纳米材料具有的导电功能而开发的导电涂料,利用纳米材料屏蔽紫外线的功能可大大提高PVC塑钢门窗的抗老化黄变性能,利用纳米材料可大大提高塑料管材的强度等。由此可见,纳米材料在建材中具有十分广阔的市场应用前景和巨大的经济、社会效益。

1. 纳米技术在混凝土材料中的应用

纳米材料由于具有小尺寸效应、量子效应、表面及界面效应等优异特性,因而能够在结构或功能上赋予其所添加体系许多不同于传统材料的性能。利用纳米技术开发新型的混泥土可大幅度提高混凝土的强度、施工性能和耐久性能。

2. 纳米技术在建筑涂料中的应用

纳米复合涂料就是将纳米粉体用于涂料中所得到的一类具有耐老化、抗辐射、剥离强度高或具有某些特殊功能的涂料。在建材(特别是建筑涂料)方面的应用已经显示特殊魅力,包括光学应用纳米复合涂料、吸波纳米复合涂料、纳米自洁抗菌涂料、纳米导电涂料、纳米高力学性能涂料。

3. 纳米技术在陶瓷材料中的应用

近年来国内外对纳米复相陶瓷的研究表明,在微米级基体中引入纳米分散相进行复合,可使材料的断裂强度、断裂韧性大大提高(2～4倍),使最高使用温度提高400～600℃,同时还可使材料的硬度、弹性模量、抗蠕变性和抗疲劳破坏性能提高。

12.3.3 在化学催化和光催化中的应用

1. 纳米粒子的催化作用

利用纳米超微粒子高比表面积与高活性,可以显著地增进催化效率。它在燃烧化学、催化化学中起着十分重要的作用。

①分散于氧化物衬底上的金属纳米粉体催化作用。将金属纳米粒子分散到溶剂中,再使多孔的氧化物衬底材料浸泡其中,烘干后备用,这就是浸入法催化剂的制备。离子交换法是将衬底进行表面修饰,使活性极强的阳离子附在表面,之后将处理过的衬底材料浸于含有复合离子的溶液中,由置换反应使衬底表面形成贵金属纳米粒子的沉积。吸附法是把衬底材料放入含聚合体的有机溶剂中,通过还原处理,金属纳米粒子在衬底沉积;还有蒸发法、醇盐法等。

②金属纳米粒子的催化作用。火箭发射的固体燃料推进剂中,添加约1%(质量分数)超细铝或镍微粒,每克燃料的燃烧热可增加一倍。30nm的镍粉使有机物氢化或脱氢反应速率提高10～15倍;用于火箭固体燃料反应触媒,可使燃料效率提高100倍。超细硼粉、高铬酸铵粉可以

作为炸药的有效催化剂。超微粒子用作液体燃料的助燃剂,既可提高燃烧效率,又可降低排污。

贵金属铂、钯等超细微粒显示甚佳的催化活性,在烃的氧化反应中具有极高的活性和选择性。而且可以使用纳米非贵金属来替代贵金属。

③纳米粒子聚合体的催化作用。超细的铁、镍与 $\gamma\text{-}Fe_2O_3$ 混合经烧结体,可代替贵金属而作为汽车尾气的净化催化剂。超细的氧化铁微粒可在低温($270\sim300℃$)下,将二氧化碳分解为水和碳;超细铁粉可在苯气相热分解($100\sim1100℃$),引起成核作用而生成碳纤维。超细的铂粉、WC 粉是高效的氮化催化剂。超细的银粉可作为乙烯氧化的催化剂。

一系列金属超微粒子沉积在冷冻的烷烃基质上,经过特殊处理后,将具有断裂 C—C 键或加成到 C—H 之间的能力。

2. 光催化作用及半导体纳米粒子光催化剂

价带中的空穴在化学反应中是很好的氧化剂,而导带中的电子是很好的还原剂,有机物的光致降解作用,就是直接或间接地利用空穴氧化剂的能量。光催化反应涉及到许多反应类型,如无机离子的氧化还原、醇与烃的氧化、氨基酸合成、固氮反应、有机物催化脱氢和加氢、水净化理及水煤气变换等。半导体纳米粒子光催化效应在环保、水质处理、有机物降解、失效农药降解方面有重要的应用:

①将硫化镉、硫化锌、硫化铅、二氧化钛等以半导体材料小球状的纳米颗粒,浮在含有有机物的废水表面,利用太阳光使有机物降解。该法用于海上石油泄漏造成的污染处理。

②用纳米二氧化钛光催化效应,可从甲醇水合溶液中提取氢气;纳米硫化锌的光催化效应,可从甲醇水合溶液中制取丙三醇和氢气。

③纳米二氧化钛在光的照射下对碳氢化合物有催化作用。若在玻璃、陶瓷或瓷砖表面涂一层纳米氧化钛可有很好的保洁作用,无论是油污还是细菌,在氧化钛作用下进一步氧化很容易擦掉。日本已经生产出自洁玻璃和自洁瓷砖。

12.3.4　在医学和生物工程中的应用

纳米技术对生物医学工程的渗透与影响是显而易见的,它将生物兼容物质的开发,利用生物大分子进行物质的组装、分析与检测技术的优化,药物靶向性与基因治疗等研究引入微型和微观领域,并已取得了一些研究成果。

1. 纳米高分子材料

纳米高分子材料作为药物、基因传递和控制的载体,是一种新型的控释体系。纳米粒子具有超微小体积,能穿过组织间隙并被细胞吸收,可通过人体最小的毛细血管,还可以通过血脑屏障,故表现出许多优越性。

①靶向输送。

②帮助核苷酸转染细胞,并起到定位作用。

③可缓释药物,延长药物作用时间。

④提高药物的稳定性。

⑤保护核苷酸,防止被核酸酶降解。

⑥可在保证药物作用的前提下,减少给药剂量,减轻药物的毒副作用。

⑦建立一些新的给药途径。

纳米高分子材料的应用已涉及免疫分析、药物控制释放载体及介入性诊疗等许多方面。在免疫分析中,载体材料的选择十分关键。纳米聚合粒子尤其是某些具有亲水性表面的粒子,对非特异性蛋白的吸附量极少,而被广泛用做新型标记物载体。纳米高分子材料制成的药物载体与各类药物,无论是亲水的还是疏水的药,或者是生物大分子制剂,都有良好的相容性。某些药物只有运送到特定部位才能发挥其药效,可以用生物可降解的高分子材料对药物做保护,并控制药物的释放速度,以延长药物作用时间。因此纳米高分子材料能够负载或包覆多种药物,并可有效地控制药物的释放速度。纳米高分子粒子还可以用于某些疑难病的介入性诊断和治疗。由于纳米粒子比红细胞小得多,可在血液中自由运动。所以可注入各种对机体无害的纳米粒子到人体的各部位,检查病变和进行治疗。例如载有抗增生药物的乳酸-乙醇酸共聚物的纳米粒子,通过冠状动脉给药,可以有效防止冠状动脉再狭窄。

(1)细胞内靶向输送

由于纳米粒子聚集在网状内皮系统里,所以可用药物的载体治疗网状内皮系统的细胞内寄生物。纳米粒子包裹的药物沿着静脉迅速聚集在肝和脾等网状内皮系统的主要器官内,降低了由于治疗药物非特定聚集而引起的毒性。研究表明,被纳米粒子包裹的氨必西林比游离的氨必西林的疗效高20倍。

(2)癌症治疗

纳米粒子作为缓释抗肿瘤药物,可以延长药物在肿瘤内的存留时间,减慢肿瘤的生长,与游离药物相比延长了患肿瘤动物的存活时间。由于肿瘤细胞有较强的吞噬能力,肿瘤组织血管的通透性也较大,所以静脉途径给予的纳米粒子可以在肿瘤内输送,从而达到提高疗效,减少给药剂量和毒性反应的目的。例如,把抗癌新药紫杉醇包裹在聚乙烯吡咯烷酮纳米粒子中,体内实验以荷瘤小鼠肿瘤体积的缩小和存活时间的程度来评价药效,结果表明含紫杉醇的纳米粒子比同浓度游离的紫杉醇的疗效明显增加。把抗肿瘤 ZnPcFI6 包裹到聚乙二醇(PEG)修饰的 PLA 纳米粒子和聚乳酸(PLA)现代化学功能材料纳米粒子中,给小鼠静脉注射后,发现前者的血药浓度较高。这是因为 PEG 修饰的纳米粒子能减少网状内皮系统的摄取,同时增加肿瘤组织的摄取。

纳米微粒系统主要用于毒副作用大、生物半衰期短、易被生物酶降解的药物给药,如抗癌药物。在恶性肿瘤的化疗中,提高药物的靶向性并降低其毒副作用是改善化疗效果的关键。丹尼斯·沃茨经过 3 年研究发明了一种可直接将药物导入癌组织的磁铁技术,该技术采用的系统由三组铜线圈组成,每组两个。这些线圈与电源相连后,分别固定在身体的各个不同部位。通过在患病部位连续移动磁铁,附着在药袋上的氧化磁铁纳米微粒,便可随 DNA 链进入患处,并将药物直接释放到癌组织内。沃茨采用一种能附着在 DNA 链顶端的生物素,先将磁铁颗粒包住,再用荧光技术在磁铁颗粒上着色。这样可在显微镜下清楚地看到 DNA 链包裹的磁铁微粒的活动情况。沃茨发现当磁铁不移动时,DNA 链呈长形链状盘绕着球体。当磁铁连续移动时,球形 DNA 链则伸展,呈锥形体,顺利进入癌组织。可望这种磁铁技术能代替化疗药物,以提高治病效果,避免药物对肠胃带来的副作用。

(3)对疫苗的辅助作用

纳米粒子的辅助作用在于持久地释放被包裹的抗原,或加强吸收作用和身体免疫系统对纳米粒子结合抗原的免疫反应。聚甲基丙烯酸甲酯纳米粒子对大鼠体内的艾滋病毒疫苗起辅助作用，与氢氧化铝或水溶解的辅助作用相比，抗体滴度要高 10～100 倍。与抗原有关的口服用药纳米粒子避免了被胃酸和胃酶分解，尔后被肠淋巴组织吸收。

2. 纳米医学材料

传统的氧化物陶瓷是一类重要的生物医学材料，在临床上已有多方面的应用，例如制造人工骨、肩关节、骨螺钉、人工齿、人工足关节、肘关节等，还用作负重的骨杆，锥体人工骨。纳米陶瓷的问世，将使陶瓷材料的强度、硬度、韧性和超塑性大为提高，因此在人工器官制造，临床应用等方面，纳米陶瓷将比传统陶瓷有更广泛的应用，并有极大的发展前景。纳米微孔二氧化硅玻璃粉已被广泛用作功能性基体材料，譬如微晶储存器、微孔反应器、化学和生物分离基质、功能性分子吸附剂、生物酶催化剂载体、药物控制释放体系的载体等。纳米碳纤维具有低密度、高比模量、高比强度、高导电性等特性，而且缺陷数量极少、比表面积大、结构致密。利用这些超常特性和它的良好生物相容性，可使碳质人工器官、人工骨、人工齿、人工肌腱的强度、硬度和韧性等多方面性能显著提高。还可利用其高效吸附特性，把它用于血液的净化系统，以清除某些特定的病毒或成分。

3. 纳米中药

"纳米中药"指运用纳米技术制造的粒径小于 100nm 的中药有效成分、有效部位、原药及其复方制剂。纳米中药不是简单地将中药材粉碎成纳米颗粒，而是针对中药方剂的某味药的有效部位甚至是有效成分进行纳米技术处理，使之具有新的功能：降低毒副作用、拓宽原药适应性、提高生物利用度、增强靶向性、丰富中药的剂型选择、减少用药量等。

纳米中药的制备要考虑到中药组方的多样性和中药成分的复杂性。要针对植物药、动物药、矿物药的不同单味药，以及无机、有机、水溶性和脂溶性的不同有效成分确定不同的技术方法。也应该在中医理论的指导下研究纳米中药新制剂，使之成为速效、高效、长效、低毒、小剂量、方便的新制剂。纳米中药微粒的稳定性参数可以纳米粒子在溶剂中的 δ 电位来表征。一般憎液溶胶 δ 电位绝对值大于 30mV 时，方可消除微粒间的分子间力避免聚集。有效的措施是用超声波破坏团聚体，或者加入反凝聚剂形成双电层。

聚合物纳米中药的制备有两种。一是采用壳聚糖、海藻酸钠凝胶等水溶性的聚合物。例如将含有壳聚糖和两嵌段环氧乙烷-环氧丙烷共聚物水溶液与含有三聚磷酸钠水溶液混合得到壳聚糖纳米微粒。这种微粒可以和牛血清白蛋白、破伤风类毒素、胰岛素和核苷酸等蛋白质有良好的结合性。已经采用这种复合凝聚技术制备 DNA-海藻酸钠凝胶纳米微粒。二是把中药溶入聚乳醇-有机溶液中，在表面活性剂的帮助下形成 O/W 或 W/O 型乳液，蒸发有机溶剂，含药聚合物则以纳米微粒分散在水相中，并可进一步制备成注射剂。

聚合物纳米中药具有以下优点。

①纳米微粒表面容易改性而不团聚，在水中形成稳定的分散体。

②采用了可生物降解的聚合材料。

③高载药量和可控制释放。

④聚合物本身经改性后具有两亲性，从而免去了纳米微粒化时表面活性剂的使用。

4. 基因纳米技术

DNA 纳米技术是指以 DNA 的理化特性为原理设计的纳米技术，主要应用于分子的组装（尤其是需要循环列阵的晶体结构和记忆驱动系统）。DNA 复制过程中所体现的碱基的单纯性、互补法则的恒定性和专一性、遗传信息的多样性以及构象上的特殊性和拓扑靶向性，都是纳米技术所需要的设计原理。

因物理学、光学、光化学特性，纳米大小的胶体粒子广泛应用于化学传感器、色谱激发器等物理学领域。DNA 纳米技术则使它的组装构型成为可能。

同时，DNA 技术的发展有助于 DNA 纳米技术的成熟。例如，在分子生物学的实验方法中。PCR 技术成为最经典、最常用的复制 DNA 的方法。Bukanov 等研制的 PD 环（在双链线性 DNA 中复合一段寡义核苷酸序列）比 PCR 扩增技术具有更大的优越性。它的引物无须保存于原封不动的生物活性状态，而且产物具有高度序列特异性，不像 PCR 产物那样可能发生错配现象。

被制成基因载体的 DNA 和明胶纳米粒子凝聚体含有氯奎和钙，而明胶与细胞配体运铁蛋白共价结合。纳米粒子在很小的 DNA 范围内形成，并在反应中与超过 98% 的 DNA 相结合，用明胶交联来稳定粒子并没有影响 DNA 的电泳流动性。DNA 在纳米粒子中部分避免了被脱氧核糖核酸酶 I 的分解，但还能被高浓度的脱氧核糖核酸酶完全降解，被纳米粒子包裹的 DNA 只有在钙和包裹运铁蛋白的纳米粒子存在的情况下，才能进行最佳的细胞转染作用。利用编码 CFTR 模拟系统可证明被纳米粒子包裹 DNA 的生物完整性。用包含这种基质的纳米粒子对人工培养的人类气管上皮细胞进行转染，结果超过 50% 的细胞 CFTR 表明，转染效率与 CFTR DNA 纳米粒子的物理化学性质有关。而且在氯化物中输送的 CFTR 缺陷的人类支气管上皮细胞，在被包含有 CFTR 输送基因的纳米粒子转染时可以提高有效的输送活性。

5. 纳米医疗技术

纳米技术导致纳米机械装置和传感器的产生。纳米机器人是纳米机械装置与生物系统的有机结合，在生物医学工程中充当微型医生，解决传统医生难以解决的问题。这种纳米机器人可注入人体血管内，成为血管中运作的分子机器人。它们从溶解在血液中的葡萄糖和氧气中获得能量，并按医生通过外界声信号编制好的程序探视它们碰到的任何物体。它们也可以进行全身健康检查，疏通脑血管中的血栓，清除心脏动脉脂肪沉积物，吞噬病菌，杀死癌细胞。纳米机器人还可以用来进行人体器官的修复工作，如修复损坏的器官和组织，做整容手术，进行基因装配工作，即从基因中除去有害的 DNA；或把 DNA 安装在基因中，使机体正常运转；或使引起癌症的 DNA 突变发生逆转而延长人的寿命；或使人返老还童。

纳米生物计算机的主要材料之一是生物工程技术产生的蛋白质分子，并以此作为生物芯片。在这种生物芯片中，信息以波的方式传播，其运算速度要比当今最新一代计算机快 10 到几万倍，能量消耗仅相当于普通计算机的十亿分之一，存储信息的空间仅占百亿分之一。由于蛋白质能够自我组合，再生出新的微型电路，使得纳米生物计算机具有生物体的一些特点，如能能模仿人脑的机制、发挥生物本身的调节机能自动修复芯片上发生的故障等。纳米生物计算机的发展必将使人们在任何时候、任何地方都可享受医疗，而且可在动态检测中发现疾病的先兆，从而使早期诊断和预防成为可能。

纳米技术的应用已有了原型样机,堪培拉分子工程技术合作研究中心完成了填充了直径为 1.5nm 离子通道的合成膜的生物传感器。专家预测,纳米技术的医学应用初期将集中于体外,如含有纳米尺寸离子通道的人工膜生物传感器将使医学检测、生物战剂侦测及环境检测改观。在此基础上建立的纳米医学,可能应用由纳米计算机控制的纳米机器,以引导智能药物到达目标场所发挥作用。

纳米技术和生物学相结合可研制生物分子器件。以分子自组装为基础制造的生物分子器件是一种完全抛弃以硅半导体为基础的电子元件。在自然界能保持物质化学性质不变的最小单位是分子,一种蛋白质分子可被选作生物芯片的理想材料。现在已经利用蛋白质制成了各种开关器件、逻辑电路、存储器、传感器、检测器以及蛋白质集成电路等生物分子器件。利用细菌视紫红质和发光染料分子研制出具有电子功能的蛋白质分子集成膜,可使分子周围的势场得到控制的新型逻辑元件;利用细菌视紫红质也可制作光导与“门”;利用发光门制成蛋白质存储器,进而研制模拟人脑联想能力的中心网络和联想式存储装置。利用它还可以开发出光学存储器和多次录抹光盘存储器。

12.3.5　在磁学中的应用

1. 磁流体

磁流体也称磁性液体,是由磁性超细微粒包覆一层长链的有机表面活性剂,高度弥散于一定基液中所形成的。它可以在外磁场作用下整体地运动,因此具有其他液体所没有的磁控特性。磁性微粒可以是铁氧体类,如 Fe_3O_4、γ-Fe_2O_3、$MeFe_2O_4$($Me=Co$、Ni、Mn、Zn)等,或金属系如 Ni、Co、Fe 等金属微粒及其他们的合金。此外还有氮化铁,因其磁性较强,故可获较高饱和磁化强度。用于磁流体的载液有水、有机溶剂(庚烷、二甲苯、甲苯、丁酮等)、合成酯、聚二醇、聚苯醚、氟聚醚、硅碳氢化物、卤代烃、苯乙烯等。

磁流体广泛应用于工程、化工、机械、医药等多个领域,特别是在高、精、尖技术上的应用。传统的磁流体产品,如密封、阻尼器和扬声器在一些国家已经有了很好的工业应用。在最近几年,又出现了大量新的应用。

随着高性能的氮化铁磁流体的研制成功和批量生产,这种新型磁流体在宇宙仪器、扬声器等振动吸收装置、缓冲器、汽车悬挂装置、调节器、激励装置、传动器以及太阳黑子、地磁、火箭和受控热核反应等方面的应用,无疑为磁流体的开发拓宽了广阔的思路,也为其发展展示了无限的前景;磁流体在生物磁学中的应用,也为人类探索生命奥秘,攻克危害人类的疾病提供了新的手段。

2. 固体磁性材料

具有铁磁性的纳米材料如纳米晶 Ni、γ-Fe_2O_3、Fe_3O_4 等可作为磁性材料。铁磁材料可分为软磁材料和硬磁材料。前者主要特点是磁导率高、饱和磁化强度大、电阻高、损耗低、稳定性好等,可用于制作电感绕圈、小型变压器、脉冲变压器、中频变压器等的磁芯,天线棒磁芯,电视偏转磁轭,录音磁头,磁放大器等。硬磁材料的主要特点是剩磁要大,矫顽力也要大,才不容易去磁。此外,对温度、时间、振动等干扰的稳定性要好。其主要用途是用于磁路系统中作永磁体以产生恒定磁场,如制作扬声器、微音器、拾音器、助听器、录音磁头、各种磁电式仪表、磁通计、磁强计、示波器以及各种控制设备等。

有些纳米铁氧体会对作用于它的电磁波发生一定角度的偏转,这就是旋磁效应。利用旋磁效应,可以制备回相器、环行器、隔离器和移项器等非倒易性器件,衰减器、调制器、调谐器等倒易性器件。利用旋磁铁氧体的非线性,可制作倍频器、混频器、振荡器、放大器等。可用于制作雷达、通信、电视、测量、人造卫星、导弹系统的微波器件。

具有磁致伸缩效应的纳米铁氧体(压磁材料)主要应用于超声波器件(如超声波探伤等)、水声器件(如声纳等)、机械滤波器、混频器、压力传感器等。其优点是电阻率高、频率响应好、电声效率高。

12.3.6 在航天领域中的应用

1.固体火箭催化剂

固体火箭推进剂主要由固体氧化剂和可燃物组成。固体火箭推进剂的燃烧速度取决于氧化剂与可燃物的反应速度,它们之间的反应速度的大小主要取决于固体氧化剂和可燃物接触面积的大小以及催化剂的催化效果。纳米材料由于粒径小、比表面积大、表面原子多、晶粒的微观结构复杂并且存在各种点阵缺陷,因此具有高的表面活性。正因为如此,用纳米催化剂取代火箭推进剂中的普通催化剂成为国内外研究的热点。

2.纳米改性聚合物基复合材料

纳米材料的另一重要应用是制造高性能复合材料。北京玻璃钢研究院的研究表明,将某些纳米粒子掺入树脂体系,对玻璃钢的耐烧蚀性能大大提高。这些研究对于提高导弹武器酚醛防热烧蚀材料性能、改善武器系统工作环境、提高武器系统突防能力有着深远影响。

3.增韧陶瓷结构材料和"太空电梯"的绳索

陶瓷材料在通常情况下呈现脆性,只在1000℃以上温度时表现出塑性,而纳米陶瓷在室温下就可以发生塑性变形,在高温下有类似金属的超塑性。碳纳米管是石墨中一层或若干层碳原子卷曲而成的笼状"纤维",内部是空的,直径只有几到几十纳米。这样的材料很轻,很结实,而强度也很高,这种材料可以做防弹背心,如果用做绳索,并将其做成地球-月球乘人的电梯,人们在月球定居很容易了。

此外,纳米材料在航天领域还有很多的应用,如采用纳米材料对光、电吸收能力强的特点可制作高效光热、光电转换材料,可高效地将太阳能转换成热、电能,在卫星、宇宙飞船、航天飞机的太阳能发电板上可以喷涂一层特殊的纳米材料,用于增强其光电转换能力;在电子对抗战中将各种金属材料及非金属材料(石墨)等经超细化后,制成的超细混合物用于干扰弹中,对敌方电磁波的屏蔽与干扰效果良好等。

12.3.7 在涂料领域中的应用

近10多年来,纳米材料在涂料中的应用不断拓展。纳米材料以其特有的小尺寸效应、量子效应和表面界面效应,显著提高了涂料涂层的物理机械性能和抗老化等性能,甚至赋予涂层特殊的功能,如吸波、抗菌、导电、耐刮擦、自清洁等,纳米二氧化钛、纳米二氧化硅、纳米氧化铝、纳米碳酸钙等纳米填料的工业化生产,更起到了积极的促进作用,带动了纳米材料在粉末涂料中的应用研究。

纳米材料由于其表面和结构的特殊性,具有一般材料难以获得的优异性能,显示出强大的生命力。表面涂层技术也是当今世界关注的热点。纳米材料为表面涂层提供了良好的机遇,使得材料的功能化具有极大的可能。借助于传统的涂层技术,添加纳米材料,可获得纳米复合体系涂层,实现功能的飞跃,使得传统涂层功能改性。

1. 耐刮擦粉末涂料

熔融挤出或干混加入纳米二氧化硅、纳米氧化铝和纳米氧化锗等刚性纳米粒子,均可有效提高涂层的表面硬度和耐刮擦、耐磨损性能。

2. 抗菌粉末涂料

在粉末涂料中,采用挤出或干混方式加入纳米材料,或经纳米技术处理的抗菌剂、负离子发生剂等均可制得抗菌性粉末涂料涂层。涂铭旌、陆耀祥分别利用纳米抗菌剂,采用近似常规粉末涂料生产工艺制备了抗菌粉末涂料,涂层抑菌率都超过 99%;徐明等人利用纳米技术处理的负离子粉研制的负离子粉末涂料,常温下可产生负离子 $2\sim5$ 个/cm^3。

3. 耐候粉末涂料

徐锁平等人研制的纳米环氧粉末涂料,加入纳米 $\alpha\text{-}Fe_2O_3$ 后,环氧涂层 80h UV 失光率从99% 改善到 10%;陈彩亚等人将纳米材料采用高低速(300~5000r/min)交替混合分散方法,制得纯聚酯粉末涂料,涂层抗冲击强度超过 60kg·cm,耐老化时间达到 1200h;涂铭旌等人将0.5%~5.0% 的无机纳米复合材料进行高速混合分散,然后熔融挤出,制得聚氨酯粉末涂料,其耐候性指标比不加纳米材料提高了 100%~200%。

12.3.8 在环境保护中的应用

纳米材料对各个领域都有不同程度的影响和渗透,特别是纳米材料在环境保护和环境治理方面的应用,给我国乃至全世界在治理环境污染方面带来了新的机会。下面对几种目前在环境保护和环境治理方面研究和应用较多的纳米材料作一介绍。

随着人们生活水平的提高,交通工具越来越发达,汽车拥有量越来越多,汽车所排放的尾气已成为污染大气环境的主要来源之一。汽车尾气的治理成为各国政府亟待解决的难题。研究发现,纳米级稀土钙钛矿型复合氧化物 ABO。对汽车尾气所排放的一氧化碳、一氧化氮、碳氢化合物具有良好的催化转化作用。把它作为活性组分负载于蜂窝状堇青石载体制成的汽车尾气催化剂,其三元催化效果较好,且价格便宜,可以替代昂贵的贵金属催化剂。近年来,很多稀土钙钛矿型复合氧化物已经投放市场应用于汽车尾气的治理。

人们在研究二氧化钛光催化性能的同时发现纳米氧化锌作为功能材料也具有优异的性能,在环境保护和治理方面同样显示出广阔的应用前景。在紫外光的照射下,纳米氧化锌具有光催化剂的作用,能分解有机物质,可以制成抗菌、除臭和消毒产品,保护和净化环境。纳米氧化锌还可以作为气体报警材料和抗紫外线材料。此外,载有金属离子的纳米材料具有很好的抗菌功能。我国科学工作者对载有 Ag^+ 的纳米材料进行了抗菌性方法实验,证明了载有 Ag^+ 的纳米材料具有良好的抗菌功能,Ag^+ 可使细胞膜上的蛋白失活,从而杀死细胞。还可以用纳米材料制成孔径比病毒还小的过滤膜净化水,人喝了这种水可以减少肾的负担。

自 1976 年 J. H. Cary 等人报道了在紫外线照射下,纳米二氧化钛可使难降解的有机化合物多氯联苯脱氯的光催化氧化水处理技术后,引起了各国众多研究者的普遍重视。迄今为止,已经发现有 3000 多种难降解的有机化合物可以在紫外线的照射下通过纳米二氧化钛或氧化锌迅速降解,特别是当水中有机污染物浓度很高或用其他方法很难降解时,这种技术有着明显的优势。研究较多的是纳米二氧化钛,纳米二氧化钛不但具有纳米材料的特性,还具有优良的光催化性能,可以分解有机废水中的卤代脂肪烃、卤代芳烃、有机酚类、酚类等以及空气中的甲醛、甲醇、丙酮等有害污染物为二氧化碳和水。纳米二氧化钛在环境污染治理方面发挥着越来越大的作用。

随着纳米材料和纳米技术基础研究的深入和实用化进程的发展,纳米材料在环境保护和环境治理方面的应用显现出欣欣向荣的景象。纳米材料与传统材料相比具有很多独特的性能,以后还会有更多的纳米材料应用于环境保护和治理,许多环保难题诸如大气污染、污水处理、城市垃圾等将会得到解决。我们将充分享受纳米技术给人类带来的洁净环境。

纳米材料在其他方面也有广阔的应用前景。美国、英国等国家已成功制备出纳米抛光液,并有商品出售。纳米微粒使抛光剂中的无机小颗粒越来越细,分布越来越窄,适应了更高光洁度的晶体表面的抛光。另外,纳米技术制备的静电屏蔽材料用于家用电器和其他电器的静电屏蔽具有良好的作用。日本松下公司已利用氧化铝,二氧化钛,氧化铬和氧化锌的纳米微粒成功研制出具有良好静电屏蔽的纳米材料,这种纳米静电屏蔽涂料不但有很好的静电屏蔽特性,而且也克服了炭黑静电屏蔽涂料只有单一颜色的单调性。

纳米粒子在工业上的初步应用也显示出了它的优越性。美国把纳米氧化铝加到橡胶中提高了橡胶的耐磨性和介电特性;日本把氧化铝纳米颗粒加入普通玻璃中,明显改善了玻璃的脆性;美国科学工作者把纳米微粒用于印刷油墨,正准备设计一套商业化的生产系统,不再依靠化学颜料而是选择适当体积的纳米微粒来得到各种颜料。

导电浆料是电子工业重要的原材料。德国科学工作者用纳米 Ag 代替微米 Ag 制成了导电胶,可以节省 Ag 粉 50%,用这种导电胶焊接金属和陶瓷,涂层不需太厚,而且涂层表面平整,备受使用者的欢迎。近年来,人们已开始尝试用纳米微粒制成导电糊、绝缘糊和介电糊等,在微电子工业上正在发挥作用。

纳米材料诱人的应用前景使人们对这一崭新的材料科学领域和全新研究对象努力探索,扩大其应用范围,使它为人类带来更多的利益。

第13章 功能转换材料

13.1 热电材料

13.1.1 热电效应

在用不同导体构成的闭合电路中,若使其结合部出现温度差,则在此闭合电路中将有热电流流过,或产生热电势,这种现象称为热电效应。热电效应有塞贝克(Seebeck)效应、珀尔帖(Peltier)效应和汤姆逊(Thomson)效应三种类型,如图13-1所示。

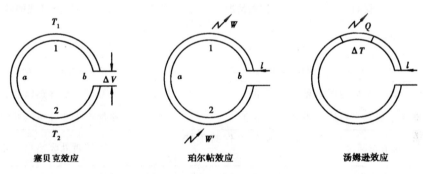

图13-1 热电效应

1. 塞贝克效应

塞贝克效应是热电偶的基础。由 a、b 两种导体构成电路开路时,如果接点 1、2 分别保持在不同的温度 T_1(低温)、T_2(高温)下,则回路内将产生电动势(热电势),这种现象称为塞贝克效应。其热电势 ΔU 正比于接点温度 T_1 和 T_2 之差,即

$$\Delta U = a(T) \cdot \Delta T \quad (\Delta T = T_2 - T_1) \tag{13-1}$$

式中,比例系数 $\alpha(T)$ 称为塞贝克系数。

2. 珀尔帖效应

1834年珀尔帖发现,在热电回路中,与塞贝克效应相反,当通电时,在回路中则会在接点 l 处产生热量 W,而在接点 2 处吸收热量 W',产生的热量正比于流过回路的电流,即

$$W = \pi_{ab} I \tag{13-2}$$

式中,比例系数 π_{ab} 称为珀尔帖系数,其大小取决于两种导体的种类和环境温度,它与塞贝克系数有如下关系:

$$\pi_{ab} = a(T) \cdot T \qquad\qquad (13\text{-}3)$$

式中，T 为环境绝对温度。

珀尔帖效应会使回路中一个接头发热，一个接头致冷。由此可见，珀尔帖效应实质上是塞贝克效应的逆效应。

3. 汤姆逊效应

在由一种导体构成的回路中，如果存在温度梯度 $\dfrac{\partial T}{\partial x}$，则当通过电流 I 时，导体中也将出现可逆的热效应，即产生热的现象，此即汤姆逊效应，这种热电效应是汤姆逊年发现的。

其热效应的大小与电流 I、温度梯度 $\dfrac{\partial T}{\partial x}$ 和通电流的时间 Δt 成正比，即

$$\frac{\partial Q}{\partial x} = \tau(T) \cdot I \cdot \frac{\partial T}{\partial x} \cdot \Delta t \qquad\qquad (13\text{-}4)$$

式中，比例系数 $\tau(T)$ 称为汤姆逊系数。

三种热电效应的比较见表 13-1。

表 13-1 三种热电效应的比较

效应		材料	加温情况	外电源	所呈现的效应
塞贝克	金属	两种不同金属	两种不同的金属环，两端保持不同温度	无	接触端产生热电势
	半导体	两种半导体	两端保持不同温度	无	两端间产生热电势
珀尔帖	金属	两种不同金属	整体为某温度	加	接触产生焦耳热以外的吸、发热
	半导体	金属与半导体	整体为某温度	加	接触产生焦耳热以外的吸、发热
汤姆逊	金属	两条相同金属丝	两条金属丝个保持不同温度	加	温度转折处吸热或发热
	半导体	同种半导体	两端保持在不同温度下	加	整体发热或冷却

13.1.2 金属热电性的微观机理

1. 电子热扩散机理

处于平衡态的金属，其电子服从费米分布。当金属导体上建立起温度差时，金属中的电子分布将偏离平衡分布而处于非平衡态，即在高温端金属有较多的高能传导电子，在低温端金属有较多的低能传导电子。两端传导电子的数目并无变化。传导电子在金属导体内扩散时，由于扩散速率是其能量的函数，因而在金属内形成一净电子流，其结果使电子在金属的一端堆积起来，产生一个电动势，它的作用是反抗净电流的流动。当此电动势足够大时，净电流最后被减小到零。这种由于温差而引起的热电动势称为扩散热电动势（E_d），其对温度的导数称为扩散热电势率（S_d）。由此可见，金属中传导电子的热扩散将造成热电势的扩散贡献 S_d。利用玻耳兹曼输运方程可以推导出 S_d，即

$$S_d = \frac{\pi^2}{3}\left(\frac{k_B}{e}\right) \times k_B T \frac{\partial(\ln\sigma)}{\partial E} \tag{13-5}$$

式中，S_d 为绝对热电势率的扩散贡献；k_B 为玻耳兹曼常数；σ 为金属的电导率；e 为电子电荷。

2. 声子拖曳机理

当金属两端存在温差时，声子的分布将处于非平衡分布。非平衡分布的声子系统将通过电子-声子相互作用，在声子热扩散的同时拖曳传导电子流动，产生热电势的声子拖曳贡献。在珀尔帖效应中反过来电子的流动也会拖曳声子流动。这两种机理对热电势的贡献在金属、半金属、半导体中都存在。但对低温下的超导态物质，绝对热电势率为零。

13.1.3　热电材料的种类及应用

热电材料是指利用其热电性的材料，其中，金属热电材料主要是利用塞贝克效应制作热电偶的材料，是重要的测温材料之一；半导体热电材料是利用塞贝克效应、珀尔帖效应或汤姆逊效应制作热能转变为电能的转换器以及反之用电能来制作加热器和制冷器的材料。

1. 金属及合金热电材料

金属及合金热电材料是最重要的热电材料之一，它最广泛的应用是测量温度，材料均被制成热电偶，不同金属或合金的组合，适用于不同的温度范围。

对于金属热电偶材料，一般要求具有高的热电势及高的热电势温度系数，以保证高的灵敏度；同时，要求热电势随温度的变化是单值的，最好呈线性关系；还要求具有良好的高温抗氧化性的抗环境介质的腐蚀性，在使用过程中稳定性好，容易加工，价格低廉。完全达到这些要求比较困难，各种热电偶材料也各有优缺点，通常可以根据使用温度范围来选择使用热电偶材料。

低于室温的低温热电偶材料常用铜-康铜、铁-镍铬、铁-康铜及金铁-镍铬等。较常用的非贵金属热电偶材料有镍铬-镍铝、镍铬-镍硅和铜-康铜等。常用贵金属热电偶材料的有铂-铂铑及铱-铱铑等。常用国际标准化热电极材料的成分和使用温度范围见表13-2，其中使用了国际标准化热电偶正、负热电极材料的代号。一般用两个字母表示，第一个字母表示型号，第二个字母中的 P 代表正电极材料，N 代表负电极材料。

表 13-2　常用的热电材料

序号	型号	正极材料		负极材料		使用温度范围/K
		代号	质量分数/%	代号	质量分数/%	
1	B	BP	Pt70Rh30	BN	Pt54Rh46	273～2093
2	R	RP	Pt87Rh13	RN	Pt100	223～2040
3	S	SP	Pt90Rh10	SN	Pt100	223～2040
4	N	NP	Ni84Cr14.5Si1.5	NN	Ni54.9Si45Mg0.1	3～1645
5	K	KP	Ni90Cr10	KN	Ni96Al2Mn2Si1	3～1645

续表

序号	型号	正极材料		负极材料		使用温度范围/K
		代号	质量分数/%	代号	质量分数/%	
6	J	JP	Fe100	JN	Ni45Cu55	63～1473
7	E	EP	Ni90Cr10	EN	Ni45Cu55	3～1273
8	T	TP	Cu100	TN	Ni45Cu55	3～673

2. 半导体热电材料

典型的半导体热电材料有碲化铋、硒化铋、碲化锑、碲化铅等。它们的使用温度为：碲化铋，200℃左右；碲化铅，500℃左右。其中，碲化铅是研究较多的半导体，它的塞贝克系数随掺杂量、温度的变化而变化，并存在一个极值。研究表明，若得到温差器件的最佳性能，必须从冷接头到热接头渐次增加掺杂浓度。

半导体热电材料在致冷和低温温差发电方面具有重要的应用。尽管其效率低，价格昂贵，但因体积小，结构简单，因此，尤其适合于科研领域的小型设备。在供电不方便的地方，半导体温差发电装置则显示出其优越性。

3. 其他热电材料

一些氧化物、碳化物、氮化物、硼化物和硅化物有可能用于热电转换，其中硅化物较好，塞贝克系数较高，如 $MnSi_2$、$CrSi_2$ 的塞贝克系数分别为 180 和 120，且工作温度也高。

13.1.4　热电导材料

热电导材料又称热敏材料或温敏材料，是重要的传感器材料，其重要的特征是热电导效应，即当温度升高时，材料的电导率发生变化的现象。

1. 热电导材料的主要特征

（1）电导率的温度系数仪 α_σ

α_σ 是热电导材料的重要参数，其表达式为：

$$\alpha_\sigma = \frac{\partial \sigma}{\sigma \partial T} \tag{13-6}$$

式中，α_σ 为电导率的温度系数；σ 为电导率。

与 α_σ 有联系的另一个热电材料的特征参量是电阻率的温度系数 α_ρ，其表达式为：

$$\alpha_\sigma = \frac{\partial \rho}{\rho \partial T} \tag{13-7}$$

α_σ 与 α_ρ 满足以下的关系，即

$$\alpha_\sigma = -\alpha_\rho \tag{13-8}$$

这一关系式可以简单地推导如下：

由于 $\sigma = 1/\rho$，所以

$$\frac{\partial \sigma}{\partial T} = \frac{\partial (1/\rho)}{\partial T} = -\frac{\partial \rho}{\rho^2 \partial T}$$

将这一结果代入到式(13-6)中,则有:

$$\alpha_\rho = \frac{\partial \sigma}{\sigma \partial T} = -\frac{\partial \rho}{\sigma \rho^2 \partial T} = -\frac{1}{\sigma \rho} \cdot \frac{\partial \rho}{\rho \partial T} = -\alpha_\rho$$

(2)耗散系数 H

热电导材料的耗散系数可由下式决定,即

$$H = \frac{P}{T_t - T_0} \tag{13-9}$$

式中,P 为热电导材料中耗散的输入功率;T_t 为热电导材料的温度;T_0 为周围介质的温度。

(3)功率灵敏度 ε_ρ

$$\varepsilon_\rho = \frac{C}{100 \alpha_\rho} \tag{13-10}$$

式中,α_ρ 为电阻率的温度系数;C 为材料的热容。

可见,ε_ρ 的物理意义为降低热电导材料的电阻率的 $1/100$ 所需的功(率)值。

(4)灵敏阈值

灵敏阈值是可测出电阻变化的最小功,其数量级在 10^{-9} W 左右。

2. 热电导材料的种类及应用

热电导材料的重要应用之一是制作热敏电阻,利用材料的电阻随温度变化的特性,用于温度测定、线路温度补偿和稳频等元件。电阻随温度升高而增大的热敏电阻称为正温度系数热敏电阻;电阻随温度升高而减小的称为负温度系数热敏电阻;电阻在某特定温度范围内急剧变化的称为临界温度电阻;电阻随温度呈直线关系的称为线性热敏电阻。

(1)正温度系数(PTC)热敏电阻材料

这类材料主要是掺杂半导体陶瓷,其中,掺杂 $BaTiO_3$ 陶瓷是主要的 PTC 热敏电阻材料。$BaTiO_3$ 的 PTC 效应与其铁电性相关,其电阻率突变同居里温度 T_c 相对应。只有晶粒充分半导化,晶界具有适当绝缘性的 $BaTiO_3$ 陶瓷才具有 PTC 效应。

$BaTiO_3$ 陶瓷中,加入 Nb_2O_5 在烧结时铌进入钛晶格位置,造成施主中心,形成电导率高的 N 型半导体。若加入 $SrCO_3$,可使 T_c 向低温移动,而加入 Pb,则使 T_c 向高温移动。MnO_2 可提高电阻率和电阻温度系数。加入 Ca 可控制晶粒生长,提高电阻率。添加 SiO_2、Al_2O_3、TiO_2 形成玻璃相,容纳有害杂质,促进半导化,抑制晶粒长大。Li_2CO_3 可加大 PTC 温区内的电阻率变化范围。Sb_2O_3 或 Bi_2O_3 可细化晶粒。

$BaTiO_3$、$(Ba_2Pb)TiO_3$ 和 $(Sr,Ba)TiO_3$ 陶瓷的烧结温度都在 1300℃以上。化学沉淀工艺制备的 $(Sr,Pb)TiO_3$ 陶瓷,具有典型 PTC 特性,可在 1100℃烧结。

PTC 热敏陶瓷具有许多实用价值:电流-电压特性、电流-时间特性、电阻率-温度特性、等温发热特性、变阻特性和特殊启动性能等,已广泛应用于温度控制、彩色电视消磁、液面控制以及等温发热体等。

(2)负温度系数(NTC)热敏电阻材料

常温 NTC 热敏电阻材料绝大多数是尖晶石型过渡金属氧化物半导体陶瓷,主要是含锰二元系和含锰三元系氧化物。二元系有 $MnO\text{-}CoO\text{-}O_2$、$MnO\text{-}NiO\text{-}O_2$、$MnO\text{-}CuO\text{-}O_2$ 系,三元系有

Mn-Co-Ni、Mn-Cu-Ni、Mn-Cu-Co 系氧化物等。

MnO-CuO-O$_2$ 系含锰量 60%～90%，主晶相和导电相是 CuMn$_2$O$_4$。MnO-CuO-O$_2$ 系的电阻值范围较宽，温度系数较稳定，但电导率对成分偏离敏感，重复性差。

MnO-NiO-O$_2$ 系陶瓷的主晶相是 NiMn$_2$O$_4$，电导率和热敏电阻常数值较窄，但电导率稳定。

MnO-CoO-O$_2$ 系陶瓷含锰量 23%～60%，主晶相是四方尖晶石 CoMn$_2$O$_4$ 和立方尖晶石 MnCo$_2$O$_4$。主要导电相是 MnCo$_2$O$_4$，这一系列陶瓷的热敏电阻常数和电阻温度系数比 MnO-CuO-O$_2$ 和 MnO-NiO-O$_2$ 系列高。

含锰三元系热敏陶瓷在相当宽的范围内能形成一系列结构稳定的立方尖晶石（CuMn$_2$O$_4$、CoMn$_2$O$_4$、NiMn$_2$O$_4$、MnCo$_2$O$_4$ 等）或其连续固溶体，它们的晶格参数接近，互溶度高。这类陶瓷的电性能对成分偏离不敏感，重复性、稳定性较好。

NTC 陶瓷主要用于通信及线路中温度补偿、控温和测温传感器等。

（3）临界温度电阻（CTR）材料

CTR 材料主要是以 V$_2$O$_5$ 为基础的半导体陶瓷材料。这类材料常掺杂 MgO、CaO、SrO、BaO、B$_2$O$_3$、P$_2$O$_5$、SiO$_2$、GeO$_2$、NiO、WO$_3$、MoO$_3$ 或 La$_2$O$_3$ 等稀土氧化物来改善其性能。

VO$_2$ 基陶瓷在 67℃ 左右电阻率突变，降低 3～4 个数量级，可用于温度控制、火灾报警和过热保护等，是一种具有开关特性的材料。VO$_2$ 的 CTR 特性同相变有关。在 67℃ 以下，晶格发生畸变，转变为单斜结构，使原处于金红石结构中氧八面体中心的 V^{4+} 离子的晶体场发生变化，导致 V^{4+} 的 3d 层产生分裂，导电性突变；在 67℃ 以上，VO$_2$ 为四方晶系的金红石结构。

13.2 光电材料

13.2.1 光电导材料

光电导材料是指具有光电导效应的材料，又称内光电效应材料、光敏材料。光电导材料是制造光电导探测器的重要材料。

1. 光电导材料的主要特性

反映光电导材料主要特性的参量包括积分灵敏度、长波限、光谱灵敏度及灵敏阈等。

（1）积分灵敏度

光电导材料的积分灵敏度 S 代表了光电导产生的灵敏度，即单位光入射通量产生的电导率变化的大小，可表示为：

$$S=\frac{\Delta\sigma}{\Phi} \tag{13-11}$$

式中，σ 为材料的电导率；Φ 为光入射通量。

（2）"红限"或长波限

根据光电导效应产生的原理可知，并非任何波长的光照射在某种材料上时都会导致其电导率的变化，只有当入射光子的能量（与波长或频率有关）足够大时，才能将材料价带中的电子激发到导带,从而产生光生载流子。因此,"红限"或长波限的意义就是产生光电导的波长上限。

(3)光谱灵敏度

光电导材料的光谱灵敏度又称为光谱响应度,可用 δ-λ 曲线表示,它反映光电导材料对不同波长的光的响应。通常定义光电探测器的光谱灵敏度达到 δ-λ 曲线峰值的 10% 时,在短波长侧和长波长侧的光波长分别为光电探测器的起峰波长和长波限。图 13-2 就是典型半导体材料锗的本征光电导的光谱分布。

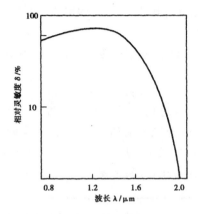

图 13-2　锗的本征光电导的光谱分布

(4)灵敏阈

灵敏阈表示能够测出光电导材料产生光电导的最小光辐射量。

2. 光电导材料的种类及应用

光电导材料按组成的不同可分为光光电导高分子、电导半导体和光电导陶瓷等三类。

有机高分子光电导体主要有两类:一类是聚乙烯基咔唑及其衍生物与掺杂的电子受体构成的高分子电荷转移络合物。其光致电导原理为:聚乙烯咔唑类高分子受光照射后分子处于激发态,在高分子链上产生带正电荷的中心(阳离子自由基)发生电子由高分子给体向受体的迁移,正电荷很容易沿高分子链迁移,从而使高分子材料成为导电体。另一类是聚酞菁金属络合物,其光电导性能随酞菁类大环配体结构的变化及中心金属的不同而有所不同,中心金属多用铜、铁、镍、钴等。

光电导高分子材料在太阳能电池二全息摄影、信息存储、静电复印等方面有重要用途。

光电导半导体种类繁多,应用广泛,如 Ge、Si 等单晶体,ZnO、PbO 等氧化物,CdS、CdSe、CdTe 等镉化物,PbS、PbSe、PbTe 等铅化物,以及 Sb_2S_3、InSb 等半导体化合物。

采用半导体材料制作的光电导探测器是最具活力的器件。其一般具有制作工艺简单(无需制成 PN 结)、量子效率高、响应速度快、耗电少、体积小、重量轻、等特点,适合大批量生产。目前利用各种不同的半导体材料已发展出从紫外、可见光到近、中、远红外各种波段的光电导探测器。

13.2.2　光电动势材料

光电动势材料是能够产生光生伏特效应的材料,主要指光电池材料。

1. 光电池的主要特性

表征光电池主要特性的参量有开路电压、短路电流、转换效率和光谱响应曲线等。

(1)开路电压

开路电压 U_o 表示的是光电池在开路时的电压,也就是光电池的最大输出电压。

(2)短路电流

短路电流 I_o 表示的是光电池在外电路短路时的电流,也就是光电池的最大电流。

(3)转换效率

转换效率 η 是反映光生电动势转换效率的参数,是光电池的最大输出功率与入射到光电池结面上的辐射功率之比,即

$$\eta = \frac{光电池最大输出功率}{入射到结面上的辐射功率} = \frac{IE}{\Phi S} \tag{13-12}$$

式中,I 为光电流;E 为光电动势;Φ 为光入射通量;S 为相关灵敏度。

如图 13-3 所示,η 与禁带宽度有关,当 E 为 0.9~1.5eV 时,即可获得最高值。此外,温度、掺杂浓度及分布以及光强度等也是影响 η 的因素。

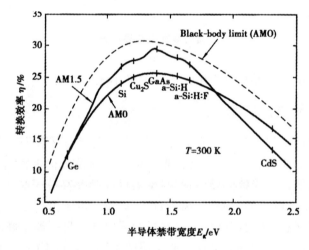

图 13-3　转换效率与禁带宽度的关系曲线

(4)光谱响应曲线

光谱响应曲线是表示 U_o-λ、I_o-λ、η-λ 的关系曲线,反映了光电池的几个重要参量与入射光波长的关系。

2. 光电池材料

光电池中最活跃的领域是太阳能电池。目前所应用的太阳能电池是一种利用光伏效应将太阳能转化为电能的半导体器件。由于只有能量高于半导体禁带宽度的光子,才能使半导体中的电子从价带激发至导带,生成自由电子和空穴对而产生电势差,而太阳辐射光谱是一个从紫外到近红外的非常宽的光谱,所以太阳能向电能的转化就取决于半导体的禁带宽度。从图 13-3 可知,制造太阳能电池的半导体材料的禁带宽度应在 1.1~1.7eV 之间,最好是 1.5eV 左右。目前,太阳能电池的主要类型有薄膜太阳能电池、硅太阳能电池、PN 异质结太阳能电池等。尽管

硅的带隙宽度仅 1.1eV,且为间接带隙半导体,但硅的蕴藏量十分丰富,而且对硅器件的加工有着深入的研究。因此,目前的太阳能电池主要还是用硅材料。本节仅就太阳能电池材料作简要的讨论。

(1)硅太阳能电池材料

硅太阳能电池按照结晶类型的不同主要有单晶硅太阳能电池、多晶硅太阳能电池和非晶硅太阳能电池等几种。

①单晶硅太阳能电池材料。

这类太阳能电池的优点是 E_g(约 1.1eV)大小适宜,其实际转换效率较高(可达 18%)。单晶硅太阳能电池的反射损失小,易掺杂。但是价格昂贵,使用寿命不长。

②多晶硅太阳能电池材料。

多晶硅比单晶硅容易获得,但不易控制其均匀性。多晶硅太阳能电池材料的实际转换效率低,仅有 2%~8%。对多晶硅进行表面改性,在其表面形成理想的织构来增强其对光的吸收,可以将多晶硅电池的转换效率提高至 13.4%。

③非晶硅太阳能电池材料。

用非晶硅制造太阳能电池这种方法近年来发展很快。其工艺简单,对杂质的敏感性小,而且可制成大尺寸。但是转换效率不高,性能不够稳定。将非晶硅与晶体硅相结合,制备成非晶硅/晶体硅异质结构,能够有效提高其转换效率,而且这种结构还具有表面复合速率低、成本低等优点。

(2)化合物半导体薄膜太阳能电池材料

化合物半导体薄膜是薄膜中产生光生载流子的活性材料,其中 GaAs、CdTe、CuInSe$_2$(CIS)等的禁带宽度在 1~1.6eV 之间,与太阳光谱匹配较好,同时这些半导体材料对太阳光的吸收系数大,是制作薄膜太阳能电池的优选活性材料。

化合物半导体薄膜太阳能电池具有的特点:①耗材少。由于化合物电池与太阳光谱更匹配,对太阳光吸收系数更大,使得这些材料适合制作薄膜电池,几十微米即可;②光电转化效率高,转换效率提高空间大。如 CuIn(Ga)Se, 的光电转化效率为 18.8%,CdTe 为 16%,InGaP/GaAs 为 30.28%;③品种多,应用广泛;④抗辐射性好。适合于空间飞行器电源等特殊应用。

(3)陶瓷太阳能电池和金属-氧化物-半导体(MOS)太阳能电池材料

陶瓷太阳能电池和金属-氧化物-半导体(MOS)太阳能电池正在不断发展之中。陶瓷太阳能电池材料以 CdS 陶瓷为典型代表,具有制备简单,成本低的优点,但是稳定性差。金属-氧化物-半导体(MOS)太阳能电池的转换效率可达 20%,但工艺比较复杂。

3. 光电动势材料的发展现状和应用前景

太阳能是取之不尽用之不竭的清洁能源。太阳一年到达地球表面的能量是人类一年所消耗能量的一万倍以上。但是,太阳照到地球能量的分散度很大,能量密度很小,而且受自然因素影响大。由于目前太阳能电池的光电转换材料效率还不高,而且仍只局限于单晶硅材料、薄膜材料、非晶硅材料等几种,因此太阳能电池材料还有待于进一步的发展。今后的发展方向是寻求基于新的转换机理的材料,如美国近年来报道的一种新型材料,效率高达 60%,具有极好的应用前景。

我国在西藏地区已建有容量为 25kW 的双湖光伏电站。但是太阳能发电利用的规模很小,全部容量只是印度的一半。目前与国际先进国家相比,我国太阳能发电在转换效率、生产成本和大规模试验方面都有较大的差距,因此,我国太阳能发电的关键是要研制和生产出高效、大面积、低价格的太阳能材料。

太阳能电池材料可以探索和开发的新途径还很多,巨大潜力和长远意义应该受到更大的重视,在这一领域的突破将会给人类文明带来更大的光明。

13.3 声光材料

13.3.1 声光效应

声和光是两种完全不同的振动形式,声是机械振动,而光是电磁波。20 世纪 20 年代人们发现了光被声波散射的现象。随着高频声学和激光的发展,声光相互作用机理及声光技术的研究逐渐为人们所重视,并取得了重大进展。

1.声光效应的概念

声光效应,就是声波作用于某些物质之后,使该物质的光学性质发生改变的现象。在各种声波中,超声波引起的声光效应尤为显著。超声波是机械波,当作用在物质上时,能够引起物质密度的周期性疏密变化,即在物质内形成密度疏密波(起光栅作用),从而导致其折射率发生周期性改变。当光通过这种超声波光栅时,就会发生折射和衍射,产生声光交互作用。

声光交互作用可以控制光束的方向、强度和位相,因此,利用声光效应能制成各种类型的器件,如偏转器、调制器和滤波器等。

2.声光效应的两种形式

光波被超声波光栅衍射时,有两种情况:一种是外加超声波频率较低时产生的拉曼—纳斯(Raman-Nath)衍射,另一种是外加的超声波频率较高时产生的布拉格(Bragg)衍射。两种形式的声光效应如图 13-4 所示。

(1)拉曼—纳斯衍射

当超声波频率较低($\omega \leqslant 20\text{MHz}$),声光交互作用长度较短(即声束窄),光束与超声波波面平行时,产生拉曼—纳斯声光衍射。类似于平面光栅的夫琅和费衍射,拉曼—纳斯声光衍射中平行光束垂直通过超声波柱相当于通过一个很薄的声光栅,再通过会聚透镜可在屏上观察到各次衍射条纹,可写成:

$$\Lambda\sin\theta = \pm m\lambda \tag{13-13}$$

式中,λ 为介质中光波的波长。

上式表示出各次衍射 θ 与光束的波长 λ 以及超声波的波长 Λ 的关系,以入射光前进方向的第 0 次衍射光为中心,产生在超声波前进方向上呈对称分布的 ± 1 次、± 2 次等高次衍射光,其强度逐级减弱。

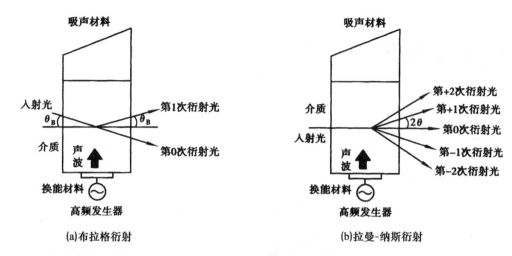

图 13-4　声光效应的两种形式

（2）布拉格衍射

布拉格衍射是声光作用的另一种物理过程。当超声波频率较高（$\omega>20\text{MHz}$），声光交互作用长度较大（即声束宽），光波从与超声波波面成布拉格角 θ_B 的方向射入，以同样的角度反射，其 θ_B，Λ 及 λ 之间的关系为：

$$2\Lambda\sin\theta_B=\pm\lambda_0/n \tag{13-14}$$

式中，λ_0 为光波在真空中的波长；λ_0/n 光波在介质中的波长。

此时的声光效应与晶体中 X 射线的一级布拉格衍射完全相同。

13.3.2　声光材料的种类

声光器件对声光材料的要求是多方面的，如要求具有高的声性能指数（品质因素）和低的声损耗，在使用波段内光学透明，物理化学性质稳定，机械强度高，易于加工。对晶体材料还要求可以用适当方法获得大尺寸单晶体等。声光材料可以分为玻璃和晶体材料两大类。

1.声光玻璃材料

最常用的声光介质玻璃有熔融石英玻璃、Te 玻璃、重火石玻璃、$As_{12}Se_{55}Ge_{33}$、As_2Se_3、As_2Se_3 等。玻璃材料易于生产，可获得形状各异的大尺寸块体，而且退火后，光学均匀性好，光损耗小，易于加工，价格低。但是在可见光谱区，难以获得折射率大于 2.1 的透明玻璃，玻璃的弹光系数小。

一般地说，玻璃只适用于声频低于 100MHz 的声光器件。

2.声光晶体材料

声光晶体主要是氧化物晶体，是最重要的一类声光材料，适宜制造频率高于 100MHz 的高效率声光器件。单晶介质材料的物理性质是各向异性的，可通过选择声模和光模的最佳组合，获得从材料的平均性质所预想不到的有益的声光性能。在第 5 章已有详细讨论。

13.4 压电材料

13.4.1 压电效应

1.压电效应的概念

当外加应力 T 作用于某些电介质晶体并使它们发生应变 S 时,电介质内的正负电荷中心会产生相对位移,并在某两个相对的表面产生异号束缚电荷。这种由应力作用使材料带电的现象称为正压电效应。与正压电效应产生的过程相反,当对这类电介质晶体施加外电场并使其中的正负电荷重心产生位移时,该电介质要随之发生变形。这种由电场作用使材料产生形变的现象称为逆压电效应。

正压电效应和逆压电效应统称为压电效应。具有压电效应的介质称为压电体。

例如,有一垂直于 C 轴方向切下的石英单晶片,其厚度方向为 x,长度方向为 y。当在 x 方向施以压应力(或拉应力)T_1 时,就会在与 x 轴垂直的两个表面上产生异号束缚电荷。当在 y 方向施以压应力(或拉应力)T_2 时,在垂直于 x 轴的两个表面上也会产生异号束缚电荷,如图 13-5 所示。

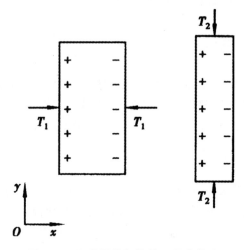

图 13-5 石英晶体切片的正压电效应

2.压电效应的机理

介质具有压电效应的条件是其结构不具有对称中心。压电效应产生的机理可用图 13-6 加以说明。图 13-6(a)所示为晶体中的质点在某方向上的投影,此时,晶体不受外力作用,正负电荷的重心重合,整个晶体的总电矩为零,晶体表面的电荷也为零;图 13-6(b)、(c)分别所示为受压缩力与拉伸力的情况,此时正负电荷的重心将不再重合,于是就会在晶体表面产生异号束缚电荷,即出现压电效应。

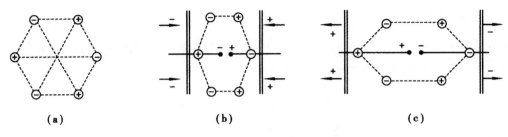

$$(a) \qquad\qquad (b) \qquad\qquad (c)$$

图 13-6　压电晶体产生压电效应的机理图

13.4.2　压电材料的主要特性

压电材料的主要特性参量有压电常数、弹性常数、介电常数等,而其主要功能参数是机电耦合系数。

1. 弹性常数

压电体是弹性体,服从胡克定律。由于压电体多为三维物体,因此其弹性常数应该是由广义胡克定律决定的。在不同的电学条件下,表现出有不同的弹性模量。

(1)短路弹性模量

在外电路的电阻很小时,即相当于短路条件下测得的弹性模量。

(2)开路弹性模量

在外电路的电阻很大时,即相当于开路条件下测得的弹性模量。

2. 压电常数

压电效应是由于压电材料在外力作用下发生形变,电荷重心产生相对位移,从而使材料总电矩发生改变而造成的。实验证明,压力不太大时,由压力产生的电偶极矩大小与所加应力成正比。因此,压电材料单位面积极化电荷 p_i 与应力 σ_{jk} 间的关系如下:

$$p_i = d_{ijk}\sigma_{jk} \quad (i,j,k = 1,2,3) \tag{13-15}$$

式中,d_{ijk} 为压电常数,是一个三阶张量。

压电常数反映了压电材料中的力学量和电学量之间的耦合关系。压电常数有四种,即"压电应变常数(d_{ij})"、"压电电压常数(g_{ij})"、"压电应力常数(e_{ij})"和"压电劲度常数(h_{ij})"。各压电常数的第一个下标"i"表示电场强度 E 或电位移 D 的方向,第二个下标"j"表示应力 T 或应变 S 的方向,压电常数是表示压电材料产生压电效应大小的一个重要参数。

3. 介电常数

介电常数反映了材料的介电性质,通常用 ε 表示。当压电材料的电行为用电场强度 E 和电位移 D 作变量来描述时,则有:

$$D = \varepsilon E \tag{13-16}$$

对于压电陶瓷片,其介电常数 ε 可以表示如下:

$$\varepsilon = Cd/A$$

式中,C 为电容,F;d 为电极距离,m;A 为电极面积,m^2。

4. 机电耦合系数

机电耦合系数 K 是一个综合反映压电体的机械能与电能之间耦合关系的物理量,它是衡量压电材料性能的一个很重要的参数,其定义为:

$$K^2 = \frac{\text{由正压效应转换的电能}}{\text{输入的机械能}} \quad (\text{正压电效应}) \qquad (13\text{-}17)$$

或
$$K^2 = \frac{\text{由逆压效应转换的电能}}{\text{输入的机械能}} \quad (\text{逆压电效应}) \qquad (13\text{-}18)$$

K 是一个量纲一的物理量,其数值越大,表示压电材料的压电耦合效应越强。

13.4.3 常见的压电材料

压电材料包括压电晶体、压电陶瓷、压电聚合物和压电复合材料等。

1. 压电晶体

(1)石英

石英又称水晶,化学成分是 SiO_2,属三方晶系。石英的特点是压电性能稳定,内耗小,但 K 值不是很大。

早期用做压电晶体的是天然水晶,然而天然水晶产量有限,自 20 世纪 60 年代以来,已广泛应用的是采用水热法生长的人造水晶。

石英晶体目前被广泛应用于通信、导航、时间、频率标准等领域,如频率稳定器、扩音器、电话、钟表等电子设备。

(2)含氢铁电晶体

含氢铁电晶体也属三方晶系。属于这类晶体的有磷酸二氢铵、磷酸二氢钾、磷酸氢铅和磷酸氘铅晶体等。

(3)含氧金属酸化物

如具有钙钛矿型结构的钛酸钡晶体、具有畸变的钙钛矿型结构的铌酸锂和钽酸锂,以及具有钨青铜型结构的铌酸锶钡。

铌酸锂是现在已知居里点最高和自发极化最大的铁电晶体,具有 K 值大、使用温度高、高频性能好以及传输损耗小等特点。钽酸锂的晶体结构与铌酸锂相同,居里点 T_c 为 630℃。作为压电晶体,钽酸锂也具有 K 值大、高频性能好的特点。铌酸锂和钽酸锂都是用提拉法从熔体中生长的。

2. 压电半导体

压电半导体大都属于闪锌矿或纤锌矿结构,主要有 CdS、CdSe、ZnO、ZnS、ZnTe、CdTe 等 Ⅱ-Ⅵ 族化合物和 GaAs、GaSb、InAs、InSb、AlN 等 Ⅲ-Ⅴ 族化合物。其中,最常用的是 CdS、CdSe 和 ZnO,它们的 K 值大,并兼有光电导性。目前,在微声技术上主要用来制造换能器,如水声换能器,通过发射声波或接受声波来完成水下观察、通信和探测工作。

压电晶体作为体材料已在机电转换和声学延迟方面广泛使用。为了使它们能用于高频及有更广泛的用途,压电晶体常制成薄膜,现已制备出铌酸锂、锆钛酸铅及半导体压电薄膜。

3. 压电陶瓷

压电陶瓷比压电晶体便宜但易老化。它们多是 ABO_3 型化合物或几种 ABO_3 型化合物的固溶体。应用最广泛的压电陶瓷是钛酸钡系和锆钛酸铅系陶瓷。

(1)钛酸钡

钛酸钡($BaTiO_3$)是第一个被发现可以制成陶瓷的铁电体,其晶体属钙钛矿型结构,在室温下属四方晶系,120℃时转变为立方晶相,此时铁电性消失。

钛酸钡具有较好的压电性,是在锆钛酸铅陶瓷出现之前广泛应用的压电材料。但是,钛酸钡的居里点不高,限制了器件的工作温度范围。$BaTiO_3$ 还存在第二相变点。为了扩大钛酸钡压电陶瓷的使用温度范围,并使它在工作温度范围内不存在相变点,出现了以 $BaTiO_3$ 为基的 $BaTiO_3$-$CaTiO_3$ 系和 $BaTiO_3$-$PbTiO_3$ 系陶瓷。

(2)锆钛酸铅

锆钛酸铅($Pb(Zr,Ti)O_3$,简记为 PZT)是 $PbTiO_3$ 与 $PbZrO_3$ 形成的固溶体,具有钙钛矿型结构,是一种应用很广泛的压电陶瓷材料。

锆钛酸铅晶体在居里点以上为立方相,无压电效应。在锆钛比为 55/45(摩尔分数)时,结构发生突变,此时平面耦合系数 K 和介电常数 ε 出现最大值。通过在化学组成上作适当地调整以改变锆钛酸铅压电陶瓷的性质,以获得所要求的电学性能和压电性能。

(3)钛酸铅

钛酸铅($PbTiO_3$)的居里温度是 490℃,在居里点以上为顺电立方相,居里点以下为四方相。$PbTiO_3$ 烧结性差,各向异性较大,晶界能高,当冷却通过居里点时晶粒易分离。添加 Li_2CO_3、Fe_2O_3 或 MnO 可获得致密陶瓷。改性 $PbTiO_3$ 陶瓷用做高频滤波器的高频低耗振子、声表面波器件、红外热释电探测器、无损探伤和医疗诊断探头等。

13.4.4　压电材料的应用

压电材料是一种重要的功能转换材料,1916 年朗之万利用石英晶体制造出"声呐",用于探测水中的物体,至今仍在海军中有重要应用。

利用压电材料的逆压电效应,在高驱动电场下产生高强度超声波,并以此作为动力,是压电材料在超声技术方面的重要应用,如超声清洗、超声乳化、超声焊接、超声粉碎等装置上的机电换能器。利用压电材料的正压电效应,将机械能转换成电能,从而产生高电压,也是压电材料最早开拓的应用之一,如压电点火器、引燃引爆装置、压电开关等。

压电材料与人们的日常生活密不可分,从电子手表、打火机,到收音机、彩色电视机,到处都有压电器件。当然,压电材料最主要的应用还是在信息技术等高新技术领域。

13.5 热释电材料

13.5.1 热释电效应

极性晶体因温度变化而发生电极化改变的现象成为热释电效应。热释电效应的原因是晶体中存在着自发极化，温度变化时自发极化也发生变化，当温度发生变化时所引起的电偶极矩不能及时被补偿时，自发极化就能表现出来。晶体中温度发生了微小变化 ΔT，则极化矢量 P 的改变可表达为 $\Delta P_i = P_i \Delta T$，$P_i$ 为热释电系数，是热释电晶体的主要参数，晶体的热释电效应 P 是矢量描述，一般有三个分量。

具有对称中心的晶体不可能具有热释电效应，而在 20 类压电晶体中，也只有某些有特殊极轴方向的晶体才具有热释电性质，故只有 10 种极性晶类才是热释电晶类，即 1、2、m、2mm、3、3m、4、4mm、6、6mm。所谓极性晶体是指吸轴和晶向相一致的晶体。

13.5.2 常见的热释电材料

1. 热释电晶体

热释电晶体的 P 值高，性能稳定，其自发极化在外电场作用下不发生转向。主要有电气石（$(Na,Ca)(Mg,Fe)_3B_3Al_6Si_6(O,OH,F)_{31}$）、$CaS$、$CaSe$、$Li_2SO_4 \cdot H_2O$、$ZnO$ 等。

2. 铁电晶体

这类晶体同样具有 p 值高、性能稳定的特点，但与热释电晶体不同的是在外电场作用下其自发极化会改变方向。典型的有硫酸三甘肽（TGS）及其改性的材料，包括 DTGS、ATGS、ATGSAs 和 ATGSP、$LiTaO_3$、$Sr_{1-x}Ba_x$、$BaNb_2O_6$、$LiNiO_3$、$PbTiO_3$、$Pb(Zr,Ti)O_3$、$BaTiO_3$ 等。

（1）硫酸三甘肽（TGS）类晶体

硫酸三甘肽又称三甘氨酸硫酸盐，是一类最重要最常用的热释电材料。TGS 是由甘氨酸和硫酸以 3:1 的摩尔比例配制成饱和水溶液，然后用降温生长单晶而获得，较容易得到大的优质单晶体。其结构属单斜晶系，居里点约为 49℃。TGS 是典型的二级相变铁电体，通常铁电体需极化才具有热释电性质。

TGS 晶体的极化强度大，相对介电常数小，材料的电压响应优值也大，是一种重要的热释电探测器材料，而且方便器件的制作。但是易吸潮，机械强度差，存在退极化现象以及介电损耗较大等。采用密封封装可以避免材料受潮。

为了进一步提高 TGS 的热释电性质，特别是提高其居里点，防止退极化，采用在重水中培养或掺入有益杂质的方法生长 TGS 晶体，例如：

①DTGS（氘化的 TGS）。

将 TGS 用重水进行重结晶实现氘化，可使 T_c 提高到 60℃以上。

②ATGS(掺丙氨酸的 TGS)。

这类晶体具有锁定极化性质,即晶体不需极化就具有热释电效应。将晶体加热超过 T_c 后,再冷却到 T_c 以下,仍能恢复其热释电性,具有较高的稳定性。掺丙氨酸后晶体的介电常数和介电损耗都减小,故电压响应优值和探测率优值有所提高。

③DATGS(氘化的 ATGS)。

兼有 DTGS 和 ATGS 两种晶体的优点,T_c 高,具有锁定极化性质。

(2)金属酸化物晶体

金属酸化物晶体可在高温下用提拉法生长,获得高质量的单晶。这类晶体物化性质稳定,机械强度高,但生长设备较复杂。已得到实际应用的晶体有如下两种:

①钽酸锂晶体。

$LiTaO_3$ 属三方晶系,具有钙钛矿的 ABO_3 晶格结构。其介电损耗低,T_c 高,不易退极化。因此,$LiTaO_3$ 在很宽温度范围内优值指数都较高,适合制作工作温度范围大的高稳定性器件。

②铌酸锶钡晶体。

铌酸锶钡晶体是一种钨青铜结构的晶体,与 $LiTaO_3$ 相比,电极化大,但介电常数也大,电压响应优值不高,适合做小面积或多元器件。掺入少量 La_2O_3 或 Nd_2O_3 可克服其退极化的问题。

3. 热释电陶瓷

热释电陶瓷与单晶体比较,制备容易,成本低。常用的有如下几种:

①钛酸铅陶瓷在压电陶瓷中已有述及,其居里温度高,热释电系数随温度的变化很小,是一种较好的红外探测器材料。

②锆钛酸铅陶瓷是用量很大的压电陶瓷。$PbZr_{1-x}Ti_xO_3$ 系陶瓷,在 $x=0.1$ 附近存在复杂相变,可制成性能良好的热释电陶瓷。$Pb_{0.96}Bi_{0.04}Zr_{0.92}Ti_{0.08}O_3$ 陶瓷在室温附近具有较大的热释电系数。

③锆钛酸铅镧(PLZT)陶瓷的居里点高,在常温下使用不退化,热释电性能良好。

4. 有机高聚物晶体

典型代表是聚偏二氟乙烯(PVDF),具有较小的热释电系数 c' 和电容率 ε,电压响应优值并不很低,但介电损耗大,故探测率优值严重下降。其优点是易于制得大面积的很薄的膜,不需减薄和抛光等工序,从而使成本降低。

13.5.3　热释电材料的应用

热释电材料的最重要应用是热释电传感器和红外成像焦平面。室温红外探测器与列阵的主要工作原理是:当热释电元件受到调制辐射加热后,晶片温度将发生微小变化,由此引起晶体极化状态的变化,从而使垂直于自发极化轴方向的晶体单位表面上的电荷发生改变。

利用热释电材料制作的单元热释电探测器在国内外均已形成相当规模的产业。这些室温红外探测器在防火、防盗、医疗、遥测以及军事等方面具有广泛的应用。

热释电材料器件应用的最新发展是用于红外成像系统,即"夜视"装置,这种装置基于各种物体在黑暗的环境中随其温度的变化而发射具有不同强度和波长的红外线的原理,使红外摄像机能够接收到来自物体不同部位的不同强度和波长的红外线,从而产生不同强度的电信号,最后被还原成可视图像。

第 14 章　新型功能材料

14.1　微电子器件材料

　　集成电路是将电路中的有源元件(二极管、晶体管等)、无源元件(电阻、电容等)以及它们之间的互连引线等一起制作在半导体衬底上,形成一块独立的不可分的整体电路,集成电路的各个引出端(管脚)是该电路的输入、输出、电源和地等的接线端。

　　集成电路制造包括集成电路设计、工艺加工、测试、封装等工序。集成电路设计是根据电路所要完成的功能、指标等首先设计出在集成电路工艺中可行的电路图,然后根据有关设计规则将电路图转换为制造集成电路所需的版图,进而制成光刻掩膜版。完成设计后,可利用光刻版按一定的工艺流程进行加工、测试,制造出符合原电路设计指标的集成电路。

　　芯片(chip)和硅片(wafer)是集成电路领域的两个术语,芯片指没有封装的单个集成电路,硅片是包含成千上百个芯片的大圆硅片。

　　目前,微电子产业已经成为国民经济中最重要的支柱产业,缩小器件的特征尺寸(特征尺寸是集成电路中半导体器件的最小尺度,是衡量集成电路加工和设计水平的重要参数。特征尺寸越小,加工精度越高,集成度越大,性能越好)、提高芯片的集成度和增加硅片面积,是微电子技术发展的主要途径之一。自 20 世纪 70 年代后期至今,集成电路芯片的集成度大约每一年半增加一倍,器件特征尺寸大约每三年缩小 $\sqrt{2}$ 倍,单个芯片上可集成十亿个晶体管。

　　微电子技术涉及的材料是非常广泛的,微电子技术的发展离不开各种半导体材料、结构材料以及工艺辅助材料技术方面的重大突破。半导体材料是各种集成电路的原始材料,是微电子技术的核心材料。

1. 衬底材料

　　目前主要的半导体衬底材料有 Si、SOI 和Ⅲ—Ⅴ氮化物半导体材料。硅是一种重要和常用的衬底材料,具有力学强度高、结晶性好、单晶直径大、自然资源丰富、成本低等特点。随着集成度的提高,硅片尺寸由 3 寸发展到 12 寸,可以生产 IG DRAM。

　　SOI(Silicon On Insulator 绝缘衬底上的硅)材料是一种非常有发展前途的材料,由于它特有的结构可以实现集成电路中元器件的介质隔离,具有集成密度高、速度快、工艺简单、短沟道效应小等优点,将会成为 $0.1\mu m$ 左右低压、低功耗集成电路的主流技术。由于Ⅲ—Ⅴ氮化物半导体如 GaN、AlN、InN 和 SiC 等材料具有带隙宽、热稳定性好及较高的热导率等特点,可以制作高温器件的衬底。

2. 互连材料

互连材料包括金属导电材料和相配套的绝缘介质材料,互连线技术由金属化过程完成。基板金属化是为了把芯片安装在基板上并使芯片与其他元器件互连。为此要求金属层具有低电阻率,与下面的介质层粘附力强,与外引线的键合性好,在正常工作条件下没有腐蚀或电迁移现象。

传统的导电材料是铝和铝合金,绝缘介质材料是 SiO_2。铝连线具有电阻率低、易淀积、易刻蚀、工艺成熟等优点,基本满足大规模集成电路性能的要求。其缺点是铝的抗电迁移能力差、易浅结穿透,在温度循环中引起多层互连线的极间短路。在铝合金中掺入合金元素后,可以减少铝在晶粒间界的扩散,避免铝膜产生空洞和小丘,防止多层金属化的层间短路。典型的铝合金有 Al-Cu、Al-Si、Al-Cu-Si 等,它们在金属压焊能力、可光刻性、对二氧化硅粘附性等方面均优于铝。Al-Cu 合金的抗电迁移电流密度为纯 Al 的 10 倍。

随着电路规模的增加,互连线长度和所占面积迅速增加,将引起连线电阻增加,使电路的互连时间延迟、信号衰减及串扰增加;互连线宽的减少会导致电流密度增加,引起电迁移和应力迁移效应加剧,从而严重影响电路的可靠性。同时,当器件尺寸缩小到深亚微米以下时,铝金属互连的可靠性成为严重问题。

解决上述问题的途径:采用新的互连材料;优化互连布线系统设计。铜具有低电阻率、抗电迁移和应力迁移特性好等优点,是一种比较理想的互连材料。采用化学机械抛光技术,成功地解决了铜引线的布线问题,IBM 和 Motorola 已发明了六层铜互连工艺,并投入生产。利用铜金属互连已成为集成电路技术发展趋势。

3. 封装材料

随着微电子技术迅速发展,微加工工艺的特征线宽越来越细,集成电路的集成度不断提高,集成电路上的热流急剧增加,热效应已成为集成电路进一步发展的严重障碍,对电子封装技术和封装材料提出了严峻挑战。封装对系统的工作有直接影响,被列为 20 世纪末人类发展的十大关键技术。

半导体集成电路封装是为半导体芯片提供一种必须的电气互连、机械支撑、环境保护和散热的一种结构,其主要功能有散热功能——散发芯片内产生的热量;电功能——传递芯片的电信号;机械和化学保护功能——保护芯片和导电丝。封装涉及材料、机械、热学和电学等多种学科。但长期以来,半导体集成电路和封装互连技术及组装技术没有协调发展,集成电路发展迅速,封装技术滞后,制约了电子产品的小型化和多元化。90 年代以来,微电子封装进入突破性发展时期。微电子封装的发展趋势:超薄型;多芯片封装;三维封装乃至光互连。

集成电路采用塑料封装和陶瓷封装,便于组装到印刷电路板上。塑料封装的结构如图 14-1 所示,主要由芯片上各个焊接区到封装外壳各引线端子间的导电丝、引线框架及封装体组成。一般采用可塑性好、直径为 $20\sim30\,\mu m$ 的金丝作为导电丝,用超声热压焊法将芯片上的焊接区和内引线连接起来。芯片上的焊接区的材料与芯片内的布线为同一材料——铝薄膜层,其与金丝焊接后形成金铝的共晶合金(Au_5Al_2)。

与塑料封装相比,陶瓷封装具有导热性和密封性能好等优点,用于散热和防湿性能要求高的场合。图 14-2 表示陶瓷的封装结构,将芯片装在带有引线框架的叠层陶瓷外壳中,然后盖上盖板将其密封。

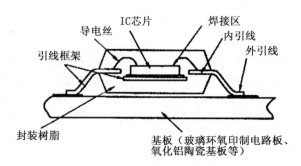

图 14-1　塑料封装结构

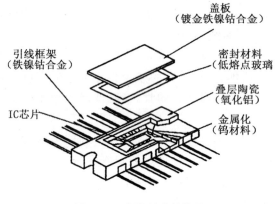

图 14-2　陶瓷封装结构图

14.2　红外材料

　　英国著名科学家牛顿在 1666 年用玻璃棱镜进行太阳光的分光实验,将看上去是白色的太阳光分解成由红、橙、黄、绿、青、蓝、紫等各种颜色所组成的光谱,称"太阳光谱"。在太阳光谱发现以后的相当长一段时间里,没有人注意到在太阳光中除各种颜色可见光外,还存在不可见光。直到 1800 年,英国物理学家 W. 赫舍尔发现太阳光经棱镜分光后所得到光谱中还包含一种不可见光。它通过棱镜后的偏折程度比红光还小,位于红光谱带的外侧,所以称为"红外线"。20 世纪 30 年代以前,红外线主要用于学术研究。其后又发现,除非炽热物体外,每种处于 0K 以上的物体均发射特征电磁波辐射,并主要位于电磁波谱的红外区域。这个特征对于军事观察和测定肉眼看不见的物体具有特殊意义。此后,红外技术得到快速发展,第二次世界大战期间已使用了红外定位仪和夜视仪。现在,在国民经济各个领域都可以找到它的应用实例。

　　目前实用的光学材料只有二三十种,可以分为晶体、玻璃、透明陶瓷、塑料等四种。

14.2.1　红外透波晶体

1. 红外透波晶体材料品种与性能

红外透波晶体材料包括:金刚石、Ge、ZnSe、ZnS、GaAs、GaP、蓝宝石(Al_2O_3)、MgF_2、尖晶石

等单晶或多晶体。

(1)金刚石

金刚石是一种很受欢迎的红外透波材料,这是由于在晶体材料中金刚石是唯一一种在 7～15μm 综合透光性、导热性、强度、硬度、耐蚀性都比较理想的红外透波材料(如表 14-1 所示),适合高温和恶劣环境使用。

表 14-1　几种红外透波材料物理性能比较

性　能	金刚石	Ge	ZnSe	ZnS	GaAs	MgF$_2$	GASIR1
折射率(10μm)	2.38	4.00	2.41	2.20	3.28	1.34	2.6
硬度/(kg/mm)	10000	850	120	250	750	576	170
弯曲强度/MPa	2940	93	55	103	72	150	19
杨氏模量/GPa	1050	103	67	75	85	115	18
热膨胀系数/$\times 10^{-6}$℃$^{-1}$	0.8	6.1	7.6	7.8	5.7	11.5	17
热传导率/[w/(cm·℃)]	20	0.60	0.18	0.17	0.81	0.15	0.25
光谱/μm	7～25	1.8～12	0.5～22	0.6～14	0.9～12	—	0.8～14

但是金刚石在 4～6μm 中红外区吸收和辐射都比较大,并且高硬度造成对其切削,研磨加工非常困难,不易加工成任意形状的非球面镜,因而获得的光学零件表面粗糙、精度很难提高。

目前红外系统和红外窗口使用的金刚石是用 CVD 法制备的多晶金刚石材料,其性质与单晶金刚石性质很相似,经镀制红外增透膜透过率可达到 98％以上。

(2)锗晶体

Ge 晶体是一种万能的红外材料。锗不溶于水,化学稳定性好,具有无毒、抗湿性、导热性良好,表面硬度和强度高的性质,不透可见光,在红外波段折射率大于 4,因而反射损失超过 50％,镀制抗反射膜后可以显著提高锗的透过率。

锗在热成像系统或红外窗口使用中,首先必须生长成锗单晶,并且需要用单点金刚石加工工艺对单晶锗进行机械冷加工,然后再用专用设备对单晶锗进行粗磨、精磨、抛光、磨边定心等一系列加工工序制成所要的零件,这样效率非常低、制造成本很高;受到单晶锗尺寸的限制,不能制造大直径的红外光学部件,因为要生长大尺寸的锗单晶是非常困难的。相对而言,发展多晶锗更有优势。因为多晶锗有 4 个优点:①可作成适当的形状;②可作成大尺寸;③成本低;④各向同性。但是多晶锗的物理性能不稳定,而且晶界的存在使某一特殊方向承受应力变形能力降低,机械强度和抗震能力会下降。

(3)Ⅱ-Ⅵ族化合物晶体

在 1971 年,Ⅱ-Ⅵ族半导体材料被用来做红外材料。起先人们使用 CdTe 晶体作为透红外光学元件,后来扩展到使用 ZnSe 和 ZnS 晶体。随着晶体生长技术的进步,化学气相沉积法的成熟,高质量、低吸收的Ⅱ-Ⅵ族半导体材料被看作红外热成像仪,夜视仪和红外窗口性能的最好材料。

ZnSe 晶体是重要的Ⅱ-Ⅵ族半导体发光材料,其晶体为淡黄色,对波长范围为 0.5～22μm 的光具有良好透射性能,基本覆盖可见—红外波段范围,而且在 8～12μm 吸收比硫化锌还要低。但是无论是高质量单晶体还是多晶体制备都较为困难,ZnSe 的硬度不如硫化锌的一半,甚至各项力学性能都不好,如表 14-1 所示。

硫化锌晶体属于面心立方,透波特性比较理想,红外透过曲线平稳,可达 70% 以上,不存在任何吸收峰,并且有较好的硬度和合适的价格。这种材料通常使用波段为 $3\sim5\mu m$ 和 $8\sim12\mu m$,长波限较长,经过镀膜处理透过率较高,耐高温能力较差,它和 ZnSe 都是能够在长波范围内透过性能非常好的材料。但是硫化锌在常压下升温时不熔化,在熔点时(1830℃)有很大的蒸气,因此很难制成大尺寸的单晶体。目前,应用最多的是硫化锌多晶体,制取硫化锌块状多晶,通常只能采用热压工艺和 CVD 技术。

GdTe 晶体与 ZnSe 相似,也具有非常宽的透红外波段范围($1\sim25\mu m$),在 $10.6\mu m$ 处吸收率小于 $0.002cm$。CdTe 常温下的折射率约为 $2.5\sim2.7$,但是它的导热性很差(仅为 ZnSe 的 $\frac{1}{3}$)很难直接作为红外材料使用,它具有与碲镉汞相当的晶格常数、外延生长晶格失配小、化学相容、相近的热膨胀系数,所以 CdTe 晶体现在大多用来做外延法制备碲镉汞等薄膜的衬底材料,用在红外探测器上,可以保证实现背光照、低噪声、高量子效率。单晶 CdTe 的生长方法有 HPB 法,VB 法,HB 法,THM 法,HFM 法及 VGF 法,目前生长的高质量晶体尺寸已经大于 100mm。

(4)MgF_2 晶体

MgF_2 多晶材料是一种强度和抗震性能都很好的红外材料,而且在远红外区有很高的红外透过率,其红外透过率理论值约为 95%,但实际上只有 90% 左右。在 MgF_2 多晶材料上涂覆类金刚石(DLC)薄膜后,MgF_2 多晶材料的红外透过率可以增加 3%~5%。

氟化镁晶体不能透长波红外,在长波区有本征吸收,而地面目标辐射的峰值波长处于长波红外段,因此其应用受到限制。

(5)GaAs 晶体

GaAs 和 Ge 晶体一样在 $3\sim5\mu m$ 和 $8\sim14\mu m$ 波段具有良好透光性能,它的使用温度可达 400℃ 以上,而 Ge 晶体在 100℃ 时吸收就开始变大。GaAs 晶体耐湿性好,安全可靠,化学稳定性好(除非与强酸接触)。GaAs 光学器件的使用受限于晶体生长技术的限制,目前大直径单晶制备方法主要有:水平布里奇曼法(HB)、液态密封法(LEP)、磁耦合直拉法(MCT)、磁耦合直拉法(MCT),目前生长出最大 GaAs 单晶的直径还不到 100mm。能够使用作窗口材料的尺寸达 $30cm\times30cm\times1cm$。

2. 红外材料的镀膜技术

除了金刚石以外,其他红外材料都存在反射率大或强度低的某方面不足,因此,利用镀膜技术,既能提高红外透过率又能达到很好的保护效果就成了近年来的研究热门。目前常用的红外增透膜种类有:金刚石膜、类金刚石膜(DLC)、碳化锗膜、硫化锌膜、磷化硼(BP)、磷化镓(GaP)、氟化镱(YbF_3)等。

不同类材料一般镀膜工艺和种类也不大一样。

研究认为锗、氟化镁、硫化锌用作远红外($8\sim12\mu m$)材料时使用 DLC,BP 增透膜效果比较好。实验证明双面镀 DLC 膜后锗片和氟化镁晶体在 $3\sim5\mu m$ 波段的峰值透过率高达 99% 和 95%;硫化锌多晶在 $3\sim12\mu m$ 波段透过率达 95.8%。DLC 膜存在的缺点是吸收系数大,内应力高。厚度被限制在 $2\mu m$ 以下,$5\sim7\mu m$ 厚的 DLC 引起长波红外吸收损失达 20%。优点是镀膜温度低,不会影响基体的透光性能。

金刚石膜力学性能很好,但膨胀系数比大多数红外材料低得多,沉积后冷却时会爆裂。所以在镀金刚石前需要先涂覆一层诸如石英、Al_2O_3、SiC 之类膨胀性相近的金刚石附膜层,防止金刚石脱落。这种膜使用于 ZnSe、ZnS 材料。这种膜的缺点是镀膜温度高,而且很难沉积到基体上,据报道用低温沉积获得高质量的金刚石薄膜的最低温度为 400℃。

碳化锗是一种硬度适当,折射率、吸收系数、内应力、硬度在较宽范围都可调,抗雨蚀性较好的红外防反射膜,折射率以镀膜条件不同可在 2～4 之间变化。缺点是力学性能不好,所以可与 DLC 膜组合成多层膜系使用。镀膜方法有反应溅射法和等离子气相沉积法。

BP 膜是一种优良的耐雨水冲击和砂子磨损的长波红外膜,越厚力学性能愈好,但是吸收比会随着厚度增加而增加,所以存在折中选择。磷化镓力学性能较磷化硼差一些,但在长波红外区吸收小,镀膜方法选用 MOCVD 法,已证明这两种材料都能作为 Ge,ZnSe,ZnS 和 GaAs 材料的耐磨防反射膜。此外硫化锌也可以作为增透膜使用,硫化锌薄膜对远红外材料发展很重要,适用于对 ZnSe 增透。

3. 晶体类红外材料的应用

金刚石各项性能都很完美,单晶金刚石作为飞机耐高压红外窗口已经有 30 多年的历史了,但价格昂贵,CVD 多晶金刚石价格比单晶成本较低,而且也可以用作 UV 探测器,飞机红外窗口,红外头罩,热成像系统,透红外反射红外光学元件,既耐雨水颗粒冲击,又耐高温腐蚀,使用性能很好,本来就可以在 700℃ 以下高温使用,有人又研究发现在其表面镀制氮化铝膜使其使用温度可提高到 1000℃ 以上。

锗晶体红外材料主要用于作透镜、红外窗口、导流罩、滤光片和棱镜,在中红外波段镀硫化锌抗反射膜后,在 $1.8\sim11.5\mu m$ 波段内透过率可达 95% 以上,但由于锗工作时随温度升高,透过率显著下降,抗机械冲击差,而不宜在高温下使用。在潜艇望远镜和光电桅杆的红外窗口只能选用均匀性好,材质稳定,抗腐蚀性较好的单晶锗。美国是锗量最大的国家,最早把锗晶体应用于 IR 系统。

Ⅱ-Ⅵ族半导体晶体中 ZnSe 是很理想的远红外透过材料,可用作红外窗口,热成像仪,夜视仪,及医用红外检测医疗设备光学系统。目前制备方法主要有:熔体生长法,气相输运法和固相再结晶技术等等,其中物理气相传输(PVT)和化学气相传输(CVT)是比较成熟的两种技术,已生长出直径达 50mm 的单晶。但是 ZnSe 硬度不高,因此只能通过沉积表层耐磨膜来增加强度、耐磨性,目前还没有大量应用。

硫化锌晶体在可见与红外波段有较好的透过性能而成为一种红外吊舱、高速飞行器红外窗口和整流罩的红外材料,特别是近 10 年来,随着红外技术在军事领域的应用和发展,硫化锌晶体发挥着越来越重要的作用,成为国防上不可缺少的关键材料。在热成像系统上使用的硫化锌晶体(ZnS)分为标准等级的和多光谱等级。标准等级的硫化锌用气相沉积法获得,这种材料通常使用波段为 $3\sim5\mu m$ 和 $8\sim12\mu m$,有较好的硬度和合适的价格。多光谱硫化锌材料是通过热处理消除空穴、位错的硫化锌,使这种材料的透光性延伸到可见光波段。缺点是较软,易破,耐热冲击性较差一些。

MgF_2 晶体可以做红外窗口、头罩材料,也可以作热成像系统光学零件。目前美国空导弹的红外型系列,AIM-9D、AIM-9E、AIM-9H、AIM-9L 等都用 MgF_2 多晶头罩。MgF_2 红外窗口已经可以做到 $\varphi 7cm$,厚 1cm。

14.2.2 红外玻璃与红外陶瓷

1.红外玻璃

玻璃具有光学均匀性好,易于加工成型,以及价格便宜等优点,但不足的是透过波长较短,使用温度一般低于 500℃。红外光学玻璃主要有以下几种:硅酸盐玻璃、铝酸盐玻璃、镓酸盐玻璃、硫族化合物玻璃等。其透过光学性能如图 14-3 所示。主要性能和应用见表 14-2。氧化物类玻璃的有害杂质是水分,其透过波长不超过 $7\mu m$。硫族化合物玻璃透过红外波长范围加宽。例如,$Ge_{30}As_{30}Se_{40}$ 玻璃,可以透过波长为 $13\mu m$ 的波。但加工工艺比较复杂,而且常含有有毒元素。

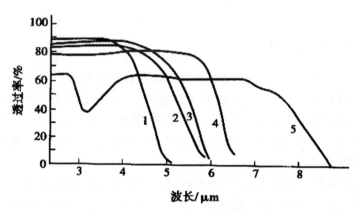

图 14-3 红外光学玻璃透过率

1-硅酸盐玻璃;2-锗酸盐玻璃;3-铝酸钙玻璃;4-碲酸盐玻璃;5-铋酸铅玻璃

表 14-2 一些红外玻璃的成分和性能

名 称	化学组成	透射波段/μm
硅酸盐玻璃类:光学玻璃	SiO_2-B_2O_3-P_2O_5-PbO	0.3~3
非硅酸盐类:		
BS37A 铅酸盐玻璃	SiO_2-CaO-MgO-Al_2O_3	0.3~5
BS39B 铅酸盐玻璃	CaO-BaO-MgO-Al_2O_3	0.3~5.5
镓酸盐玻璃	SrO-CaO-MgO-BaO-Ga_2O_3	0.3~6.65
碲酸盐玻璃	BaO-ZnO-TeO_3	0.3~6.0
硫属化合物玻璃类:		
三硫化二砷玻璃	$As_{40}S_{60}$	1~11
硒化砷玻璃	$As_{38.7}Se_{61.3}$	1~15
20 号玻璃	$Ge_{33}As_{12}Se_{55}$	1~16
锗锑硒玻璃	$Ge_{28}Sb_{12}Se_{60}$	1~15
锗磷硫玻璃	$Ge_{30}P_{10}S_{60}$	2~8
砷硫硒碲玻璃	$As_{50}S_{20}Se_{20}Te_{10}$	1~13

2. 红外陶瓷

随着火箭与导弹技术的发展,需要有大尺寸的力学强度高、耐高温、耐热冲击的透红外光学材料。玻璃和单晶类材料已不能完全满足这一使用要求,某些单晶体,例如蓝宝石及熔融石英等,虽然具有高熔点、耐热冲击等优点,但透射波段却受到限制,而且在培育大尺寸均匀晶体时也会遇到难以克服的困难。透红外玻璃光学均匀性好,力学强度大,容易制备各种形状和尺寸的零件,但其不足之处在于仅能透过近红外辐射,难以满足工作在大气窗口 $8 \sim 14 \mu m$ 波段内的热成像或红外成像仪器需要。为了满足中、远红外波段的使用,近二十多年来发展起来的透明陶瓷工艺技术和热压多晶材料技术制成了一系列透红外陶瓷材料,成为陶瓷的一个新品种。通过理论研究和实验技术的不断进展人们发现,选用对红外辐射吸收很少的高纯度微粉,在真空条件下或在 H_2 气氛、O_2 气氛下烧结,并且在烧结过程中不连续的晶生长得到控制的话,那么可以完全消除陶瓷体中的气孔,从而可见形成密度接近理论值的透红外甚至透可见光的透明陶瓷。目前透红外陶瓷被广泛应用于红外制导弹、红外热像仪、地球资源卫星、热成像红外透镜、红外温度计、红外分析仪和红外扫描器等。透红外陶瓷已成为红外技术中不可缺少的新型材料。

随着红外技术的发展,红外仪器上的窗口、棱镜和滤光片材料的需求量日益增大。大能量红外激光器的出现、红外仪器在恶劣环境中的使用,都对红外透光材料提出了更高的要求。例如,要求耐热性、耐风化、耐热稳定性、力学强度高和尺寸大等。由于陶瓷材料克服了单晶体的一些缺点,不易解理裂开,可制成尺寸大和形状复杂的制品,因此得到广泛的应用。

目前研究得较多的陶瓷材料是含稀土的透红外陶瓷。由于稀土元素原子量较大,有利于拓宽红外透过范围,它们熔点高,化学稳定性好,能抑制晶粒异常长大,相应增强其力学性质。再则,由于它们的晶格结构大多是立方晶系,因而在光学上是各向同性的,同时晶粒散射损失较小,容易制备成透明陶瓷体,这是一类很有前途的极耐高温的红外光学材料。

含稀土的透红外陶瓷从组成上分两大类:一类是以稀土化合物为基的陶瓷,如热压氟化镧 (LaF_3)、透明氧化钇 (Y_2O_3) 陶瓷等;另一类是以非稀土化合物为主要组分,添加稀土烧结而成的陶瓷,如氧化铝加氧化铜、氧化锆或氧化钍加氧化钇等。

(1) 稀土化合物陶瓷

美国专利报道已研制成功一种热压多晶红外光学材料——热压氟化镧。它是在真空中,在 $825 \sim 875 ℃$ 的温度下,经 $248 \sim 310 MPa$ 的压力热压而成的。其透射波段较宽,从可见光波段一直到 $14 \mu m$,而且在两个大气窗口 $3 \sim 5 \mu m$ 和 $8 \sim 14 \mu m$ 的大部分波段其透光率达到 80% 以上(样品厚度 $0.5mm$)。它在红外波段的折射率为 1.5 左右。与其他红外光学材料相比,它的主要优点是具有很好的耐热冲击性能和耐高温性能,因而成为火箭和导弹用红外元件的很有前途的红外光学材料。

(2) 非稀土化合物陶瓷

Y_2O_3 的透射波段为 $0.25 \sim 9.5 \mu m$,在从紫外 $0.25 \mu m$ 到红外 $6 \mu m$ 波段内,其透光率都大于 80%(样品厚度为 $2.5mm$),并在透射波段内没有吸收带。Y_2O_3 透明陶瓷的折射率为 1.92,阿贝数为 36.9;其折射率高,色散较大,既适合做窗口和整流罩,又适合于做透镜。它的莫氏硬度为 7.2,力学强度、耐热冲击性能和化学稳定性都很好。它的熔点高于 $2400 ℃$,最高使用温度达 $1800 ℃$。此外它还有高的介电常数,低的损耗,有良好的微波特性,因而可以说是一种比较理想的耐高温红外光学陶瓷。

氧化钇透明陶瓷的制备工艺也被广泛研究。它可以在添加 LiF 后在 950℃ 情况下加压 (70～85MPa) 烧结 48h 而成。还可以添加 8%～10%（摩尔）ThO_2，经 830℃ 焙烧后以 70MPa 的压力冷压成形，然后在钨丝炉氢气气氛中在 1900～2200℃ 高温下烧结而成透明多晶聚集体。此外，它还可以以真空热压的方法来制备，其真空度为 1×10^{-3}Pa，热压温度为 1300～1500℃，压力为 35～50MPa，维持压力的时间为 1～2h，用石墨作为热压模具。热压后为了消除任何可能的表面石墨沾污，可以在 1000℃ 左右的温度情况下在 O_2 气氛中处理热压陶瓷样品。用以上几种方法都可以得到令人满意的 Y_2O_3 多晶透明陶瓷。

$ThO_2 : Y_2O_3$ 陶瓷是以氧化钍为主要组分，添加 5%（摩尔）Y_2O_3，混合磨细过筛后经 800℃ 焙烧，再用 270MPa 左右的压力冷压成形，最后在 H_2 气氛中 2380℃ 高温下烧结 20h 即可获得透明陶瓷。其熔点 3300℃，热膨胀系数为 7.1×10^{-6}℃$^{-1}$，透射波长在 0.4～7μm 之间，透光率为 50%～70%（样品厚度为 1.5mm）。在氧化钍中掺加 Y_2O_3 的最佳掺加量需通过实验来确定。该类陶瓷适合于做各种需要承受很高温度环境条件下的红外系统和装置的窗口和整流罩等。

另一种耐高温的氧化锆透明陶瓷也需要掺入 6%Y_2O_3（摩尔）。其混合粉末经 850℃ 焙烧后再用 175～140MPa 的压力冷压成形，然后在 1450℃ 温度下烧结 16h 即可获得。$ZrO_2(Y_2O_3)$ 陶瓷的红外透过率在波长小于 12μm 时可达 80%，而且在 40μm 前尚能达到 20%。其透过范围宽和无放射性是很吸引人的。因此它被应用于做红外制导导弹的窗口和整流罩材料以及其他各种高温条件下工作的红外控制、监视及探测系统使用。

塑料也是红外光学材料，但近红外性能不如其他材料，故多用于远红外，如聚四氟乙烯、聚丙乙烯等。

14.3　功能色素材料

功能色素材料指的是有特殊性能的有机染料和颜料，因此也称功能性染料，其特殊性能表现为光的吸收和发射性（如红外吸收，多色性，荧光、磷光、激光等）、光导性、可逆变化性（如热，光氧化性，化学发光）等方面。这些特殊功能来自色素分子结构有关的各种物理及化学性能，并将这些性能与分子在光、热、电等条件下的作用相结合而产生。例如，红外吸收色素就是利用了染料分子共轭体系，造成分子光谱的近红外吸收；液晶彩色显示材料利用了色素分子吸收光的方向性与色素分子在液晶中随电场变化发生定向排列特性等。

最早的功能色素可能是 1871 年拜尔公司开发的作为 pH 指示剂的酚酞染料。随后，在 19 世纪 90 年代开始出现压敏复写纸，在 20 世纪 60 年代压敏复写纸有了较快发展。随着电子工业等的发展，以及世界能源及信息面临的严峻形势以及传统的防治、印染工业的停滞，染料工业的研究也就从传统的染料、颜料，大规模的转移到光、电功能性色素上，并与高新技术紧密相连，取得了长足进步。

功能性色素的发展是和有机化学、分子物理学、激光物理学、分子生物学、电子学、光化学、计算化学等的进展紧密相关的。功能性色素的分类及其应用实例见表 14-3。

表 14-3 功能性色素的分类及其应用实例

色素分类	功能特性	应用实例	色素分类	功能特性	应用实例
光盘专用色素	吸收激光而热分解	CD—R 和 DVD—R 光盘	电致发光色素	电场下发光	薄板显示器
激光染料	改变激光波长	染料激光器	液晶色素	电场下分子随液晶定向排列	液晶显示材料、偏振光滤光片
光导电性色素	受光照而导电	电子照片（复印机、激光打印机等的）感光体	光电转换色素 光能存储色素	将光能转换为电能 将光能转换为化学能	太阳能电池 太阳能存储
光致变色色素	受光照发生结构变化和颜色变化	玩具、口红、室内装饰、服饰印花、变色纤维、织物	光致发光色素	吸收光能发射荧光	太阳光集光器、荧光油墨
热致变色色素	受热熔融反应而变色	热敏纸（传真纸、心电图纸等）、玩具	化学发光色素 喷墨打印色素	氧化反应发光 喷射液滴带电	化学光棒 喷墨打印机墨水
感压变色色素	受力接触反应而变色	无炭复写纸	热熔转印色素 升华转印色素	加热熔化转移 加热升华转移	热转印纸 升华打印机色带
电致变色色素	电场下变色	广告板	电荷调整色素	摩擦带电荷	色粉电荷控制材料

14.3.1 有机光导材料

经过半个多世纪的发展,以无机半导体为材料基础的微电子元件的尺寸已达到了微米和亚微米级($0.15\mu m$),再要进一步提高集成度遇到了一些困难,为此,科学家们提出了一个有机分子区域内(尺寸分子)实现对电子运动的控制,甚至发展到对光子过程进行控制,使分子聚集体构成特殊的器件,从而开辟一条进一步提高集成度的途径。同时,研究证明有机固体的电子性质导电机理及杂质影响不同于传统的无机半导体。揭示有机固体中化学结构与物理性能之间的关系,尤其是一些特殊的物理性能与机理的揭示,对材料的分子设计和应用开发均具有重要的科学意义。因此,有机光电磁功能材料越来越受到了人们的重视。

目前已产业化的有利用有机光导现象制备激光打印机和复印感光鼓涂层的有机电荷产生与传输功能材料;利用压敏、热敏变色有机材料生产的传真纸、彩色和数字影像记录系统、无碳复写纸等;利用有机固态光化学反应进行的光信息储存可录激光光盘(CD-R)等。为使有机光电功能材料的应用更加广泛,人们在研究上述有机光电功能材料的性能与应用的对应关系的基础上正不断地对各类材料进行新的分子设计、聚集态及器件设计、开发新的功能。

有机光导体主要由电荷产生材料(carrier generation material,CGM)制成的电荷产生层(CGU)和电荷转移材料(carrier transport material,CTM)制成的电荷转移层(CTL)组成的。感光体受电晕放电处理之后,表面上充满了均匀的电荷(正电荷或负电荷),受到光照时,CGL 中的 CGM 分子发生电子跃迁,形成电荷载流子,当感光体表面带负电荷时,载流子中的空穴通过 CTL 中的 CTM 传递到表面和负电荷中和,使光照部位的电荷消失;载流子中的电子和感光体底部的电荷中和。同样,如果感光体表面带正电,则载流子中的电子通过 CTL 传递到表面和光照部位的正电荷中和,空穴和底部的负电荷中和。这样,未照光的部位保留着电荷,形成了静电潜影,当它和带有相反电荷的静电色粉接触后就能形成影像,将这个静电色粉的影像转印到纸上,再经热处理即得到复印件或打印件。

典型的有机电荷产生材料(CGM)有蒽醌类、偶氮类、方酸类、菁染料、酞菁类等化合物:

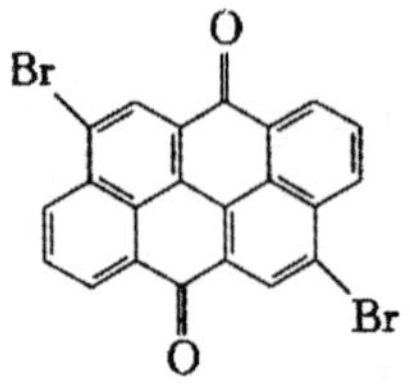

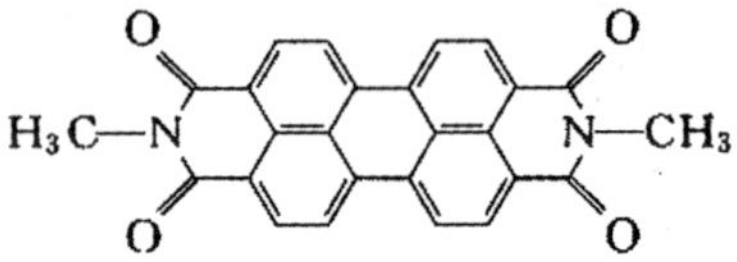

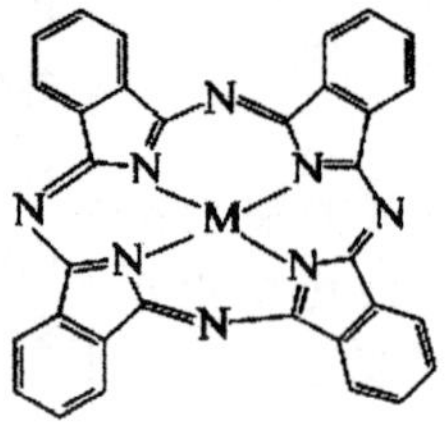

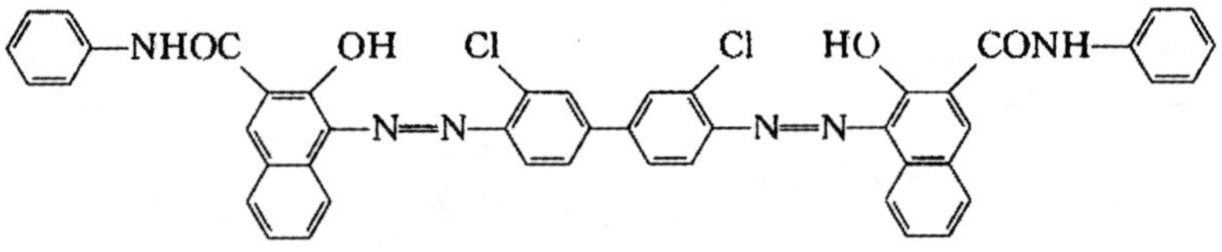

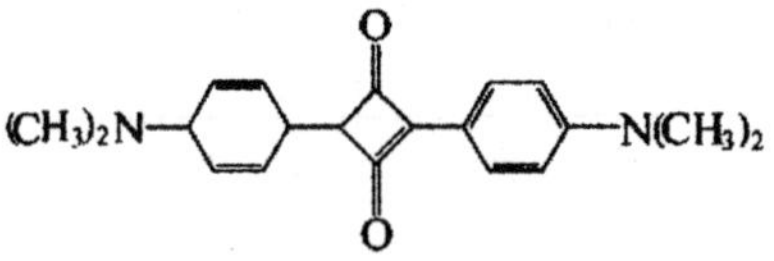

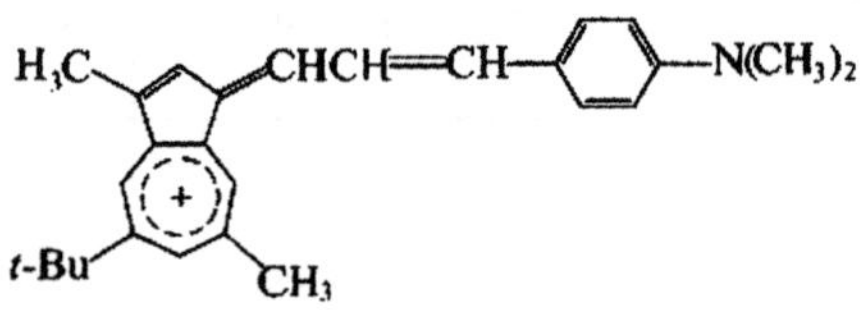

酞菁类化合物有金属酞菁(Mpa)、萘酞菁、杂环酞菁等。金属酞菁(Mpa)具有 4 个异吲哚啉合成的有 18 个 π 电子的环状轮烯中心 N 与金属结合的结构,其结构与血晶、叶绿素结构相近。酞菁类化合物的典型化学合成方法分苯酐法和苯二腈法等。

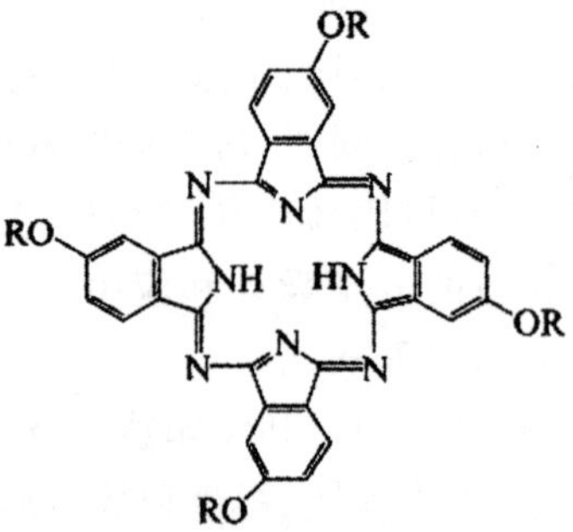

或对称

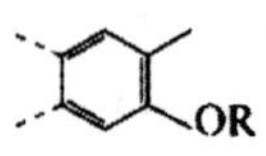

①酞菁合成的苯酐法：

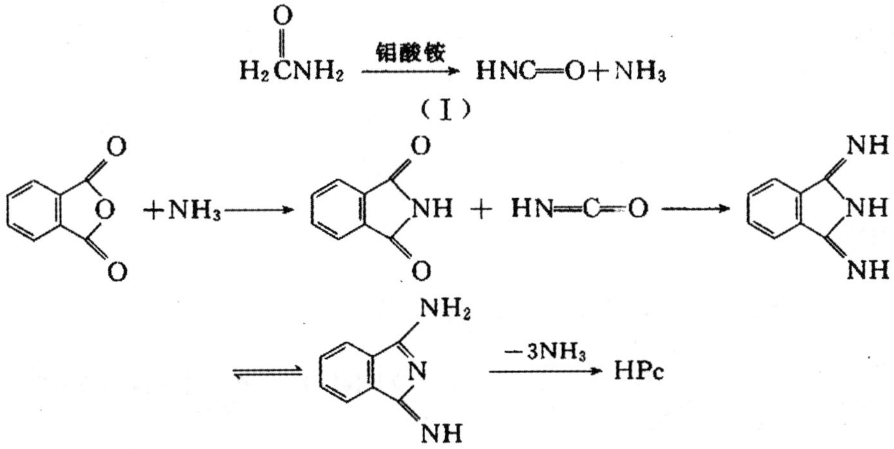

②酞菁合成的苯二腈法：

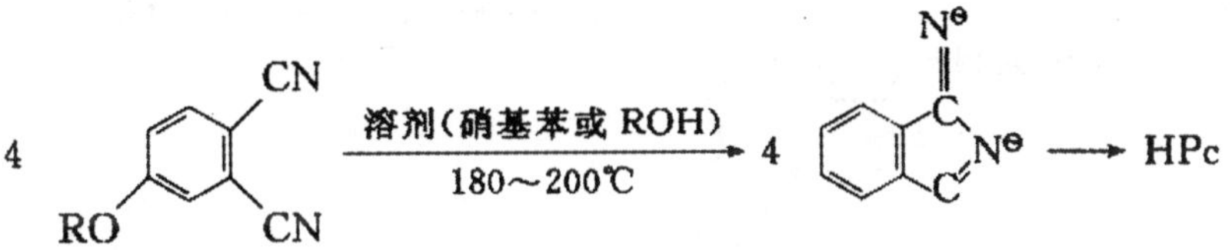

芘类化合物的合成：

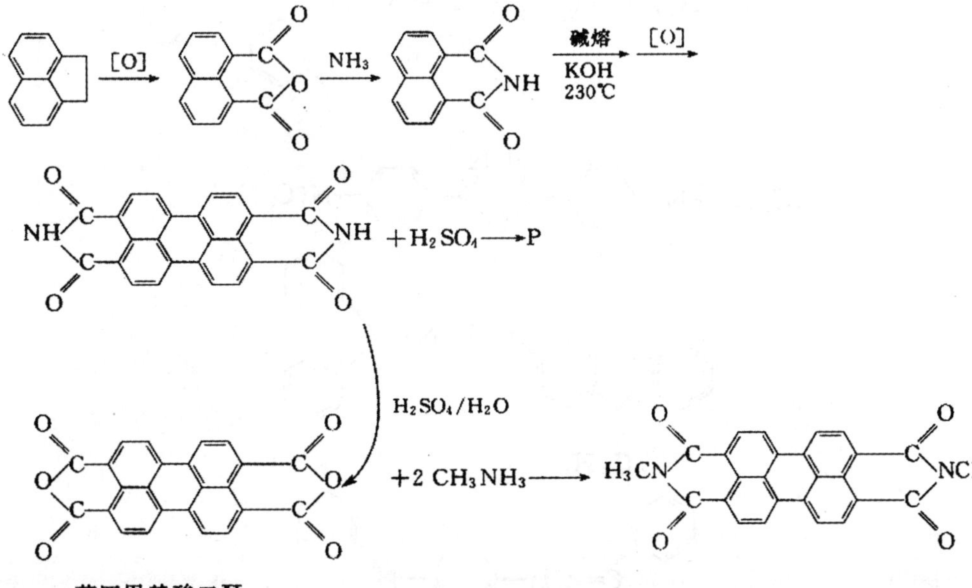

苝四甲基酸二酐

在 CTL 中的 CTM 化合物能接受由 CGL 来的电荷（如正穴），并把它传递到表面上，因此，要求 CTM 从 CGI 接受电荷的效率要高，常用的有吡唑啉类、腙类、噁唑类、噁二唑类、芳胺类、三芳甲烷类等电离势小的、具有给电子基的化合物；CTL 中的电荷移动度要大，一般来说，CGM 和 CTM 的电离势之差越小移动度越大；不阻碍光照射到 CGL 上，不能和 CGM 的吸收光谱重复。

广泛应用的是共轭胺类化合物,如:

14.3.2　激光染料

1. 激光的产生

光的产生总是和原子中的电子跃迁有关。能量发射可以有两种途径：一是原子无规则地转变到低能态，称为自发发射；二是一个具有能量等于两能级差的光子与处于高能态的原子作用，使原子转变到低能，同时产生第二个光子，这一过程称为受激发射。受激发射产生的光就是激光。

当光入射到有大量粒子所组成的系统时，光的吸收、自发辐射和受激辐射三个基本过程是同时存在的。

染料激光器属液体激光器，通过更换染料的类型、改变染料的浓度、溶剂种类、泵浦光源以及各种非线性效应的变频技术，使染料激光器输出波长范围不断扩大。在 1966 年制成的第一台染料激光器，其工作物质是溶解在乙醇中的氯化铝酞菁染料，用脉冲红宝石激光器作泵浦发射激光（波长 694.3nm）照射酞菁乙醇溶液时，酞菁分子便发射出 755nm 的激光束。此后，染料激光器与激光染料便获得了迅速发展。目前染料激光中心调谐波长范围为 308.5～1850nm，染料品种已有近千种。

2. 染料激光原理

有机染料在可见光区域中有很强的吸收带，这是由于它们都有共轭体系构成的发色系统。对于一些简单的发色系统，人们可以运用经验的量子力学数据和公式预测其吸收性质，染料的长波长吸收带取决于从电子基态 S_0 到电子第一激发单线态 S_1 之间的跃迁。这个过程的跃迁矩通常很大，而反转过程 S_1、S_0 是对应于荧光同步辐射和染料激光器中受激同步辐射的过程，见图 14-4。

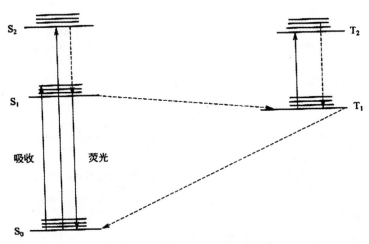

图 14-4　跃迁过程能效示意图

由于具有较大的跃迁矩，同步辐射的速率就很快（辐射寿命在纳秒数量级），因而染料激光的增益通常应超过固体激光器几个数量级。

用强光泵浦时(闪光灯或激光),染料分子被激发到单线态的较高能级,然后在几个皮秒内,它们弛豫到第一激发单线态的最低振动能级,对于最低的激光效率而言,期望染料分子保持在这一能级上,直到发生受激辐射。然而,通常情况下存在着一些非辐射失活过程的竞争,从而降低了荧光效率。

由于 S_1 的高振功能级弛豫到最低振动能级时消耗部分能量,荧光发射波长之吸收波长可能向长波长方向移动。染料分子的荧光光谱与其吸收光谱之间成镜面对应关系,最大荧光波长与最大吸收波长之差称之为 Stokes 位移,由于荧光是通过自发辐射向外发光而形成的,这种辐射是各自独立的,随机的,所发出的光子总是沿着四面八方传播,光能分散,光强度也不可能很强;又由于各光子之间没有固定联系,相干性很差,要实现激光作用就必须产生振荡,造成"粒子数反转"。在工作物质的两侧,放置两块反射镜互相平行,其中一块是全反射镜,另一块是部分反射镜,组成光学谐振腔,受激辐射的光在其间来回不断地被反射,每经过一次工作物质,就得到一次激发,造成大量的分子处于第一激发单线态状态分布,当激发态分布大于基态分布,光放大超过光损耗时就产生了光的振荡,即有激光从谐振腔部分反射镜发射出。

3.典型的激光染料

激光染料依据其化学结构可以分为联苯、噁唑、二苯乙烯类、香豆素类、咕吨、多次甲基菁类等。

(1)联苯类

联苯类结构染料的激光调谐范围在 310～410nm,是一类研究得较早的且激光输出性能较稳定的紫外区激光染料。例如 2,2-甲基对三联苯和 3,5,3,5-四叔丁基对五联苯:

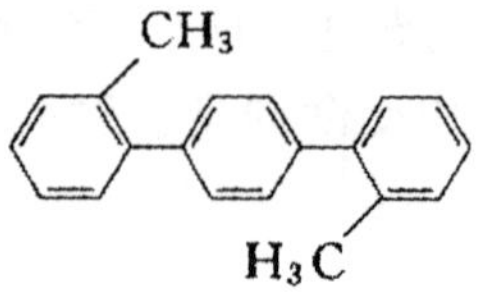

2,2-甲基对三联苯
($\lambda^L=312～352nm$)

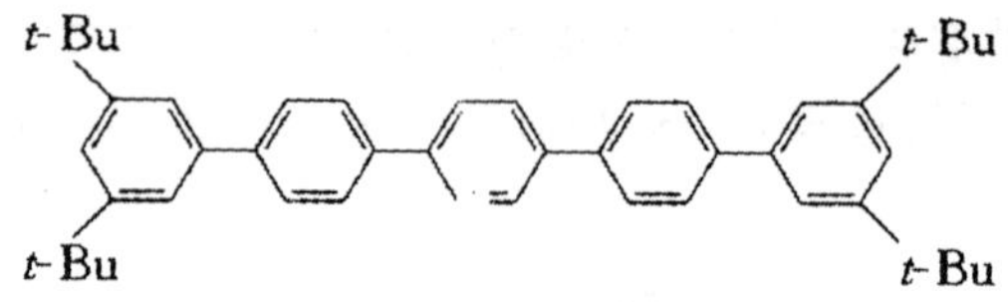

3,5,3,5,-四叔丁基对五联苯
($\lambda^L=360～410nm$)

联苯类结构染料的合成:

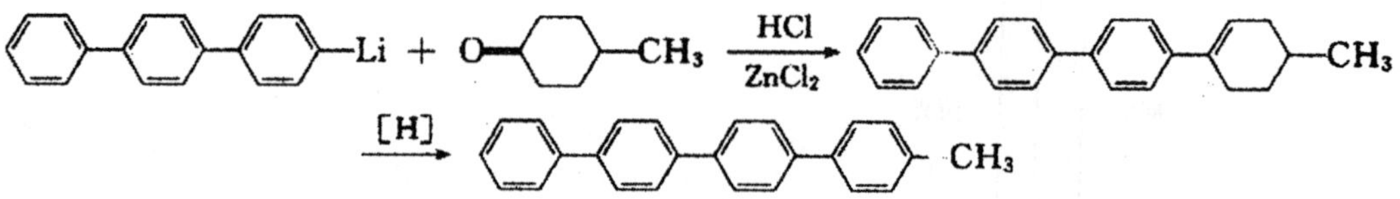

(2)噁唑、噁二唑类

该类激光调谐范围 350～460nm 的染料,其中典型的有:2-(4-联苯基)-5-苯基-1,3,4-噁二唑(PBO)和 1,4-二[2-5-苯基噁唑基)]苯(POPOP)等:

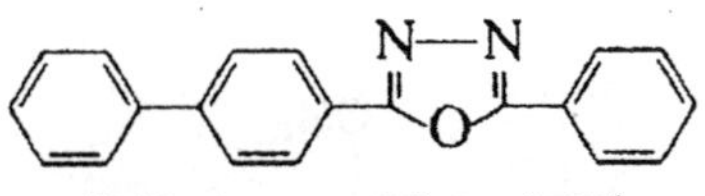

2-(4-联苯基)-5-苯基-1,3,4-噁二唑($\lambda^L = 312 \sim 352nm$)

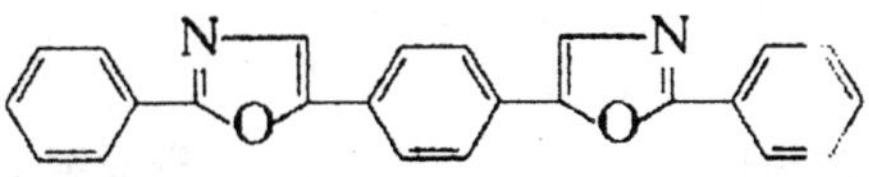

1,4-二[2-(5-苯基噁唑基)]苯($\lambda^L = 360 \sim 410nm$)

噁二唑类结构激光染料的合成：

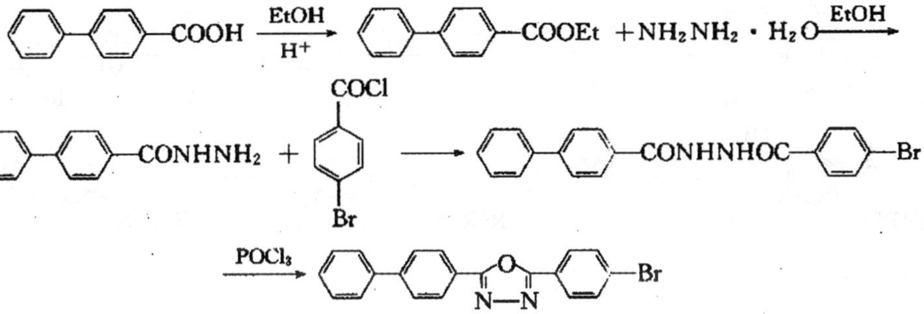

（3）二苯乙烯类

二苯乙烯类染料有较好的稳定性，调谐范围为 $395 \sim 470nm$，如 4,4'-二苯基二苯乙烯（DPS）及联二苯乙烯-2,2'-二磺酸钠都是常用蓝区域的激光染料。

4,4'-二苯基二苯乙烯

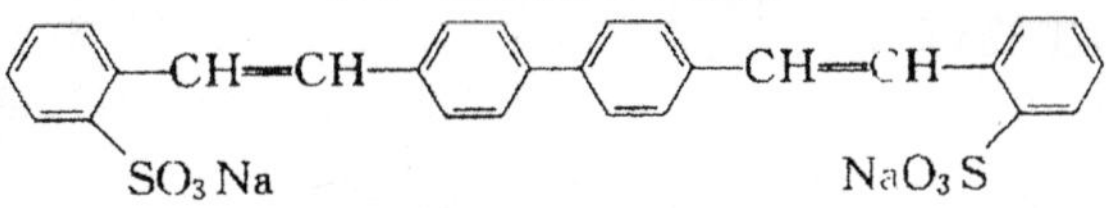

联二苯乙烯-2,2'-二磺酸钠

（4）香豆素类

香豆素类染料是使用较广的激光染料，有很好的荧光效率，其输出激光范围为 $420 \sim 570nm$。香豆素类激光染料的结构：

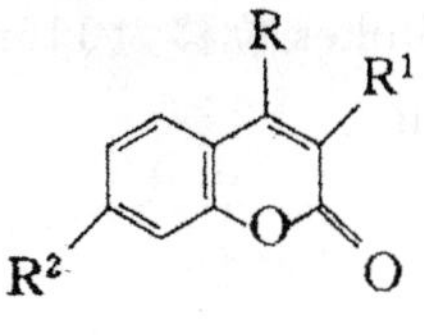

$R^2 = Cl, Br, CN$ 或 $N(CH_3)_2$

$R^1 = $ 芳基及杂环基

$R = Cl, Br, CN$ 或 OH

常用的结构有：

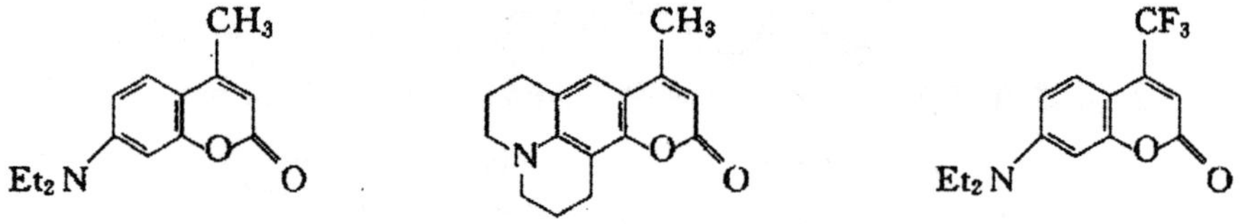

香豆素 1 （$\lambda^L = 460 \sim 480nm$）　　　香豆素 102 （$\lambda^L = 470 \sim 510nm$）

香豆素类激光染料的合成：

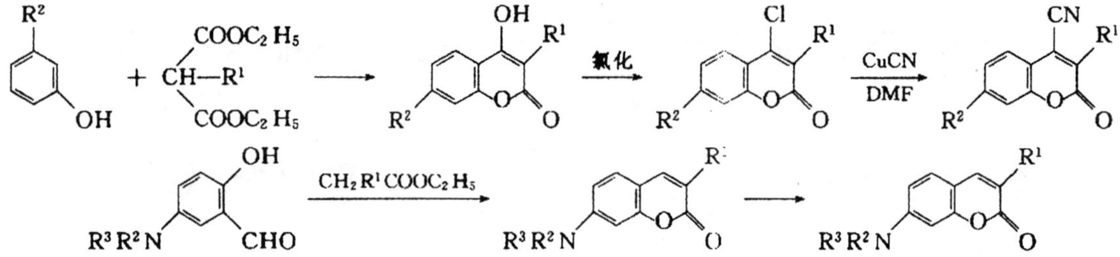

香豆素 102 的合成：

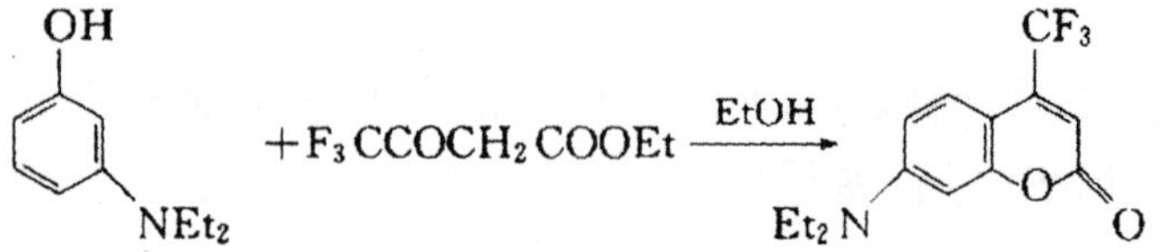

通常这类化合物的衍生物在 7-位上有电子给体（较为普遍的是乙氧基、二烷基氨基等），在 3-位上有吸电子取代基，这就导致其吸收和辐射波长向长波方向移动。如利用刚性化原理设计合成的"蝴蝶"式香豆素衍生物(1)：

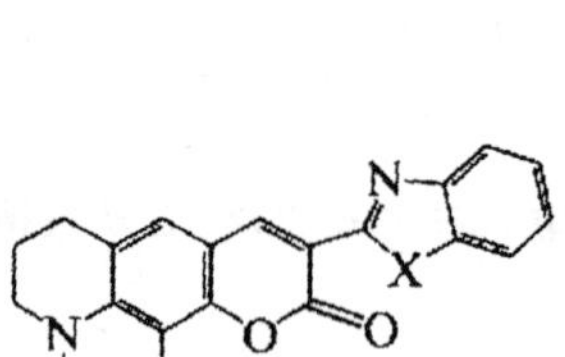

（1）：X＝NH、O 或 S

"蝴蝶"式香豆素衍生物(1)具有接近于 100% 的荧光量子效率。此外，这类化合物的 Stokes 位移随环境变化也有很大影响，比如化合物(2)在聚酯中 Stokes 位移为 115nm，在丙酮溶剂中为 67nm，。化合物(3)其 Stokes 位移在极性溶剂中可达 110nm。

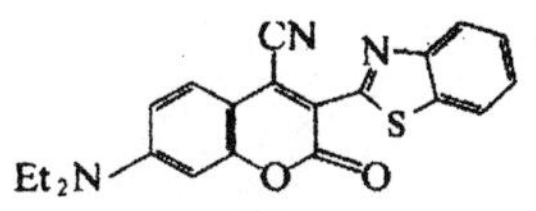

（2）

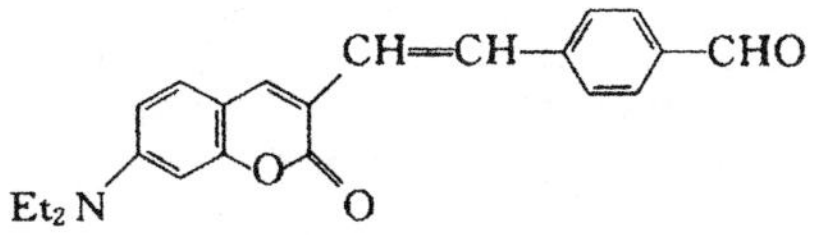

（3）

以 7-二乙氨基-4-氯-3-甲醛基香豆素为基础合成的新型香豆素类的荧光染料具有强烈的荧光。在该系化合物的结构中随着分子内 π-共轭体系的增大，染料的色光从黄色增至红色。

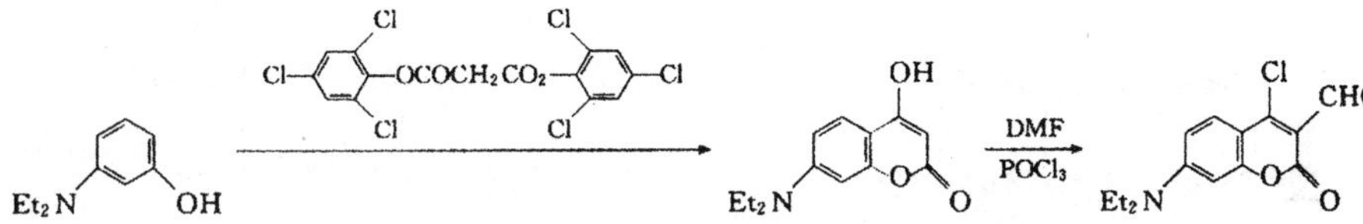

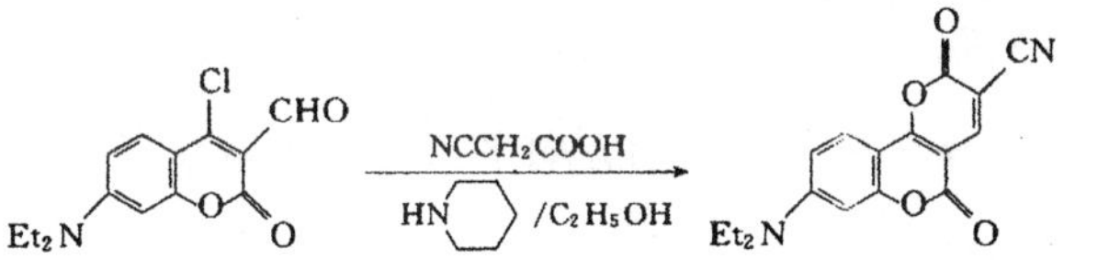

（Ⅰ）

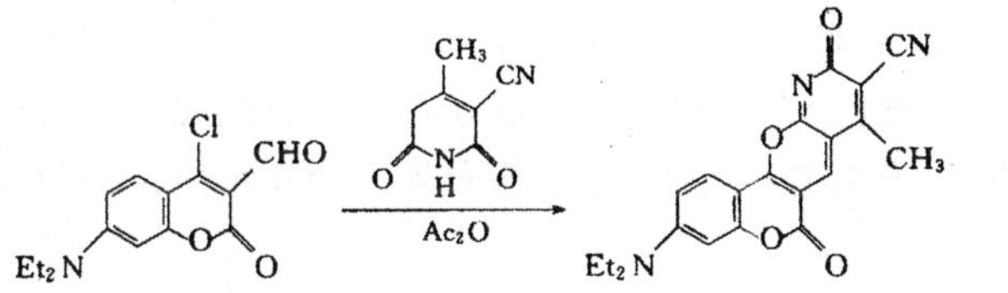

（Ⅱ）

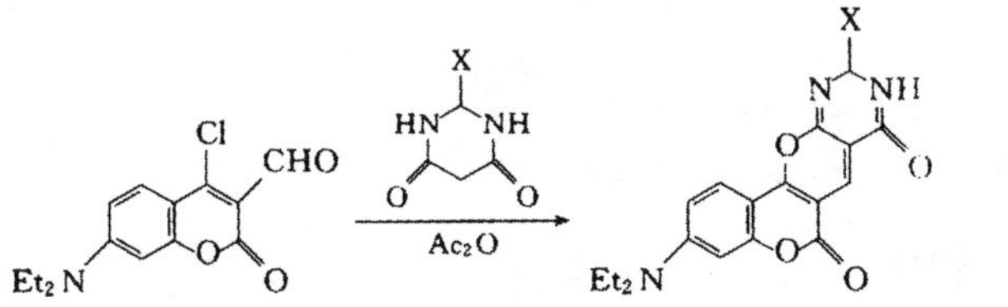

（Ⅲ，X=O；Ⅳ，X=S）

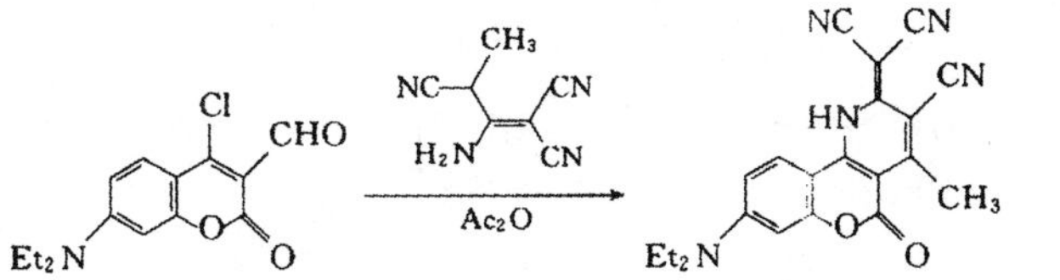

（Ⅴ）

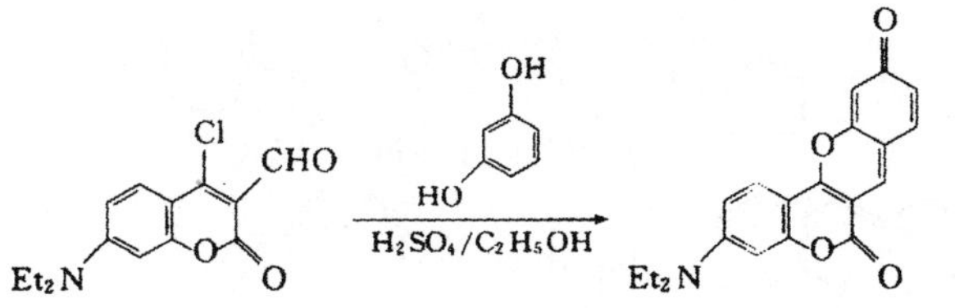

（Ⅵ）

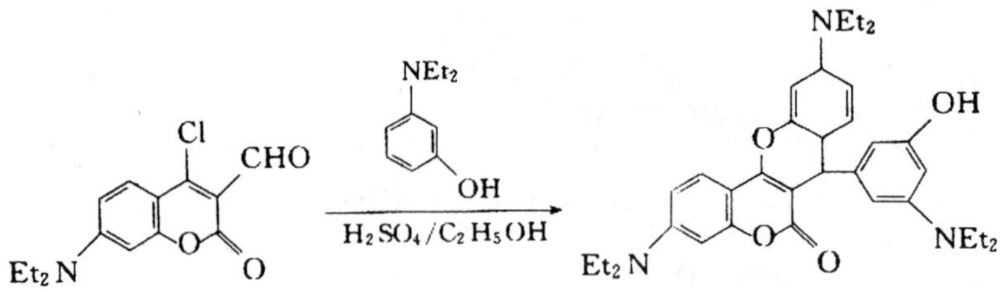

（Ⅶ）

（5）咕吨类

咕吨类染料的激光调谐范围为 $500\sim680nm$，其中最典型的是若丹明 6G 和荧光素，其激光输出效率高，它们不同于香豆素类染料。咕吨染料通常是水溶性的，但常在水溶液中又生成聚集体。咕吨染料中发色 π 电子分布是两个相同权重的共轭体：

因此，其激发态和基态均不存在着分子长轴方向平行的静电双偶极矩，主吸收带越迁矩平行于分子长轴方向，其荧光光谱与长波吸收带成镜面对应关系 Stokes 位移较小（$10\sim20nm$）。若丹明类化合物的研究有两大发展趋势。一是在氨基氮原子上连接一些"天线分子"或在苯基羧酸基上连接"天线分子"，形成三发色团或双发色团荧光染料其目的是通过"天线分子"对紫外光能量的充分吸收，将能量通过分子内有效地传递到若丹明母体，从而提高这类化合物的激光输出效率。

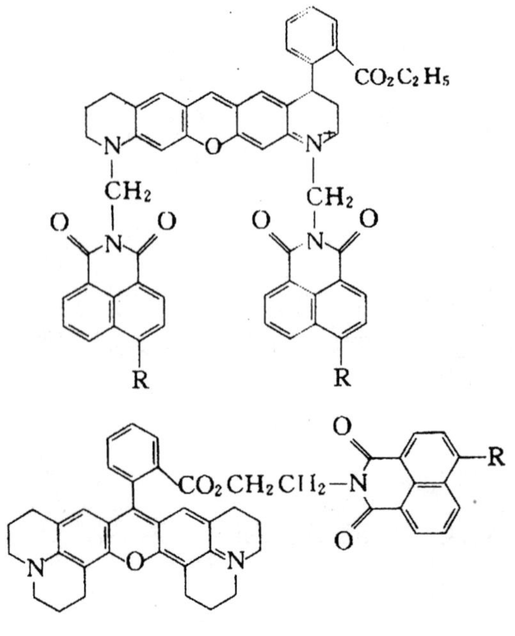

若丹明类化合物的合成线路 1：

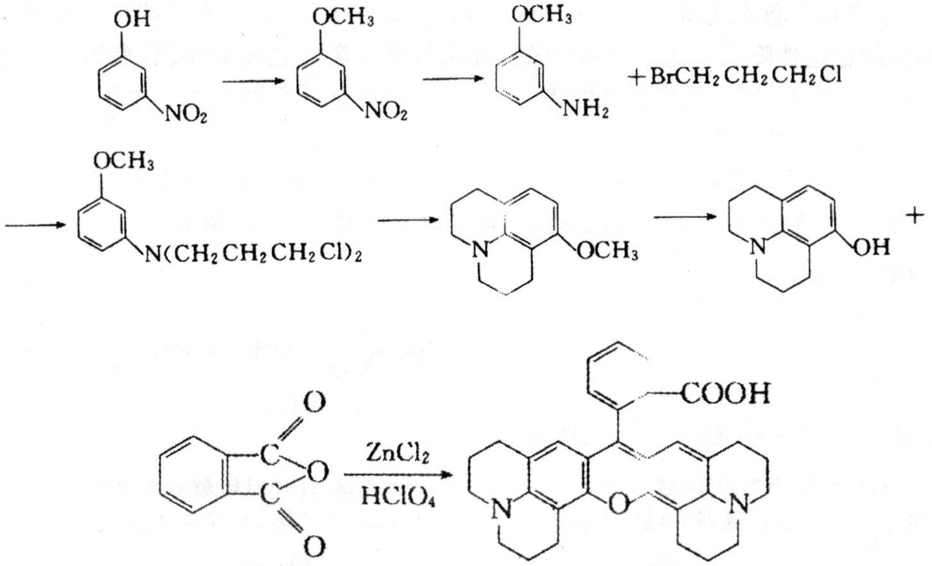

若丹明类化合物的合成线路 2：

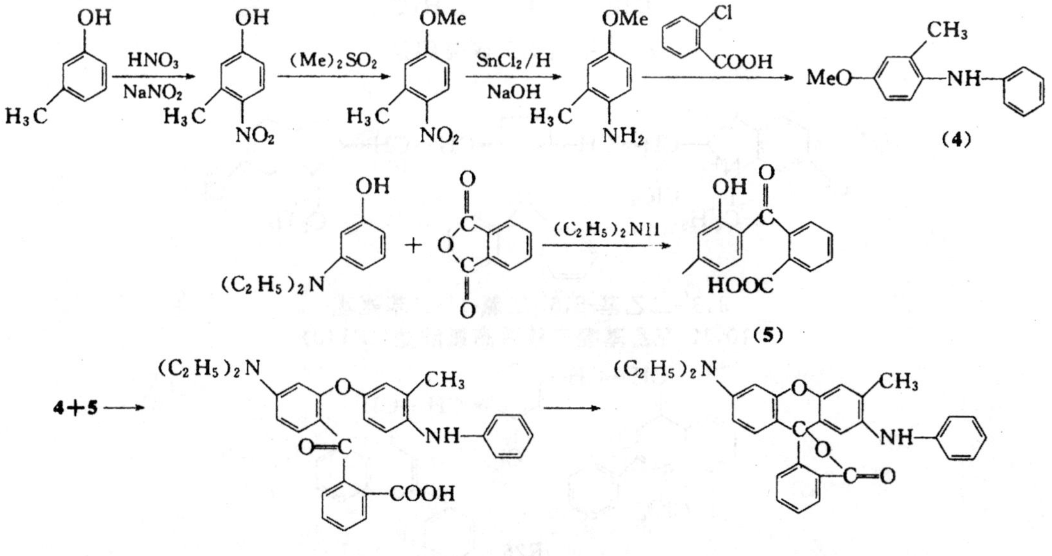

二是采用扩大共轭体系的手段，将这类化合物的吸收延至长波长区域。最典型的是如下化合物(6)，其最大吸收波长为 667nm，荧光辐射波长为 697nm，量子效率达 55%。

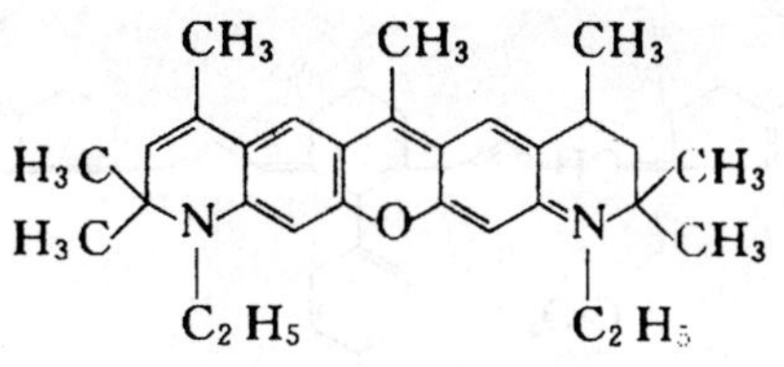

(6)

（6）多次甲基染料

多次甲基染料的激光调谐范围在 $650\sim1800$ nm，增多次甲基链，激光波长也增大，但次甲基链过长，染料的稳定性降低。此类染料中苯乙烯染料具有激光输出效率高，调谐范围宽等优点，染料的 Stokes 位移大，用可见光区域的光激发，可得到近红外区的激光。常用的有 4-二氰亚甲基-2-甲基-6-（对二甲氨基苯乙烯基）-4H-吡喃（DCM），调谐范围 $610\sim710$ nm、1-乙基-4[4（对甲氨基苯基）-1,3-丁二烯]吡啶高氯酸盐（Pyridin2）、3,3'-甲基噁三碳菁碘盐（DOTCI）、3,3'-二乙基-5,5'-二氯-11-二苯氨基-10,12-亚乙基噻三碳菁高氯酸盐（IR140）及 IR26。

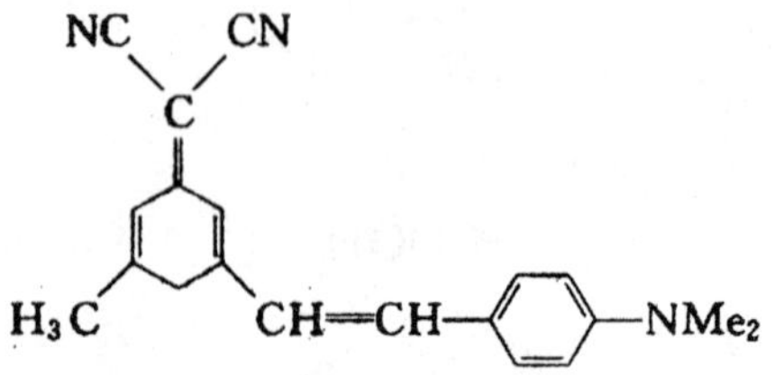

4-二氰亚甲基-2-甲基-6-
（对二甲氨基苯乙烯基）-4H-吡喃

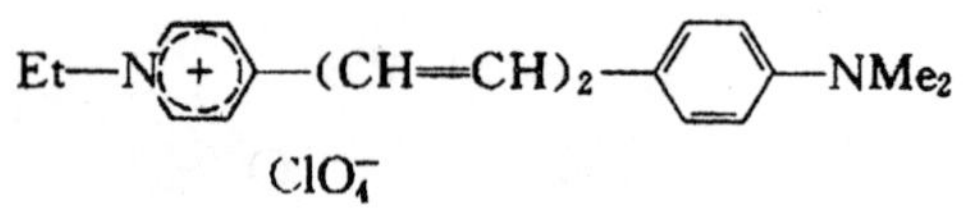

1-乙基-4[4（对甲氨基苯基）-
1,3-丁二烯]吡啶高氯酸盐

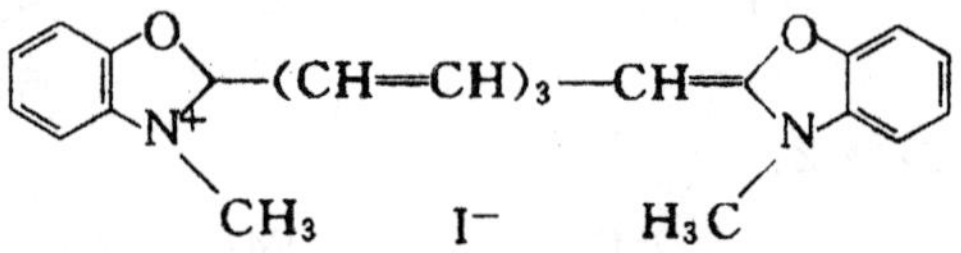

3,3'-甲基噁三碳菁碘盐

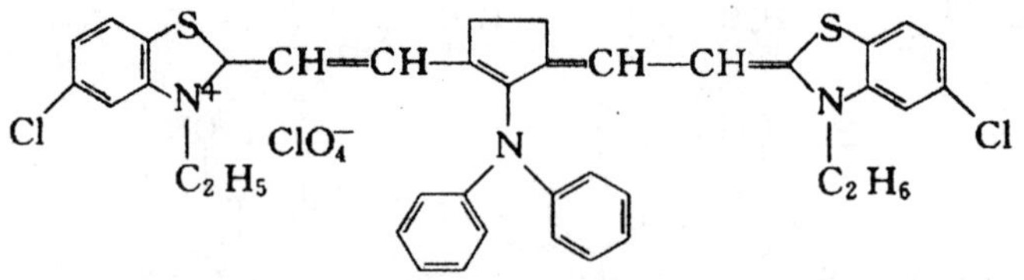

3,3'-二乙基-5,5'-二氯-11-二苯氨基-
10,12-亚乙基噻三碳菁高氯酸盐（IR140）

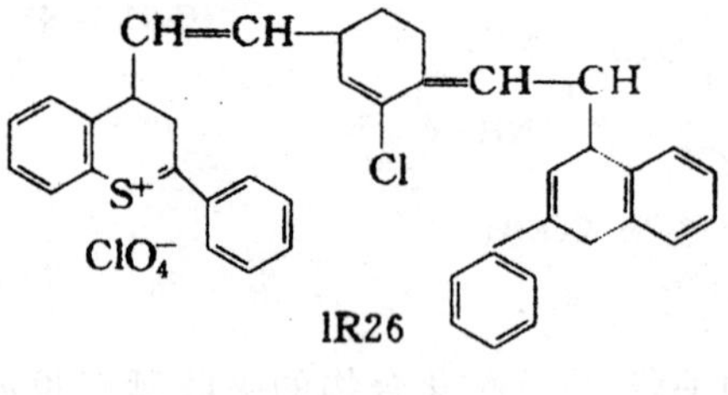

IR26

目前，调谐波长最长的激光染料如下式，但其激光转换效率很低且稳定性较差。

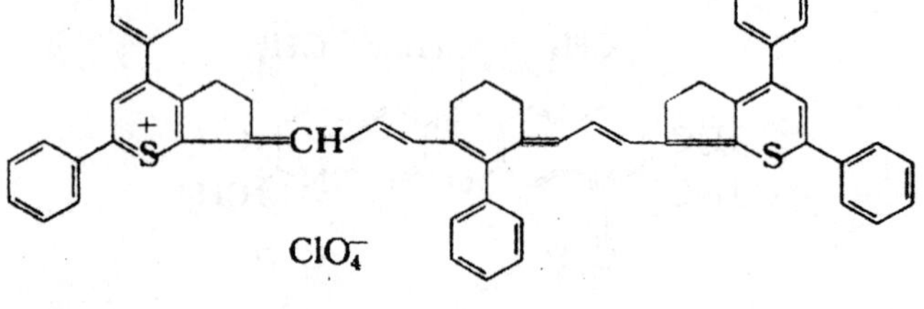

多次甲基染料还可以用作可饱和吸收体,利用对饱和染料的非线性吸收特征,在激光器内实现 Q 突变,获得窄脉宽、高功率的激光脉冲,比起转镜 Q 开关来,具有结构简单,使用方便,无电干扰等优点,在染料激光器里进行被动锁模,可获得微微秒级超短脉冲激光。

14.3.3　有机电致发光材料

电致发光(electroluminescence,EL)是一种电控发光器件,是某些物质受电子激发而发出光。这种发光器件是固体元件,应答速度快、亮度高、视角广,可制成薄攫的、平面的、彩色的发光器件。

早期的电致发光元件,使用的是由无机半导体材料制成的发光二极管。发光二极管是一种通过电流能发光的二极管,简称为 LED(ligllt emit diode)。1993 年秋,日本日亚化学公司宣称开发出了以 GaN 制成的、品质相当好的发蓝光的 LED 材料,引起了广泛的关注。

在有机 EL 器件的研制中,材料选择是至关重要的。目前,对有机电致发光材料主要集中在新材料的开发上。有机 EL 材料按功能分主要有:空穴传输材料,电子传输材料,发光材料。

1.空穴传输材料

空穴传输材料具备较高的空穴迁移率、较低的离化能、较高的玻璃化温度、大的禁带宽度,可形成高质量薄膜,稳定性好。主要应用的空穴传输材料有多芳基甲烷、腙类化合物、多芳基胺化合物和丁二烯类化合物等。其中多芳基胺化合物空穴的活度大,具有优良的空穴传输能力,它与各种粘结树脂有很好的互粘性,在多层有机电致发光器件中,胺类化合物可以起到阻挡层的作用,因此引起研究者的广泛注意。有代表性的空穴传输材料如 TPD、NPB、m-MTDATA 等。空穴传输材料的分子设计及合成研究的重点在于材料要有高的耐热稳定性;在 HTL/阳极界面中要减少能势障碍;能自然形成好的薄膜形态。较新型的结构有星射型(starburst)的空穴输送材料,如噻吩三芳基胺类化合物 TAAS-1、TAAS-2、TAAS-3 等。

TPD　　　　NPB

2.电子传输材料

电子传输材料一般应具备较高的电子迁移率、较高的电子亲和力、较高的玻璃化温度、大的禁带宽度,可形成高质量薄膜,稳定性好。配位化合物 AlQ₃ 是最常用的电子传输材料。因为其分子具有高度的对称性,所以 AlQ₃ 薄膜的热稳定性和形态稳定性非常好。因为 AlQ₃ 膜的厚度小,电致发光响应时间很短。用 AlQ₃ 作电子输送层的厚度很小,这样可以减少驱动电压。其他有代表性的结构有噁二唑、三氮唑、三唑、芘类及噻吡喃硫酮等。如 PBD、TAZ、TPS 等。

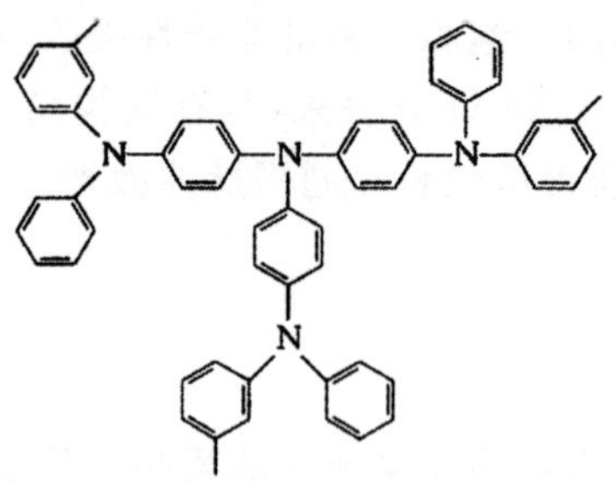

m-MTDATA

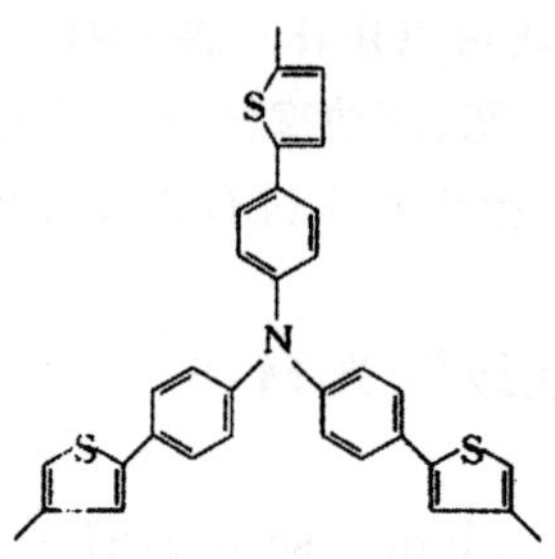

TAAS-1

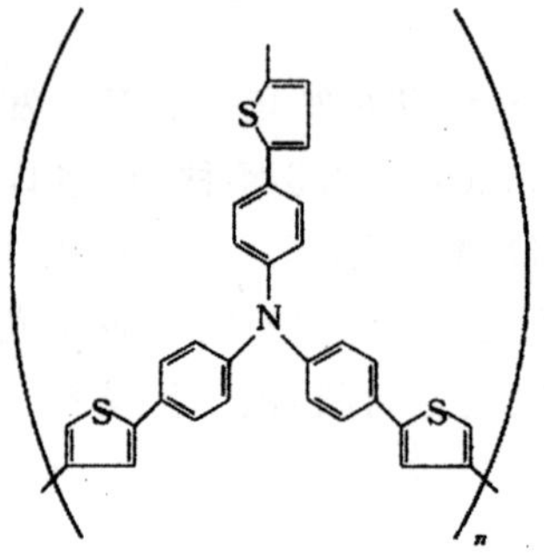

TAAS-2

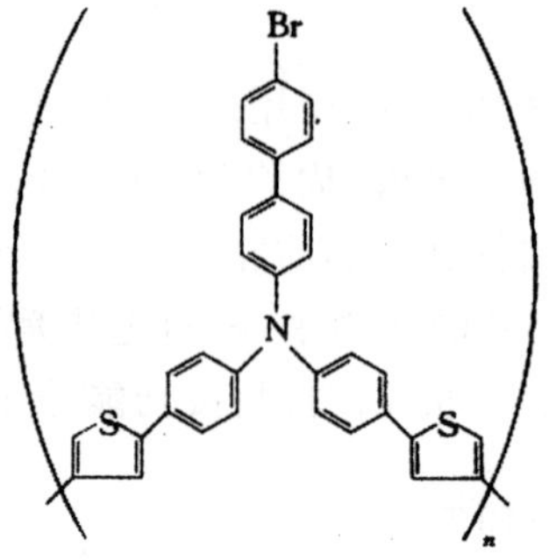

TAAS-3

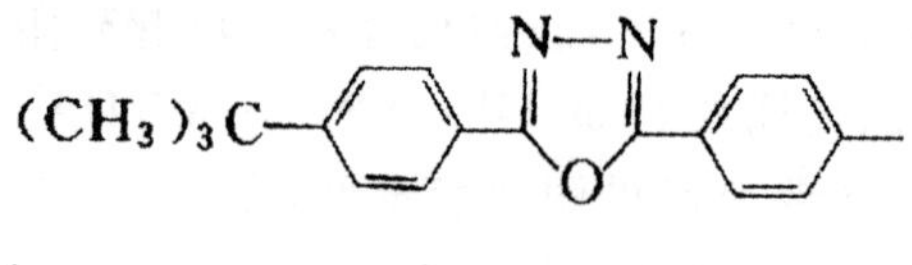

PBD

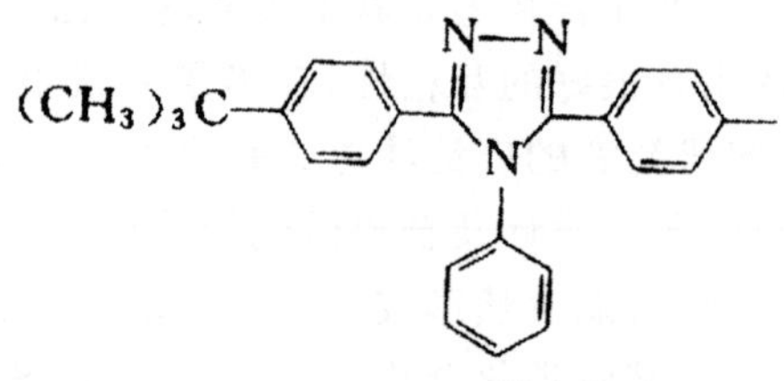

TAZ

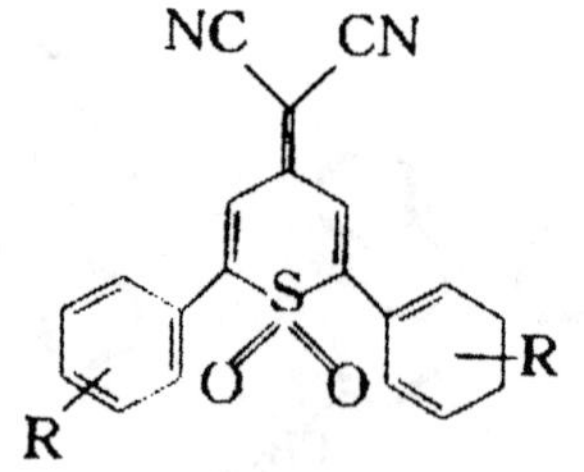

TPS

3. 发光材料

发光材料应同时具备固态具有较高的荧光量子效率,且荧光光谱要覆盖整个可见光区域。具有良好的半导体特性,或传导电子,或传导空穴,或既传导电子又传导空穴。具有合适的熔点(200℃～400℃),且有良好的成膜特性,即易于蒸发成膜,在很薄(几十纳米)的情况下能形成均匀、致密、无针孔的薄膜;在薄膜状态下具有良好的稳定性,即不易产生重结晶,不与传输层材料形成电荷转移配合物或聚集激发态。

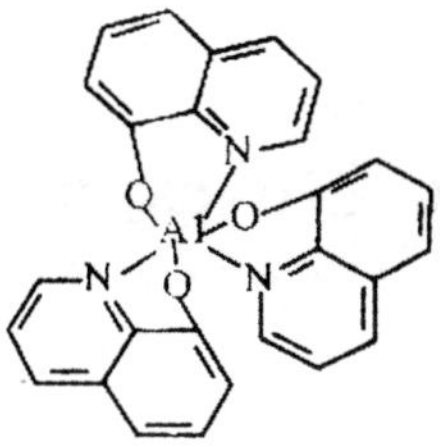

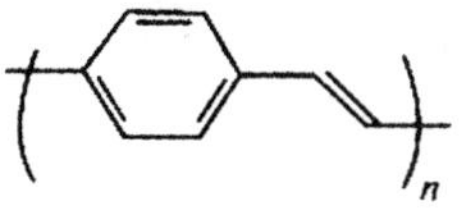

AlO₃　　　　　　PPV

用作有机 EL 器件的发光材料有 2 类:一是电激发光体,该类发光体本身已具有带电荷输送的性质,也称为主发光体。主发光体又分为传输电子和传输空穴 2 种。也有一些有机化合物是两性的,它既可导电子又可输送空穴。按分子大小发光材料又可分为小分子发光材料和聚合物发光材料:

另外一种发光体被称为客发光体,它是用共蒸镀法把它分散在发光体中。

14.3.4　化学发光材料

化学发光现象很早以前就已发现,自然界的萤火虫发光就是化学发光之例。萤火虫体内的荧光素在荧光酶的作用下,被空气氧化成氧化荧光素。这个反应必须与三磷酸腺苷(ATP)转化成单磷酸腺苷(AMP)的反应结合,ATP 转化成 AMP 放出的热量提供可转化光能所需的化学能。用于照明的化学发光器件是近二十几年来才推向实用化的。化学发光是冷光源,安全性强。现有的小型、简便照明器件可以连续发光数小时,并可发出各种颜色的光,适用于海事求救信号、特殊场合或非常情况下的照明等。

化学发光是一种伴随着化学反应的化学能转化为光能的过程,若化学反应中生成处于电子激发态的中间体,而该电子激发态的中间体回复到基态时以光的形式将能量放出,这时在化学反应的同时就有发光现象。发光化学反应大多是在氧化反应过程中发生能量转换所引起的。

发光最强的化学发光物质是氨基苯二酰肼及其同系物。氨基苯二酰肼在碱性水溶液中,在氧化剂作用下发出蓝色光,最大波长 424nm,由于生成了氨基苯二甲酸二负离子的激发单线态,它回复基态时放出荧光。但该发光过程持续时间很短,无法提供实用。化学发光材料主要由三部分组成:发光体(发光化合物)、氧化剂(过氧化氢)、荧光体(荧光化合物)。化学发光体在反应过程中被消耗,要维持较长的发光时间,需要反应速度慢且平稳,同时要有较高的量子收率。实用性的常用化学发光体有草酸酯(1)(2)(3)、草酰胺(4)(5)及稠环类结构(6)等。

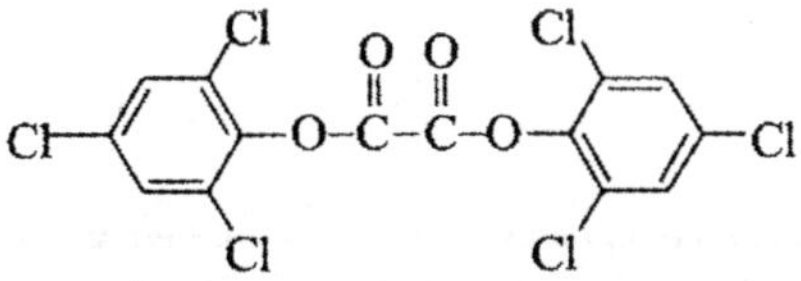

(1) 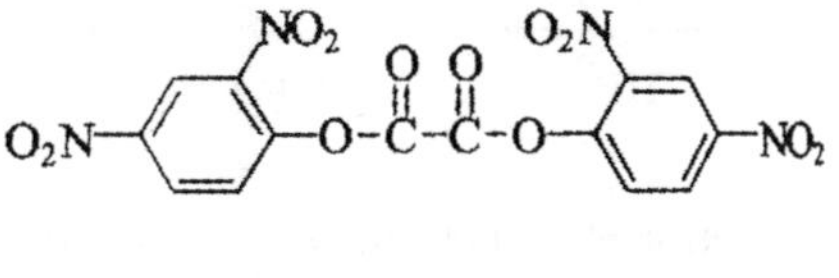　　　　　　　　　　　　　　　　　(2)

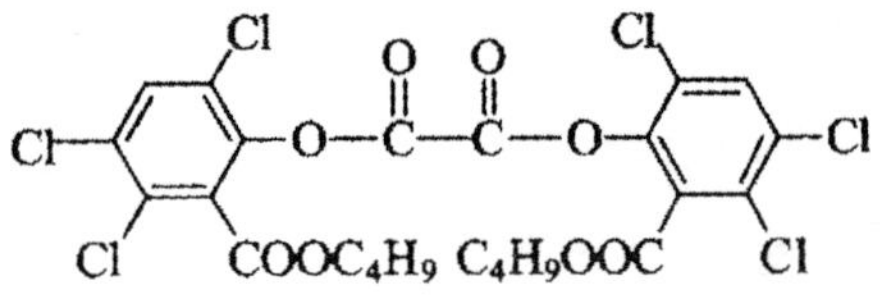

(3)

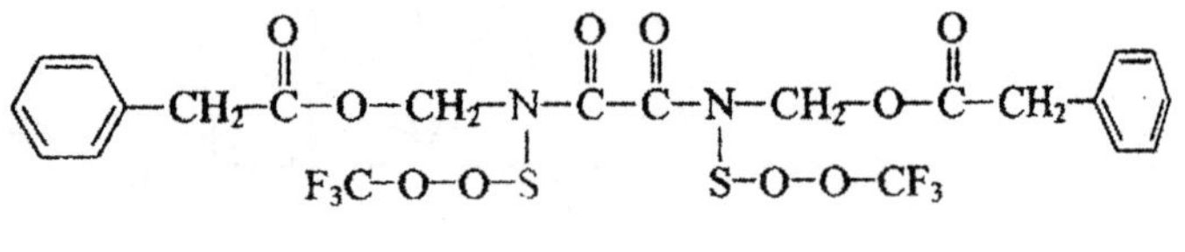

(4)

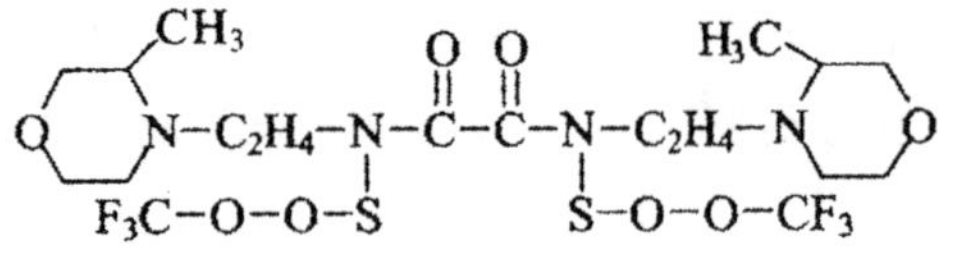

(5)

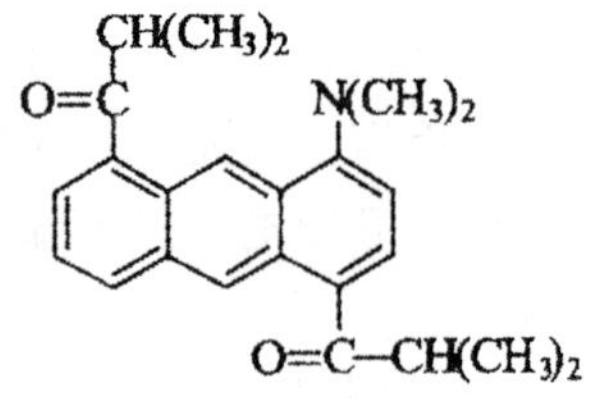

(6)

荧光体 BPEA 的合成：

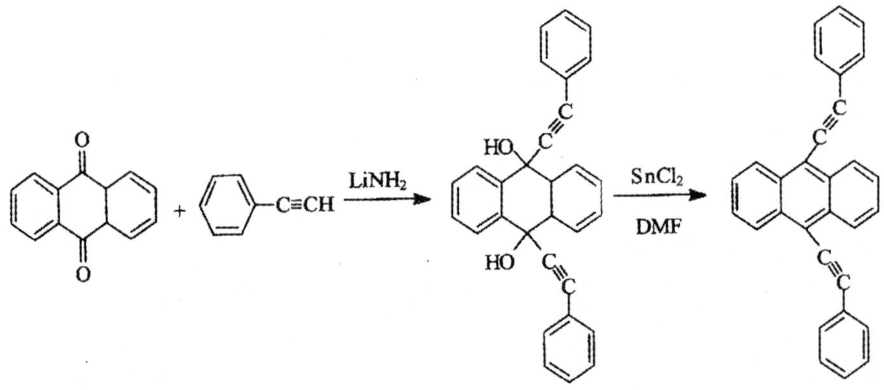

化学发光体的合成示例：

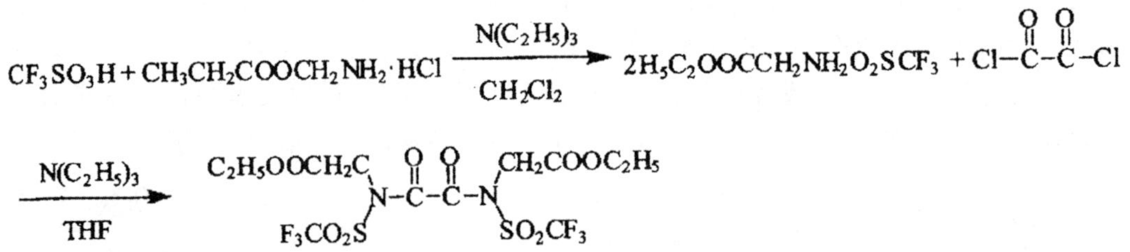

荧光体在中间产物分解是通过能量转移而被激发的，荧光体的反应稳定性要高，防止从基态到激发态时有副反应发生。常用的化学发光体有芳基取代蒽（7）、对二苯乙炔基苯（8）、荧烷（9）及多省稠环类结构（10）等。

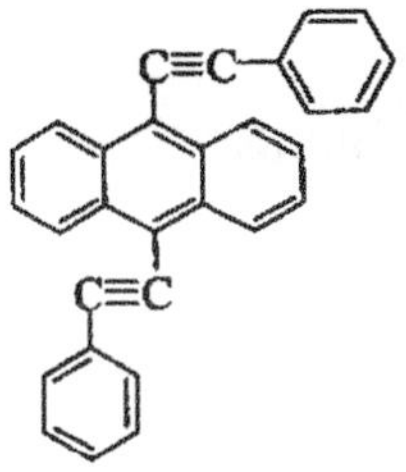

(黄绿色)	(蓝色)	(红色)	(黄色)
(7)	(8)	(9)	(10)

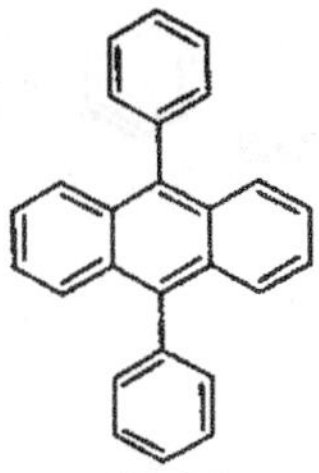

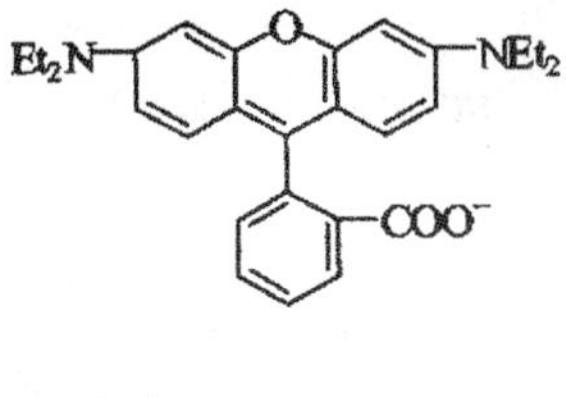

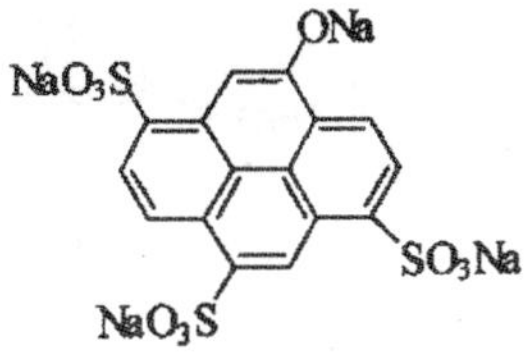

14.3.5 印刷用功能色素

在 20 世纪 30 年代喷墨打印开始,80 年代后期有了迅速的发展。它采用与色带打印完全不同的工作原理,即用喷墨喷出墨水(或彩色液)在纸上形成文字或图像。

喷墨打印有许多类型,用于办公及日常文件输出的类型多数采用液滴式喷射打印技术。它利用电压装置系统将计算机输出的点阵电信息转化为压强,控制喷嘴喷出液滴,在纸上形成文字或图像。喷墨打印机以黑白文件打印为主流,20 世纪 90 年代开始兴起彩色喷射打印机。喷墨打印除设备外,墨水是关键。墨水有三种类型,即水性墨水、溶剂性墨水及热溶性墨水,以水性墨水用量最大。

喷墨打印技术相对较简单,它在绘图、记录等工作用已达到应用。随着喷墨打印技术的推广,纺织品也逐渐采用此原理进行印花,即喷射印花技术。织物喷射打印印花被认为是 21 世纪印花技术发展的最前沿技术,它具有一些传统技术无法比拟的优势:适用于小批量、多品种;可达到单一品种定制;更新花样速度快;色彩还原水平及清晰度高。

织物喷射打印印花可用于多种织物。其关键技术在于:打印机及打印头的设计、织物的前处理技术及染料色浆的制造技术等。

水性墨水用染料以黑色染料应用最广,它多半属多偶氮染料,早期用直接染料,由于大多数属禁用染料,以后又选用了食用黑色染料。打印墨水也有彩色的,多数为直接或酸性染料中的黄、红和蓝色染料,青色的均采用酞菁类染料。

水性墨水用色素例:

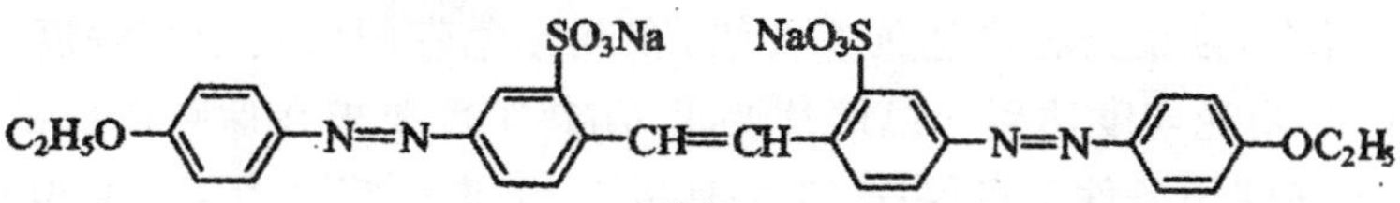

(黄色)

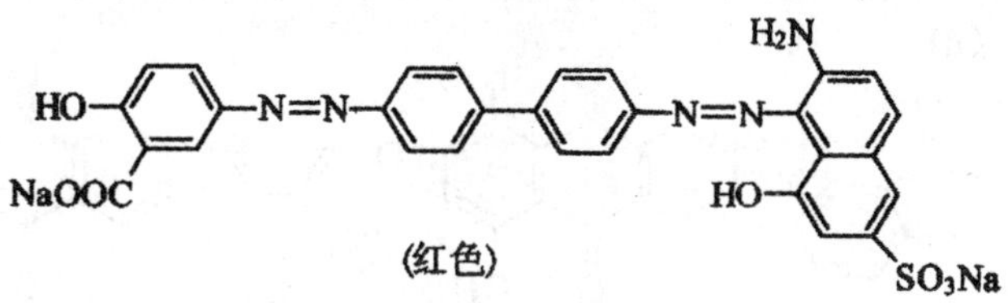

(红色)

（蓝色）

（黑色）

用作织物喷射打印印花的染料色浆分为两类：转移印花用染料色浆和直接印花用染料色浆。染料色浆研究的关键在于色素的选择及色浆助剂的配置。目前所用的色素以分散染料及活性染料为主。对染料的要求基本与彩色打印墨水相同，要求染料类型相同，如转移印花用的 S-型分散染料等，纯度要高，通常需≥98％，易研磨，在墨水中染料的粒径需全部≤0.5μm。其他要求则与一般打印墨水相同。染料色浆用分散剂有萘磺酸甲醛缩合物、木质素磺酸钠、脂肪醇聚氧乙烯醚硫酸钠等。助剂则以二醇及其醚类化合物为主，如乙二醇、戊二醇、乙二醇甲醚、乙二醇丁醚、二乙二醇、三乙二醇、乙二醇甲醚、二乙二醇甲醚、乙二醇乙醚等。

随着转移技术和控制技术的发展，近年来出现了两种热转移新技术，即热扩散转移和热蜡转移技术，它们均不需要事先印制带有图像的转移纸，而只需涂有染料的色带，通过电脑控制的热头打印色带就可以进行转印的图像。它们两者的不同之处在于：热扩散转移印花中染料发生上染固着现象，而热蜡转移印花中不发生上染现象。

染料热扩散转移技术是将黄、品红和青色染料分段涂在带子上，当带子与接触面接触时，来自磁盘的编码图像信息对色带接触的热头进行寻址。譬如说，该处需要一个黄色点，则热头就把黄色带迅速加热到 400℃以上，时间为 1～10ms，于是黄色染料色点就通过"热扩散"方式转移到受印面上。另外，通过控制热头的通电量还可改变转移的染料量，控制色点的颜色浓淡。用这样的方法转移减色三原色的色点，就可得到精细的全色印花图像。所用的色带是由在基质薄膜上涂以染料（或颜料）、胶黏剂组成的油墨制成的。基质薄膜可以用聚酯薄膜、电容器纸等。胶黏剂可以用羟乙基纤维素、乙基纤维素、聚酰胺、聚醋酸乙烯酯、聚甲基丙烯酸酯、聚乙烯醇缩丁醛等，通常采用 6μm 厚的聚酯薄膜。转移记录用的接受纸是在基质上涂以聚酯、聚酰胺、聚氨酯、聚碳酸酯树脂等。

染料热扩散转移技术用染料主要有分散染料、溶剂染料及碱性染料等。对染料的要求有：颜色为黄/品红/青三原色，强度光密度达到 2.5 级，在制作色带的溶剂中溶解度≥3％。热稳定性达到瞬间可耐 400℃，耐光牢度达到彩色照片要求，耐热牢度要求在保存图像的条件下无热迁移性，色带稳定性要求在使用条件下可保存 18 个月以上，无毒性等。为了提高颜色鲜艳度，还可应用具有良好溶解度和耐光牢度的荧光染料。典型的黄、品红和蓝色染料的结构如下。

CI分散黄54

CI分散红60

CI分散蓝3

黄色染料：

品红色染料：

蓝色染料：

14.4　其他新型功能材料

14.4.1　生物陶瓷材料

生物陶瓷又称生物医用非金属材料,从广义上讲包括陶瓷、玻璃、碳素等主要构成成分的无机非金属材料及其制品。与高分子材料和金属材料相比,因生物陶瓷具有无毒副作用,与生物体组织有良好的生物相容性、耐腐蚀等优点,越来越受到人们的重视。生物陶瓷材料的研究与临床应用,已从短期的替换和填充发展成为永久性牢固种植,已从生物惰性材料发展到生物活性材料、降解材料及多相复合材料。

1. 生物陶瓷材料的性能

一般地,生物陶瓷材料需具有以下性能。

(1)与生物组织有良好的相容性

将生物陶瓷材料代替硬组织(牙齿、骨)植入人体内后,与机体组织(软组织、硬组织以及血液、组织液)接触时,材料与机体软组织具有良好的结合性。此外,还要求材料对周围组织无毒性、无致敏性、无刺激性、无免疫排斥性以及无致癌性。

(2)有适当的生物力学和生物学性能

材料的力学性能与机体组织的生物力学性能相一致,不产生对组织的损伤和破坏作用。

(3)具有耐消毒灭菌性能

生物陶瓷材料是长期植入体内的材料,植入前须进行严格的消毒灭菌处理。因此,无论是高压煮沸、液体浸泡、气体(环氧乙烷)或 γ 射线消毒后,材料均不能因此而产生变性,且在液体或气体消毒后,不能含有残留的消毒物质,以保证对机体组织不产生危害。

(4)具有良好的加工性和临床操作性

生物陶瓷植入的目的,是通过人工材料替代和恢复各种原因造成的牙和骨的缺损,就要求植入的生物陶瓷具有良好的加工成形性,且在临床治疗过程中,操作简便,易于掌握。

2. 生物陶瓷材料的特性

①由于生物陶瓷是在高温下烧结制成,机械强度较高、硬度大,并具有良好的耐磨性和润滑性;在体内难于溶解,不易氧化、不易腐蚀变质,热稳定性好不易产生疲劳现象。

②陶瓷的组成范围比较宽,可以根据实际应用的要求设计组成,控制性能的变化。

③陶瓷容易成型,可根据需要制成各种形态和尺寸,如颗粒形、管形、柱形、致密型或多孔型,也可制成骨螺钉、骨夹板,制成牙根、关节、长骨、颌骨、颅骨等。

④后加工方便,现在陶瓷切割、研磨、抛光等已是成熟的工艺。近年来又发展了可用普通金属加工机床进行车、铣、刨、钻等可切削性生物陶瓷。利用玻璃陶瓷结晶化之前的高温流动性,可制成精密铸造的玻璃陶瓷。

⑤易于着色,如陶瓷牙可与天然牙媲美,利于整容,美容。

3. 生物陶瓷材料的分类

根据种植材料与生物体组织的反应程度,可将种植类陶瓷分为以下三类。

(1)生物惰性陶瓷

这类陶瓷在生物体内化学性质稳定,无组成元素溶出,对机体组织无刺激性。植入骨组织后,能与骨组织产生直接的、持久性的骨性接触,界面处一般无纤维组织介入,形成骨融合。包括:氧化铝(Al_2O_3)、氧化锆(ZrO_2)、碳素(C)、氧化钛(TiO_2)、氮化硅(Si_3N_4)、碳化硅(SiC)、硅铝酸盐($Na_2O \cdot Al_2O_3 \cdot SiO_2$)、钙铝系($GaO \cdot Al_2O_3$)等。

Al_2O_3 的熔点为 2050℃,密度约为 3.95g/cm³。Al_2O_3 具有三种结晶形态:α、β 和 γ。其中只有 α-Al_2O_3 最稳定,而且在自然界中存在,β 和 γ 形态只能用人工方法获得。1924 年,德国人鲁夫用纯氧化铝粉末成型,在 2000℃左右的高温炉中烧结,得到了世界上第一块纯氧化铝制品,但是一直没有命名,直到 1933 年才由西门子公司正式命名,中国人将它译为"刚玉"。一般的医用氧化铝均是指 α-Al_2O_3,α-Al_2O_3 晶体属三方晶系,单位晶胞是一个尖的菱面体,氧离子组成六方最紧密堆积,铝离子占据氧八面体间隙中,氧铝之间为牢固的离子型结合。Al_2O_3 的晶体结构赋予其完全不同于金属的一些特性。Al_2O_3 陶瓷的化学稳定性非常好。氧化铝还具有亲水性,晶体表面易形成水膜,在与机体接触时,Al_2O_3 材料由于表面 AlOH 的存在,使机体隔着 OH 层与材料接触,改善了二者的亲和性。Al_2O_3 之所以具有良好生物相容性和良好的摩擦、润滑性能,与这层水膜有很大的关系。

氧化铝的制备方法如下:

①Al_2O_3 粉末的制备。

医用 Al_2O_3 陶瓷的原料是纯度高、均匀性好、颗粒微细($<1\mu m$)的 Al_2O_3 粉末,制备 Al_2O_3 粉末的方法主要有焙烧法、热分解法、水解法、放电氧化法等。

焙烧法是 Al_2O_3 粉末最基本的制造方法,此法用于生产普通 Al_2O_3 粉末,所用原料及工艺流程如图 14-5 所示。

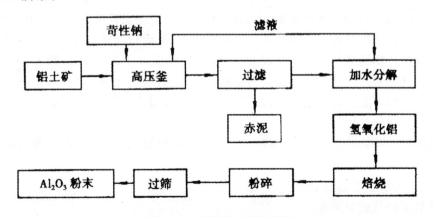

图 14-5　焙烧法工艺流程图

铝土矿的主要成分是一水氧化铝($Al_2O_3 \cdot H_2O$)和二水氧化铝($Al_2O_3 \cdot 2H_2O$),存在的杂质主要为氧化铁、二氧化硅、二氧化钛等,需进行脱杂质处理。具体的工艺操作是:将粉碎的铝土矿与浓度为 13%~20% 的苛性钠在 200~250℃下于高压釜中进行水热处理,将氧化铝的水化物溶解为铝酸钠,不溶的各种杂质形成赤泥,经过滤除去;然后将滤液中加水分解沉淀,沉淀氢氧化铝经焙烧而变成氧化铝,经过机械粉碎和筛分,即得 Al_2O_3 粉末原料。

热分解法是将高纯度的铵明矾和铝的铵碳酸盐加热分解,可以制得纯度达 99.9% 的氧化铝粉末。

有机铝盐分解法:首先将烷基铝和铝醇盐加水分解制得氢氧化铝,再将触氢氧化铝进行焙烧,即得氧化铝粉末。

放电氧化法:将高纯度铝粒子(含铝 99.9%)浸入纯水中,进行火花放电,微粉铝在粒子接触点发生的放电点上形成并脱落,同时在放电点进行水解生成 OH 离子发生反应,形成 $Al(OH)_3$ 经焙烧而制得 Al_2O_3 粉末。

用上述方法制备的 Al_2O_3 粉末为多晶体,需要经过进一步处理变成单晶氧化铝。

②单晶氧化铝的制备。

单晶氧化铝的合成方法有两种:一种是维努依法,将高纯度 Al_2O_3 粉末高温熔融,然后使其沉积,促使单晶合成;另一种是将熔融的氧化铝缓缓地向上提拉,形成单晶体。单晶氧化铝呈无色透明态,强度优于多晶体氧化铝;是人造齿根的实用化材料。氧化铝单晶具有优良的热学、电学、光学和力学性能,因此人们往往将氧化铝单晶称为"人造宝石",但合成方法特殊,加工成形难,致使成本升高。

(2)生物活性陶瓷

生物活性是指移植材料能够在材料的分界面激发特定的生物反应,最终导致在材料和组织之间的骨形成。这类陶瓷在生物体内基本不被吸收,材料有微量溶解,能促进种植体周围新骨生成,并与骨组织形成牢固的化学键结合。包括:高结晶度羟基磷灰石[$Ca_{10}(PO_4)_6(OH)_2$]、生物玻璃($SiO_2 \cdot CaO \cdot Na_2O \cdot P_2O_5$)、玻璃陶瓷($SiO_2 \cdot CaO \cdot MgO \cdot P_2O_5$)、磷酸钙陶瓷($CaO \cdot P_2O_5$)等。

羟基磷灰石(hydroxyapatite,HAP)[$Ca_{10}(PO_4)_6(OH)_2$]的密度为 $3.16g/cm^3$,具有脆性,折射率为 $1.61 \sim 1.65$,微溶于纯水,呈弱碱性(pH 为 $7 \sim 9$),易溶于酸而难溶于碱。HAP 是强离子交换剂,分子中的 Ca^{2+} 易被 Cd^{2+}、Hg^{2+} 等有害金属离子和 Sr^{2+}、Ba^{2+}、Pd^{2+} 等重金属离子置换,也可与含羧基(COOH)的氨基酸、蛋白质、有机酸等产生交换反应。按照分子式计算 HAP 的理论 Ca/P 值为 1.67,但由于受到制造过程的影响,其组成相当复杂,Ca/P 比值有所变化。

HAP 是脊椎动物的骨和齿的主要成分,如人体骨的成分中含约 65% 的 HAP,人牙齿的珐琅质表面则含 HAP 在 95% 以上,与其他的生物材料相比,人工合成 HAP 陶瓷的机体亲和性最为优良,置入人体后不会引起排斥反应,毒性试验证明,HAP 是无毒性物质,因而应用广泛,成为医用生物陶瓷的"明星"。

HAP 的来源于动物骨烧制而成、珊瑚经热化学液处理转化而成和人工化学合成法制备这三种方式。

羟基磷灰石的制备方法如下。

①HAP 粉末的合成与制备。

制备 HAP 粉末有许多方法,大致可分为湿法和干法。湿法包括沉淀法、水热合成法、溶胶-凝胶法、超声波合成法及乳液剂法等。干法也称固态反应法。这些方法各有优点和不足。

沉淀法:通过将一定浓度的钙盐和磷盐混合搅拌,控制在一定的 pH 和温度条件下,使溶液中发生化学反应生成 HAP 沉淀,沉淀物在 $400 \sim 600 ℃$ 甚至更高的温度下煅烧,可获得符合一定比例的 HAP 晶体粉末。要得到结晶完好的 HAP,烧结温度应达到 $900 \sim 1200 ℃$。该法反应温度不高,合成粉料纯度高,颗粒较细,工艺简单,合成粉料的成本相对较低。但是,必须严格控制工艺条件,否则极易生成 Ca/P 比值较低的缺钙磷灰石,因此,应注意合理控制混合溶液的 pH 及反应产生沉淀的时间,采用分散设备,使溶液混合均匀,保证反应完全进行以及反复过滤,促使固液相完全分离,提高粉料的纯度。

溶胶—凝胶法:是将醇盐溶解于有机溶剂中,通过加入蒸馏水使醇盐水解、聚合,形成溶胶,溶胶形成后,随着水的加入转变为凝胶,凝胶在真空状态下低温干燥,得到疏松的干凝胶,再将干凝胶做高温煅烧处理,即可得到纳米粉体。溶胶—凝胶法同传统的固相合成法及固相烧结法相比,其合成及烧结温度较低,可以在分子水平上混合钙磷的前驱体,使溶胶具有高度的化学均匀性。由于其原料价格高、有机溶剂毒性大、对环境易造成污染,以及容易快速团聚等因素存在,从而制约了这种方法的应用。

水热法:是在特制的密闭反应容器中(高压釜),采用水溶液作为反应介质,在高温高压环境中,使原来难溶或不溶的物质溶解并重结晶的方法。水热法通常是以磷酸氢钙等为原料,在水溶液体系、温度为 200～400℃的高压釜中制备 HAP。这种方法条件较易控制,反应时间较短,省略了煅烧和研磨步骤,粉末纯度高,晶体缺陷密度低;合成温度相对较低,反应条件适中,设备较简单,耗电低。因此,水热法制备的粉体不但具有晶粒发育完整、粒度小且分布均匀、颗粒团聚较轻、原材料便宜,以及很容易得到合适的化学计量比和晶型的优点,而且制备的粉体无须煅烧处理,从而避免引起烧结过程中的晶粒长大、缺陷形成及杂质产生,因此,所制得的粉体具有较高的烧结活性。

固态合成法:将固态磷酸钙及其他化合物均匀混合在一起,在有水蒸气存在的条件下,反应温度高于 1000℃,可以得到结晶较好的羟基磷灰石。这种方法合成的羟基磷灰石纯度高,结晶性好,晶格常数不随温度变化,因此,制备的 HAP 比湿法更好,但其要求较高的温度和较长的时间,粉末的可烧结性差,使得应用受到了一定的限制。

自蔓延高温合成法:是利用硝酸盐与羧酸反应,在低温下实现原位氧化自发燃烧,快速合成 HAP 前驱体粉末。制备的 HAP 粉体具有纯度高、成分均匀、颗粒尺寸大小适宜、无硬团等特性。自蔓延高温合成技术(SHS)可以制备出纳米羟基磷灰石。采用 SHS 技术合成纳米级 HAP 前驱体粉末的方法:按照 Ca/P 摩尔比为 1.67,称取一定量的柠檬酸,分别用蒸馏水溶解混合,调节 pH 约为 3,于 80℃加热蒸发形成凝胶,然后在 200℃的电炉中进行自蔓延燃烧,最后得到分布均匀烧结性能良好的纳米级 HAP 前驱体粉末。

②HAP 的烧结与加工。

HAP 一般要经过成型和烧结才能作为种植材料应用。常用的烧结体有三种类型,即致密体、多孔体和颗粒。HAP 致密体的制作与普通陶瓷相同,常用干压成型或泥浆浇注成型后烧成的方法获得,致密率一般在 95％以上。多孔体的制作常用以下几种方法:HAP 粉末用 H_2O_2 调和,发泡后干燥,烧成;HAP 粉末与有机物混合后干压成型,烧成;HAP 料浆浸渍于海绵状聚合物上后烧成。根据不同需要可以制成气孔率在 20％～90％范围、孔径大于 50μm 且气孔互相连通的多孔体。颗粒的制作可以通过粉碎烧结体的方法或通过预先对粉体造粒,最后再烧结的方法获得。HAP 材料的烧结温度在 900～1400℃范围。

将上述 HAP 烧结体再用超声波铣床等对其进行后期加工处理,便可制造出人造齿根和人造骨、关节等。

③羟基磷灰石的掺杂改性及复合。

为了提高材料的力学性能、加快骨的形成速度以及针对纯 HAP 的不足,许多学者从 HAP 分子结构及仿生学等角度出发,以人工合成的 HAP 为基础,采用离子置换法或有机、无机材料掺杂、复合等方法,改进材料的物理机械性能及表面、整体生物活性,探索更适合于临床应用的骨修复及骨置换材料。

无机元素掺杂:掺杂无机元素的目的是改善材料的物理机械性能和整体生物活性。通过掺入氟、锶、碳酸根等离子,或与其他氧化物等复合,改进 HAP 的物理机械性能及表面、整体生物活性,从而获得理想的骨修复或骨置换材料,是当今 HAP 类生物材料的研究方向之一。

将 HAP 与具有高强高韧的生物惰性陶瓷氧化锆复合成二元或三元体系复合生物陶瓷材料,其主晶相为 HAP 的六方柱状晶体与氧化锆的四方晶体,晶粒细小,氧化锆起到了增韧补强的作用。由于氧化锆的弥散韧化、相变增韧等作用,使单组分的 HAP 陶瓷力学性能有较大的提高,生物学及动物学实验也表明,具有良好的化学稳定性,生物相容性。

羟基磷灰石与天然生物材料的复合:天然生物材料主要指从动物组织中提取的,经过特殊化学处理的具有某些生物活性或特殊性能的物质。比如胶原、纤维蛋白黏合剂、骨形成蛋白(BMP)、细胞因子、成骨细胞、自体红骨髓、脱矿化骨等。骨组织由无机成分和有机成分共同组成,其中无机成分约占 77%。从仿生学角度出发,将羟基磷灰石陶瓷材料与胶原等复合,可能是获得理想骨修复和骨置换材料的一条重要途径。

HAP 与天然生物材料的复合可以有 2 种形式:一种形式是将胶原等物质与 HAP 形成两相复合材料,以仿真自然骨的化学架构,增强材料的强度和生物活性;另一种形式是依靠一些生物活性物质(如 BMP、成骨因子、成骨细胞等)在生理环境中能诱导、促进骨生长的特性,将这些生物活性物作为骨诱导物质嵌入到多孔 HAP 陶瓷中。

羟基磷灰石与有机高分子聚合物复合:作为有机生物材料,通常选用柔性材料来复合增韧,如生物惰性材料(如聚乙烯 PE 类、聚甲基丙烯酸甲酯类等)或生物可降解吸收材料(如聚乳酸 PEA 类、聚甘醇酸 PGA 类等)。根据复合的基体材料不同,可以大致分为以有机生物材料(高分子聚合物)为基体的 HAP 增强复合材料和以多孔羟基磷灰石为基体的有机生物材料增韧复合材料。对于第一类复合材料,主要是将 HAP 引入有机生物材料中,利用 HAP 的高弹性模量增加复合材料的刚性及赋予材料生物活性,并作为强度增强因素存在。在这类材料中,目前研究较多的是 HAP-PLA(聚乳酸)及 HAP-PE(聚乙烯)复合材料。

(3)生物吸收性陶瓷

这类材料在生物体内能逐步降解、吸收,被新生骨取代。也有研究者将种植类陶瓷分为生物惰性和生物活性两大类,在生物活性陶瓷类中再细分成非吸收性陶瓷和吸收性陶瓷。包括:磷酸三钙$[Ca_3(PO_4)_2]$、可溶性钙铝系$((CaO \cdot Al_2O_3)$、低结晶度羟基磷灰石$[Ca_{10}(PO_4)_6(OH)_2]$、掺杂型羟基磷灰石$[Ca_{10-n}Sr_n(PO_4)_6(OH)_2]$等。

4.生物陶瓷材料应用前景

近些年来,一些新的陶瓷及陶瓷基复合材料的研究和在医学临床上的应用研究发展很快,经过各国学者几十年的努力,已经取得许多有关生物陶瓷性质及其在体内行为的认识,临床应用范围从很小的中耳植体到复杂的髋关节部件,从生命攸关的心脏瓣膜到改善人类生活质量的牙根替换等。随着科学技术的进步和应用的需要,人们期望具有更多优良特性的陶瓷及陶瓷复合材料不断研究出来。以下几个方面特别受到关注。

(1)人工陶瓷关节

人们正在研制开发机械强度、韧性、硬度及化学稳定性优良,臼盖和骨头的吻合性能更好,且容易制作的陶瓷材料。更理想的是手术时不必切除支撑关节面的骨骼,仅仅用于修复关节面就可以的新型陶瓷材料和技术。

(2)临床可以成型的人工骨

人们正期待研制成与骨缺损形状完全吻合的人工骨材料:把粉末和体液混合在一起后,数分钟内有流动性,然后固化,与周围的骨结合在一起,具有与人骨相似的力学性质,陶瓷人工骨可用注射器将它注入患部,修复骨缺损部位。

(3)骨骼填充陶瓷材料

在骨髓细胞中包含有能分化成骨细胞的干细胞,所以预先从患者身上采一些骨细胞,把它放置于多孔性的人体活性陶瓷之中,在体外培养直至分化出骨芽细胞,再把它随同陶瓷埋入骨缺损部,这时骨形成就更有效。

(4)用作放射治疗癌症的陶瓷

放射疗法是以保存患部只杀癌细胞为目的,很多时候是体外照射,最理想的方法是只对体内癌部进行局部放射线照射,用高频感应热等离子体方法,可以得到只有 YPO_4 微结晶组成的小球,有很好的化学稳定性,用这些小球进行放疗治癌的动物试验正准备进行。

(5)热疗治癌的陶瓷

正常细胞耐热温度为48℃左右。而癌细胞缺乏氧的供给,因而不耐热,在43℃左右便死亡,把强磁性陶瓷小球送入癌部,再把该部放于交流磁场下,那么磁性体就会因磁滞损耗而发热。从而达到只局部加热癌部的目的。现在正在开发有更加良好发热效率的强磁性微小球。

14.4.2　梯度功能材料

1.梯度功能材料的概念

随着现代科学技术的发展,金属和陶瓷的组合材料受到了极为广泛的重视,这是由于金属具有强度高、韧性好等优点,但在高温和腐蚀环境下却难以胜任。而陶瓷具有耐高温、抗腐蚀等特点,但却具有难以克服的脆性。金属和陶瓷的组合使用,则可以充分发挥两者长处,克服其弱点。然而用现有技术使金属和陶瓷粘合时,由于两者界面的膨胀系数不同,往往会产生很大的热应力,引起剥离、脱落或导致耐热性能降低,造成材料的破坏。

梯度功能材料(Functionally Gradient Materials,简称 FGM)的研究开发最早始于 1987 年日本科学技术厅的一项"关于开发缓和热应力的梯度功能材料的基础技术研究"计划。所谓梯度功能材料,是依据使用要求,选择使用两种不同性能的材料。采用先进的材料复合技术,使中间部分的组成和结构连续地呈梯度变化,内部不存在明显的界面,从而使材料的性质和功能,沿厚度方向也呈梯度变化的一种新型复合材料。这种复合材料的显著特点是克服了两材料结合部位的性能不匹配因素,同时,材料的两侧具有不同的功能。

2.梯度功能材料的制备

材料的性能取决于体系选择及内部结构,对梯度功能材料必须采取有效的制备技术来保证材料的设计。下面是已开发的梯度材料制备方法。

(1)化学气相沉积法(CVD)

通过两种气相均质源输送到反应器中进行均匀混合,在热基板上发生化学反应并沉积在基板上。该方法的特点是通过调节原料气流量和压力来连续控制改变金属—陶瓷的组成比和结构。用此方法已制备出厚度为 0.4~2mm 的 SiC-C,TiC-C 的 FGM 材料。

(2)物理蒸发法(PVD)

通过物理法使源物质加热蒸发而在基板上成膜。现已制备出 Ti-TiN,Ti-TiC,Cr-CrN 系的 FGM 材料。将该方法与 CVD 法结合已制备出 3mm 厚的 SiC-C-TiC 等多层 FGM 材料。

(3)颗粒梯度排列法

又分颗粒直接填充法及薄膜叠层法。前者将不同混合比的颗粒在成型时呈梯度分布,再压制烧结。后者是在金属及陶瓷粉中掺微量粘结剂等,制成泥浆并脱除气泡压成薄膜,将这些不同成分和结构的薄膜进行叠屠、烧结,通过控制和调节原料粉末的粒度分布和烧结收缩的均匀性,可获得良好热应力缓和的梯度功能材料,现已制备出部分稳定氧化锆—耐热合金的 FGM 材料。

(4)等离子喷涂法

采用多套独立或一套可调组分的喷涂装置,精确控制等离子喷涂成分来合成 FGM 材料。采用该法须对喷涂压力、喷射速度及颗粒粒度等参量进行严格控制,现已制备出部分稳定氧化锆-镍铬等 FGM 材料。

(5)液膜直接成法

将聚乙烯醇(PVA)配制成一定浓度的水溶液,加一定量单体丙烯酰胺(AM)及其引发剂与交联剂,形成混合溶液,经溶剂挥发、单体逐渐析出、母体聚合物交联、单体聚合与交联形成聚乙烯醇(PVA)-聚丙烯酰胺(PAM)复合膜材料。

(6)薄膜浸渗成型法

将已交联(或未交联)的均匀聚乙烯醇薄膜置于基板上,涂浸一层含引发剂与交联剂的 AM 水溶液。溶液将由表及里向薄膜内部浸渗。形成具有梯度结构的聚合物。

3.梯度功能材料的应用

梯度功能材料作为一种新型功能材料,在航天工业、能源工业、电子工业、光学材料、化学工程和生物医学工程等领域具有重要的应用,见表 14-4。

表 14-4　梯度功能材料的应用

工业领域	应用范围	材料组合
航天工程	航天飞机的耐热材料 陶瓷引擎 耐热防护材料	陶瓷和金属 陶瓷、碳纤维和金属 陶瓷、合金和特种塑料
核工程	核反应堆内壁及周边材料 控制用窗口材料 等离子体测试 放射线遮蔽材料 电绝缘材料	高强度耐热材料 高强度耐辐射材料 金属和陶瓷 碳纤维、金属和特种塑料

续表

工业领域	应用范围	材料组合
电子工程	永磁、电磁材料 磁头、磁盘 三维复合电子元件 陶瓷滤波器 陶瓷振荡器 超声波振子 混合集成电路 长寿命加热器	金属和铁磁体 多层磁性薄膜 压电体陶瓷 金属和陶瓷 硅与化合物半导体
光学工程	高性能激光棒 大口径 GRIN 透镜 多模光纤 多色发光元件 光盘	光学材料的梯度组成 透明材料与玻璃 折射率不同的光学材料
传感器	固定件整体传感器 与多媒体匹配音响传感器 声呐 超声波诊断装置	传感器材料与固定件 材料间的梯度组成 压电体的梯度组成
化学工程	功能高分子膜 膜反应器、催化剂 燃料电池 太阳能电池	陶瓷和高分子材料 金属和陶瓷 导电陶瓷和固体电解质 硅、锗和碳化硅陶瓷
生物医学工程	人造牙齿、人造骨 人造关节 人造器官	HA 陶瓷和金属 HA 陶瓷、氧化铝和金属 陶瓷和特种塑料

(1)航天工业超耐热材料

采用热应力缓和梯度材料,有可能解决航天飞机在往返大气层的过程中,机头的前端和机翼的前沿处于超高温状态导致的一些问题。从 1987 年到 1991 年这 5 年里,日本科学家成功地开发了热应力缓和型 FGM,为日本 HPOE 卫星提供小推力火箭引擎和热遮蔽材料。由于该研究的成功,日本科技厅于 1993 年又设立为期 5 年的研究,旨在将 FGM 推广和实用。

(2)核反应堆材料

核反应堆的内壁温度高达 6000K,其内壁材料采用单纯的双层结构,热传导不好,孔洞较多,在热应力下有剥离的倾向。若采用金属—陶瓷结合的梯度材料,能消除热传递及热膨胀引起的应力,解决界面问题,可能成为替代目前不锈钢/陶瓷的复合材料。

(3)无机膜反应器材料

无机膜反应器若采用梯度功能材料进行制备,不仅可以提高反应的选择性,而且可以改善反应器的温度分布,优化工艺操作,有利于提高反应生成物的产率。

(4)生物材料

由羟基磷灰石陶瓷和钛或 Ti-6Al-4V 合金组成的梯度功能材料可作为仿生活性人工关节和牙齿,图 14-6 所示为用 FGM 制成的人工牙齿示意图,完全仿照人的真实牙齿构造,齿根的外表面是布满微孔的磷灰石陶瓷。因为 HA 是生物相容性优良的生物活性陶瓷,钛及其合金是生物稳定性和亲和性好的高强度材料。采用烧结法将它们制成含有 HA 陶瓷涂层的钛基材(HA-G-Ti),特别适于植入人体,如图 14-7 所示。

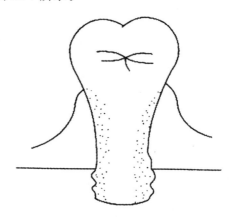

图 14-6　梯度功能材料制成的人造牙

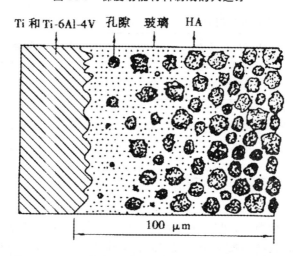

图 14-7　HA-玻璃-钛功能梯度复合材料截面示意图

梯度功能材料是一种设计思想新颖、性能极为优良的新材料,其应用领域非常广泛。但是,从目前来看,除宇航和光学领域已部分达到实用化程度外,其余离实用还有很大距离。由于所用材料的面很广,材料组合的自由度很大,即使针对某个具体应用目标,研究工作的量和难度都很大。因此,研究出一种更新的更快速的梯度功能材料的设计、制备和评价方法显得非常迫切。如果将梯度功能材料的结构和材料梯度化技术与智能材料系统有机地结合起来,将会给材料科学带来一场新的革命。

参考文献

[1]周馨我.功能材料学[M].北京:北京理工大学出版社,2002.

[2]高技术新材料要览编辑委员会.高技术新材料要览[M].北京:中国科学技术出版
社,1993.

[3]贡长生,张克立.新型功能材料[M].北京:化学工业出版社,2001.

[4]王正品,张路,要玉宏.金属功能材料[M].北京:化学工业出版社,2004.

[5]郭卫红,汪济奎.现代功能材料及其应用[M].北京:化学工业出版社,2002.

[6]马如璋,蒋民华,徐祖雄.功能材料学概论[M].北京:冶金工业出版社,1999.

[7]黄泽铣.功能材料词典[M].北京:科学出版社,2002.

[8]石德珂.材料科学基础[M].北京:机械工业出版社,1999.

[9]陈鸣.电子材料[M].北京:北京邮电大学出版社,2006.

[10]张永林,狄红卫.光电子技术[M].北京:高等教育出版社,2005.

[11]冯端,师昌绪,刘治国.材料科学导论[M].北京:化学工业出版社,2002.

[12]田民波.磁性材料[M].北京:清华大学出版社,2001.

[13]干福熹.信息材料[M].天津:天津大学出版社,2000.

[14]胡子龙.贮氢材料[M].北京:化学工业出版社,2002.

[15]陈治明.半导体器件的材料物理学基础[M].北京:科学出版社,1999.

[16]谢孟贤.化合物半导体材料与器件[M].成都:电子科技大学出版社,2000.

[17]郭瑞松,蔡舒,季惠明等.工程结构陶瓷[M].天津:天津大学出版社,2002.

[18]曲远方.功能陶瓷材料[M].北京:化学工业出版社,2003.

[19]王永龄.功能陶瓷性能与应用[M].北京:科学出版社,2003.

[20]肖寒宁,高朋召.高性能结构陶瓷及其应用[M].北京:化学工业出版社,2006.

[21]李启甲.功能玻璃[M].北京:化学工业出版社,2004.

[22]石顺祥,陈国夫,赵卫等.非线性光学[M].西安:西安电子科技大学出版社,2003.

[23]吕百达.固体激光器件[M].北京:北京邮电大学出版社,2002.

[24]李铭华,杨春晖,徐玉恒.光折变晶体材料科学导论[M].北京:科学出版社,2003.

[25]顾佩剑.复合材料及其应用技术[M].重庆:重庆大学出版社,1998.

[26]顾里之.纤维增强复合材料[M].北京:机械工业出版社,1988.

[27]黄丽.高分子材料化学.2版.北京:化学工业出版社,2010.